Bitterlich/Wöbking

Geoelektronik

Angewandte Elektronik in der Geophysik,
Geologie, Prospektion,
Montanistik und Ingenieurgeologie

Springer-Verlag
Wien New York 1972

Dr. phil. habil. WOLFRAM BITTERLICH †
a.o. Professor an der Universität Innsbruck
Dr. phil. HANS WÖBKING
Montanwerke Brixlegg Ges.m.b.H.
Brixlegg, Tirol

Softcover reprint of the hardcover 1st edition 1972
Library of Congress Catalog Card Number 76-172691

Mit 289 Abbildungen

ISBN-13:978-3-7091-8292-5 e-ISBN-13:978-3-7091-8291-8
DOI: 10.1007/978-3-7091-8291-8

*Herrn Bergrat h. c. Dipl.-Ing. P. Kettner
Direktor der Montanwerke Brixlegg
in Dankbarkeit gewidmet*

Vorwort

Seit 1960 beschäftigt sich ein Team von Wissenschaftlern in Tirol mit elektronischen Messungen, die zum großen Teil in Bergwerken durchgeführt werden. Ziel des von W. Bitterlich gegründeten und geleiteten VLF-Projektes war anfänglich die Erforschung der Ausbreitung elektromagnetischer Wellen durch das Erdinnere. Doch schon bald erwies sich der Rahmen dieser Problemstellung zu klein. Die Bestimmung der elektrischen Gesteinsparameter wurde notwendig, und diese Aufgabe zog wiederum das Studium der Zusammenhänge der elektrischen mit den gefügekundlichen Gesteinsparametern nach sich. So wuchs der Baum der gelösten und der neu hinzu gekommenen Probleme immer weiter. Auf welchem Wissensgebiet steht dieser Baum? Für die Geoelektrik ist er zu groß, für die Geophysik zu klein. Da sich für ihn keine passende Zuordnung finden ließ, wurde der Begriff *Geoelektronik* geprägt.

Die Probleme dieses neuen Gebietes werden von den Geowissenschaften (Geologie, Mineralogie, Petrographie und Montanistik) gestellt und mit Hilfe der Elektronik gelöst. Das umfassende Gebiet der Geophysik soll durch die Geoelektronik nicht konkurrenziert, sondern nur ergänzt werden.

Was dieses neue Wissensgebiet umfassen soll, wird am besten, wenn auch keinesfalls vollständig, durch das Inhaltsverzeichnis zum Ausdruck gebracht. Dabei sind wir uns bewußt, daß von den vielen Möglichkeiten, die die moderne Elektronik meßtechnisch den Geowissenschaften bietet, nur ein Teil in diesem Buch behandelt werden konnte.

Vom Leser werden nicht allzuviel elektronische, wohl aber physikalische Kenntnisse verlangt. Wer jedoch auf dem Gebiet der Geoelektronik selbständig arbeiten will, muß über ein großes elektronisches Wissen und viel praktische Erfahrung verfügen.

Nachstehend angeführte Mitarbeiter des VLF-Projektes haben einen Abschnitt in diesem Buch geschrieben. Ihnen gilt unser besonderer Dank: W. Gradl (Kapitel 1.3), C. Grissemann (Kapitel 2.12), Dr. N. Nessler (Kapitel 6.3).

Ein großer Förderer unserer Arbeiten war der Berghauptmann von Tirol, Herr Hofrat Dipl.-Ing. Dr. O. Merlin. Wir möchten ihm an dieser Stelle herzlich danken.

Dem Springer-Verlag in Wien sei für die Aufgeschlossenheit gegenüber diesem neuen Wissensgebiet und für die Ausgestaltung dieses Buches gedankt.

Innsbruck, im Dezember 1970

Wolfram Bitterlich
Hans Wöbking

Mein verehrter Lehrer, der Mitautor dieses Buches, Herr Prof. Dr. WOLFRAM BITTERLICH starb am 6. Januar 1971. Es war ihm noch vergönnt, die letzten Manuskripte zu korrigieren, ehe ihm der Tod die Feder aus der Hand nahm.

Hans Wöbking

Inhaltsverzeichnis

1. Elektronik

Für eine Einführung in dieses Wissensgebiet ist nicht nur der Umfang dieses Buches viel zu klein, sondern es gibt zahlreiche Fachbücher, die sich dieser Aufgabe ausschließlich widmen [1.1]. Zur leichteren Orientierung für den Leser werden in diesem Kapitel die wichtigsten Bezeichnungen und Symbole in Tabellen zusammengefaßt und grundlegende Formeln und Begriffe wiederholt. Abschnitt 1.3 beinhaltet Probleme der elektronischen Meßtechnik mit besonderer Berücksichtigung des Fachgebietes „Geoelektronik".

1.1 Symbole und Systeme

1.1.1 Buchstabensymbole

Elektrische Symbole (Nach Valvo-Unterlagen, siehe auch DIN 41 785): Für Gleich-, Mittel-, Effektiv- und Scheitelwerte periodischer Funktionen und Impulsamplituden werden Großbuchstaben, für Augenblickswerte zeitlich veränderlicher Größen Kleinbuchstaben verwendet.

Indizes:

M, m	Scheitelwerte und Amplituden
MM, mm	Wert von Scheitel zu Scheitel
AV, av	arithmetische Mittelwerte
RMS, rms	Effektivwerte.

Beispiel:

$$U_M, U_m, I_{MM}, I_{mm}, U_{RMS}, U_{rms}.$$

Innere Widerstände und Leitwerte sowie Kapazitäten aktiver Bauelemente oder Bauelementgruppen werden durch Kleinbuchstaben, äußere Widerstände, Leitwerte oder Kapazitäten (Induktivitäten) einer Schaltung durch Großbuchstaben gekennzeichnet.

Beispiel:

$$r, g, c, R, G, C, L.$$

Für Gleichwerte werden im Index Großbuchstaben, für differentielle Werte Kleinbuchstaben verwendet.

Beispiel:

$$V_U, V_u.$$

Bei Anwendung von Elektrodenbezeichnungen als Indizes für Ströme, Spannungen oder Leistungen werden für Gesamtwerte, von Null an gezählt, Großbuchstaben verwendet.

Beispiel:

$$i_C, u_{BE}, I_C, U_{BE}, I_A.$$

Als Indizes für Werte der veränderlichen Komponente, vom arithmetischen Mittelwert an gerechnet, werden Kleinbuchstaben verwendet.

Beispiel:

$$i_c, u_{be}, I_c, U_{be}.$$

Bei Verwendung von Elektrodenbezeichnungen als Indizes für Widerstände, Kapazitäten usw. kennzeichnen Großbuchstaben Gleich- und Großsignalwerte, Kleinbuchstaben Wechsel- bzw. Kleinsignalwerte.

Beispiel:

$$R_A, r_a.$$

Größen, die sich auf den Eingang eines aktiven Bauelementes oder eine Schaltung beziehen, wie Spannungen, Ströme, Widerstände, Kapazitäten usw., werden mit dem Index 1, Größen, die sich auf den Ausgang beziehen, mit dem Index 2 gekennzeichnet.

Beispiel:

$$U_1, u_1, c_1, I_2, c_2, P_2.$$

Der Index B kennzeichnet Betriebs- oder Speisespannungen und Ströme, der Index 0 Resonanzgrößen.

Beispiel:

$$U_B, I_B, R_0, f_0.$$

Vektoren sind mit einem halbfetten Buchstaben gekennzeichnet, Skalare (Beträge) durch kein zusätzliches Symbol (oder einen senkrechten Strich vor und nach dem Buchstaben).

Beispiel:

$$\mathbf{E}, H, |B|.$$

In der englischen Literatur wird vielfach an Stelle des Dezimalpunktes bei Dimensionsangaben von Widerständen und Kondensatoren die Größenklasse gesetzt oder die Null vor dem Dezimalpunkt weggelassen.

Beispiel:

$$2\,k\,7 = 2{,}7\,\mathrm{k\Omega}, \qquad .01\,\mu = 0{,}01\,\mu\mathrm{F} = 10\,\mathrm{nF}.$$

Tabelle 1.1 *Allgemeine elektrische Symbole*

U, u	[V]	Spannung	$1\ \mathrm{V} = 10^3\ \mathrm{mV} = 10^6\ \mu\mathrm{V}$
I, i	[A]	Stromstärke	$1\ \mathrm{A} = 10^3\ \mathrm{mA} = 10^6\ \mu\mathrm{A}$
P, p	[W]	Wirkleistung,	allgemein: Leistung
S	[VA]	Scheinleistung	
R, r	[Ω]	Wirkwiderstand,	allgemein: Widerstand, Resistanz
			$1\ \Omega = 10^3\ \mathrm{m}\Omega = 10^{-3}\ \mathrm{k}\Omega = 10^{-6}\ \mathrm{M}\Omega$
		Kurzform	m k M

L, l	[H]	Induktivität $1\,H = 10^3\,mH = 10^6\,\mu H$ Kurzform m μ	
C, c	[F]	Kapazität $1\,F = 10^6\,\mu F = 10^9\,nF = 10^{12}\,pF$ Kurzform μ n p	
G, g	[S]	Wirkleitwert, allgemein: Leitwert ($= 1/R$),	Konduktanz
X	[Ω]	Blindwiderstand	Reaktanz
		X_L = induktiver Blindwiderstand,	Induktanz
		X_C = kapazitiver Blindwiderstand,	Kapazitanz
Y	[S]	Blindleitwert ($= 1/X$),	Suszeptanz
Z	[Ω]	komplexer Widerstand, Scheinwiderstand,	Impedanz
W	[S]	komplexer Leitwert, Scheinleitwert,	Admittanz
M	[H]	Gegeninduktivität	
φ	[grad]	Phasenwinkel	
$\cos\varphi$		Leistungsfaktor	
δ	[grad]	Verlustwinkel	
$\tan\delta$		Verlustfaktor	
ρ	[Ωm], [Ω · mm²/m]	spezifischer Widerstand	
σ	[S cm⁻¹], [S/m]	Leitfähigkeit (*LF*)	
f	[Hz]	Frequenz $1\,Hz = 10^{-3}\,kHz = 10^{-6}\,MHz$ Kurzform c kc mc	
ω		Kreisfrequenz $= 2\pi f$	
λ	[m]	Wellenlänge	
ε	[F/m]	Dielektrizitätskonstante (DK), $\varepsilon = \varepsilon_0 \cdot \varepsilon_r$ ε_0 = absolute DK des Vakuums $= 8{,}86 \cdot 10^{-12}$ [$AsV^{-1}m^{-1}$] ε_r = relative DK des Stoffes	
μ	[H/m]	absolute magnetische Permeabilität $\mu = \mu_0 \cdot \mu_r$ μ_0 = magnetische Feldkonstante $= 1{,}256 \cdot 10^{-6}$ [$VsA^{-1}m^{-1}$] μ_r = relative Permeabilität, schlechthin Permeabilität	

Tabelle 1.2 *Spezielle elektrische Symbole*

k	[m⁻¹]	Komplexe Wellenzahl
k_1	[m⁻¹]	Phasenkonstante
k_2	[m⁻¹]	Dämpfungskonstante
h	[m]	Eindringtiefe
p		Dämpfungskonstante/Phasenkonstante
x		Phasenkonstante · Entfernung
r, ϑ, φ		Kugelkoordinaten
$U_r, U_\vartheta, U_\varphi$	[V]	den Feldstärkekomponenten H_r, H_ϑ, H_φ proportionale Empfangsspannungen
U_{ma}, U_{mi}	[V]	maximale und minimale Empfangsspannung in der Ebene der Polarisationsellipse
$V = U_{ma}/U_{mi}$		Achsenverhältnis der Polarisationsellipse
$W = U_r/U_\vartheta$		Verhältnis der radialen zur transversalen Feldstärkekomponente
G		Verhältnis der Feldstärke bei $\vartheta = 0°$ zu der bei $\vartheta = 90°$
U_{ind}	[V]	induzierte Spannung
Z	[Ω]	Wellenwiderstand
$\Delta f, b$	[Hz]	Bandbreite

Tabelle 1.3 *Gefügekundliche Symbole*

n'	[cm^{-3}]	Konzentration
z		Wertigkeit
u	[$g^{-1/2}cm^{3/2}$]	Ionenbeweglichkeit
k'		Boltzmann-Konstante $= 1{,}38 \cdot 10^{-16}$ erg grad^{-1}
η	[P]	Zähigkeit
ζ	[erg · s]	Reibungswirkung
T'	[grad K]	absolute Temperatur
A	[cm^2]	Elektrodenoberfläche
a	[cm^2]	Porenquerschnitt
D	[cm]	mittlere Länge der Strompfade im Gestein
α, β	[grad]	Neigungswinkel der Stromlinien
d	[cm]	Dicke der Gesteinsscheibe
Φ		Porosität
F_C		kapazitiver Formationsfaktor
F_R		ohmscher Formationsfaktor
T		Tortuosität
n, m		Zementationsfaktor
k	[dary]	Permeabilität (Durchlässigkeit)
f_a		Aktivitätskoeffizient

Tabelle 1.4 *Symbole von elektronischen Bauelementen*

Rö	Elektronenröhre	R, r	Widerstand
A, a	Anode	L, l	Induktivität
G, g	Gitter	C, c	Kapazität
K, k	Kathode	*Ütr*	Übertrager
F, f	Faden, Heizung	S	Schalter
Tr	Transistor	Si	Sicherung
C, c	Kollektor	Rel	Relais
B, b	Basis	B	Batterie
E, e	Emitter	Bu	Buchse, Anschluß
S, s	Source, Quelle	Q	Quarz
G, g	Gate, Gitter	Gl	Gleichrichter
D, d	Drain, Abzug	P	Potentiometer
D	Diode	n	Windungszahl
Z	Zenerdiode	I	Instrument

Fortlaufende Nummern werden als Indizes immer tiefer geschrieben. Beispiel: Tr_1, R_1, r_1, S_1, n_1.

1.1.2 Schaltungssymbole

Die Tabelle 1.5 stellt eine Auswahl der wichtigsten in der Elektronik vorkommenden Schaltelemente dar. Ein Großteil davon ist bereits genormt. Im einzelnen ist dargestellt:

Tabelle 1.5 *Schaltelemente der Elektronik*

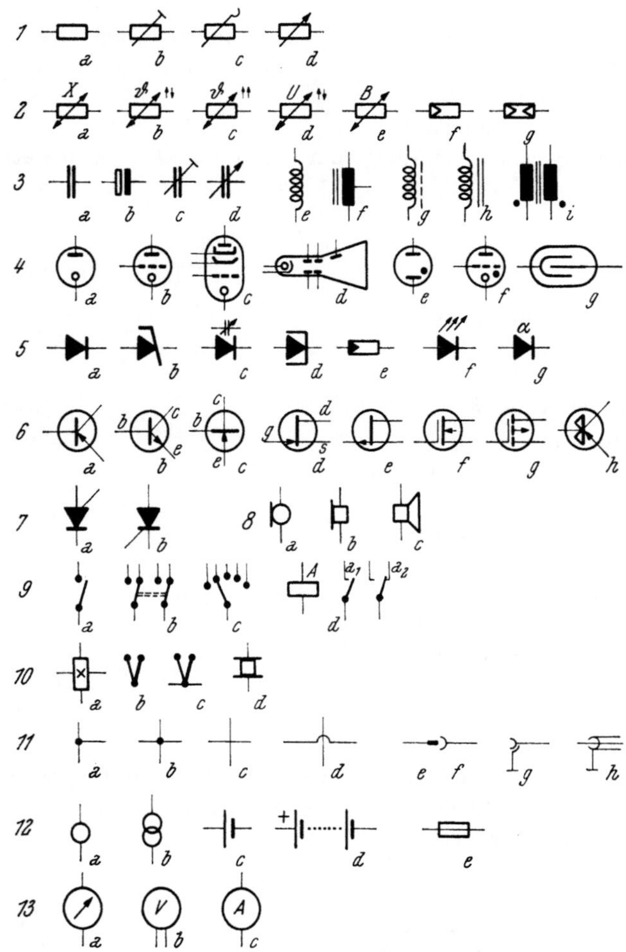

1. Widerstände
   a) Festwiderstand
   b) stellbarer Widerstand (Trimmpotentiometer)
   c) stellbarer Widerstand mit Schelle
   d) Potentiometer (der Mittelabgriff ist das Pfeilende)
2. Veränderliche Widerstände
   a) allgemein, von der physikalischen Größe X abhängig
   b) temperaturabhängiger Widerstand, Widerstand sinkt mit steigender Temperatur (Pfeile gegensinnig, *NTC*)
   c) positiver temperaturabhängiger Widerstand, *PTC*
   d) spannungsabhängiger Widerstand (*VDR*)
   e) magnetfeldabhängiger Widerstand (Feldplatte)
   f) stromrichtungsabhängiger Widerstand
   g) stromrichtungsunabhängiger lichtempfindlicher Widerstand (Photowiderstand)
3. Kapazitäten und Induktivitäten
   a) allgemein, Kapazität
   b) Elektrolytkondensator

c) Trimmer
d) Drehkondensator
e) Spule, wesentlich als Induktivität (z. B. im Schwingkreis)
f) Spule, Induktivität unwesentlich (z. B. Spartransformator)
g) Induktivität mit Ferritkern
h) Induktivität mit Eisenkern
i) Übertrager (gleicher Wicklungssinn durch Punkte angedeutet)

4. Elektronenröhren
a) Diode
b) Triode
c) Pentode
d) Bildröhre (Braunsche Röhre)
e) Glimmstabilisator
f) Thyratron
g) Geigerzähler (*e* bis *h* sind gasgefüllt)

5. Halbleiterdioden
a) allgemein (Kathode = Strich)
b) *Z*-Diode
c) Kapazitätsdiode (Varactor)
d) Tunneldiode
e) Photodiode
f) Leuchtdiode (lichtaussendende Diode)
g) kernstrahlungsempfindliche Diode

6. Transistoren
a) *pnp*-Transistor
b) *npn*-Transistor
c) (nicht genormte) einfach zeichenbare Darstellung (in integrierten Schaltkreisdarstellungen entfällt der umschriebene Kreis)
d—g) Feldeffekttransistoren
d) *p*-Kanal
e) *n*-Kanal
f) Mosfet (*p*-Kanal), Entleerungstyp
g) Mosfet (*n*-Kanal), Steigerungstyp
h) Phototransistor

7. Thyristor
a) an der Anode gesteuert
b) an der Kathode gesteuert

8. a) Mikrofon
b) Kopfhörer
c) Lautsprecher

9. Schalter
a) ein
b) 2 × um
c) 1 × 5
d) Relais (bei räumlich getrennter Darstellung wird die Spule mit Großbuchstaben, die zugehörigen Kontakte mit denselben Kleinbuchstaben bezeichnet)

10. a) Hallgenerator
b) Thermoelement
c) Thermokreuz
d) Quarz

11. Leitungsanschlüsse
    a,b) Verbindung
    c) Kreuzung (isoliert)
    d) Kreuzung (veraltete Form)
    e) Stecker
    f) Buchse
    g) geschirmte Buchse
    h) geschirmte Leitung

12. a) Spannungsgenerator, allgemein
    b) Stromgenerator, allgemein
    c,d) Batterie (langer Strich = +)
    e) Sicherung

13. a) Meßinstrument, allgemein
    b) Spannung
    c) Strom

1.1.3 Maßsysteme [1.2], [1.3]

Tabelle 1.6

1	Geschwindigkeit	v	lt^{-1}
2	Beschleunigung	a	lt^{-2}
3	Kraft	F	lmt^{-2}
4	Druck	p	$l^{-1}mt^{-2}$
5	Impuls	G	lmt^{-1}
6	Energie	A, W, E	l^2mt^{-2}
7	Moment	T	l^2mt^{-2}
8	Elastizitätsmodul	E	$l^{-1}mt^{-2}$
9	Kompressibilität	κ	$lm^{-1}t^2$
10	Dynamische Viskosität	η	$l^{-1}mt^{-1}$
11	Kinematische Viskosität	ν	l^2t^{-1}
12	Leistung	P	l^2mt^{-3}
13	Elektrische Spannung	U	$l^{3/2}m^{1/2}t^{-2}$
14	Elektrische Stromstärke	I	$l^{1/2}m^{1/2}t^{-1}$
15	Elektrische Stromdichte	G	$l^{-3/2}m^{1/2}t^{-1}$
16	Elektrische Feldstärke	E	$l^{1/2}m^{1/2}t^{-2}$
17	Elektrische Verschiebung	D	$l^{-3/2}m^{1/2}$
18	Elektrische Polarisation	P	$l^{-3/2}m^{1/2}$
19	Elektrische Ladung	Q	$l^{1/2}m^{1/2}$
20	Elektrisches Moment	p	$l^{3/2}m^{1/2}$
21	Elektrischer Widerstand	R	lt^{-1}
22	Poynting-Vektor	S	mt^{-3}
23	Magnetische Spannung	V	$l^{1/2}m^{1/2}t^{-1}$
24	Magnetische Feldstärke	H	$l^{-1/2}m^{1/2}t^{-1}$
25	Magnetische Induktion	B	$l^{-1/2}m^{1/2}t^{-1}$
26	Magnetischer Fluß	Φ	$l^{3/2}m^{1/2}t^{-1}$
27	Magnetisches Moment	m	$l^{5/2}m^{1/2}t^{-1}$
28	Kapazität	C	$l^{-1}t^2$
29	Induktivität	L	l

Im CGS-System (elektromagnetisches System) werden für l = cm, m = g, t = s eingesetzt. Im internationalen Maßsystem (MKSA) werden für l = m, m = kg, t = s (A = Ampere) eingesetzt.

Tabelle 1.7 *Eigennamen im CGS-System*

2	Beschleunigung	Gal	Gal
3	Kraft	Dyn	dyn
6	Energie	Erg	erg
10	Dynamische Viskosität	Poise	P
11	Kinematische Viskosität	Stokes	St
23	Magnetische Spannung	Gilbert	Gb
24	Magnetische Feldstärke	Oersted	Oe
25	Magnetische Induktion	Gauß	Gs
26	Magnetischer Fluß	Maxwell	Mx
	Fluidität	Rhe	rhe

Tabelle 1.8 *Das MKSA-System*

3	Kraft	Newton	1 N	= 1 $mkgs^{-2}$	= 1 VAs/m
6	Energie	Joule	1 J	= 1 m^2kgs^{-2}	= 1 VAs
12	Leistung	Watt	1 W	= 1 m^2kgs^{-3}	= 1 VA
13	Elektrische Spannung	Volt	1 V	= 1 $m^2kgs^{-3}A^{-1}$	= 1 W/A
14	Elektrische Stromstärke	Ampere	A		
15	Elektrische Stromdichte		G	$m^{-2}A$	
16	Elektrische Feldstärke		E	$mkgs^{-3}A^{-1}$	
17	Elektrische Verschiebung		D	$m^{-2}sA$	
18	Elektrische Polarisation		P	$m^{-2}sA$	
19	Elektrische Ladung	Coulomb	1 C	= 1 sA	
20	Elektrisches Moment		p	msA	
21	Elektrischer Widerstand	Ohm	1 Ω	= 1 $m^2kgs^{-3}A^{-2}$	= 1 V/A
22	Poynting Vektor		S	kgs^{-3}	
23	Magnetische Spannung		V	A	
24	Magnetische Feldstärke		H	$m^{-1}A$	
25	Magnetische Induktion	Tesla	1 T	= 1 $kgs^{-2}A^{-1}$	= 1 Wb/m^2
26	Magnetischer Fluß	Weber	1 Wb	= 1 $m^2kgs^{-2}A^{-1}$	= 1 J/A
27	Magnetisches Moment		m	$m^3kgs^{-2}A^{-1}$	
28	Kapazität	Farad	1 F	= 1 $m^{-2}kg^{-1}s^4A^2$	= 1 C/V
29	Induktivität	Henry	1 H	= 1 $m^2kgs^{-2}A^{-2}$	= 1 Wb/A

1.2 Formeln und Dimensionen [1.1]

1.2.1 Widerstände, Kondensatoren, Induktivitäten

A. Widerstände

Wird an die Enden eines Leiters eine Spannung U gelegt, so fließt ein Strom I. Als Widerstand R wird der Quotient

$$R = U/I \quad \text{(Ohmsches Gesetz)} \tag{1.1}$$

bezeichnet. Im internationalen Maßsystem ist die Einheit des Widerstandes 1 Ohm [Ω], $1\,\Omega = 1\,\mathrm{kgm^2/s^3A^2}$. Der Widerstand eines Leiters der Länge l und des Querschnittes q ist

$$R = \frac{l \cdot \rho}{q} \tag{1.2}$$

ρ ist der spezifische Widerstand, seine Einheit $1\,\Omega \cdot \mathrm{m}$

$$\rho = \frac{1}{\sigma} \tag{1.3}$$

σ = elektrische Leitfähigkeit [S/m].

Der reziproke Wert des Widerstandes ist der Leitwert G.

$$G = \frac{1}{R} \qquad [\mathrm{S}, \Omega^{-1}] \tag{1.4}$$

S = Siemens (in Amerika mho)

$$1/\mathrm{m}\Omega = \mathrm{kS}$$
$$1/\Omega = \mathrm{S}$$
$$1/\mathrm{k}\Omega = \mathrm{mS}$$
$$1/\mathrm{M}\Omega = \mu\mathrm{S}$$

Widerstände in Reihenschaltung (Spannungsteiler)

$$R = R_1 + R_2 + \cdots + R_n \tag{1.5}$$

Widerstände in Parallelschaltung (Stromverzweigung)

$$\frac{1}{R} = \frac{1}{R_1} + \frac{1}{R_2} + \cdots + \frac{1}{R_n}. \tag{1.6}$$

Der metallische Widerstand beruht auf der Wärmebewegung der Metallionen. Durch sie wird die strenge Periodizität der Gitteranordnung gestört. Der elektrolytische Widerstand wird zum Teil durch den hydrodynamischen Widerstand des Lösungsmittels gegen die Bewegung der Ionen, zum Teil durch elektrische Anziehungskräfte bestimmt.

B. Kondensatoren

Als Kondensator wird eine Kapazität mit geringer Streuung bezeichnet. Die Kapazität oder das Fassungsvermögen von Kondensatoren wird als das Verhältnis der Ladung zu ihrer Spannung definiert.

$$C = Q/U \qquad [\mathrm{F}, \mathrm{As/V}]. \tag{1.7}$$

Die Einheit ist das Farad.

Kondensatoren in Parallelschaltung

$$C = C_1 + C_2 + \cdots + C_n \tag{1.8}$$

Kondensatoren in Reihenschaltung

$$\frac{1}{C} = \frac{1}{C_1} + \frac{1}{C_2} + \cdots + \frac{1}{C_n}. \tag{1.9}$$

Kapazitiver Widerstand

$$|X_C| = \frac{1}{2 \cdot \pi \cdot f \cdot C} = \frac{1}{\omega \cdot C} \qquad [\Omega, \text{Hz}, \text{F}]. \tag{1.10}$$

Kapazitiver Blindstrom

$$|I_C| = \frac{U}{|X_C|} = U \cdot \omega \cdot C. \tag{1.11}$$

Der Strom I_C ist ein wattloser Strom, das heißt, in einem Blindwiderstand wird keine Energie verbraucht. Ein idealer Kondensator ist technisch nicht realisierbar. Das Dielektrikum bringt Verluste, die als ein zum Kondensator parallel geschalteter ohmscher Widerstand aufgefaßt werden können. Bei hohen Frequenzen ist auch eine Eigeninduktivität zu berücksichtigen.

$$\frac{N_{\text{wirk}}}{N_{\text{blind}}} = \frac{U^2 \cdot \omega \cdot C \cdot \tan \delta}{U^2 \cdot \omega \cdot C} = \tan \delta. \tag{1.12}$$

$\delta =$ Verlustwinkel.

Die Isolation jedes Kondensators ist für eine bestimmte Betriebsspannung dimensioniert. Die technischen Ausführungsformen sind sehr zahlreich. Man unterscheidet ungepolte Kondensatoren, gepolte oder Elektrolytkondensatoren und in ihrer Kapazität variable sogenannte Drehkondensatoren und Trimmer. Weitere Details siehe [1.1].

C. Induktivitäten

Tritt in einer Spule eine Stromänderung auf, so bewirkt die Selbstinduktion das Entstehen einer Gegenspannung.

$$U_{\text{ind}} = -L \cdot \frac{dI}{dt}. \tag{1.13}$$

L ist die Induktivität. Ihre Einheit ist das Henry: $1\ \text{H} = 1(\text{V} \cdot \text{s/A})$. Für eine Wechselspannung zeigt eine ideale Spule einen Blindwiderstand X:

$$|X| = \omega L; \qquad I = \frac{U}{|X|}. \tag{1.14}$$

Die Spannung eilt in der Phase dem Strom um 90° voraus.

Die Induktivität L einer Spule wird durch die Windungszahl w, die Geometrie K und die relative Permeabilität μ_r des umgebenden Mediums bestimmt.

$$L \sim w^2 \cdot K \cdot \mu_r. \tag{1.15}$$

Die Verluste der Spule können durch einen Serien- oder Parallelwiderstand dargestellt werden. Der Verlustfaktor wird als Quotient aus Wirkleistung und Blindleistung definiert:

$$\tan \delta = \frac{R_s}{\omega L} = \frac{\omega L}{R_p} \tag{1.16}$$

$\delta =$ Verlustwinkel.

Die Güte Q einer Spule ist:

$$Q = \frac{1}{\tan\delta}. \tag{1.17}$$

Induktivitäten in Reihenschaltung ohne gegenseitige Kopplung (entsprechend der Reihenschaltung von Widerständen):

$$L = L_1 + L_2 + \cdots + L_n. \tag{1.18}$$

Induktivitäten in Parallelschaltung ohne gegenseitige Kopplung (entsprechend der Parallelschaltung von Widerständen):

$$\frac{1}{L} = \frac{1}{L_1} + \frac{1}{L_2} + \cdots + \frac{1}{L_n}. \tag{1.19}$$

1.2.2 *R*-*C*-Kombinationen

A. Das RC-Glied

Die Zeitkonstante: Wird ein Kondensator über einen Widerstand aufgeladen oder entladen, so ist in der Zeit τ die Spannung beim Ladevorgang auf 63% des Höchstwertes angestiegen, beim Entladevorgang auf 37% abgefallen. Die Zeitkonstante τ eines *RC*-Gliedes ist

$$\tau = R \cdot C \qquad \begin{bmatrix} \text{M}\Omega, \mu\text{F}, \text{s} \\ \text{M}\Omega, \text{pF}, \mu\text{s} \end{bmatrix} \tag{1.20}$$

(siehe Abb. 1.1).

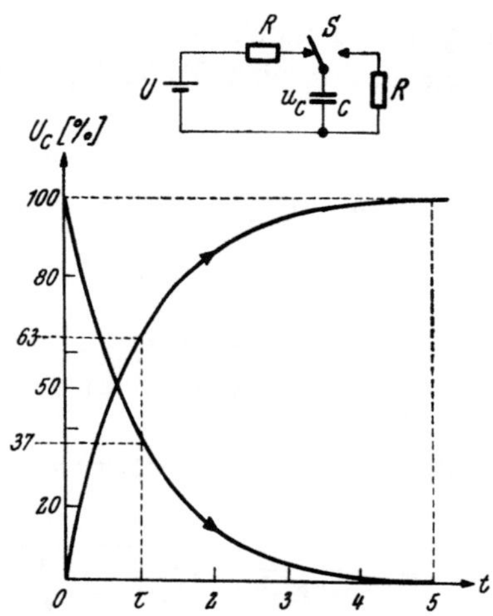

Abb. 1.1. Lade- und Entladevorgang eines *RC*-Gliedes

Die Abschwächung und die Grenzfrequenz: Wird für eine bestimmte Frequenz, die Grenzfrequenz, der Blindwiderstand X_C einer *RC*-Kombination gleich dem Wirkwiderstand *R*, so tritt eine Abschwächung der angelegten Wechselspannung auf $1/\sqrt{2} \sim 0{,}7$ (70% oder 3 *dB*) ein. Gleichzeitig erfolgt eine Phasendrehung — der Phasenwinkel φ wird 45°. Die Abschwächung *a* ist das Verhältnis der Ausgangsspannung zur Eingangsspannung:

$$a = U_2/U_1; \qquad s = 1/a \tag{1.21}$$

s = Siebfaktor.

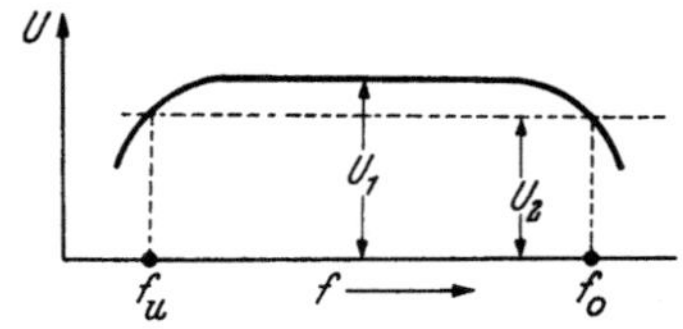

Abb. 1.2. Die Grenzfrequenzen

Abb. 1.2 zeigt die Definition der Abschwächung bei der unteren (f_u) und oberen (f_o) Grenzfrequenz. Die CR-Serienschaltung Abb. 1.3 stellt einen Hochpaß dar, d. h., höhere Frequenzen werden weniger abgeschwächt. Mit fallender Frequenz nimmt a und der Phasenwinkel φ zu. Die Grenzfrequenz f_{gr} wird folglich eine untere Grenzfrequenz f_u sein.

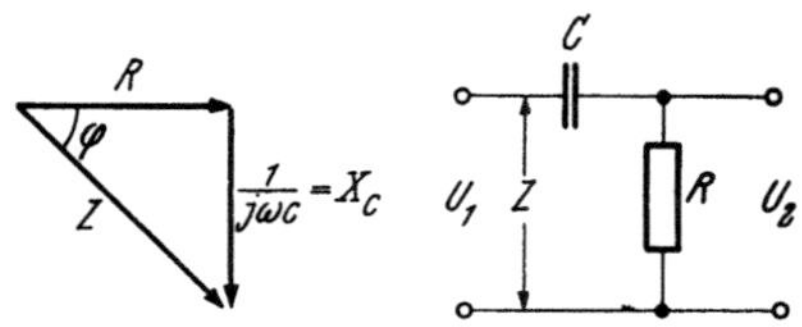

Abb. 1.3. Das CR-Glied

Die RC-Serienschaltung Abb. 1.4 stellt einen Tiefpaß dar, tiefere Frequenzen werden bevorzugt übertragen. Für den Tiefpaß gilt $f_{gr} = f_o$ = obere Grenzfrequenz.

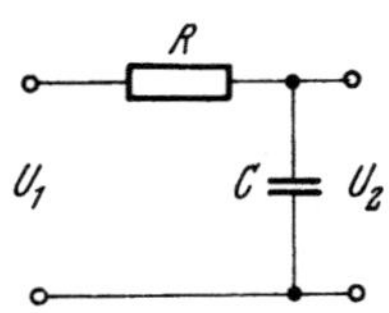

Abb. 1.4. Das RC-Glied

Der Scheinwiderstand oder die Impedanz der Serienschaltung von Kondensator und Widerstand ist:

$$|Z| = \sqrt{R^2 + X_C^2} = \sqrt{R^2 + \frac{1}{\omega^2 C^2}}\,. \tag{1.22}$$

Er steigt bei der Grenzfrequenz auf das 1,4fache von R. Die Impedanz der Parallelschaltung Abb. 1.5 ist:

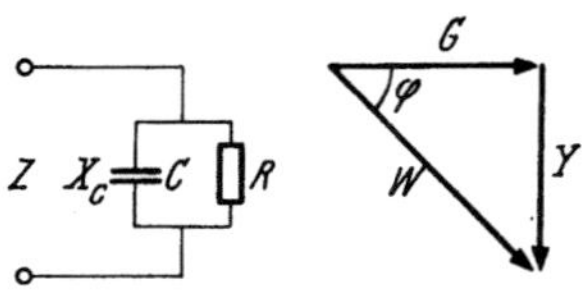

Abb. 1.5. Parallelschaltung R und C

$$|Z| = \frac{R}{\sqrt{1 + \omega^2 C^2 R^2}}. \tag{1.23}$$

Sie fällt auf das 0,7fache von R.

Für einen Phasenwinkel von $\varphi = 45°$ wird tg $\varphi = 1$ und $\omega RC = 1$; die Grenzfrequenz ist folglich:

$$\begin{matrix} f_u = \\ f_o = \end{matrix} f_{gr} = \frac{1}{2\pi \cdot RC} = \frac{1}{6{,}3 \cdot \tau} \quad \begin{bmatrix} \mathrm{M\Omega}, \mu\mathrm{F}, \mathrm{Hz} \\ \mathrm{M\Omega}, \mathrm{pF}, \mathrm{MHz} \end{bmatrix}. \tag{1.24}$$

Der Phasenwinkel φ einer RC-Kombination ist der Winkel zwischen Wirk- und Scheinwiderstandsvektor

$$\mathrm{tg}\, \varphi = X/R = Q \tag{1.25}$$

Q = Gütefaktor.

Der Verlustwinkel δ ist gegeben durch

$$\mathrm{tg}\, \delta = R/X = d \tag{1.26}$$

d = Dämpfung.

Die Bandbreite b:

$$b = f_o - f_u = \Delta f. \tag{1.27}$$

B. Das RC-Filter

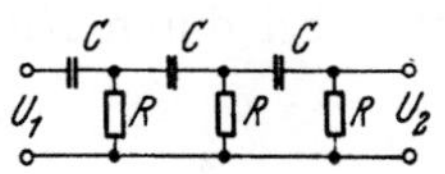

Abb. 1.6. Mehrgliedrige CR-Kette

Hoch- und Tiefpaß. Die dreigliedrige RC-Kette Abb. 1.6 stellt einen Hochpaß dar, d. h., tiefe Frequenzen werden abgeschwächt. Für einen Phasenwinkel $\varphi = 180°$ wird die Kette bei einer Frequenz

$$\omega_0 = 1/\sqrt{6 \cdot RC}; \qquad f_0 = \frac{10^{12}}{15{,}4 \cdot CR} \quad [\mathrm{Hz}, \Omega, \mathrm{pF}] \tag{1.28}$$

reell.

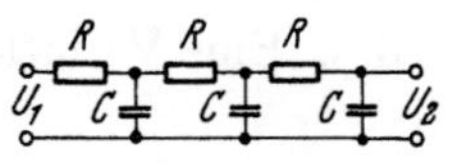

Abb. 1.7. Mehrgliedrige RC-Kette

Die RC-Kette Abb. 1.7 stellt einen Tiefpaß dar. Sie wird reell bei einer Frequenz:

$$\omega_0 = \sqrt{6/RC}; \qquad f_0 = \frac{10^{12}}{2{,}6 \cdot RC} \quad [\mathrm{Hz}, \Omega, \mathrm{pF}]. \tag{1.29}$$

Bandpässe. Das Wien-Robinson-Netzwerk Abb. 1.8 stellt einen Bandpaß geringer Selektivität dar. Es wird reell bei einer Frequenz

$$\omega_0 = 1/RC \quad \text{oder} \quad f_0 = \frac{10^{12}}{6{,}3 \cdot RC} \quad [\text{Hz}, \Omega, \text{pF}]. \tag{1.30}$$

Dabei ist der Phasenwinkel $\varphi = 180°$ und die Abschwächung $U_1/U_2 = 3$. Das Netzwerk kann auch umgedreht werden (Abb. 1.9) und wirkt dann als Sperrfilter.

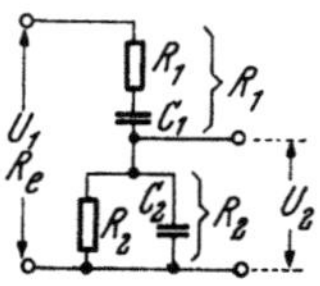

Abb. 1.8. Das Wien-Robinson-Netzwerk

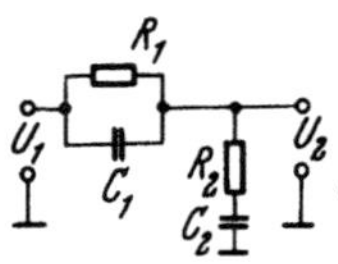

Abb. 1.9. Wien-Netzwerk als Sperrfilter

Das überbrückte T-Glied, Abb. 1.10, wird bei einer Frequenz

$$\omega_0 = 1/RC \tag{1.31}$$

reell. Der Phasenwinkel geht dabei durch Null.

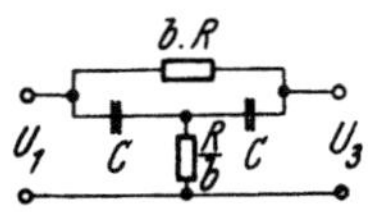

Abb. 1.10. Das überbrückte T-Glied

Die Abschwächung wird

$$a = U_3/U_1 = \frac{2/b}{2/b + b} = \frac{2}{2 + b^2}, \tag{1.32}$$

wobei b möglichst groß gewählt werden soll. Die Bandbreite dieses Sperrfilters ist die Hälfte der des Wien-Gliedes. Eine Variation des T-Filters zeigt Abb. 1.11, ein Doppel-L-Bandpaß.

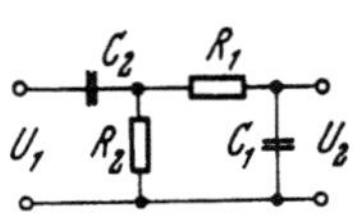

Abb. 1.11. Das Doppel-L-Netzwerk

Ein RC-Filter hoher Güte ist das Doppel-T-Netzwerk. Es ist eine Brücke aus einem Hochpaß- und einem Tiefpaßfilter, Abb. 1.12 zeigt ein Beispiel.

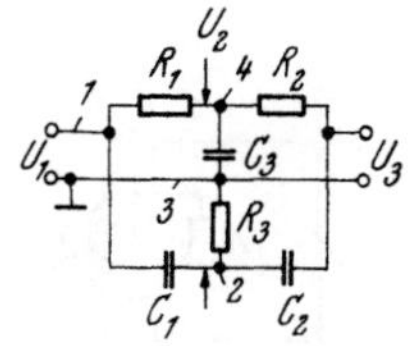

Abb. 1.12. Das symmetrische Doppel-T-Glied

Bei der Frequenz

$$\omega RC = 1; \qquad f_0 = \frac{10^{12}}{6{,}3 \cdot RC} \qquad [\mathrm{Hz}, \Omega, \mathrm{pF}] \tag{1.33}$$

wird die Ausgangsspannung U_3 Null, unter der Bedingung

$$R = R_1 = R_2; \qquad R_3 = 0{,}5R$$

$$C = C_1 = C_2; \qquad C_3 = C/0{,}5.$$

Im Kopplungsweg ist dieses Netzwerk ein Sperrfilter, im Gegenkopplungsweg ein Bandpaß.

1.2.3 R-L-Kombinationen

Analog zur Zeitkonstante des RC-Gliedes gilt für die Reihen- oder Parallelschaltung eines Widerstandes mit einer Induktivität (Abb. 1.13):

$$\tau = L/R \qquad [\Omega, \mathrm{H}, \mathrm{s}]. \tag{1.34}$$

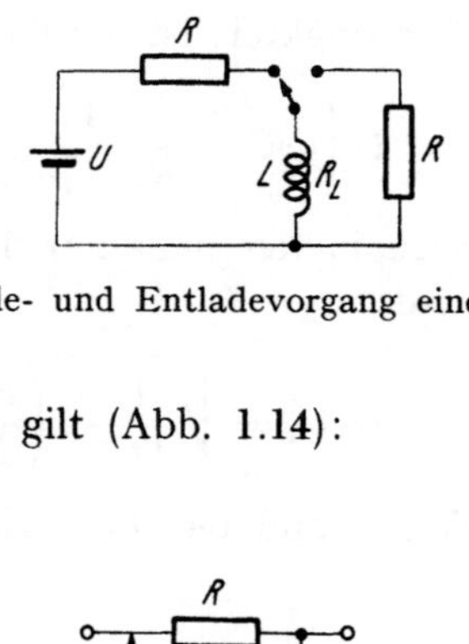

Abb. 1.13. Lade- und Entladevorgang eines RL-Gliedes

Für die Serienschaltung RL gilt (Abb. 1.14):

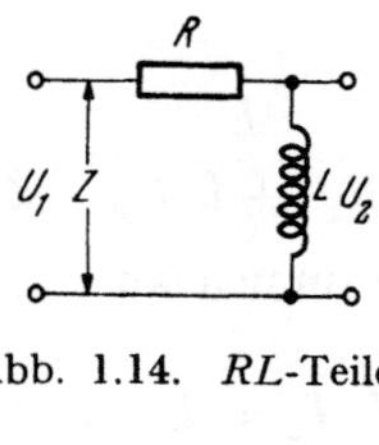

Abb. 1.14. RL-Teiler

$$a = \frac{\omega L}{\sqrt{R^2 + \omega^2 L^2}}$$

$$|Z| = \sqrt{R^2 + \omega^2 L^2}; \qquad \operatorname{tg} \varphi = \omega L/R. \tag{1.35}$$

Für die Parallelschaltung RL gilt (Abb. 1.15):

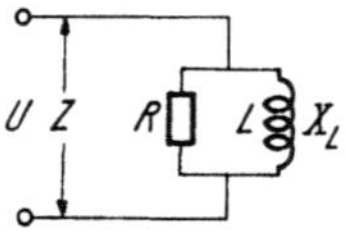

Abb. 1.15. Parallelschaltung R und L

$$|Z| = \frac{\omega RL}{\sqrt{R^2 + \omega^2 L^2}}; \qquad \operatorname{tg} \varphi = \frac{R}{\omega L}. \tag{1.36}$$

1.2.4 L-C-Kombinationen

Induktivität und Kapazität können parallel geschaltet werden, sie bilden dann einen Strom- oder Parallelresonanzkreis. Die Serienschaltung von L und C bildet einen Spannungs- oder Serienresonanzkreis.

A. Parallelresonanzkreis (Abb. 1.16)

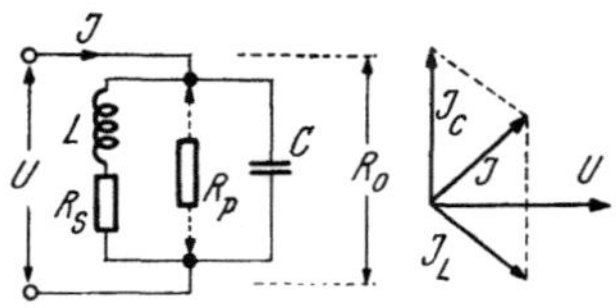

Abb. 1.16. Der Parallelresonanzkreis

Der Strom durch den Schwingkreis ist gegeben durch:

$$I = U\left(j\omega C + \frac{1}{R_s + j\omega L}\right). \tag{1.37}$$

Befindet sich der Schwingkreis in Resonanz mit der ihm zugeführten Frequenz (Resonanzindex „0"), so wird:

$$\text{Resonanzfrequenz } \omega_0 = \sqrt{\frac{1}{LC} - \left(\frac{R_s}{L}\right)^2} \sim 1/\sqrt{LC}. \tag{1.38}$$

Im Resonanzfall ist der Widerstand des Parallelschwingkreises maximal und reell:

$$R_0 = \frac{L}{R_s \cdot C} = \frac{L}{R_s C + L/R_p} = \frac{\omega_0 L}{d_s + d_p} = \omega_0 L/d. \tag{1.39}$$

Die Dämpfung d setzt sich zusammen aus

$$d = I_0/I_L = I_0/I_C = d_s + d_p = \frac{R_s}{\omega_0 L} + \frac{\omega_0 L}{R_p}. \tag{1.40}$$

Der Gütefaktor Q (auch Kreisgüte oder Resonanzüberhöhung) ist der Quotient aus Blindwiderstand und Wirkwiderstand. Er ist gleich dem reziproken Wert der Dämpfung:

$$Q = 1/d = \frac{\omega_0 L}{R_s}. \tag{1.41}$$

Die Bandbreite der Resonanzkurve bei konstantem Generatorstrom ($R_i = \infty$) ist:

$$b = \Delta f = d \cdot f_0; \qquad t_e = 1/b \tag{1.42}$$

t_e = Einschwingzeit.

B. Serienresonanzkreis (Abb. 1.17)

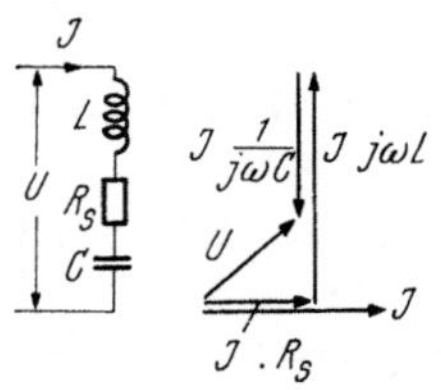

Abb. 1.17. Serienresonanzkreis

Der Strom ist gegeben durch:

$$I = \frac{U}{R_s + j(\omega L - 1/\omega C)}. \tag{1.43}$$

Für $\omega_0 = 1/\sqrt{LC}$ wird $I_0 = U_0/R_s$. Der Resonanzwiderstand R_0 ist reell und minimal:

$$R_0 = R_s. \tag{1.44}$$

Die Dämpfung ist gegeben durch:

$$d = U_0/U_L = U_0/U_C = \frac{R_s}{\omega_0 L}. \tag{1.45}$$

C. Formeln für die Praxis

$$f = \frac{159}{\sqrt{LC}};$$

$$L = \frac{25300}{C \cdot f^2}; \qquad \begin{bmatrix} \text{MHz}, \mu\text{H}, \text{pF} \\ \text{Hz}, \ \text{H}, \mu\text{F} \end{bmatrix} \tag{1.46}$$

$$R_0 = Q/\omega_0 C = Q\sqrt{L/C} = L/R_s C = 1/(2\pi b C) \qquad [\text{H, F, Hz}] \tag{1.47}$$

$$d = \frac{R_s}{\omega_0 L} = R_s \sqrt{C/L} = \frac{C_2 - C_1}{2 \cdot C_0} = \frac{\Delta C}{2 C_0} = \frac{\Delta f}{f_0} = 1/Q \tag{1.48}$$

$$Q = \frac{\omega_0 L}{R_s} = \frac{1}{\omega_0 C \cdot R_s} = \frac{1}{R_s}\sqrt{\frac{L}{C}} = \frac{Z}{R_s}$$

$$Q = \frac{f \cdot L}{160 \cdot R_s} = \frac{1{,}8 \cdot 10^8}{f \cdot R_s \cdot C} \qquad [\text{kHz}, \mu\text{H}, \Omega, \text{pF}]. \tag{1.49}$$

D. LC-Filter

Mit Kondensatoren und Induktivitäten lassen sich nicht nur Schwing- oder Resonanzkreise aufbauen, sondern auch Filter. Vergleicht man einfache *RC*-

mit LC-Filtern im Niederfrequenzgebiet, so sind letztere wohl resonanzschärfer, haben also eine höhere Güte, sind aber wesentlich voluminöser und gewichtiger. Es können alle drei Filterarten, für die nachfolgend je ein Beispiel beschrieben wird, realisiert werden.

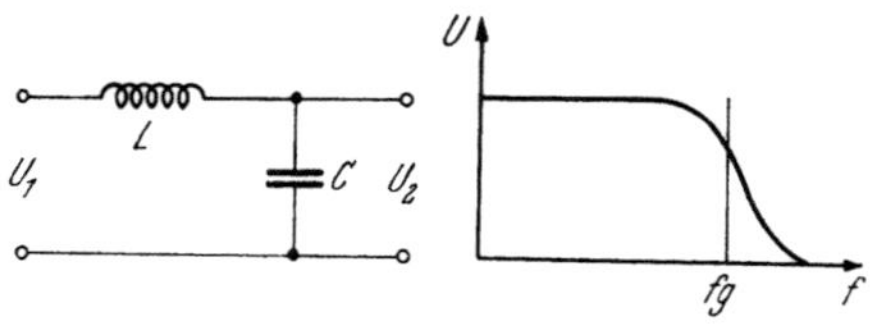

Abb. 1.18. LC-Tiefpaß mit Frequenzgang

1. *LC-Tiefpaß (siehe Abb. 1.18).* Für die Grenzfrequenz gilt:

$$f_g = \frac{1}{2\pi\sqrt{LC}} \qquad [\mathrm{Hz, H, F}] \tag{1.50}$$

f_g wird in diesem Falle eine obere Grenzfrequenz sein, das heißt, alle Frequenzen kleiner als f_g werden durchgelassen, Frequenzen mit $f > f_g$ werden gesperrt.

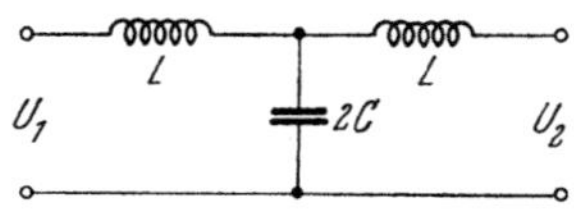

Abb. 1.19. T-Glied (LC-Tiefpaß)

Gleiche Formeln gelten für das in Abb. 1.19 dargestellte T-Glied und für das π-Glied (siehe Abb. 1.20).

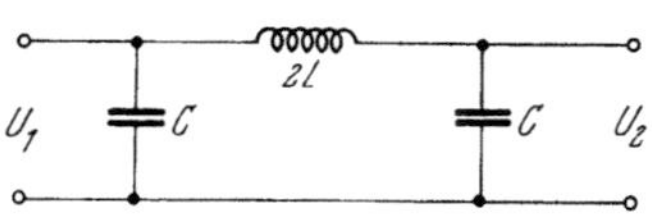

Abb. 1.20. π-Glied (LC-Tiefpaß)

2. *CL-Hochpaß (siehe Abb. 1.21).*

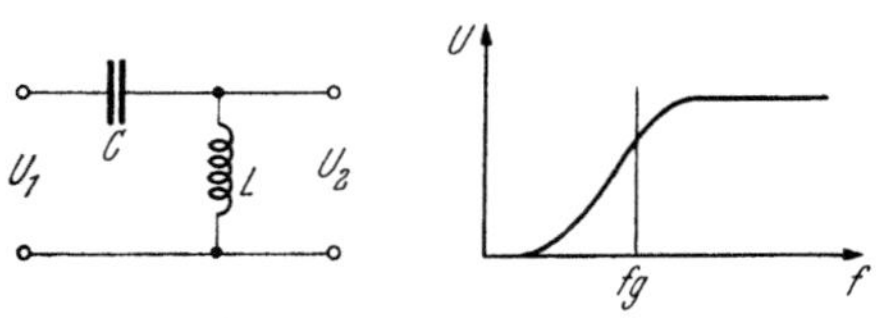

Abb. 1.21. CL-Hochpaß mit Frequenzgang

$$f_g = \frac{1}{2\pi\sqrt{LC}} \qquad [\mathrm{Hz, H, F}] \tag{1.51}$$

f_g ist nun eine untere Grenzfrequenz.

Durchlaßbereich: $f > f_g$
Sperrbereich: $f < f_g$.

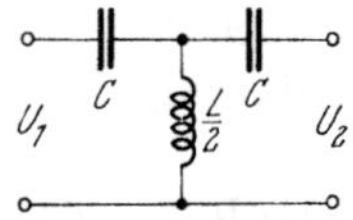

Abb. 1.22. *T*-Glied (*CL*-Hochpaß)

In den Abb. 1.22 und 1.23 sind die entsprechenden *T*- und π-Glieder dargestellt.

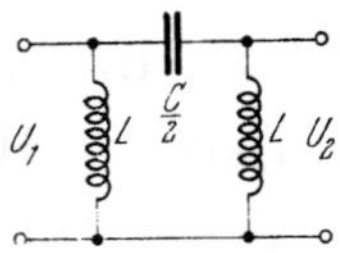

Abb. 1.23. π-Glied (*CL*-Hochpaß)

3. *LC-Bandpaß.* Die Abb. 1.24 zeigt einen derartigen Bandpaß mit dem entsprechenden Frequenzgang. Hier wird sowohl eine obere (f_o) als auch eine untere (f_u) Grenzfrequenz definiert:

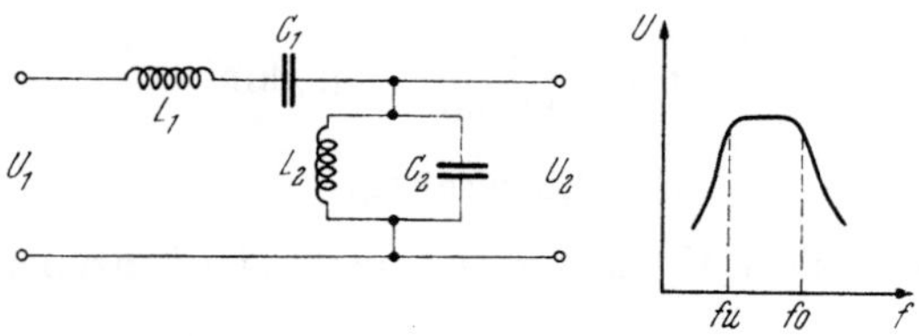

Abb. 1.24. *LC*-Bandpaß mit Frequenzgang

$$f_o = \frac{\sqrt{(1/4C_2L_1) + (1/C_1L_1)} + \sqrt{1/4C_2L_1}}{2\pi} \qquad [\text{Hz, H, F}] \qquad (1.52)$$

$$f_u = \frac{\sqrt{(1/4C_2L_1) + (1/C_1L_1)} - \sqrt{1/4C_2L_1}}{2\pi} \qquad (1.53)$$

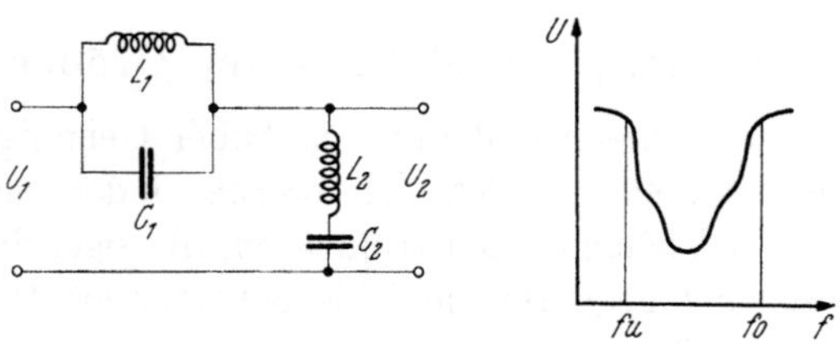

Abb. 1.25. *LC*-Bandsperre mit Frequenzgang

Alle Frequenzen zwischen f_u und f_o werden durchgelassen, Spannungen mit Frequenzen unterhalb f_u und oberhalb f_o werden stärker als 70% abgeschwächt.

4. *LC-Bandsperre.* Die Abb. 1.25 zeigt den Aufbau und den Frequenzgang dieses Filters. Für die Grenzfrequenzen gelten die gleichen Formeln wie für den

LC-Bandpaß. Der Sperrbereich liegt nun bei Frequenzen zwischen f_u und f_o, alle anderen Frequenzen werden durchgelassen.

1.2.5 Wellenlänge, Frequenz, Zeit

Der Zusammenhang zwischen Zeit, Frequenz und Wellenlänge ist wie folgt gegeben:

f = Frequenz T = Periodendauer

λ = Wellenlänge c_0 = Lichtgeschwindigkeit

$$c_0 = f \cdot \lambda \quad [\text{Hz, km, km/s}] \tag{1.54}$$

$$\lambda = \frac{300.000}{f} \quad \begin{bmatrix} \text{Hz, km} \\ \text{kHz, m} \end{bmatrix}$$

$$T = \frac{1}{f} \quad [\text{s, Hz}] \tag{1.55}$$

f in kHz ergibt T in ms,
f in MHz ergibt T in μs.

Laufzeit elektromagnetischer Wellen im Vakuum bzw. in Luft

$$\tau = \frac{d}{300.000} \quad [\text{s, km}] \tag{1.56}$$

d = Entfernung.

In anderen Medien als Luft ändert sich die Fortpflanzungsgeschwindigkeit:

$$c = \frac{c_0}{\sqrt{\varepsilon\mu}}; \qquad \lambda = c/f \tag{1.57}$$

ε = Dielektrizitätskonstante des Mediums
μ = Permeabilität des Mediums.

1.3 Meßtechnik

Von W. Gradl, Solbad Hall

1.3.1 Messung elektrischer Größen

Gleichstrom läßt sich einfach und mit sehr hoher Genauigkeit mit Hilfe von Drehspulmeßwerken messen. Solche Meßwerke finden sich in sehr großer Zahl in praktisch allen Vielfachmeßinstrumenten, als eigentliches Anzeigemittel in vielen elektronischen Meßgeräten und als Schalttafelinstrumente. In einem radialhomogenen Feld eines starken Dauermagneten ist eine drehbare Spule angeordnet (siehe Abb. 1.26). Sie ist entweder mit Stahlspitzen in gefederten Lagersteinen oder an einem Spannband aufgehängt. Fließt ein Gleichstrom durch die Spule, so entsteht ein Drehmoment, das die Spule soweit verdreht, bis Gleichgewicht mit dem Rückstellmoment zweier Spiralfedern hergestellt ist. Die Federn dienen gleichzeitig als Stromzuführung zur Spule. Der Drehwinkel wird über einen Zeiger auf einer Skala abgelesen, die direkt in Stromwerten (oder auch anderen Meßwerten) geteilt ist. Drehspulinstrumente werden in jeder gewünschten Form und Größe, vom Miniaturindikator bis zum größten, übersichtlichen Anzeiger geliefert. Sie wurden im Verlauf ihrer rund achtzigjährigen Geschichte vom umständlichen Laborhilfsmittel des Wissenschaftlers zu einem technischen Produkt mit ausgezeichneten Gebrauchseigenschaften entwickelt.

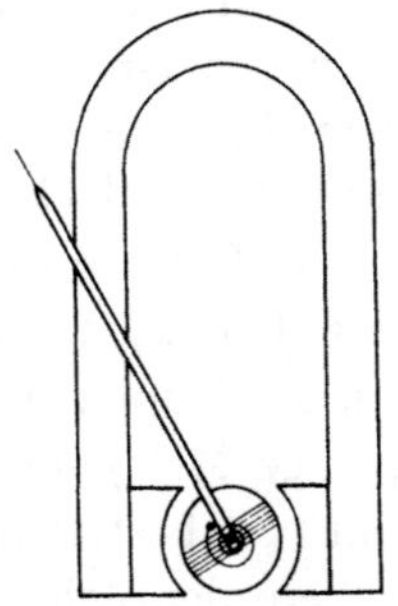

Abb. 1.26. Drehspulinstrument (schematisch)

Die benötigten Leistungen für Vollausschlag liegen etwa im Bereich von 1 μW bis 10 mW. Die Skalenteilung ist normalerweise linear, es kann aber durch eine geeignete Form der Polschuhe auch ein nichtlinearer Skalenverlauf hergestellt werden.

Einfache Zeigermeßinstrumente erreichen eine Stromempfindlichkeit bis herunter zu etwa 10 μA Vollausschlag. Für die Erzielung gewünschter höherer Meßbereiche (ab 10 mA) verwendet man Nebenwiderstände (shunts), die bei sehr hohen Stromstärken (100 A) getrennt vom Meßinstrument im Zuge der stromführenden Leiter angeordnet werden. Elektronische Verstärker lassen Meßbereiche bis herunter zu pA oder bei hohen Strömen entsprechend verkleinerte Spannungsabfälle erreichen.

Gleichspannung wird am einfachsten mit einem Drehspulinstrument mit Vorschaltwiderstand gemessen. Man verwendet dafür Meßwerke mit etwa 1 mA bis herunter zu 10 μA Vollausschlag und erhält dementsprechend Voltmeter mit einem Innenwiderstand von etwa 1 kΩ (einfaches Schalttafelinstrument) bis 100 kΩ (gutes Vielfachmeßinstrument) pro Volt Vollausschlag.

Wechselspannungen und -ströme. Für technische Zwecke, in der Starkstromtechnik und als Schalttafelinstrumente sind überwiegend Dreheisenmeßwerke im Gebrauch. Bei ihnen befinden sich 2 kleine Weicheisenkerne innerhalb einer vom Meßstrom durchflossenen Spule. Einer davon ist fest, der andere drehbar an der Zeigerwelle aufgehängt. Durch die stromdurchflossene Spule werden die beiden Polschuhe gleichsinnig magnetisiert, so daß sie sich gegenseitig abstoßen. Die abstoßende Kraft ist dem Quadrat des durch die Spule fließenden Stromes proportional und übt durch die geeignete Anordnung ein Drehmoment auf die Zeigerwelle aus. Eine Spiralfeder erzeugt ein Gegendrehmoment; die Welle mit dem Zeiger stellt sich so ein, daß sich die beiden Drehmomente die Waage halten. Beim Richtungswechsel des Stromes kehrt sich die Magnetisierungsrichtung beider Polschuhe um, so daß die gegenseitige Abstoßung erhalten bleibt. Dreheisenmeßwerke sind deshalb prinzipiell für Gleich- und Wechselstrom geeignet. Wegen der quadratischen Abhängigkeit der abstoßenden Kraft vom induzierenden Strom zeigen sie den Effektivwert des durchfließenden Stromes an. Ihr Eigenverbrauch ist relativ hoch und reicht von etwa 1/10 bis 10 VA bei Netzfrequenz. Oberhalb des Bereichs der technischen Frequenzen (etwa ab 500 Hz) steigen Fehler und Eigenverbrauch stark an.

Im Bereich der Elektronik werden Wechselspannungen und -ströme fast immer zuerst gleichgerichtet und dann der Gleichwert gemessen. Damit erhält man den geringen Eigenverbrauch der Drehspulinstrumente und einen bis an die MHz reichenden Frequenzbereich. Die Schwellenspannung und die Kennlinienkrümmung der Dioden verursachen jedoch besonders am Skalenanfang eine beträchtliche Nichtlinearität. Der Temperaturgang der Gleichrichter bringt einen ziemlich großen zusätzlichen Fehler, der sich jedoch zum Teil durch den positiven Temperaturkoeffizienten des Kupfers der Drehspule kompensieren läßt.

Für sehr hohe Frequenzen (einige MHz) setzt man auch Drehspulmeßwerke mit vorgesetztem Thermokreuz ein. Sie bestreichen einen Strombereich von etwa 10 mA bis 10 A, sind aber außerordentlich empfindlich gegen Überlastung.

Elektronische Verstärker-Voltmeter lassen sich sehr leicht zu Wechselstrommeßgeräten erweitern, indem man umschaltbare Nebenwiderstände vorsieht, deren Spannungsabfall im empfindlichsten Bereich angezeigt wird.

Effektiv-, Spitzen- und Mittelwert. Meßinstrumente für Wechselstrom und -spannung messen je nach ihrer Bauart verschiedene Werte. Solange man nur mit sinusförmigen Spannungen zu tun hat, stehen die verschiedenen Werte in einer festen zahlenmäßigen Beziehung zueinander. Die meisten Wechselspannungs-Meßgeräte sind unter dieser Voraussetzung mit sinusförmigem Wechselstrom geeicht. Bei der Messung von Strömen oder Spannungen mit nicht sinusförmigem Kurvenverlauf, etwa Rechtecken-Impulsen oder Sinus mit Verzerrungen, muß man jedoch sehr sorgfältig auf die Kurvenform der Ströme achten. Dreheiseninstrumente und Geräte mit Thermoumformer messen den Effektivwert, der definitionsgemäß der Stromstärke eines Gleichstromes mit gleicher Wärmeleistung entspricht. Er entspricht dem quadratischen Mittelwert. Drehspulmeßwerke mit Gleichrichter erfassen den Mittelwert des Betrages der Wechselspannung bzw. der Strom-Zeitfläche. Manche elektronische Spannungsmesser zeigen den Spitzenwert, und zwar entweder den Wert zwischen den positiven und negativen Spitzen oder zwischen Null und den positiven oder negativen Spitzen an.

Je nach dem Anwendungsfall muß man sich sehr sorgfältig überlegen, welche Größe gemessen werden soll. Für die Erwärmung einer Wicklung ist beispielsweise der Effektivwert bestimmend, für die Magnetisierung eines Eisenkerns der Mittelwert und für die Grenzbelastung von Halbleitern häufig der Spitzenwert.

Vielfachmeßinstrumente enthalten ein Drehspulmeßwerk und eine Reihe Vor- und Nebenwiderstände, die mit einem Meßbereichschalter gewählt werden. Dabei bleibt bei den verschiedenen Strommeßbereichen der Spannungsabfall und bei den Spannungsbereichen der aufgenommene Strom meist annähernd gleich, während sich der Innenwiderstand beim Bereichswechsel ändert. Für Wechselstrom- und -spannungsmessungen ist ein Gleichrichter eingebaut, meist auch eine kleine Hilfsbatterie für Widerstandsmessung.

Weil man einen hohen Innenwiderstand, aber ein robustes und damit nicht zu empfindliches Meßwerk wünscht, haben Röhren- bzw. Transistorvoltmeter weite Verbreitung in der Elektronik gefunden und für manche Zwecke die Vielfachinstrumente verdrängt. Abb. 1.27 zeigt die Schaltung eines einfachen Röhren-

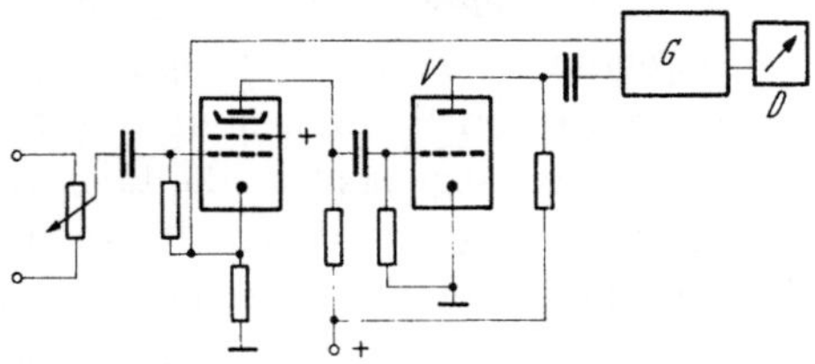

Abb. 1.27. Röhrenvoltmeter mit Verstärkerstufe (V), Gleichrichtung (G) und Drehspulinstrument (D)

voltmeters. Sein Eingangswiderstand ist mit 10 MΩ nicht nur sehr hoch, sondern er bleibt auch beim Umschalten der Meßbereiche gleich, was bei vielen Arbeiten in der Elektronik von Vorteil ist. Durch Vorschalten eines Gleichrichters lassen sich damit auch Wechselspannungen messen und mit Hilfe einer eingebauten Monozelle Widerstände im Bereich von etwa 1 Ω bis 100 MΩ direkt auf einer eigenen Skala ablesen.

Widerstände. Gleichstromwiderstände können in einem außerordentlich großen Bereich und sehr genau mit Meßbrücken bestimmt werden. Für einfache Messungen gibt es direkt zeigende Ohmmeter, bei denen im Prinzip der Strom gemessen wird, der bei einer bekannten Spannung durch den Widerstand fließt. Da der Strom umgekehrt proportional zum Widerstand ist, haben solche Instrumente meist eine stark nichtlineare Skala, die der Funktion $y = 1/x$ folgt. Elektronische, direkt zeigende Widerstandsmeßgeräte haben dann eine lineare Skala, wenn der Spannungsabfall über dem Widerstand bei konstant eingespeistem Strom gemessen wird.

Wechselstromwiderstände werden am genauesten mit Brückenmethoden gemessen. Die Bestimmung kann auch mit direkt anzeigenden Instrumenten nach der Stromspannungsmethode erfolgen. Für Messungen besonders bei hohen Frequenzen gibt es einige Widerstandsmeßgeräte, die getrennt nach Betrag und Phase anzeigen.

Kapazität und Induktivität. Auch hier sind die genauesten Meßverfahren meist die Brückenverfahren. Große Bedeutung haben aber auch Meßgeräte, die nach dem Resonanzprinzip arbeiten, erlangt. Hierbei wird der Prüfling mit einem Normal zu einem Schwingkreis zusammengeschaltet und die Resonanzfrequenz gemessen. Dieses Verfahren ist bis zu sehr hohen Frequenzen gut anwendbar, ergibt aber wenig gute Resultate bei der Messung von Verlustfaktoren oder Gütewerten.

Frequenz. Frequenzmessungen werden heute meist als Frequenzzählung (siehe dort) durchgeführt. Im Hochfrequenzbereich besteht daneben die Möglichkeit der Resonanzmessung mit geeichten Schwingkreisen oder durch Überlagerung mit einer bekannten, genau einstellbaren Vergleichsfrequenz.

Frequenzänderungen werden häufig als Indikator für Kapazitäts- oder Induktivitätsänderungen von Wandlern benützt. Hierbei vergleicht man die Frequenz zweier Oszillatoren miteinander, bei denen im Schwingkreis des einen die durch die Meßgröße beeinflußte Induktivität oder Kapazität enthalten ist. Der andere Oszillator wird so ähnlich wie möglich aufgebaut. Durch den Vergleich zwischen den beiden Oszillatoren fallen fremde Einflußgrößen weitgehend heraus.

Phasenwinkel werden mit Meßbrücken, Phasendetektoren oder mittels Oszillographen unter Verwendung von Lissajousfiguren gemessen.

In letzter Zeit hat die Anzeige von Meßwerten in Ziffern erhebliche Bedeutung erlangt. Man spricht hierbei von sogenannter digitaler Anzeige. Die Vorteile sind beträchtlich. Fehlermöglichkeiten durch Paralaxe oder durch falsche Skalenablesung werden praktisch völlig ausgeschlossen. Die Ablesung ist bei entsprechend großen Ziffern auch aus größerer Entfernung möglich. Es sind keine drehbaren Teile vorhanden, deren Lager verschlissen oder beschädigt werden könnten. Dem steht als Nachteil gegenüber, daß die Änderung einer Meßgröße, etwa das Steigen oder Fallen einer Spannung, nicht wie beim Zeigerinstrument sofort erkannt werden kann. Um zu beurteilen, in welcher Richtung (größer oder kleiner) ein Meßwert sich ändert, müssen zwei aufeinanderfolgende Ablesungen miteinander verglichen werden. Außerdem ist der elektronische Aufwand höher als beim analogen Anzeigeinstrument.

Als Beispiel soll die Funktion eines Digital-Voltmeters für Gleichspannung beschrieben werden. Ein Sägezahngenerator erzeugt eine Spannung, deren Anstiegsgeschwindigkeit konstant und genau definiert ist. Diese Sägezahnspannung wird zwei Komparatoren zugeführt. Der eine davon gibt einen Impuls ab, wenn die Sägezahnspannung durch Null läuft, der andere gibt einen Impuls ab, wenn die Sägezahnspannung die Meßspannung erreicht hat. Die beiden Impulse öffnen und schließen ein Tor für eine genaue Meßfrequenz, die meist mit einem Quarzgenerator erzeugt wird. Ein Zähler zählt die Impulse, die in der Zeit vom Durchlaufen des Nullpunktes bis zum Durchlaufen des Meßwertes das Tor passieren. Da die Anstiegsgeschwindigkeit des Sägezahns und die Frequenz der Zählimpulse genau bekannt sind, ist die Zahl der durchgelassenen Impulse ein genaues Maß für die angelegte Spannung. Diese Technik wurde besonders durch die elektronischen Rechenmaschinen gefördert. Die Anzeige erfolgt durch Leuchtziffern.

Digitale Meßsysteme sind ebenso für Registrierverfahren geeignet. Statt visuell ablesbarer Anzeigen werden z. B. Typenreader eingestellt, die auf ein auslösendes Kommando den Meßwert auf Papier ausdrucken. Es gibt eine große Zahl von solchen Registrierverfahren, die überwiegend auf die Erzielung einer großen Druckgeschwindigkeit ausgerichtet sind. Darauf einzugehen würde jedoch hier zu weit führen. Unbestritten ist der erhebliche Vorteil druckender Meßverfahren besonders beim Aufnehmen langer Meßreihen. Viele digitale Meßeinrichtungen verfügen außerdem über eine Möglichkeit, den Meßwert als elektrisches Signal in einer aufbereiteten Form bereitzustellen. Damit können beispielsweise Datenverarbeitungsanlagen direkt gespeist oder Steuervorgänge ausgelöst werden.

1.3.2 Oszillographen

In der elektronischen Meßtechnik besonders wichtig und weit verbreitet sind Oszillographen. Mit ihrer Hilfe kann man nicht nur den zeitlichen Mittelwert wie beim Zeigerinstrument anzeigen, sondern den zeitlichen Verlauf elektrischer Spannungen in Abhängigkeit von der Zeit explizit darstellen. Auch hierbei gibt es Instrumente, die für visuelle Beobachtung gedacht sind, und solche, die für dauerhafte Aufzeichnung bestimmt sind.

Der wichtigste Teil ist die Elektronenstrahlröhre. Eine geheizte Kathode *k* emittiert Elektronen, die durch das Feld einer Anode *a* beschleunigt werden (Abb. 1.28). Dabei durchlaufen sie ein System aus rotations-

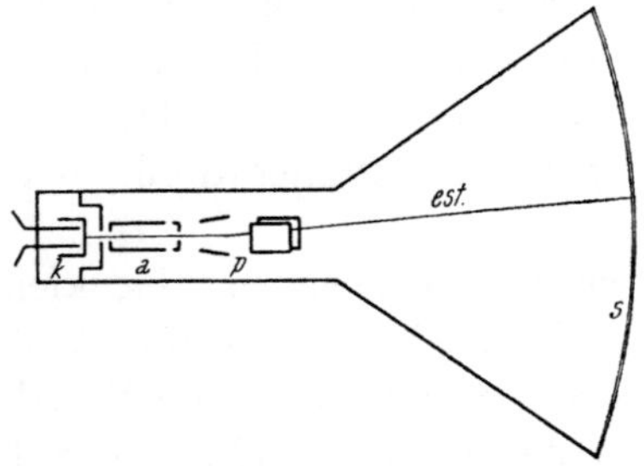

Abb. 1.28. Oszillographenröhre (schematisch). *k* = Kathode, *a* = Anodensystem, *p* = Ablenkplatten, *s* = Leuchtschirm, *est* = Elektronenstrahl

symmetrischen Elektroden, die als elektronenoptisches Linsensystem wirken und einen Elektronenstrahl so formen, daß er auf die Ebene des Bildschirmes fokussiert ist. Der Bildschirm trägt eine Leuchtschicht, die aus einem Material aufgeschlemmt ist, das bei Auftreffen des Elektronenstrahls sichtbares Licht emittiert. Der Elektronenstrahl passiert auf seinem Weg zum Schirm 2 gekreuzte Plattenpaare, so daß man ihn durch Anlegen einer Spannung in 2 Richtungen ablenken kann (elektrostatische Ablenkung; dasselbe kann man auch durch Magnetfelder erreichen). So kann man mit dem Elektronenstrahl auf dem Bildschirm „schreiben".

Für die Darstellung schnell verlaufender elektrischer Vorgänge läßt man den Elektronenstrahl in der Richtung einer Achse zeitproportional über den Schirm schreiben, in der anderen Achsenrichtung führt man das Meßsignal zu. Da man es zumeist mit periodischen oder zumindest repetitiven Signalen zu tun hat, wiederholt man das „Schreiben" der zeitlichen Abfolge des Meßsignals in möglichst dichter Folge und erhält auf diese Weise auf dem Schirm ein stehendes Bild des Vorganges. Diese Zeitablenkung wird dadurch erreicht, daß man einen Kondensator mit konstantem Strom bis zu einer gewissen Spannung auflädt und dann wieder entlädt. Der dabei entstehende zeitlineare Spannungsanstieg wird nach geeigneter Verstärkung dem einen Plattenpaar der Elektronenstrahlröhre zugeführt. Man muß dafür sorgen, daß der Beginn des Ladevorganges und damit der Beginn einer „neuen Zeile" jeweils mit derselben Stelle im Meßsignal zusammenfällt. Dies kann man auf zweierlei Weise erreichen. Bei periodischen Vorgängen ändert man die Ladegeschwindigkeit des Kondensators so, daß die Summe der Hinlaufzeit (Zeit für die Aufladung des Kondensators) und der Rücklaufzeit (Entladung) gleich ist einem ganzzahligen Vielfachen der Periodendauer des Meßsignals. Dann entsteht auf dem Schirm das Bild einer oder mehrerer Perioden des Meßsignals. Allerdings muß man hierbei die Anstiegsgeschwindigkeit dem jeweiligen Meßsignal anpassen und verliert dadurch die Möglichkeit, die Anstiegsgeschwindigkeit auf konstanten, für bestimmte Zeitmaßstäbe abgeglichenen Werten zu halten. Dies kann man aber erreichen, wenn man zur Anpassung an die

Periodendauer des Meßsignals nach beendetem Rücklauf eine veränderliche Wartezeit einschiebt. Dies geschieht in den sogenannten triggerbaren Kippgeräten. Bei diesen gewinnt man aus dem Meßsignal einen Startimpuls für den Hinlauf. Nach dem Rücklauf bleibt das Kippgerät in Wartestellung bis ein neuer Startimpuls eintrifft. Mit einem meist als „Pegel" bezeichneten Steller kann man ein beliebiges Potential einstellen, bei dessen Durchlaufen in wahlweise steigender oder fallender Richtung das Meßsignal einen Startimpuls ausläßt. Bei solchen Geräten ist die Zeitachse direkt in Mikrosekunden, Millisekunden bzw. Sekunden pro Zentimeter geeicht. Während des Rücklaufes und der Wartezeit sperrt man durch eine Hilfsschaltung den Elektronenstrahl, so daß die Bildröhre dunkel bleibt.

Für die Erzeugung eines ausreichenden Ablenkfeldes sind an den Platten Spannungen von einigen 10 bis 100 Volt notwendig, um den Strahl über den ganzen Schirmdurchmesser auslenken zu können. Für die Verarbeitung kleiner Meßsignale sind deshalb immer Meßverstärker notwendig. Diese haben außerdem die Aufgabe, die Belastung des Meßpunktes so gering als möglich und konstant zu halten. Verstärker für einfache Oszillographen, wie sie in der Fernseh-Service-Technik weit verbreitet sind, haben eine Frequenzbandbreite bis zu einigen Megahertz und größte Verstärkung, die eine Auslenkung von 1 cm bei einem Signal von etwa 10 bis 100 Millivolt ergeben. Die Verstärkung ist meist in Stufen umschaltbar und so abgeglichen, daß sich feste, geeichte Maßstäbe wie etwa 10, 20, 100 usw. Millivolt pro Zentimeter ergeben. Der Eingangswiderstand ist ziemlich einheitlich 1 Megohm. Zur Verringerung der Belastung des Meßpunktes werden häufig noch Testköpfe vorgeschaltet, die zwar die Empfindlichkeit im Verhältnis 10 : 1 verringern, aber in ähnlichem Ausmaß die Eingangskapazität und die Kapazität des Meßkabels untersetzen.

Für verschiedene Meßaufgaben werden oft sehr unterschiedliche Oszillographen benötigt. So kann die Empfindlichkeit für niedere Frequenzmessungen bis zu Mikrovolt pro Zentimeter auf Kosten der Bandbreite gebracht werden. Für bestimmte Messungen werden differentielle Verstärker verwendet, die die Spannung zweier Punkte gegeneinander messen, unabhängig von einer beiden Punkten gemeinsamen Spannung. Außerdem gibt es Oszillographen, die die gleichzeitige Darstellung mehrerer Vorgänge auf einem Bildschirm und damit exakte Vergleiche ermöglichen.

Durch die Transistorentechnik ist es möglich, auch Oszillographen netzunabhängig aus eingebauten Batterien zu betreiben. Die für die Bildröhre notwendige Heiz- und Hochspannung wird in diesem Fall durch Wandler aus der Batteriespannung erzeugt. Solche Instrumente sind besonders für Messungen im Gelände und unter Tag geeignet.

1.3.3 Meßverstärker

Elektronische Meßverstärker haben in mannigfachen Formen in der Meßtechnik Anwendung gefunden. Die Hauptanforderungen, die dabei zu stellen sind, lassen sich etwa folgendermaßen zusammenfassen:

Verstärkung. — Die Verstärkung muß hinreichend große Werte besitzen, um den Aufwand für einen zusätzlichen Verstärker zu rechtfertigen. Man hat zu berücksichtigen, ob der Verstärker von einem Strom oder von einer Spannung angesteuert wird und ob er am Ausgang einen eingeprägten Strom oder eine eingeprägte Spannung abgeben soll. Die Verstärkung soll sich gewöhnlich möglichst genau auf einen bestimmt verlangten Wert einstellen lassen.

Frequenzbereich. — Meßverstärker sollen innerhalb des interessierenden Frequenzbereiches je nach dem Verwendungszweck eine nach dem Betrag oder nach Betrag und Phase hinreichend frequenzunabhängige Verstärkung aufweisen. Häufig verlangt man, daß die Verstärkung außerhalb des Sollfrequenzbandes möglichst rasch abfällt, um den Einfluß von Fremdstörungen zu vermindern.

Konstanz. — Die Verstärkung soll innerhalb des zu erwartenden Bereiches der Betriebs- und Umgebungsbedingungen eine bestimmte Toleranzgrenze nicht überschreiten. Gewöhnlich werden zulässige Abweichungen speziell in Abhängigkeit von der Umgebungstemperatur und der Speisespannung spezifiziert. Ebenso wichtig ist die zeitliche Konstanz, die häufig für kurze Zeiten (etwa Stunden) und lange Zeiträume getrennt definiert wird.

Eingangswiderstand. — Der Eingangswiderstand wird gewöhnlich so hoch als möglich gewünscht, damit das Meßobjekt durch den Anschluß des Verstärkers so wenig als möglich belastet wird. Nähert sich jedoch die Empfindlichkeit des Verstärkers gewissen Grenzen, so kann ein verringerter Eingangswiderstand notwendig werden. Solche Grenzen sind z. B. das Rauschen oder temperaturbedingte Drifterscheinungen.

Gegenkopplung. — Das hauptsächlich benützte Instrument zur Beeinflussung der Verstärkereigenschaften im Sinne der vorerwähnten Punkte ist die zweckmäßige Anwendung von Gegenkopplungen. Man kann, wie an dem Operationsverstärker gezeigt werden wird, erreichen, daß die Eigenschaften eines Verstärkers mit Gegenkopplung so weitgehend vom Gegenkopplungsnetzwerk abhängen, daß Änderungen der Eigenschaften des eigentlichen Verstärkers nur mehr unwesentlichen Einfluß auf die Eigenschaften der Gesamtanordnung haben, solange nur die Verstärkung hinreichend hoch ist. Das Gegenkopplungsnetzwerk besteht im Regelfall ausschließlich aus passiven Bauelementen. Diese können außerordentlich genau und konstant hergestellt werden. Damit ist es möglich, Verstärker, überhaupt elektronische Meßhilfsmittel, mit derart hoher Genauigkeit und Konstanz zu schaffen, daß Güteklassen von 0,1% und besser ohne weiteres erreicht werden.

1.3.4 Zähler

Ursprünglich wurden die heute vielfach angewendeten Zähler für die Messung kernphysikalischer Vorgänge entwickelt und haben dann durch die Entwicklung elektronischer Ziffern-Rechenmaschinen eine Breitenentwicklung ohnegleichen erfahren. Sie arbeiten alle nach dem gleichen Grundprinzip. Eine Schaltung, ursprünglich aus zwei Röhren oder Transistoren gebildet, beharrt zunächst in einem Zustand, in dem eine Röhre Strom führt, die andere gesperrt ist. Beim Eintreffen eines Steuerimpulses tauschen die beiden Röhren ihren Zustand. Beim Eintreffen eines weiteren Impulses tauschen sie wieder zurück, d. h. diese Anordnung zählt die eintreffenden Impulse fortlaufend 1, 2, 1, 2 und so fort. Außerdem gibt eine solche Anordnung immer dann ihrerseits einen Steuerimpuls ab, wenn sie gerade „2" zählt. Mit diesem Steuerimpuls kann man eine weitere solche Zählstufe ansteuern. Abb. 1.29 zeigt die Schaltung einer solchen Stufe mit

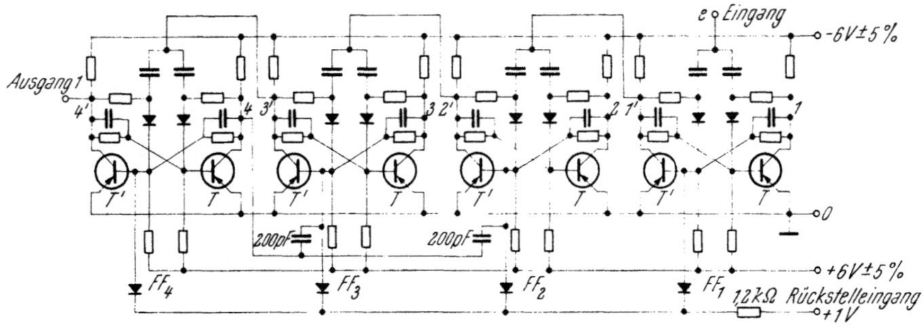

Abb. 1.29. Zählerstufe aus vier Flipflops

Zählerstellung ohne Rückkopplung über 200 pF-Kondensatoren	Zählerstellung mit Rückkopplung über 200 pF-Kondensatoren	Schaltzustand FF_4	Schaltzustand FF_3	Schaltzustand FF_2	Schaltzustand FF_1
0	0	0	0	0	0
1	1	0	0	0	*L*
2	2	0	0	*L*	0
3	3	0	0	*L*	*L*
4	4	0	*L*	0	0
5	5	0	*L*	0	*L*
6	6	0	*L*	*L*	0
7	7	0	*L*	*L*	*L*
8		*L*	0	0	0
9		*L*	0	0	*L*
10		*L*	0	*L*	0
11		*L*	0	*L*	*L*
12		*L*	*L*	0	0
13		*L*	*L*	0	*L*
14	8	*L*	*L*	*L*	0
15	9	*L*	*L*	*L*	*L*
16	10	0	0	0	0

Abb. 1.30. Darstellung der 16 möglichen Kombinationen von Schaltzuständen bei Verwendung von vier Flipflops. FF_{1-4} = 1., 2., 3., 4. Flipflop

Transistoren, Abb. 1.30 zeigt in Tabellenform, wie eine Folge von 4 solchen Stufen zählt. Man erkennt, daß 4 Stufen bis 16 zählen können und dann wieder von vorne anfangen. Dieses Zahlensystem nennt man „binär" im Gegensatz zum uns geläufigen dekadischen Zahlensystem. Praktisch alle elektronischen Zähler arbeiten nach dem binären oder auch dualen Zählsystem. Durch geeignete Schaltungen kann man erreichen, daß eine Gruppe von 4 Zählstufen nicht bis 16 sondern nur bis 9 zählt und bereits dann wieder bei 0 beginnt. Außerdem kann man die jeweilige Kombination von Zuständen über sogenannte Codierschaltungen zur Steuerung von Leuchtziffern heranziehen. Diese Leuchtziffern sind z. B. wie Ziffern von 0 bis 9 geformte Drähte, die in einem gasgefüllten Glaskolben dicht hintereinander angeordnet sind. Durch die entsprechende Ansteuerung wird jeweils eine der Ziffern durch eine Glimmentladung zum Aufleuchten gebracht. Mehrere solcher „Ziffernröhren" mit den dazugehörigen Zählstufen ergeben einen Zähler, der einmal die Zahl der eingelangten Impulse im dekadischen Zahlensystem anzeigt, aber auch dieselbe Zahl im binären Zahlensystem als elektronisches Ausgangssignal für den Betrieb weiterer elektronischer Hilfsmittel ausgibt.

Solche Zähler werden mit einem sogenannten Tor auf einfache Weise zu einem Frequenz- oder Zeitmesser erweitert. Bei Frequenzmessung sorgt eine elektrische Schaltung dafür, daß nur innerhalb eines genau definierten Zeitintervalles (etwa 1 Sekunde) eintreffende Impulse zum Zähler gelangen. Der Zähler zeigt dann die Zahl der Impulse pro Sekunde, das ist nichts anderes als Schwingungen pro Sekunde und damit die Frequenz in Hertz. Bei Zeitmessungen wird durch einen eintreffenden Impuls ein Tor geöffnet, durch einen zweiten eintreffenden Impuls das Tor wieder geschlossen. Aus einem Hilfsgenerator wird ein Impuls mit genau definierter Frequenz gewonnen und durch das erwähnte Tor während des durch die Eingangsimpulse begrenzten Zeitintervalles auf den Zähler gegeben. Wählt man die Frequenz des Generators entsprechend (etwa 1 MHz), dann wird die Zahl der gezählten Impulse gleich der Dauer des Zeitintervalles in μs. Jeweils nach Ende eines Meßvorganges und nach Ablesen des Ergebnisses wird der Zähler entweder von Hand oder automatisch auf Null zurückgestellt. Solche Zähler bilden die Grundlage der heute außerordentlich weit verbreiteten digitalen Meßgeräte und Meßverfahren. Sie können über geeignete Wandler oder Eingangssysteme für eine Vielzahl von Meßaufgaben herangezogen werden. Um nur ein Beispiel zu nennen, sei die numerische Steuerung von Werkzeugmaschinen erwähnt, bei denen die Positionierung über die Zählung von Signalen durchgeführt wird, die aus der Stellung der Vorschubspindeln hergeleitet werden.

1.3.5 Meßbrücken

Eine große Bedeutung für Messung passiver Bauelemente, wie Widerstände, Kondensatoren und Induktivitäten haben die Meßbrücken. Die einfachste Form, die Wheatstone-Brücke, zeigt Abb. 1.31. Wenn sich die Widerstände verhalten

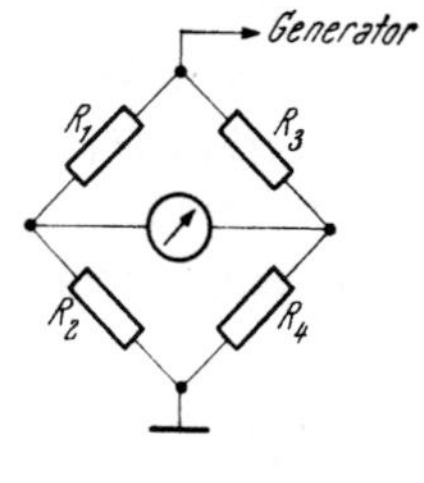

Abb. 1.31. Wheatstonesche Brücke

wie $(R_1/R_2) = (R_3/R_4)$, dann fließt durch die Brückendiagonale und damit den Nullindikator kein Strom. Meßbrücken sind bereits seit einem Jahrhundert bekannt. Früher verwendete man ausschließlich empfindliche Galvanometer zur Nullanzeige. Die Zusammenhänge zwischen Brückenwiderstand, Galvanometerempfindlichkeit, Galvanometerinnenwiderstand, Speisespannung und Anzeigeempfindlichkeit wurden sehr frühzeitig untersucht und sorgfältig berechnet. Heute werden praktisch nur mehr für einfache Brücken Drehspul-Galvanometer direkt als Nullinstrumente verwendet, während elektronische Anzeigeverstärker einen immer größeren Anteil erreichen. Solche elektronische Nullindikatoren sind zumeist sehr spannungsempfindlich und haben einen großen Innenwiderstand. Damit läuft die Brückennullanzeige auf eine Messung der Spannungsdifferenz hinaus, die zwischen den beiden Abgriffen, dem Spannungsteiler $(R_1 + R_2)/R_2$ und dem Spannungsteiler $(R_3 + R_4)/R_4$, auftritt. Es ist ohne weiteres einzusehen, daß diese Differenzspannung umso größer wird, je größer die Brückenspeisespannung ist. Die Empfindlichkeit ist dann am größten, wenn das Verhältnis $(R_1 + R_2)/R_2$ möglichst nahe $\frac{1}{2}$ liegt. Der Größe der Brückenspeisespannung sind Grenzen durch die Belastbarkeit sowohl der Brückenwiderstände als auch des Prüflings gesetzt.

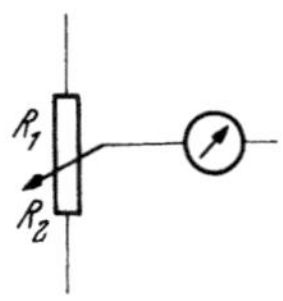

Abb. 1.32. Spannungsteiler zum Einstellen der Widerstandswerte R_1 und R_2

Das Verhältnis R_1 zu R_2 wird entweder in Form eines Spannungsteilers geändert (Abb. 1.32) oder in Form eines Stufenwiderstandes anstelle von R_2

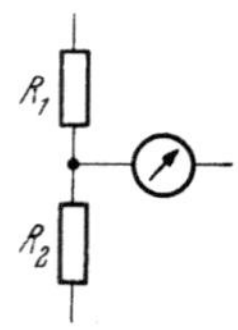

Abb. 1.33. Stufenwiderstand R_2

(Abb. 1.33). Abb. 1.33 hat den Vorteil, daß schwankende Übergangswiderstände am Widerstandsabgriff nicht in das Widerstandsverhältnis eingehen und somit nur die Empfindlichkeit, nicht aber den Anzeigewert beeinflussen. Dadurch ist diese Skala entsprechend ihrer Funktion $1/x$ stark nichtlinear. Abb. 1.31 ergibt eine lineare Skala, erfordert aber technisch hochqualitative Kontakte für den Widerstandsabgriff, da deren Übergangswiderstand in den Wert von R_2 eingeht. Für abgeglichene Brücken gilt:

$$\frac{R_1}{R_2} = \frac{R_3}{R_4}. \tag{1.58}$$

Angenommen der Widerstand R_4 in Abb. 1.31 sei der unbekannte Widerstand, dann ist

$$R_4 = R_3 \frac{R_2}{R_1}. \tag{1.59}$$

Zumeist macht man R_3 dekadisch umschaltbar. Das Meßergebnis ist dann das Produkt aus den Ablesungen R_3 mal R_2 mit R_1 = konstant (Abb. 1.33) bzw. R_3 mal (R_2/R_1) (Abb. 1.32).

Handelsübliche Ausführungen von Meßbrücken sind handlich und batteriebetrieben und deshalb leicht transportabel. Sie verwenden meist einen Schleifdraht für R_1 und R_2 mit dazugehöriger stark nichtlinearer Skala und einen Stufenschalter für R_3. Die Beschriftung ist so gewählt, daß aus dem Produkt der beiden Ablesungen direkt der Meßwert erscheint.

Bei Präzisionsmeßbrücken ist der Widerstand R_1 zumeist konstant und der Widerstand R_2 mit Hilfe mehrerer Stufenschalter dekadisch einstellbar.

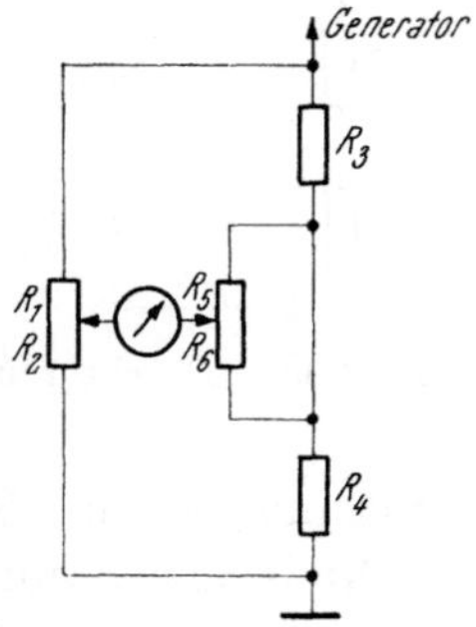

Abb. 1.34. Thomsonmeßbrücke

Bei der Messung sehr kleiner Widerstände geht der Widerstand der Zuleitungen in das Meßergebnis ein. Dies macht sich bei Widerständen von etwa 1 Ohm und weniger bereits bemerkbar. Bei der Thomson-Meßbrücke (Abb. 1.34) wird er durch einen zusätzlichen Brückenzweig R_5, R_6 dann aufgehoben, wenn er im selben Verhältnis wie R_1 zu R_2 und R_3 zu R_4 abgeglichen ist. In der Praxis wählt man das Verhältnis R_3 zu R_4 innerhalb eines solchen Bereiches, daß R_5 zu R_6 auf einen festen Mittelwert abgeglichen werden kann und der dadurch zusätzlich entstandene Fehler sicher unter einem verlangten Wert, z. B. 1%, bleibt. Der Prüfling R_4 muß in diesem Fall 2 Anschlüsse für den Hauptstrom erhalten und 2 sogenannte Potentialanschlüsse, die zur Brücke führen und nur mit dem geringen Meßstrom belastet werden.

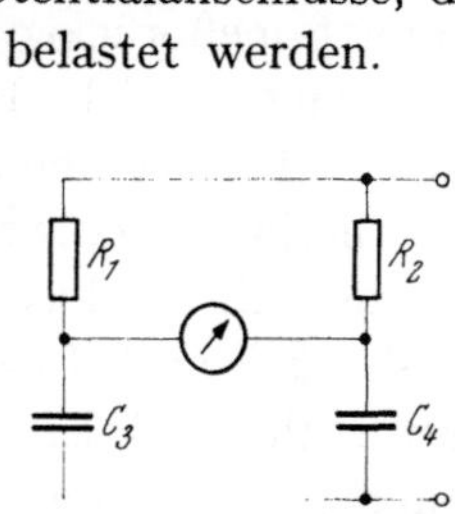

Abb. 1.35. Kapazitätsmeßbrücke

Meßbrücken lassen sich auch für die Messung von Scheinwiderständen bei Wechselstrom einsetzen. Hierbei gilt die Gleichung (1.58) ebenso, nur daß für die Widerstände die Scheinwiderstände einzusetzen sind. Für Abb. 1.35 gilt dann z. B.:

$$\frac{R_1}{R_2} = \frac{1/C_3}{1/C_4} = \frac{C_4}{C_3}. \tag{1.60}$$

Durch einfache Umformung erhält man

$$\frac{R_1}{C_4} = \frac{R_2}{C_3}, \tag{1.61}$$

das besagt nichts anderes, als daß Speisespannung und Nullindikator vertauschbar sind. Man erhält auf diese Weise Abb. 1.36. Zeichnet man die Vektorlage der

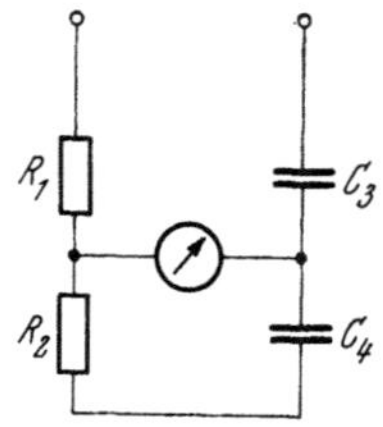

Abb. 1.36. Kapazitätsmeßbrücke: Detektor und Generator vertauscht

Speisespannung und der Teilspannungen an Kondensator und Widerstand auf, dann erkennt man, daß der Nullabgleich nur dann erfüllt ist, wenn sowohl der Betrag der Spannungen als auch die Phasenlage für beide Brückenzweige gleich sind. Daraus ergeben sich zwei Konsequenzen: Einmal läßt sich bei der Brücke nach Abb. 1.37 auch die Messung von Induktivität bewerkstelligen, zum

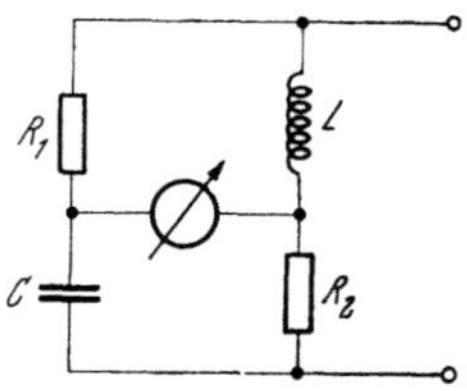

Abb. 1.37. Meßbrücke für Induktivitäten

anderen brauchen Wechselspannungsmeßbrücken einen zusätzlichen Abgleich für auftretende Phasenfehler des Prüflings. Solche Phasenfehler entstehen dadurch, daß der Prüfling Verluste aufweist. Es gibt eine ganze Reihe von Wechselstrom-Brückenschaltungen (Wien, Schering, Maxwell), deren Beschreibung im einzelnen hier zu weit führen würde. Allen jedoch ist gemeinsam, daß man sowohl für den Abgleich nach Betrag als auch nach Phasenwinkel entweder Präzisionskondensatoren, die sich außerordentlich präzise und stabil herstellen und eichen lassen, oder Präzisionswiderstände, die für den verwendeten Betriebsfrequenzbereich „winkelfrei", d. h. frei von Induktivität oder kapazitätsstörenden Größen sein müssen, braucht. Die Wahl der geeigneten Brückenschaltung erfolgt im allgemeinen nach praktischen Gesichtspunkten. So kann man etwa mit der Scheringmeßbrücke Kondensatoren bei außerordentlich hohen Spannungen messen, andere Brückenausführungen gestatten durch einfache Umschaltung die universelle Verwendung für die Messung von Widerständen (auch bei Gleichstrom),

Leitwerten, Kondensatoren und Induktivitäten. Spezielle Meßbrücken werden z. B. für die direkte Anzeige von Temperatur über Widerstandgeber verwendet. Bei ihnen wird entweder automatisch auf Null abgeglichen oder die am Nullindikator angezeigte Abweichung direkt in Temperatur geeicht. Ein ebenso ausgedehntes Anwendungsgebiet finden Brückenschaltungen in der Dehnungsmeßstreifentechnik.

1.3.6 Elektrische Messung nichtelektrischer Größen

Mit Hilfe geeigneter Wandler kann man mit elektrischen Mitteln auch Größen messen, die nicht unmittelbar als elektrische Größen vorliegen. Solche Wandler formen etwa mechanische, chemische oder thermische Meßwerte in Spannungen, Ströme, Widerstände oder Kapazitätsänderungen um, die dann mit den vorher beschriebenen elektrischen Hilfsmitteln gemessen werden können. Dieser scheinbare Umweg bringt sehr häufig eine erhebliche Verbesserung der Genauigkeit, eine Verringerung der Verfälschung des Meßwertes durch Belastung des Meßobjektes, eine einfachere Handhabung der Messung und die Möglichkeit der Fernmessung mit sich.

A. Temperaturmessung mittels Thermoelementen

Thermoelemente sind eine Kontaktstelle zweier verschiedener Metalle oder Legierungen. An einer solchen Kontaktstelle entsteht durch den Thermo-Effekt

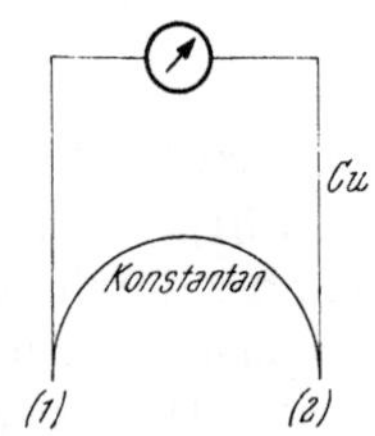

Abb. 1.38. Thermoelement, (1) = Meßstelle, (2) = Anschlußstelle

eine Spannung, die in einer gesetzmäßigen Weise von der Temperatur abhängt. Diese Spannung liegt etwa im Bereich bis zu 20 Millivolt und kann entweder direkt mit empfindlichen Drehspulmeßwerken oder über Meßverstärker angezeigt werden. Für verschiedene Temperaturbereiche sind jeweils bestimmte Thermopaare geeignet (siehe Tabelle 8.1). Beim Messen mit Thermopaaren ist zu beachten, daß jede Kontaktstelle zwischen verschiedenen Metallen eine Thermospannung abgibt. So ist auch die Anschlußstelle zum Meßinstrument ein solches Thermoelement. Wäre in Abb. 1.38 die Klemme (2) auf der gleichen Temperatur wie die eigentliche Meßstelle (1), dann würde sich die Thermospannung der Meßstelle gegen die Thermospannung der Anschlußstelle gerade aufheben. Deshalb muß man Thermoelemente über eine sogenannte Ausgleichsleitung bis zu einer Vergleichsstelle verlängern, deren Klemmen auf einer genau bekannten Temperatur gehalten werden. Erst von dort kann man mit Kupferleitern zum Meßgerät weiterführen. Die bei Thermo-Element-Messung auftretende Spannung entspricht immer der Differenz zwischen den Temperaturen der Meßstelle und der Vergleichsstelle, die auf Raumtemperatur oder auf einer anderen künstlich konstant gehaltenen Temperatur liegen kann (im Labor z. B. Eiswasser mit 0°C). Darauf ist besonders zu achten, um falsche Resultate zu vermeiden.

B. *Widerstandsthermometer*

Bei diesen wird die Änderung des Widerstandes metallischer Leiter mit der Temperatur zur Temperaturmessung herangezogen. Ein Widerstandsthermometer benötigt keine Vergleichsstelle, erfordert aber eine Anzeige verhältnismäßig kleiner Widerstandsänderungen. Auch hierfür gibt es besonders geeignete Metalle, die jeweils für bestimmte Temperaturbereiche, aber auch für bestimmte Umgebungsbedingungen besonders geeignet sind. Die Widerstandsänderung in Abhängigkeit von der Temperatur beträgt bei Platin beispielsweise 0,38% pro Grad Celsius, für Nickel etwa 0,61% pro Grad Celsius. Die Widerstandsänderung von Kupfer liegt bei etwa 0,4% pro Grad Celsius und wird häufig dazu herangezogen, die Erwärmung der Spule elektrischer Maschinen im Betrieb zu messen.

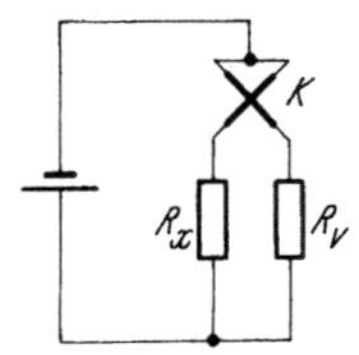

Abb. 1.39. Quotientenmeßgerät. R_V = Vergleichswiderstand, R_x = unbekannter Widerstand, K = Kreuzspulmeßwerk

Für die Anzeige eignen sich entweder Kreuzspulmeßinstrumente (siehe Abb. 1.39) oder Meßbrücken (siehe Abb. 1.31). Beim Kreuzspulmeßwerk wird die eine Spule von dem Strom durchflossen, der durch den temperaturabhängigen Widerstand bestimmt wird, die andere Spule von einem Strom, der durch einen konstanten Widerstand bestimmt wird. Die Anzeige entspricht dem Quotienten der beiden Ströme und damit dem Verhältnis der beiden Widerstände und ist von der Speisespannung weitgehend unabhängig. Brückenmessungen ergeben eine sehr hohe Empfindlichkeit und Genauigkeit. Sie können so eingerichtet werden, daß nicht Brückennull abgeglichen wird, sondern die Spannung in der Diagonale angezeigt und direkt in Temperaturwerten geeicht wird.

Eine weitere Möglichkeit der Temperaturmessung bieten die Halbleiter, von denen einige besonders für Temperaturmeßzwecke entwickelt wurden. Mit Halbleitern lassen sich sowohl positive (PTC) als auch negative (NTC) Temperaturkoeffizienten erzielen, die erheblich höher als diejenigen reiner Metalle sind. Für handelsübliche NTC-Widerstände (auch Heißleiter genannt) beträgt der Temperaturkoeffizient etwa – 2,5 bis – 4,5% bei 25°C. Sie sind in einem Temperaturbereich von etwa – 70° bis + 300°C verwendbar. PTC-Widerstände (Kaltleiter) haben einen besonders großen positiven Temperaturkoeffizienten von etwa 60%, der allerdings nur für einen Temperaturbereich von etwa 20 bis 120°C gilt. Außerhalb dieses Bereiches geht der Temperaturkoeffizient durch Null und wird sogar negativ. Die Konstanz und Dichte der Verwendbarkeit für Meßzwecke ist bei PTC-Widerständen am schlechtesten, bei reinen Metallen am besten. NTC-Widerstände liegen dazwischen.

Ein Sonderfall der Verwendung von Thermoelementen ist die Messung sehr hochfrequenter Ströme mit dem sogenannten Thermokreuz. Der zu messende Strom durchfließt einen kleinen Widerstand, dessen Erwärmung mit Hilfe eines Thermoelementes gemessen wird, das in gutem thermischen Kontakt zum Heizwiderstand steht. In der einfachen Form werden Heizwiderstand und Thermoelement durch zwei gekreuzte Drähte aus Kupfer und Konstantan dargestellt (Thermokreuz Abb. 1.40), bei denen zwei Schenkel den Heizwiderstand, die beiden

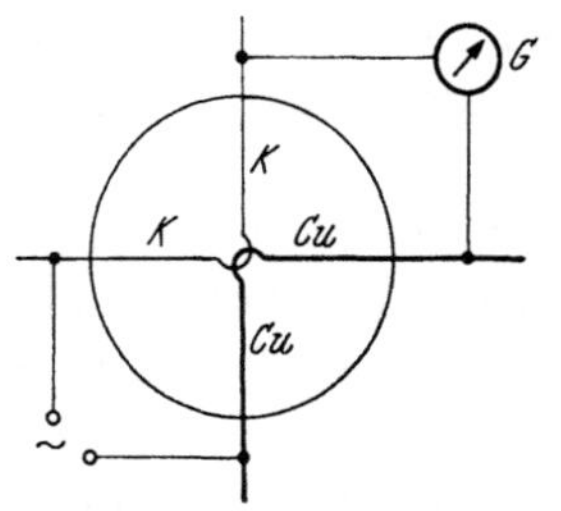

Abb. 1.40. Thermokreuz. K = Konstantandraht, Cu = Kupferdraht

anderen Schenkel das Thermoelement bilden. Solche Thermokreuze können direkt in Drehspulinstrumente eingebaut werden und ergeben bis zu einigen Megahertz eine genaue Effektivwertanzeige des Stromes. Wegen der quadratischen Abhängigkeit der Erwärmung vom durchfließenden Strom ($N = I^2R$) ist auch der Skalenverlauf quadratisch.

Auch NTC-Widerstände werden für denselben Zweck herangezogen und sind als sogenannte fremdgeheizte Heißleiter zu erhalten. Bei ihnen ist um einen kleinen NTC-Widerstand ein isolierter Heizwendel angebracht. Als Maß für den Strom dient hier die Widerstandsänderung.

C. Feuchtigkeit

Zur Bestimmung der relativen Feuchtigkeit von Gasen wird das bekannte Haarhygrometer verwendet, bei dem die Längendehnung des Haares auf einen mechanisch-elektrischen Wandler (s.d.) übertragen wird und auf diese Weise gemessen werden kann.

D. Druck

Drücke können in elektrischen Größen direkt durch Ausnützen des piezoelektrischen Effektes oder indirekt durch die Kupplung von mechanisch-elektrischen Wandlern mit Barometerdosen, Bourdonrohren und Manometern o. ä. umgesetzt werden. Die piezoelektrischen Wandler haben den Vorteil, daß sie auch außerordentlich schnellen Druckschwankungen folgen können. Mit ihnen ist es möglich, Schwankungen bis weit in den Ultraschallbereich aufzunehmen und als elektrische Spannung zu messen. Hierfür gibt es eine große Menge industriell gefertigter Ausführungen für viele verschiedene Anwendungsfälle.

E. Länge und Position

Für die Umwandlung von Längen- oder Lagenänderungen in elektrische Werte lassen sich eine große Zahl von Verfahren heranziehen. So ändert sich beispielsweise die Kapazität eines Platten-Kondensators umgekehrt mit dem

Abstand der Platten. Die Induktivität einer Spule kann durch die Eintauchtiefe eines ferromagnetischen Kerns in großen Bereichen geändert werden. Potentiometer (Drehwiderstände) stellen eine äußerst einfache Vorrichtung zur Umwandlung einer Winkelstellung in Widerstandswerte dar. In ähnlicher Weise lassen sich sogenannte lineare Wegaufnehmer bauen, bei denen ein Schleifer an einem gestreckten Widerstandselement in Abhängigkeit von seiner Stellung einen proportionalen Widerstandswert abgreift. Auch hierfür gibt es eine Vielzahl technischer handelsüblicher Ausführungsformen.

Die Anzeigeverfahren sind dazu jeweils passend auszuwählen und erlauben eine vielfältige Kombination, die jeweils sorgfältig auf die vorgesehene Verwendung abgestimmt werden muß.

Eine besonders weit verbreitete Form von Widerstandsgebern sind die Dehnungsmeßstreifen. Bei ihnen ist auf einer flexiblen Unterlagefläche ein Widerstandselement aufgebracht, das aus Metalldrähten oder Halbleitern besteht. Solche Dehnungsmeßstreifen werden auf die zu messenden Stellen aufgeklebt und machen mit ihnen die Verformung (Dehnung) mit. Dadurch tritt auch eine Dehnung (Verlängerung) der Widerstandsdrähte oder Halbleiter-Widerstandsbahnen auf, die als Widerstandserhöhung gemessen werden kann. Die Dehnungsmeßstreifen haben besondere technische Bedeutung für die Messung der Beanspruchung von Konstruktionsteilen im Maschinen- und Hochbau gewonnen. Mit ihrer Hilfe ist es möglich, bereits die geringsten elastischen Dehnungen beispielsweise an Gußkörpern von Maschinen oder Stahlprofilen von tragenden Konstruktionen, die bei Belastungen auftreten, zuverlässig zu messen. Entsprechend der großen technischen Bedeutung wurde von der Industrie für die Dehnungsstreifen-Meßtechnik ein ganzes Arsenal von Geräten, Hilfsmitteln und verschiedenen Formen von Meßstreifen geschaffen.

F. Drehzahl

Drehzahlmessungen lassen sich elektrisch hauptsächlich auf zweierlei Weise durchführen. Einmal wird die von einem Generator abgegebene, drehzahlabhängige Spannung bestimmt. Hierfür gibt es besonders zum Anbau an Maschinen geeignete kleine Generatoren, sogenannte Tachodynamos. Zum anderen lassen sich Drehzahlen sehr elegant durch Zählung der Umdrehungen in einer bestimmten Zeiteinheit elektronisch messen. Hierzu muß vom umlaufenden Teil pro Umdrehung ein elektrisches Signal abgegeben werden. Das kann etwa durch das Abtasten optischer Marken mit einem Photoelement geschehen, ohne daß der umlaufende Teil durch die Messung gebremst oder anderweitig beeinflußt würde. Läßt sich der umlaufende Teil magnetisieren oder ein kleiner Dauermagnet daran anbringen, so können auf sehr einfache Weise Spannungsstöße in einer geeignet montierten Spule induziert werden. Die Zählung der elektrischen Impulse erfolgt in einem elektronischen Zähler, der die eintreffenden Impulse jeweils in einer genau bestimmten Zeiteinheit (etwa Minute oder Sekunde und Vielfaches davon) auszählt und anzeigt. Eine weitere Möglichkeit besteht in der analogen Anzeige der Impulsfrequenz durch Integration.

G. Licht, Strahlung

Für die Umwandlung von Licht in elektrische Signale werden verschiedene photoelektrische Effekte herangezogen. Der Physiker unterscheidet zwischen dem äußeren photoelektrischen Effekt, dem inneren photoelektrischen Effekt und dem Sperrschicht-Photoeffekt. Hier wollen wir uns auf die technische Anwendung beschränken. Auf dem äußeren photoelektrischen Effekt beruht die Wirkungsweise der Photozellen (hochvakuum- oder gasgefüllt) und Photoelektronenvervielfacher (SEV). Diese Gruppe von photoelektrischen Wandlern ist schon am längsten bekannt. Sie erfordern für den Betrieb Hilfsspannungen und sehr hochohmige Verstärker und sind verhältnismäßig unbequem zu handhaben. Besonders die SEV haben jedoch eine außerordentlich hohe Empfindlichkeit und gestatten den Nachweis sehr ähnlicher Lichtquanten. Die spektrale Empfindlichkeit läßt sich durch Wahl eines geeigneten Materials für die Photo-Katode in gewissen Grenzen beeinflussen und reicht von UV bis IR. Mit der Entwicklung der Halbleitertechnik haben die Photowiderstände, -dioden und -transistoren beherrschende Bedeutung für technische Anwendungen erlangt.

H. Chemische Untersuchungen

Bestimmte Eigenschaften von Gasen und Flüssigkeiten erlauben eine selektive Bestimmung deren Anteils in Mischungen. Auch hier werden geeignete Wandler dazu verwendet, letztlich elektrische Größen als Ausgangssignale zu erhalten. So läßt sich beispielsweise der Paramagnetismus des Sauerstoffes dazu ausnützen, eine elektrische Anzeige zu erhalten, die bis zu einer Empfindlichkeit von etwa 1 Volumenprozent O_2 für den vollen Meßbereich gesteigert werden kann.

Unterschiedliche Absorptionsspektren für Infrarot gestatten die elektrischmeßtechnische Erfassung teilweise äußerst geringer Konzentrationen (CO_2 etwa 0,005 Vol.%) einer ganzen Reihe verschiedener, vorwiegend organischer Gase und Dämpfe.

Die unterschiedliche Wärmeleitfähigkeit dient ebenfalls für einige Gase als Kriterium und kann auch für aggressive Dämpfe angewendet werden.

Über die Absorption von Gasen in Flüssigkeiten und die damit verbundene Leitfähigkeitsänderung der Flüssigkeit läßt sich ebenfalls die Bestimmung einer ganzen Reihe von Anionen auf elektrischem Wege durchführen.

Ein wichtiges Meßhilfsmittel in der gesamten chemischen Technik ist die Messung des pH-Wertes durch die Bestimmung des Potentials einer Meßelektrode. Das Potential einer Elektrode, die in die Flüssigkeit getaucht wird, hängt in genau bekannter Weise mit dem pH-Wert zusammen. Zur Messung dieses Potentials sind Einrichtungen mit außerordentlich hohem Eingangswiderstand (10^{12} bis 10^{14} Ohm) notwendig. Zumeist enthalten sie auch eine automatische Kompensation für Temperaturschwankungen und zur Verlegung des Bezugsnullpunktes auf beliebige pH-Werte.

Literatur

[1.1] Bitterlich, W., Einführung in die Elektronik. Wien-New York: Springer. **1967**.

[1.2] Franke, H., Lexikon der Physik. Stuttgart: Franckh'sche Verlagshandlung. **1969**.

[1.3] Grave, H. F., Elektrische Messung nichtelektrischer Größen. Frankfurt am Main: Akademische Verlagsgesellschaft. **1965**.

[1.4] Kohlrausch, F., Praktische Physik. Stuttgart: Teubner Verlagsgesellschaft. **1960**.

[1.5] Kretzmann, R. (Hrsg.), Handbuch der Elektronik. Berlin: Verlag für Radio-

Foto-Kinotechnik GmbH. 1968.
[1.6] MOERDER, C., Grundlagen der Drehspulinstrumente und verwandter Systeme. Karlsruhe: G. Braun. 1960.
[1.7] NELTING, H., und THIELE, G., Elektronisches Messen nichtelektrischer Größen. Eindhoven: Philips. 1966.
[1.8] PALM, A., Elektrische Meßgeräte und Meßeinrichtungen. Berlin-Göttingen-Heidelberg: Springer. 1963.

Firmendruckschriften:

[1.9] Hartmann und Braun AG, Elektrische Meßinstrumente und Meßeinrichtungen.
[1.10] Hartmann und Braun AG, Meß- und Regelgeräte.
[1.11] Neuberger, München, Elektrische Meßinstrumente.
[1.12] Philips Elektronik, Industrie-Elektronik, Gesamtkatalog 1971.
[1.13] Valvo GmbH, Transistorschaltungen.

2. Gesteinsparameter

2.1 Einführung in den Problemkreis

In dem Kapitel „Gesteinsparameter“ sollen Gesteinseigenschaften beschrieben werden, die mit Hilfe von elektrischen Messungen erfaßt werden können. Diese elektrisch zugänglichen Parameter bilden relativ zur Gesamtzahl der Gesteinsgrößen, die überhaupt ermittelt werden können, nur eine verschwindend kleine — nicht aber unbedeutende — Menge.

Mineralogische Parameter wie Mineralvergesellschaftungen, Gefügegrößen im engeren Sinne, der Chemismus und etwaige Kristallstrukturen lassen sich elektrisch nicht erfassen. Es ist auch nur in Ausnahmefällen möglich, ein Gestein durch Bestimmung seiner elektrischen Größen einer bestimmten erdgeschichtlichen Epoche zuzuordnen [2.9].

Erweitert man die Gefügekunde auf die Bestimmung der Porosität, des Formationsfaktors, der Tortuosität, des Zementationsfaktors und eventuell der Permeabilität (Wasserdurchlässigkeit) von Gesteinen, so lassen sich diese Gefügegrößen zumindest an Proben im Labor mittels elektrischer Methoden messen. Korngrößen, Porenformen und Aggregatbegrenzungen können auf elektrischem Wege nur schwer ermittelt werden.

Aus dem bisher Gesagten ergibt sich bereits die Beschränkung, die dem Vorhaben, Gesteinsparameter auf elektrischem Wege zu bestimmen, auferlegt werden muß: es werden nur Methoden angegeben, die eigentlichen elektrischen Parameter wie Dielektrizitätskonstante, elektrische Leitfähigkeit und Suszeptibilität, sowie gefügekundliche Größen wie Formationsfaktor, Zementationsfaktor, Tortuosität, Porosität und (mit Vorbehalt) Permeabilität zu messen.

Zwei wichtige Punkte sollen hier erwähnt werden:

a) Die Bedeutung des Wassers für elektrische Messungen an Gesteinen und

b) die Tatsache, daß die in diesem Kapitel beschriebenen Gesteinsparameter ausschließlich an Gesteinsproben bestimmt werden.

ad a): Dem Wasser im Gestein (Porenwasser) kommt eine zweifache Bedeutung zu:

1. Messungen haben gezeigt, daß das Porenwasser maßgebend die elektrischen Eigenschaften — abgesehen von der Suszeptibilität — bestimmt.

2. Einige der gefügekundlichen Größen wie Tortuosität, Formations- und Zementationsfaktor lassen sich überhaupt nur bestimmen, wenn man die elektrischen Eigenschaften des Wassers in den Gesteinsporen kennt. So ist es auch zu erklären, daß der elektrischen Untersuchung von Wasser — speziell des Wassers, das zur Sättigung der Gesteinsproben verwendet wird — ein besonderes Kapitel gewidmet ist. Die Kenntnis der elektrischen Parameter des Porenwassers ist auch notwen-

dig, um die Porosität und die Permeabilität einer Gesteinsprobe auf elektrischem Wege zu messen — wobei darauf hingewiesen werden soll, daß man diese Parameter im allgemeinen nach anderen, meist mechanischen Methoden bestimmt.

ad b): Da sich alle in Kapitel 2 angegebenen Meßmethoden und Meßwerte auf Gesteinsproben, die im Labor untersucht werden, beziehen, soll einiges über die Herstellung der Proben und die damit verbundenen Probleme gesagt werden [2.49].

Als Ausgangsmaterial benötigt man ein größeres Handstück. Für die Auswahl der Handstücke, aus denen die Proben hergestellt werden sollen, sind zwei Aspekte maßgebend: Die Größe des Handstückes sollte etwa $12 \times 12 \times 12$ [cm] betragen, damit man die im folgenden beschriebene Behandlung durchführen kann.

Das Gestein muß so beschaffen sein, daß es durch die Vorgänge beim Bohren, Schneiden und Schleifen nicht wesentlich verändert wird; die Handstücke sollten möglichst wenig Risse enthalten.

Aus dem Gesteinsstück wird mit Hilfe eines Diamanthohlbohrers ein Zylinder mit einem Durchmesser von beispielsweise 5 cm ausgebohrt. Zur Kühlung wird dem Bohrer von innen Wasser zugeführt. Von den zylindrischen Kernen werden mit einer Diamantsäge Scheiben von 0,3 bis 2 cm Dicke abgeschnitten. Auch hierbei ist eine Kühlung notwendig; es wurde anfangs Bohrflüssigkeit verwendet, die allerdings das Gestein stark verschmierte und mit Trichloräthyl abgewaschen werden mußte. Später wurde eine Wasserkühlung benutzt. Große Kerne werden zum Zerschneiden in eine spezielle Zange eingespannt, nach einiger Erfahrung kann das Schneiden händisch — besonders bei kleineren Proben — erfolgen. Beim Schneiden bleiben oft größere Grate stehen, die abgeschliffen werden müssen. Dazu werden die Gesteinsscheiben mit der Hand gegen eine rotierende, angefeuchtete Stahlscheibe gedrückt, die mit Schleifpulver bestreut wird. Zur Vorpolitur verwendet man Schleifpulver (SiCa 180), das einen Korndurchmesser von ca. $1{,}5 \cdot 10^{-2}$ cm besitzt. Die Nachpolitur kann man mit SiCa 500, Korndurchmesser ca. $1{,}5 \cdot 10^{-3}$ cm, durchführen. Nach dem Polieren werden die Proben unter einem scharfen Wasserstrahl gereinigt. Wie Untersuchungen mit dem Mikroskop zeigen, kann auf diese Art das Schleifpulver fast gänzlich entfernt werden. Nur in vereinzelten großen Porenräumen finden sich öfters Körner des Schleifmittels. Ihre Anzahl ist im allgemeinen jedoch so gering, daß eine Beeinflussung der elektrischen und gefügekundlichen Messungen nicht zu befürchten ist. Es bietet keinerlei Schwierigkeiten, die SiCa-Körner mit dem Mikroskop zu erfassen, da sie sich durch ihre grüne Farbe sehr deutlich gegen den Gesteinshintergrund — sofern er nicht ebenfalls grün ist — abheben.

Es erhebt sich die Frage, ob bei der Herstellung der Proben nicht das Gefüge und damit die Gesteinsparameter verändert werden. Solche Veränderungen würden nur die Form der Porenkanälchen an den Schnitt- und Bohrflächen betreffen, wobei den Schnittflächen, die zur Elektrodenkontaktierung benutzt werden, die größere Bedeutung zukommt. Mikroskopische Vergleiche zwischen Proben und natürlichen Handstücken haben keinerlei Unterschied in der Porenform erkennen lassen. Selbst kleine Ausbrüche in den Porenwänden konnten nicht festgestellt werden. Eine Verlegung von Porenkanälchen durch Gesteinsstaub (vom Bohren oder Schneiden) oder durch Schleifpulver wurde ebenfalls in keinem Fall beobachtet. Es kann angenommen werden, daß mit der Behandlung der Proben bei der Herstellung keine Änderung des Gefüges einhergeht, so daß die im Labor an Gesteinsproben erhaltenen Eigenschaften mit denen am anstehenden Gestein weitestgehend übereinstimmen.

2.2 Elektrische Eigenschaften des Bergwassers

Es hat sich erwiesen, daß das in den Poren der Gesteine vorhandene Porenwasser maßgeblich die Leitfähigkeit (LF) und die Dielektrizitätskonstante (DK) der Gesteine im kHz-Bereich beeinflußt. Zur Deutung der elektrischen Gesteinseigenschaften ist es daher notwendig, die elektrischen Charakteristika des Porenwassers — allgemeiner: von Wasser — selbst zu ermitteln. Diese Größen werden weiterhin benötigt, um die gefügekundlichen Gesteinsgrößen nach elektrischen Methoden bestimmen zu können. Zur Messung von gefügekundlichen Gesteinseigenschaften werden im allgemeinen Gleichströme oder Ströme mit niederen Frequenzen benutzt. Daher werden auch die elektrischen Parameter von Wasser speziell für den Frequenzbereich $f < 300$ kHz ausführlicher beschrieben.

2.2.1 Die Dielektrizitätskonstante von Wasser als Funktion der Frequenz

Zur Deutung der Frequenzabhängigkeit der DK bei wasserhaltigen Gesteinen können die gleichen Phänomene zugrundegelegt werden, die auch einen Frequenzgang der elektrischen Größen von Wasser hervorrufen. Die Höhe und die Frequenzabhängigkeit der DK sind Größen, durch welche die sogenannten Polarisationserscheinungen charakterisiert werden. In diesem Abschnitt sollen kurz die wichtigsten Polarisationserscheinungen gestreift werden, die zu frequenzabhängigen Dielektrizitätskonstanten führen.

Wenn an ein Dielektrikum ein elektrisches Feld angelegt wird, so erfährt das Medium infolge von Ladungsverschiebungen eine Änderung seines Zustandes, die als Polarisation bezeichnet wird. Mehrere Arten von Polarisationserscheinungen sind in den letzten achtzig Jahren bekannt geworden.

a) Die *Elektronenpolarisation*, bei der die Elektronenhülle eines Atoms relativ zum positiv geladenen Kern unter dem Einfluß eines elektrischen Feldes verschoben wird. Dispersion (frequenzabhängige DK) tritt bei Frequenzen von ca. 10^{15} Hz, d. h. im Bereich des sichtbaren Lichtes, auf. Diese Polarisationsart zeigt sich grundsätzlich bei allen Substanzen.

b) Die *atomare Polarisation* ist abhängig von der relativen Verschiebung der Atome im Molekül. Das Dispersionsgebiet liegt bei Frequenzen, die größer sind als 10^{12} Hz. Diese Polarisationsart findet man naturgemäß bei molekularen Aggregaten.

c) Die *Orientierungspolarisation* tritt bei polaren Medien auf, d. h., wenn schon vor dem Anlegen eines elektrischen Feldes permanente elektrische Dipole vorhanden sind. Diese Dipole werden unter dem Einfluß von elektrischen Kräften ausgerichtet, wobei ihre Ordnung durch die thermische Bewegung der Moleküle (Dipole) gestört wird. Das Dispersionsgebiet dieser Polarisationsart liegt bei Frequenzen, die im allgemeinen kleiner als $f = 10^{12}$ Hz sind.

Diese Polarisationserscheinungen sind für Wasser interessant, da die Wassermoleküle — in ihrer einfachsten Form — ein natürliches Dipolmoment von

$$m_e = 3{,}55 \cdot 10^{-18}\,\mathrm{cm}^{5/2}\,\mathrm{g}^{1/2}\,\mathrm{sec}^{-1}$$

besitzen. Die Zeit, welche die permanenten elektrischen Dipole nach Entfernen eines elektrischen Feldes brauchen, um wieder eine ungestörte Verteilung anzunehmen, beträgt nach DEBYE [2.14]

$$\tau = \frac{\zeta}{2k'T'}\,. \tag{2.1}$$

ζ ist eine Größe, die die innere Reibung der Moleküle bei Rotation beschreibt und nach STOKES für einen kugelförmigen Körper

$$\zeta = 8\pi\eta\bar{a}^3 \tag{2.2}$$

beträgt.

τ = Relaxationszeit [sec]
ζ = Reibungswirkung [erg · sec]
k' = Boltzmannkonstante (= $1{,}38 \cdot 10^{-16}$ erg Grad^{-1})
η = Zähigkeit [P]
T' = absolute Temperatur [°K]
$\bar{a}$ = Moleküldurchmesser [cm].

Für das H_2O-Molekül beträgt der Moleküldurchmesser $\bar{a} \approx 2 \cdot 10^{-8}$ cm; somit nimmt die Reibungswirkung für die Zähigkeit $\eta = 0{,}01$ P den Wert $\zeta \approx 2 \cdot 10^{-24}$ erg · sec an. Die Relaxationszeit bei Zimmertemperatur beträgt somit:

$$\tau \approx 2{,}5 \cdot 10^{-10}\,\mathrm{sec.}$$

Maximale Dispersion tritt bei einer Frequenz f_R auf, die gegeben ist durch den reziproken Wert der Relaxationszeit.

$$f_R = \frac{1}{\tau}\,. \tag{2.3}$$

Für Wasser ergibt sich:

$$f_R \approx 4 \cdot 10^9\,\mathrm{Hz.}$$

Diese Relaxationsfrequenz verschiebt sich in Wirklichkeit zu tieferen Frequenzen, da das Wasser — wie Röntgenstrahluntersuchungen gezeigt haben — eine Tridymitstruktur besitzt, d. h., jedes Wassermolekül ist nach BRIEGLEB [2.6] von vier weiteren Wassermolekülen umgeben. Der für die Rotation wirksame Radius vergrößert sich, die Reibungswirkung wird erhöht, die Relaxationszeit nimmt zu, die Relaxationsfrequenz — somit das Gebiet maximaler Dispersion — liegt bei tieferen Frequenzen. Wie überschlägige Rechnungen zeigen, wird aber das Dispersionsgebiet nach wie vor im GHz-Bereich liegen.

d) Die *Zwischenwandpolarisation* [2.28], [2.45] und [2.48]. Wenn an ein Dielektrikum mit örtlich verschiedenen Leitfähigkeiten und Dielektrizitätskonstanten eine Spannung angelegt wird, treten an den Grenzflächen zwischen besser und schlechter leitenden Gebieten Anhäufungen von elektrischen Ladungen auf, die Anlaß geben zu Polarisationserscheinungen im Dielektrikum. Beim Entladen eines Kondensators, der ein solches Dielektrikum enthält, verschwinden diese sogenannten Zwischenladungen langsamer als die äußere Spannung und geben somit Anlaß zu einer Phasenverschiebung zwischen Strom und Spannung.

Die Abnahme des Stromes mit der Zeit erfolgt nach einer e-Funktion, charakterisiert durch eine Zeitkonstante τ. Diese Zeitkonstante tritt auch bei Verwendung von Wechselströmen auf. Die Zwischenwandpolarisation macht sich vor allen Dingen dann bemerkbar, wenn Frequenzen der Größenordnung $f_R = 1/\tau$ verwendet werden, da dann der Auf- und Abbau der Zwischenwandladungen in Resonanz mit dem äußeren Felde geschieht. Diese Polarisationsart wird bei Flüssigkeiten nur selten auftreten, nämlich dann, wenn hohe Konzentrationsunterschiede vorhanden sind, die künstlich aufrecht erhalten werden. In geringem Maße wird diese Erscheinung bei elektrolytischen Vorgängen anzutreffen sein, wenn starke Wechselströme mit so niedrigen Frequenzen benutzt werden, daß sich zwischen den Elektrodenbereichen und dem Hauptvolumen des Elektrolyten starke Konzentrationsunterschiede ausbilden können. Für ein zweifach geschichtetes Medium mit folgenden elektrischen Eigenschaften:

Schicht 1: Spezifischer Widerstand ρ_1; DK ε_1; Schichtdicke d_1
Schicht 2: Spezifischer Widerstand ρ_2; DK ε_2; Schichtdicke d_2

$$\frac{d_1}{d_2} = b' \tag{2.4}$$

ergibt sich nach KOOPS [2.26]

$$f_R = \frac{b' \cdot \rho_1 + \rho_2}{\rho_1 \rho_2 (\varepsilon_2 + b' \cdot \varepsilon_1)}, \tag{2.5}$$

d. h., die Relaxationsfrequenz ist abhängig von den elektrischen Parametern beider Schichten und von dem prozentuellen Anteil der Einzelschichten am gesamten Dielektrikum.

e) Die *induzierte Polarisation* [2.1] und [2.8]. In einem elektrisch schlecht leitenden Medium, welches elektrolytisch leitende Porenflüssigkeit und metallisch leitende Partikel enthält, tritt bei Stromfluß an den Grenzflächen Metallpartikel-Porenflüssigkeit eine Verschiebung des galvanischen Potentials (zwischen Metall und Elektrolyt) auf. Wenn die Änderung des Potentials an den Stromeintritts- und Stromaustrittsflächen in entgegengesetzter Richtung erfolgt, werden die Metallpartikel polarisiert. Die Relaxationszeiten dieser Phänomene sind wegen der langsam ablaufenden elektrochemischen Vorgänge relativ hoch. Das Dispersionsgebiet liegt etwa bei 0,1 Hz. Diese Polarisationsart ist bei reinen Flüssigkeiten nicht zu erwarten, sie tritt nur unter den oben geschilderten Bedingungen auf.

f) Die *Raumladungspolarisation*. Mit Hilfe dieser Theorie kann das Polarisationsverhalten von Wasser im Bereich niederer Frequenzen (kHz) sehr gut gedeutet werden; daher soll diese Polarisationsart ausführlicher dargestellt werden. Die Theorie wurde von FRIAUF [2.17] für einen Kristall, der Ag^+- und Br^--Ionen enthielt, erstellt. Für die Anwendung dieser Theorie auf Wasser müssen einige Modifizierungen vorgenommen werden.

Zunächst aber zur Theorie der Raumladungspolarisation bei binären Elektrolyten, die als Dielektrikum eines Plattenkondensators dienen: Beim Anlegen einer elektrischen Gleichspannung oder Wechselspannung niederer Frequenz bewegen sich die Kationen und Anionen zu den entsprechenden Elektroden hin. Solange keine Behinderung der Ionen bei der Entladung an den Elektroden auftritt und solange die Konzentrationsüberspannung klein bleibt, gilt das Ohmsche Gesetz. Meistens treten aber bei der Entladung der Ionen Hemmungen auf: Überspannungen (siehe z. B. FISCHER [2.16]) bewirken, daß sich die Ionen nicht schnell genug entladen können, sie stauen sich und verhindern die Annäherung weiterer Ladungsträger. Im Bereich der Elektroden finden sich Gebiete mit erhöhter Raumladung, der Elektrolyt wird polarisiert. Diese Effekte können durch Verwendung von Wechselströmen genügend hoher Frequenz verhindert werden, nämlich dann, wenn der Wechsel in der Stromrichtung so schnell erfolgt, daß sich die Raumladung nicht mehr aufbauen kann.

Nach LIDIARD [2.27] treten bei Verwendung niederfrequenter Ströme (50 Hz bis 5 kHz) kapazitive Effekte auf. Die Theorie dieser Vorgänge ergibt eine frequenzabhängige DK, die eine Funktion des Elektrodenabstandes ist und bei niederen Frequenzen sehr hohe Werte annehmen kann.

Nach BLANK [2.3] wird für ein Dielektrikum mit Raumladungspolarisation ein zweigliedriges Ersatzschaltbild benutzt, siehe hierzu die Abb. 2.1.

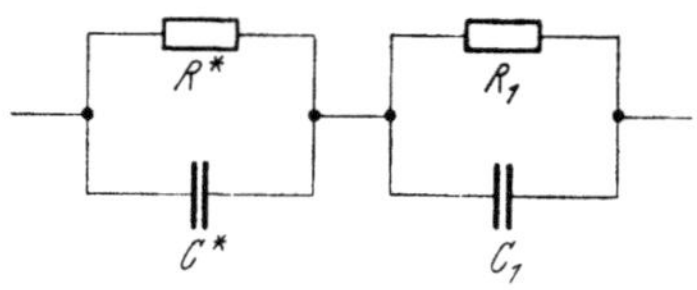

Abb. 2.1. Ersatzschaltbild für ein Dielektrikum mit Raumladungspolarisation. C^* = Randschichtkapazität, R^* = Randschichtwiderstand, C_1 = Kapazität des Hauptvolumens, R_1 = Gleichstromwiderstand

Wenn man das oben angegebene Ersatzschaltbild durch eine Parallelkapazität C_P und einen parallelen Widerstand R_P ersetzt, kann man mit der von FRIAUF [2.17] entwickelten Theorie der Raumladungspolarisation zeigen, daß C_P und R_P frequenzabhängig werden.

Die Grundlagen der Theorie der Raumladungspolarisation findet man ausführlich dargestellt in den zitierten Arbeiten von FRIAUF, BLANK und LIDIARD.

Hier sollen nur die Endformeln für die Parallelkapazität C_P, den Parallelleitwert G_P und für die Relaxationszeit τ angegeben werden. Die Gleichungen gelten für den Fall, daß der Elektrolyt als Dielektrikum eines Plattenkondensators fungiert und daß alle nichtlinearen Effekte vernachlässigbar sind.

Fall A: Die Elektroden behindern beide Ionenarten (Kationen und Anionen) bei der Entladung.

$$C_P = \frac{(A/\sqrt{2}) \cdot \sqrt{e^2 \varepsilon_W' n/k'T'}}{1 + (2\pi)^2 f^2 \tau^2} \tag{2.6}$$

$$G_P = G_1 \frac{(2\pi)^2 f^2 \tau^2}{1 + (2\pi)^2 f^2 \tau^2} \tag{2.7}$$

$$\tau = \frac{d}{u_n + u_p} \sqrt{\frac{\varepsilon_W'}{2nk'T'}} \tag{2.8}$$

$$G_1 = \frac{A}{d}\, e(u_n + u_p) \cdot n. \tag{2.9}$$

Fall B: Die Elektroden sind nur für negative Ionen sperrend.

$$C_P = \frac{2A}{d^2(2\pi)^{3/2}} \sqrt{\frac{k'T'}{e} e \cdot u_n \cdot n_n} \sqrt{\frac{u_n}{u_p} (u_n + u_p)} f^{-1,5} \tag{2.10}$$

$$G_P = G_1 - 2\pi C_P f. \tag{2.11}$$

Fall C: Sperrung der positiven Ionen.

Wenn die positiven Ionen bei der Entladung behindert werden, sind in der Gleichung (2.10) die Indizes „n" gegen „p" zu vertauschen.

Allen Gleichungen liegt das elektrostatische Maßsystem zugrunde. Um die Kapazität in der Dimension Farad und den Leitwert in Siemens zu erhalten, sind die nach obigen Gleichungen errechneten Werte C_P und G_P mit dem Faktor $1/9 \cdot 10^{-11}$ zu multiplizieren.

Erklärung der Symbole:

C_P = Parallelkapazität [cm]
G_P = Parallelleitwert [cm sec^{-1}]
G_1 = Gleichstromleitwert [cm sec^{-1}]
τ = Zeitkonstante [sec]
f = Frequenz [Hz]
e = Elementarladung ($= 4{,}8 \cdot 10^{-10}\,\mathrm{g}^{1/2}\mathrm{cm}^{3/2}\mathrm{sec}^{-1}$)
ε_W' = Dielektrizitätskonstante der Grundsubstanz
A = Oberfläche der Elektroden [cm^2]
d = Elektrodenabstand [cm]
u_n, u_p = Ionenbeweglichkeit [g$^{-1/2}$ cm$^{3/2}$]
n_n, n_p, n = Aktivität der Ionen [cm^{-3}]
k' = Boltzmannkonstante ($k' = 1{,}38 \cdot 10^{-16}$ erg · Grad^{-1})
T' = absolute Temperatur [°K].

Dividiert man C_P nach Gleichung (2.6) bzw. nach Gleichung (2.10) durch die Leerkapazität C_0 des Plattenkondensators:

$$C_0 = \frac{A}{4\pi d}, \tag{2.12}$$

so erhält man die DK $\varepsilon_\sim$ des Elektrolyten zu

$$\varepsilon_\sim = \frac{C_P \cdot 4\pi d}{A}. \tag{2.13}$$

Hier soll nur der Fall A ausführlicher behandelt werden: Die Gleichung (2.6) geht, wenn

$$1 \ll (2\pi)^2 f^2 \tau^2,$$

über in

$$C_P = \frac{(A/\sqrt{2})\sqrt{e^2 \varepsilon_W' n/k'T'}}{(2\pi)^2 f^2 \tau^2}. \tag{2.14}$$

Setzt man Gleichung (2.14) unter Verwendung von (2.8) in (2.13) ein, so erhält man für die frequenzabhängige DK des Elektrolyten:

$$\varepsilon_{\sim} = \frac{4\pi}{d \cdot f^2} \cdot \frac{(u_n + u_p)^2 \cdot (2nk'T')^2}{\varepsilon_W'^2 \cdot (2\pi)^2} \sqrt{\frac{e^2 \varepsilon_W' \cdot n}{2k'T'}} = K \cdot \frac{1}{d} \cdot \frac{1}{f^2}. \tag{2.15}$$

Diskussion der Gleichung (2.15): Die DK $\varepsilon_{\sim}$ des Elektrolyten ist abhängig von der Aktivität der Ionen, von der Ionenbeweglichkeit u_n bzw. u_p, von der Frequenz f und — als vielleicht interessantestes Ergebnis der Theorie — vom Abstand d der Platten des Kondensators. Die Dispersionsformel (2.15) hat den Nachteil, daß die DK $\varepsilon_{\sim}$ für hohe Frequenzen gegen Null geht. Man wird zu einer besseren Theorie gelangen, wenn man dem Wert $\varepsilon_{\sim}$ additiv die DK für den Elektrolyten, ε_E, hinzufügt. Werte von ε_E findet man bei Ebert [2.15].

Die Anwendung der Theorie der Raumladungspolarisation auf Wasser bietet gewisse Schwierigkeiten, da das Wasser im allgemeinen nicht als binärer Elektrolyt anzusprechen ist, sondern eine große Anzahl von Ionen enthält. Die Theorie der Raumladungspolarisation ist insofern zu modifizieren, als für die Beweglichkeit der Ionen ein Mittelwert für die positiven und negativen Ionen einzusetzen ist. Diese Mittelung läßt sich z. B. nach folgender Formel ausführen:

$$\bar{u}_{n,p} = \frac{i \sum u_{n,p_i} \cdot n_{n,p_i}}{i \sum n_{n,p_i}}. \tag{2.16}$$

Dieser Wert $\bar{u}_{n,p}$ ist an Stelle von u_p bzw. u_n in die Gleichung (2.15) einzufügen.

Theoretisch kann man unter Benutzung der bisher beschriebenen Polarisationserscheinungen einen Frequenzgang der DK von Wasser über einen Frequenzbereich von $10^0 \leqslant f \leqslant 10^{15}$ Hz angeben: In diesem breiten Frequenzband treten, sofern man das Wasser als Dielektrikum eines Plattenkondensators benutzt, vier größere Dispersionsbereiche auf. Bei $f \approx 10^2$ Hz tritt infolge der Raumladungspolarisation Dispersion auf, bei ca. 10^9 Hz wird die Orientierungspolarisation wirksam, bei Frequenzen von ca. 10^{13} Hz liegt atomare Polarisation und schließlich bei $f \approx 10^{15}$ Hz Elektronenpolarisation vor. Entsprechend diesen Polarisationsarten zeigt die DK von Wasser einen charakteristischen Frequenzgang, der in Abb. 2.2 schematisch wiedergegeben ist.

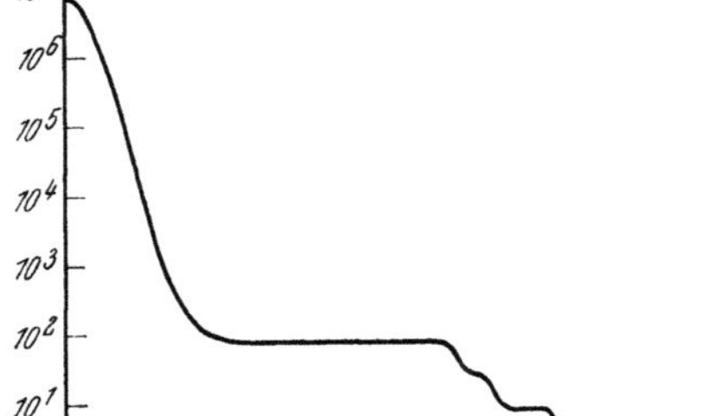

Abb. 2.2. Dispersionskurve für Wasser (schematisch). Frequenzbereich: 10^0 Hz $\leqslant f \leqslant 10^{16}$ Hz

Zur Ermittlung der erwähnten gefügekundlichen Gesteinsgrößen ist aus diesem 16 Dekaden umfassenden Frequenzband nur ein schmaler Bereich von

Interesse, nämlich Frequenzen von ca. 10 Hz bis 300 kHz. Es ist das Gebiet der elektromagnetischen ELF- bis LF-Wellen. Für Wasser liegen hier die Erscheinungen der Raumladungspolarisation vor, bei Gesteinen überlagern sich in diesem Frequenzbereich die Effekte der induzierten Polarisation mit denen der Raumladungspolarisation — wobei die Erscheinungen der induzierten Polarisation durch entsprechende Wahl der Proben (ohne Erzimprägnation) weitgehend ausgeschaltet werden können.

2.2.2 Die Frequenzabhängigkeit der Leitfähigkeit von Elektrolyten und Wasser

Wenn an einen Kondensator, der ein ideales, verlustfreies Dielektrikum enthält, eine Spannung $U = U_0 \cos \omega t$ angelegt wird, ist der auftretende Verschiebungsstrom

$$\mathbf{D} = \varepsilon \cdot \mathbf{E} \tag{2.17}$$

um 90° relativ zur Spannung U phasenverschoben. Keine Komponente des Stromes ist in Phase mit dem Potential, d. h., die vom Strom im Dielektrikum geleistete Arbeit ist Null. Bei verlustbehafteten Kapazitäten läßt sich der Verschiebungsstrom komplex darstellen

$$\mathbf{D}^* = \varepsilon^* \mathbf{E}^*, \tag{2.18}$$

wobei

$$\varepsilon^* = \varepsilon' - j\varepsilon''. \tag{2.19}$$

Der Phasenwinkel zwischen Strom und Spannung ist nun kleiner als 90°; somit ist eine Komponente des Stromes in Phase mit der Spannung. Diese Stromkomponente hat einen energieverzehrenden Vorgang zur Folge, der als „dielek-

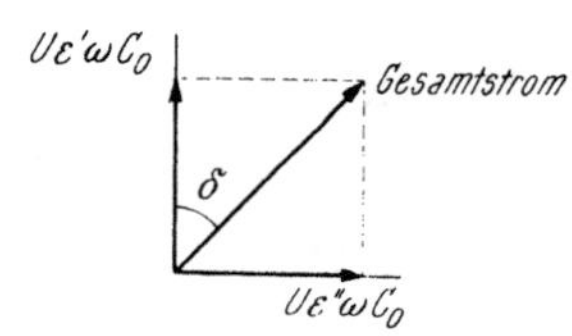

Abb. 2.3. Stromdiagramm für einen Kondensator mit verlustbehaftetem Dielektrikum. U = Spannung, C_0 = Leerkapazität des Kondensators, ε' und ε'' = Real- und Imaginärteil der komplexen DK, ω = Kreisfrequenz

trische Erwärmung" bezeichnet wird. In Abb. 2.3 ist nach Meakins [2.29] das entsprechende Stromdiagramm gezeichnet.

Die sogenannte Verlustleistung ist

$$N_V = 2\pi f \varepsilon'' C_0 U^2. \tag{2.20}$$

Ersetzt man einen solchen Kondensator durch eine verlustfreie Kapazität C_P parallel zu einem ohmschen Widerstand R_p, so liefert die komplexe Wechselstromrechnung für diese Schaltung einen komplexen Leitwert der Form

$$G^* = \frac{1}{R_P} + j\omega C_P. \tag{2.21}$$

Es gilt:

$$R_P = \frac{1}{\omega \varepsilon'' C_0} \tag{2.22}$$

$$C_P = \varepsilon' C_0 \tag{2.23}$$

$$\tan \delta = \frac{1}{\omega C_P R_P} = \frac{\varepsilon''}{\varepsilon'} . \tag{2.24}$$

Man betrachtet ein Dielektrikum mit Verlusten so, als ob es einen realen Leitwert

$$G_{\text{real}} = \frac{1}{R_P} \tag{2.25}$$

besäße.

Elektrolyte und Wasser werden infolge ihrer guten Leitfähigkeit als verlustbehaftete Medien betrachtet. Die Theorie der Erscheinungen der Raumladungspolarisation führt dazu, daß man auch bei der theoretischen Betrachtung der Wasser- bzw. Elektrolytleitfähigkeit die in Kap. 2.2.1 erwähnten Fälle A, B, C zu beachten hat. Die Ergebnisse für die Leitwerte sind schon im Kap. 2.2.1 durch die Gleichungen (2.7), (2.9) und (2.11) wiedergegeben. Alle drei Fälle führen zu Leitwerten, die bei niederen Frequenzen frequenzabhängig sind. Hier soll wieder Fall A, die Sperrung der positiven und negativen Ionen, betrachtet werden. Dem frequenzabhängigen Leitwert nach Gleichung (2.7) und (2.9) entspricht eine LF $\sigma_\sim$:

$$\sigma_\sim = \sigma_= \cdot \frac{(2\pi)^2 f^2 \tau^2}{1 + (2\pi)^2 f^2 \tau^2} . \tag{2.26}$$

Wenn gilt

$$1 \ll (2\pi)^2 f^2 \tau^2,$$

geht der Leitwert in den von Blank [2.3] als Gleichstromleitwert bezeichneten Wert G_1 (2.9) über, dem die Gleichstromleitfähigkeit

$$\sigma_= = e(u_n + u_p) \cdot n \tag{2.27}$$

entspricht.

Enthält der Elektrolyt, z. B. Wasser, verschiedene Ionen, so ergibt sich für die Gleichstromleitfähigkeit

$$\sigma_= = e \cdot i \sum z_i \cdot n_i u_i \tag{2.28}$$

$\sigma_=$ = Leitfähigkeit [S cm^{-1}]
e = Elementarladung (= 1,9 · 10^{-19} Cb)
z_i = Wertigkeit des $i$ten Ions
n_i = Aktivität der $i$ten Ionenart [cm^{-3}]
u_i = Beweglichkeit der $i$ten Ionen [cm^2 V^{-1} sec^{-1}].

2.2.3 Messung der Dielektrizitätskonstanten und der elektrischen Leitfähigkeit von verlustbehafteten Medien

Zur Messung der Frequenzabhängigkeit der genannten elektrischen Parameter (ε und σ) bieten sich grundsätzlich zwei Möglichkeiten an: Die Verwendung der

Resonanzmethode und die der Brückenmethode. Das zu untersuchende Medium wird in beiden Fällen als Dielektrikum eines Meßkondensators benutzt.

a) Resonanzmethode

Der Meßkondensator mit dem verlustbehafteten Medium bildet die Kapazität C_P und den Parallelwiderstand R_P eines Schwingkreises (siehe Abb. 2.4). Die

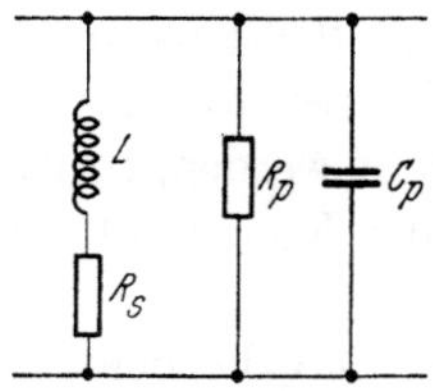

Abb. 2.4. Parallelresonanzkreis. L = Induktivität, R_S = Serienwiderstand, R_P = Parallelwiderstand, C_P = Parallelkapazität

Resonanzfrequenz ω_0 und die Dämpfung d' lassen eine Berechnung von R_P und C_P des Meßkondensators zu.

Nach Bitterlich [2.2] gilt für die Resonanzkreisfrequenz ω_0

$$\omega_0 = \sqrt{\frac{1}{LC_P} - \left(\frac{R_S}{L}\right)^2}\,. \tag{2.29}$$

Für den Dämpfungsfaktor d' erhält man:

$$d' = \frac{R_S}{\omega_0 L} + \frac{\omega_0 L}{R_P}\,. \tag{2.30}$$

Werden d' und ω_0 gemessen, so lassen sich aus den beiden Gleichungen (2.29) und (2.30) bei bekanntem L und R_S die Größen C_P und R_P ausrechnen.

Die Resonanzmethode verwendet man im MHz-Bereich, bei niederen Frequenzen sind die Brückenmethoden wesentlich genauer.

b) Brückenmethoden

Der Meßkondensator bildet den Zweig einer Wechselstrommeßbrücke. Zur Bestimmung der Werte von C_P und R_P hat man die Brücke nach Amplitude und Phase abzugleichen. Für den abgeglichenen Zustand gilt (siehe Abb. 2.5):

$$Z_A \cdot Z_D = Z_B \cdot Z_C \tag{2.31}$$

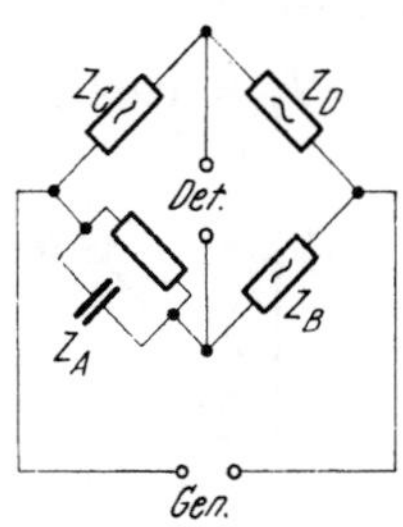

Abb. 2.5. Prinzipschaltbild einer Wechselstrombrücke. $Z_{A,B,C,D}$ = Impedanzen der Brückenzweige

Z = Wechselstromwiderstände. Diese Gleichung läßt sich nach Imaginärteil und Realteil aufspalten. Man erhält somit Ausdrücke, aus denen R_P und C_P ausgerechnet werden können.

Bei den bisherigen Betrachtungen wurde für den Kondensator mit verlustbehaftetem Medium als Dielektrikum ein Ersatzschaltbild, bestehend aus einer Parallelschaltung von Kapazität C_P und Widerstand R_P, verwendet. Dieses Ersatzschaltbild wird im allgemeinen gebraucht bei Verlusten, die infolge einer endlichen Leitfähigkeit des Dielektrikums auftreten. Dieser Fall liegt bei den untersuchten Gesteins- und Wasserproben vor. Sollen die Widerstände der Zuleitungen und Kontakte erfaßt werden, so ist nach BLECHSCHMIDT [2.4] eine Serienschaltung von einem idealen Kondensator und einem ohmschen Widerstand zu verwenden.

Prinzipiell ist zu bemerken, daß die beiden angegebenen, relativ einfachen Ersatzschaltbilder nur verwendet werden dürfen, wenn die Wellenlänge der benutzten Wechselströme groß ist gegen die Dimension der Meßobjekte.

Für die Impedanz einer Parallelschaltung von R_P und C_P gilt:

$$Z_P = \frac{-j(1/\omega C_P) \cdot R_P}{R_P - j(1/\omega C_P)} = \frac{R_P(1 - j\omega C_P R_P)}{1 + \omega^2 R_P^2 C_P^2}. \tag{2.32}$$

Liegt an diesem Gebilde eine Wechselspannung mit der Frequenz ω, so eilt die Phase des Stromes der Phase der Spannung um den Winkel φ voraus. Es gilt für $\tan\varphi$:

$$\tan\varphi = \frac{\text{Imaginärteil}\,(Z_P)}{\text{Realteil}\,(Z_P)} = -\frac{\omega C_P R_p^2}{R_P} = -\omega C_P R_P. \tag{2.33}$$

Da R_P und C_P bei verlustbehafteten Kondensatoren endliche Werte annehmen, wird auch $\tan\varphi$ immer endlich bleiben, d. h., der Winkel φ ist kleiner als 90°.

Als Verlustwinkel δ definiert man

$$\delta = 90° - \varphi, \tag{2.34}$$

als Verlustfaktor D' bezeichnet man

$$D' = \tan\delta = \tan(90° - \varphi). \tag{2.35}$$

Der Widerstand R_P des Dielektrikums führt zu einem kleinen Wirkstrom I_W

$$I_W = \frac{U}{R_P}, \tag{2.36}$$

der neben dem kapazitiven Blindstrom I_B

$$I_B = U\omega C_P \tag{2.37}$$

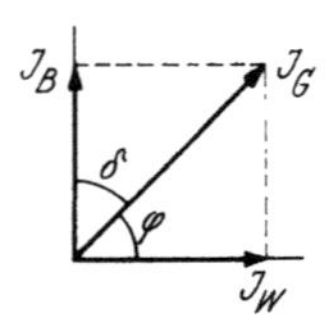

Abb. 2.6. Stromdiagramm für eine Parallelschaltung von Widerstand und Kapazität. I_B = Blindstrom, I_W = Wirkstrom, I_G = Gesamtstrom, φ = Phasenwinkel, δ = Verlustwinkel

auftritt. Abb. 2.6 zeigt das entsprechende Stromdiagramm. Man erhält für den Verlustfaktor $|D'|$:

$$|D'| = |\tan\delta| = \left|\frac{I_W}{I_B}\right| = \frac{U/R_P}{U\omega C_P} = \frac{1}{\omega C_P R_P}. \tag{2.38}$$

Bei Verwendung der Resonanzmethode bekommt man als Meßergebnisse die Werte von C_P und R_P, aus denen, wenn die Geometrie des Meßkondensators bekannt ist, die LF σ und die DK ε der zu untersuchenden Substanz auszurechnen ist. Wenn A die Fläche des Kondensators, d der Plattenabstand und C_0 seine Leerkapazität ist, gilt:

$$\varepsilon = \frac{C_P}{C_0} \tag{2.39}$$

$$\sigma = \frac{d}{R_P \cdot A}. \tag{2.40}$$

Benutzt man eine Wechselstrombrücke, so ergeben sich als Meßergebnisse im allgemeinen die Werte von C_P und D'. Die DK errechnet sich wiederum nach Gleichung (2.39), für die LF ergibt sich mit Hilfe von Gleichung (2.38) und (2.40):

$$\sigma = \frac{d}{A}\,\omega C_P |D'|. \tag{2.41}$$

A. Arbeitsweise und Aufbau von Geräten, die nach dem Resonanzverfahren arbeiten

1. Der Leitwertmesser VLU der Firma Rohde & Schwarz, München, arbeitet nach dem Resonanzverfahren. Ein kontinuierlich in der Frequenz variierbarer Generator speist über eine variable Kopplung K einen Meßkreis, der aus einem Spulensatz L_N und einem Drehkondensator C_N besteht. (Siehe Abb. 2.7). Durch

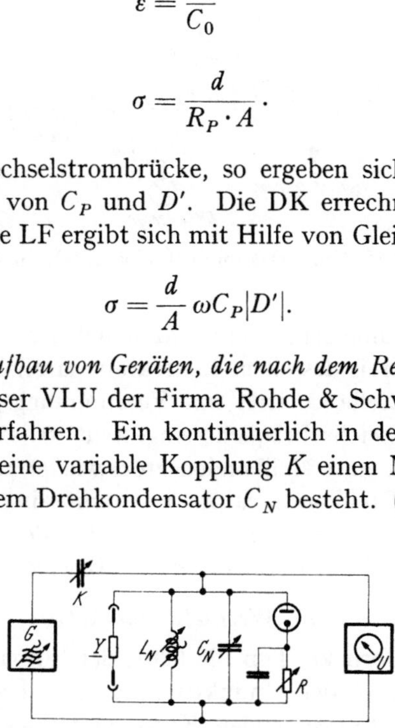

Abb. 2.7. Prinzipschaltbild des Leitwertmessers VLU der Firma Rohde und Schwarz, München

Verändern von C_N und L_N stimmt man den Meßkreis auf Resonanz ab. Der Resonanzfall läßt sich am Spannungsanzeiger U beobachten (maximaler Ausschlag). Mit Hilfe des Kopplers K wird die Spannung am Instrument U auf eine bestimmte Marke eingestellt. Die unbekannte Admittanz $Y = G_x + jB_x$ ist dem Meßkreis parallel geschaltet. Nach dem Abklemmen des Meßobjektes wird sein komplexer Leitwert Y durch eine neue Einstellung des Kondensators C_N (Spannungsmaximum) und des Verlustwiderstandsreglers R (Einstellung des Spannungsanzeigers auf die fixe Marke) ersetzt. Die Widerstandseinstellung wird dabei durch eine Hochvakuumdiode, die durch R gleichstrommäßig belastet ist, besorgt. Diese Diode stellt ein frequenzunabhängiges Widerstandsnormal dar, das im Frequenzbereich von 0,1 bis 10 MHz mit den üblichen Mitteln nicht zu realisieren wäre. Da zwischen der Einstellung des Widerstandes R und dem differentiellen Widerstand der Diode eine rechnerische Beziehung besteht, kann die Skala des Reglers R direkt in R_N-Werte geeicht werden. Die Differenz der beiden Kondensatoreinstellungen $C_{N_2} - C_{N_1} = \Delta C_N$ ergibt die Kapazität des Meßobjektes; R_N ist der Realteil der unbekannten Impedanz.

2. Nach dem sogenannten Überlagerungsverfahren arbeitet das Multi-Dekameter, Modell DK06, der Firma WTW, Weilheim. Die Spannungen zweier Meßgeneratoren mit variablen Frequenzen werden in einem Mischteil zur Überlagerung gebracht. Die entstehenden Schwebungen macht man als Lissajousche Figuren auf dem Schirm einer Kathodenstrahlröhre sichtbar. Siehe hierzu Abb. 2.8. Die Zeitbasis der Kathodenstrahlröhre entspricht dem Kehrwert der

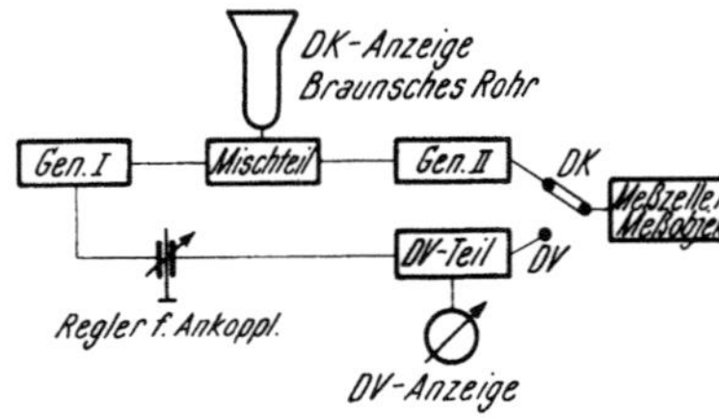

Abb. 2.8. Prinzipschaltbild des Multi-Dekameters, Modell DK 06, der Firma WTW, Weilheim

Netzfrequenz. Die auszumessende Substanz bildet das Dielektrikum einer Meßzelle, die dem Schwingkreis des einen Generators parallel geschaltet ist. Ändert sich die Kapazität der Zelle, so tritt eine Verstimmung gegenüber dem zweiten Generator, der auf die gleiche Frequenz eingestellt ist, auf. Diese Verstimmung wird durch Veränderung eines Meßkondensators wieder ausgeglichen. Die Größe der Veränderung des Drehkondensators ist somit ein Maß für die Kapazität der Meßzelle. Die Ermittlung des Widerstandes der Meßzelle (dielektrische Verluste = DV) erfolgt ähnlich wie im ersten Beispiel.

B. Arbeitsweise und Aufbau von Wechselstrombrücken

1. Die Universal-Meßbrücke, Typ PM 6001, der Firma Philips ist geeignet für die Messung von Widerständen, Induktivitäten und Kapazitäten. Das Gerät ist für die hier allein interessierenden Kapazitätsmessungen als Sauty-Brücke geschaltet (siehe Abb. 2.9). Das Brückengleichgewicht wird grob durch Ein-

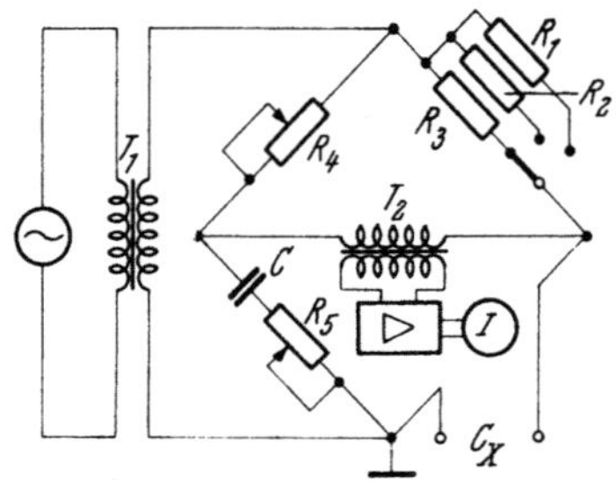

Abb. 2.9. Prinzipschaltbild der Universal-Meßbrücke, Typ PM 6001 (Sauty-Schaltung zur Kapazitätsmessung), der Firma Philips

schaltung entsprechender Vergleichsnormale und fein durch einen kontinuierlichen Abgleichsteller erreicht. Die Einstellung des Verlustwinkels ist nicht kalibriert.

2. Als Wheatstone-Brücke für Kapazitätsmessungen arbeitet die L-C-Präzisionsmeßbrücke, Type LCB, der Firma Rohde & Schwarz, München (siehe Abb. 2.10).

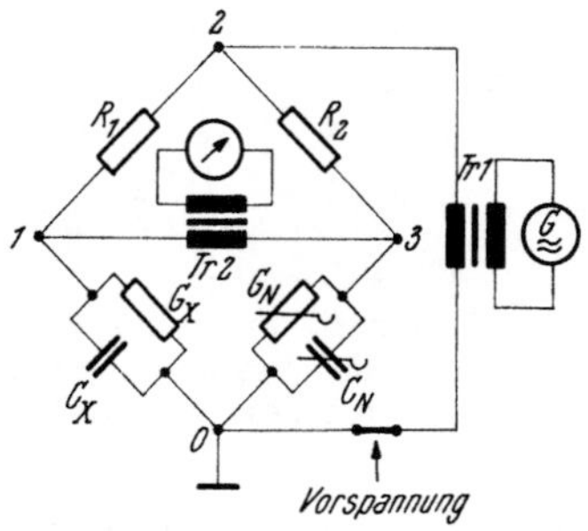

Abb. 2.10. L-C-Präzisionsmeßbrücke, Typ LCB (Wheatstone-Schaltung zur Kapazitätsmessung), der Firma Rohde und Schwarz, München

Der Meßgegenstand wird immer als Parallelschaltung einer verlustbehafteten Kapazität mit einem reinen Wirkwiderstand dargestellt, unabhängig von der tatsächlichen Gestalt des Meßobjektes. Interessieren die Größen eines inversen Objektes, so lassen sich diese über die sogenannten Inversionsgleichungen einfach berechnen (siehe hierzu Abb. 2.11):

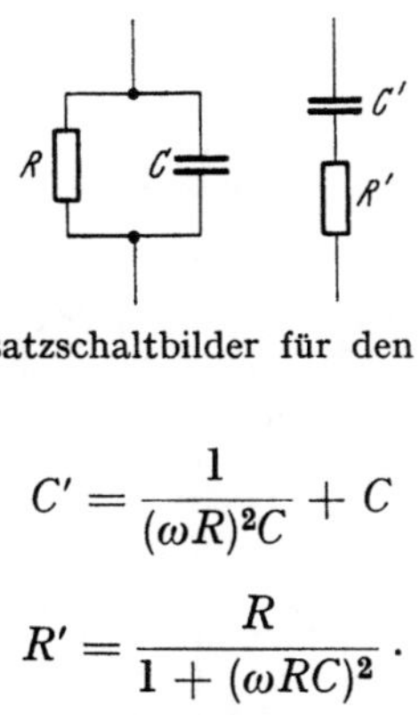

Abb. 2.11. Ersatzschaltbilder für den Meßgegenstand

$$C' = \frac{1}{(\omega R)^2 C} + C \tag{2.42}$$

$$R' = \frac{R}{1 + (\omega R C)^2}\,. \tag{2.43}$$

Die Abgleichbedingungen der Wheatstonebrücke sind:

$$C_x = \frac{R_2}{R_1} \cdot C_N \tag{2.44}$$

$$G_x = \frac{R_2}{R_1} G_N. \tag{2.45}$$

Die Anspeisung der Brücke erfolgt durch einen separaten Generator (einige Volt an einigen 10 Ω). Die Anzeige sollte frequenzabhängig sein und eine Bandbreite von wenigen % besitzen; so wird vermieden, daß Oberwellen der Speisefrequenz das Anzeigeminimum stören. Die Ableseempfindlichkeit sollte etwa 10 μV Maximalausschlag betragen.

3. Die Automatik-Präzisionsmeßbrücke, Type RLCB, der Firma Rohde und Schwarz, München, erlaubt es, sehr schnelle Kapazitäts- bzw. Verlustfaktormessungen durchzuführen. Die Abb. 2.12 zeigt die Schaltung der Brücke zur

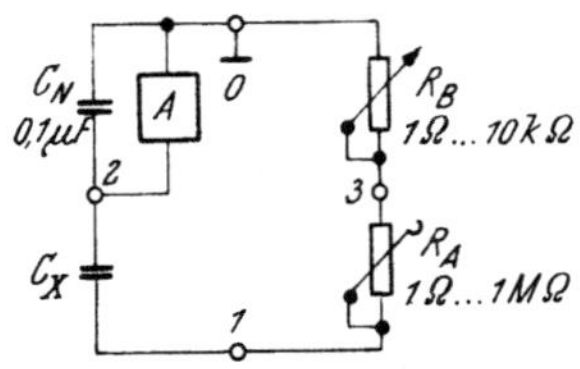

Abb. 2.12. Prinzipschaltbild der Automatik-Präzisionsmeßbrücke, Type RLCB, der Firma Rohde und Schwarz, München, zur schnellen Bestimmung von Kapazitäten. A = Automatik zum Abgleich des Verlustfaktors

Ermittlung von Kapazitäten, wobei der Verlustfaktor automatisch abgeglichen wird. Interessiert außer dem C-Wert noch der Verlustfaktor, so schaltet man nach dem Automatikabgleich auf die Stellung „Handmessung" um und gleicht die Brücke praktisch ohne Änderung des C-Reglers mit dem Verlustfaktorregler wieder auf die Ausgangsspannung Null ab. Der Meßwert wird digital mit automatischer Komma- und Dimensionsangabe angezeigt.

4. Als eine typische Scheringbrücke soll die Capacitance Bridge, 716-C, der Firma General Radio Company beschrieben werden. Mit Hilfe dieser Brücke kann über einen Frequenzbereich von 30 Hz bis 300 kHz die Kapazität und der ohmsche Widerstand eines Meßkondensators mit Dielektrikum in drei Moden ermittelt werden.

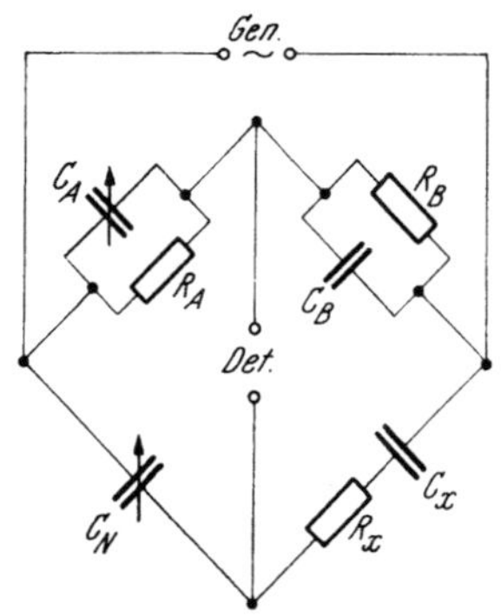

Abb. 2.13. Scheringbrücke. Capacitance Bridge 716-C der Firma General Radio Company. Schaltung für die „direkte Methode"

Nach der „direkten" Methode (Abb. 2.13) kann die Brücke durch Verändern eines Drehkondensators und eines Verlustwinkelreglers abgeglichen werden. Die Werte für die Kapazität und den Verlustfaktor sind direkt abzulesen. Bei der Substitutionsmethode (Abb. 2.14) bleibt der Standardkondensator C_S stets angeschlossen. Die Brücke wird zweimal abgeglichen; beim ersten Abgleich ist nur die geerdete Zuleitung des unbekannten Meßobjektes C_x angeschlossen, man erhält die Zahlenwerte C_1 und D_1. Der zweite Abgleich wird mit angeschlossenem Meßkondensator durchgeführt, man erhält die Werte C_2 und D_2. Die Kapazität des Meßkondensators ergibt sich zu

$$C_P = \Delta C \cdot \frac{1 - (\Delta D)^2 (C_2/\Delta C)}{1 + (\Delta D)^2}, \tag{2.46}$$

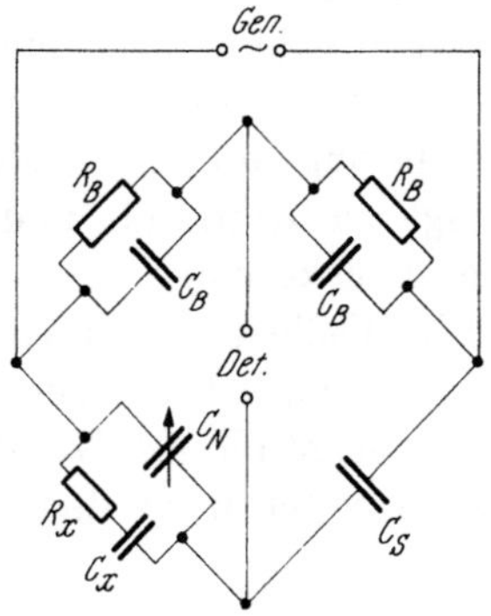

Abb. 2.14. Scheringbrücke. Capacitance Bridge 716-C der Firma General Radio Company. Schaltung für die Substitutionsmethode

für den ohmschen Widerstand erhält man

$$R_P = \frac{1 + (\Delta D)^2}{\omega C_1 \cdot (\Delta D)} \tag{2.47}$$

mit den Abkürzungen:

$$\Delta D = (D_2 - D_1) \frac{f}{f_0} \tag{2.48}$$

$$\Delta C = C_1 - C_2 \tag{2.49}$$

f = Generatorfrequenz [Hz]
f_0 = interner Brückenwert [Hz].

Den Meßbereich der Brücke kann man erweitern, indem Widerstands- und Kapazitätsdekaden parallel zu C_N geschaltet werden.

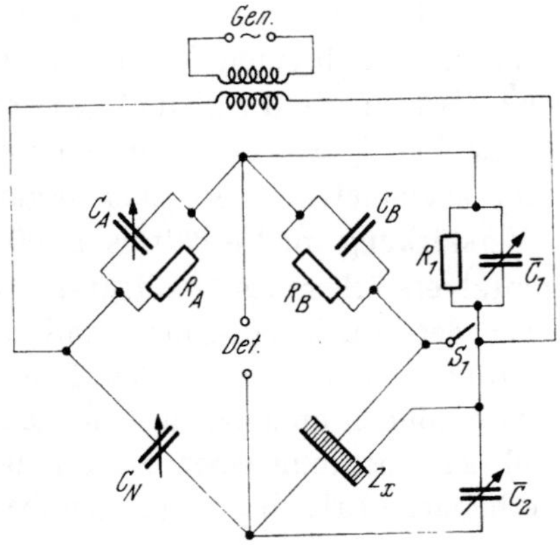

Abb. 2.15. Schutzringschaltung einer Scheringbrücke

Verwendet man als Probenhalter einen Schutzringkondensator, so kann man die in Abb. 2.15 angegebene Schaltung nach Wörz [2.66] verwenden.

Mit Hilfe von zwei zusätzlichen Abstimmelementen $\bar{C}_1$ und $\bar{C}_2$ wird der Schutzring auf das Potential der heißen Kondensatorplatte gelegt. Der Abgleich wird folgendermaßen ausgeführt: bei offenem Schalter S_1 wird die Brücke auf ein Minimum abgestimmt. Beim Schließen des Schalters ändert sich die Detektorspannung. Durch Veränderung von $\bar{C}_1$ und $\bar{C}_2$ wird die Spannung wieder auf ein Minimum gebracht. Diese Abstimmungen müssen wechselweise wiederholt werden, bis sich durch Betätigung des Schalters keine Spannungsänderung mehr ergibt. Dann liegt der Schutzring auf Elektrodenpotential. Die durch den Schutzring bewirkten Beiträge zu Kapazität und Verlustfaktor gehen jedoch nicht in die Ablesewerte der Brücke ein.

5. Von der Firma WTW, Weilheim, wird eine Meßeinrichtung unter der Bezeichnung NF-Dekameter, Modell DK 05, angeboten, bei der Frequenzgenerator, Kapazitätsmeßbrücke und Oszillograph als Null-Detektor in einem Gehäuse vereinigt sind. Die Brücke arbeitet nach dem Substitutionsprinzip. Siehe Abb. 2.16.

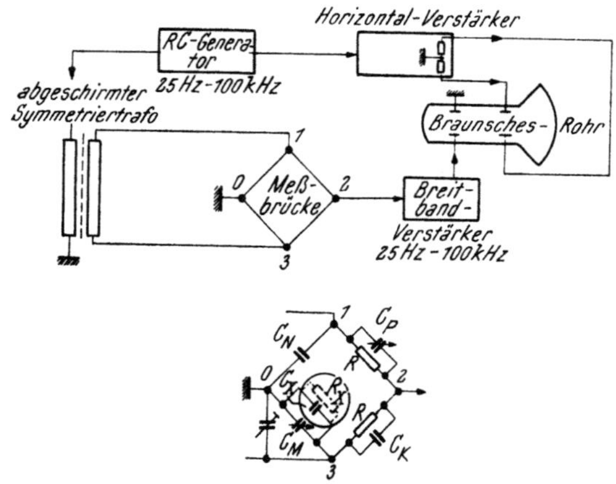

Abb. 2.16. Prinzipschaltbild des NF-Dekameters, Modell DK 05, der Firma WTW, Weilheim

Da es meßtechnisch vorteilhaft ist, das Meßobjekt einseitig auf Erdpotential zu legen, wird die Brücke, die durch einen dreifach abgeschirmten Symmetriertransformator eingespeist wird, im Punkt „Null" geerdet. Hierdurch wird eine weitgehende Potential-Unabhängigkeit der Brückenpunkte 1 und 3 von der Primärseite erreicht. Die asymmetrische Brückenausgangsspannung speist den Meßverstärker, dessen Verstärkung im Verhältnis 1 : 50 regelbar ist. Mit dem Phasenregler im Horizontalverstärker des Oszillographen kann eine bevorzugte Phasenbeziehung zwischen der Brückenausgangs- und der horizontalen Ablenkspannung hergestellt werden. Hierdurch werden Phase und Amplitude beim Abgleich unterschieden und können unabhängig voneinander beobachtet werden, so daß die richtige Wahl der Abstimmelemente der Brücke eindeutig festgelegt ist. Hierdurch ist eine erhebliche Erleichterung gegenüber der Anzeige mit einem Meßinstrument gegeben.

6. Der Vollständigkeit halber soll noch eine Meßbrücke für extrem niedere Frequenzen beschrieben werden. Derartige Brücken werden benötigt, wenn man die Erscheinungen der sogenannten induzierten galvanischen Polarisation erfassen will [2.46]. Wegen des sehr tiefen Frequenzendes scheidet eine Transformatorkopplung bei der Einspeisung aus. Die von einem externen Sinusgenerator gelieferte Spannung U läßt durch den Meßkondensator (Probe) den Strom

$$I_P = + U(G + j\omega C) \tag{2.50}$$

fließen, wobei G und C die dem Meßobjekt entsprechenden Parallelkreisgrößen sind. Dieselbe Spannung $+ U$ wird durch einen auf die Verstärkung $V = -1$ gegengekoppelten Verstärker in ihrer Phase um 180° gedreht und an zwei parallel gegen Masse geschaltete Potentiometer gelegt. Siehe hierzu Abb. 2.17. Über

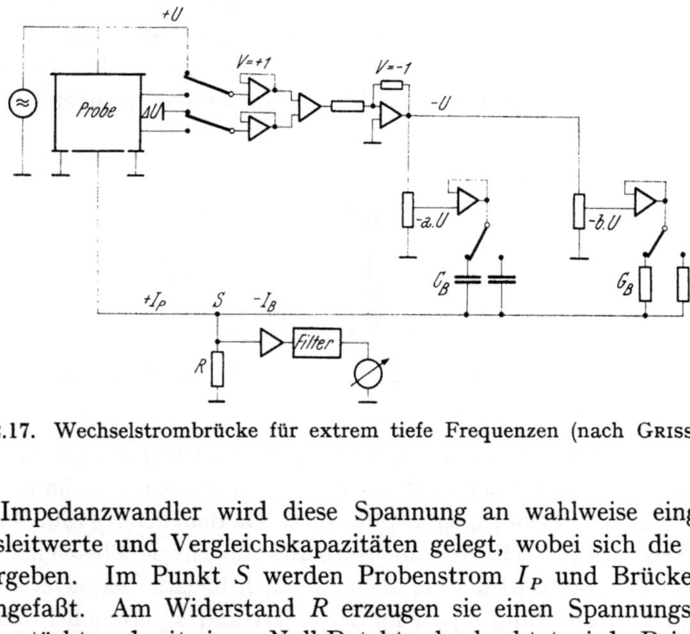

Abb. 2.17. Wechselstrombrücke für extrem tiefe Frequenzen (nach GRISSEMANN)

je einen Impedanzwandler wird diese Spannung an wahlweise eingeschaltete Vergleichsleitwerte und Vergleichskapazitäten gelegt, wobei sich die Ströme I_G und I_C ergeben. Im Punkt S werden Probenstrom I_P und Brückenstrom I_B zusammengefaßt. Am Widerstand R erzeugen sie einen Spannungsabfall, der selektiv verstärkt und mit einem Null-Detektor beobachtet wird. Bei abgeglichener Brücke gilt:

$$I_P + (-I_B) = 0. \tag{2.51}$$

Bei der Messung einer unbekannten Kombination G parallel C muß zunächst durch Umschalten von G_B und C_B die Größenordnung gesucht werden; der Feinabgleich erfolgt durch Nachstimmen der Präzisionspotentiometer.

Neben den eigentlichen Meßbrücken wird als weiteres Zubehör für die Messung elektrischer Parameter und Dielektrika benötigt:

α) *Meßkondensatoren*: Die Art dieser Kondensatoren, ihre Geometrie, das Material ihrer Elektroden und ihr Aufbau richtet sich weitgehendst nach den Substanzen, die untersucht werden sollen. Siehe hierzu die Ausführungen auf S. 25ff und auf S. 73ff.

β) *Der Wechselstromgenerator*: An den Frequenzgenerator (sinusförmige Ausgangsspannung) sind keine besonderen Forderungen zu stellen. Die Frequenzen sollten stabil sein, die Ausgangsspannung ist auf den für die Brücke angegebenen Wert einzustellen.

γ) *Der Detektor*: Die Detektoren (Voltmeter) zur Anzeige des Brückenabgleiches sollten in bezug auf die Frequenz selektiv sein und eine maximale Empfindlichkeit im μV-Bereich besitzen. Bei der Untersuchung bestimmter Frequenzbereiche, z. B. 30 Hz, empfiehlt es sich, einen Oszillographen als Nulldetektor zu verwenden [2.12]. Man ist dann in der Lage, trotz starker Oberwellengehalte der Meßfrequenz eine exakte Abstimmung der Brücke vorzunehmen.

C. Methoden und Geräte zur Bestimmung der Leitfähigkeit von Elektrolyten (Wasser)

1. *Strom-Spannungsmessungen.* Nach dem konventionellen Verfahren wird an eine Meßzelle, die den Elektrolyten enthält, eine konstante Spannung angelegt. Der fließende Strom ist proportional dem Widerstand R_E der Zelle. Zur Ausschaltung von Polarisationseffekten wird mit Wechselstrom bei Frequenzen $f \approx 800$ Hz gearbeitet. Als Beispiel sei die Wirkungsweise des Leitfähigkeits-Meßzusatzes M54692-A1 der Firma Siemens kurz dargestellt. Dem Meßkreis (siehe Abb. 2.18) wird eine konstante Wechselspannung U_0 zugeführt. Der ent-

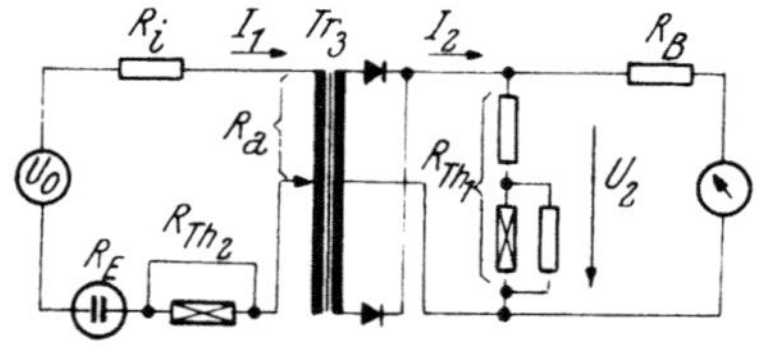

Abb. 2.18. Schaltbild des Leitfähigkeits-Meßzusatzes M 54692-A1, der Firma Siemens

stehende Wechselstrom I_1 ist der Leitfähigkeit des Elektrolyten direkt proportional, wenn der Innenwiderstand R_i des Spannungskonstanthalters und der Scheinwiderstand R_a klein gegenüber R_E sind. Da der Strom I_1 im Wandler Tr_3 linear übersetzt wird, erhält man im Normalfall lineare Meßbereiche. Statt der linearen Skalencharakteristik kann auch eine nichtlineare Charakteristik gewählt werden. Ein Vorwiderstand R_{Th2} zum Zellwiderstand R_E ermöglicht eine Skalendehnung am Anfang und einen Endwert, der einer unendlich großen LF entspricht. Um die LF stets auf eine Lösungstemperatur von 20°C zu beziehen, wird der Wechselstrom I_2 nicht direkt gemessen, sondern nach Gleichrichtung über einen temperaturempfindlichen Widerstand R_{Th1} geführt. Gemessen wird der an R_{Th1} entstehende Spannungsabfall U_2. R_{Th1} muß das gleiche Temperaturverhalten haben wie R_E, d. h., die Temperaturcharakteristik von R_{Th1} muß proportional sein zur Temperaturcharakteristik der Meßgutleitfähigkeit; dann ist die Anzeige von der Temperatur unabhängig.

Bei dem Leitfähigkeitsmesser LF 54 der Firma WTW, Weilheim, speist ein 1000 Hz Transistor-Generator eine Kompensationsschaltung, an die eine Leitfähigkeitsmeßzelle angeschlossen wird. Siehe Abb. 2.19. Die Differenzspannung, die abhängig ist von der LF des Meßgutes, wird in einer Röhre verstärkt, mit einem phasenempfindlichen Gleichrichter gleichgerichtet und mit einem Drehspulinstrument, das in μS geeicht ist, gemessen.

Mit der Leitfähigkeitsmeßbrücke PR 9501 der Fa. Philips wird im wesentlichen das Verhältnis zwischen einem unbekannten Widerstand R_x (Meßzelle) und einem bekannten Widerstand R_{ref} gemessen. Beide Widerstände liegen in einer

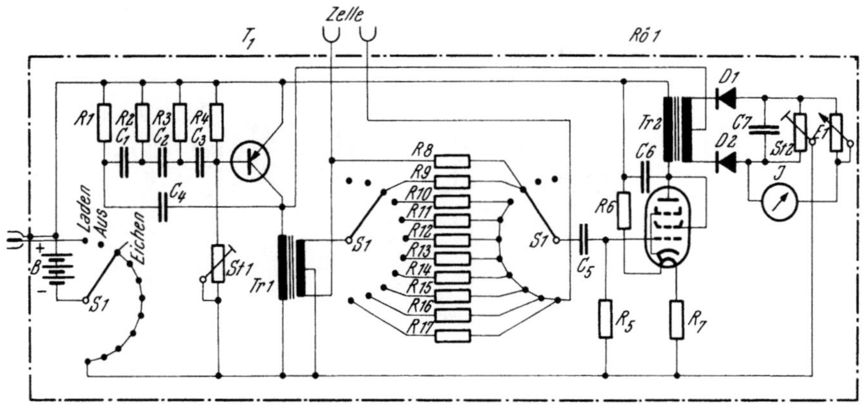

Abb. 2.19. Schaltplan des Leitfähigkeitsmessers LF 54 der Firma WTW, Weilheim

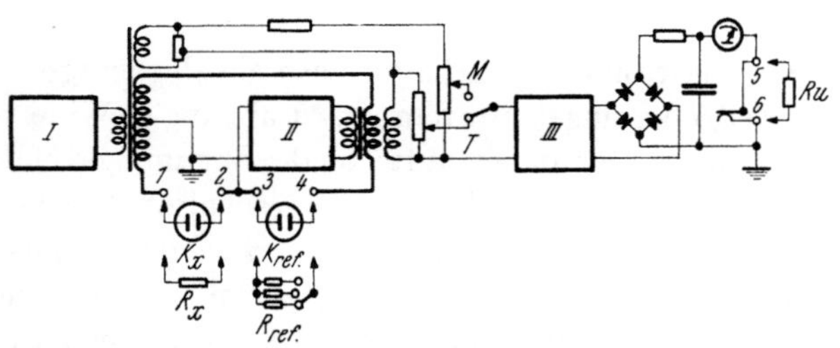

Abb. 2.20. Schaltung der Leitfähigkeitsmeßbrücke PR 9501 der Firma Philips. I = Oszillator, II = Verstärker, III = Meßverstärker

Brückenschaltung, die in Abb. 2.20 wiedergegeben ist. Die Speisung der Brücke erfolgt durch einen Oszillator mit einer Frequenz von 80 bzw. 1000 Hz. Durch Verwendung einer speziellen Gegenkopplung wird erreicht, daß dem Meßverstärker eine Spannung zugeführt wird, die dem Verhältnis von R_x/R_{ref} proportional ist. In den Ausgangskreis ist ein Drehspulinstrument zur direkten Ablesung der Leitfähigkeit geschaltet.

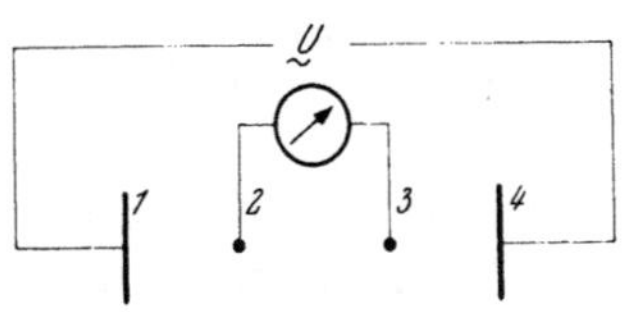

Abb. 2.21. Anordnung der Elektroden bei der sogenannten 4-Elektroden-Methode. 1 und 4: Stromelektroden. 2 und 3: Spannungselektroden

2. *Vier-Elektroden-Methode.* Die Abb. 2.21 zeigt das Prinzipielle dieser Methode: Über die Elektroden 1 und 4 fließt ein Wechselstrom durch die Flüssigkeit. Die Elektroden 2 und 3 greifen über einen Teil des Stromweges die Spannung

U ab. Diese Elektroden werden so angebracht, daß sie außerhalb des Polarisationsgebietes der Stromelektroden liegen. Der Eingangswiderstand des Spannungsmeßgerätes wird so hoch gewählt, daß die Elektroden **2** und **3** strom- und polarisationsfrei bleiben.

Als Beispiel wird das Prinzip des Meßzusatzes M **976** der Firma Siemens beschrieben (siehe Abb. 2.22).

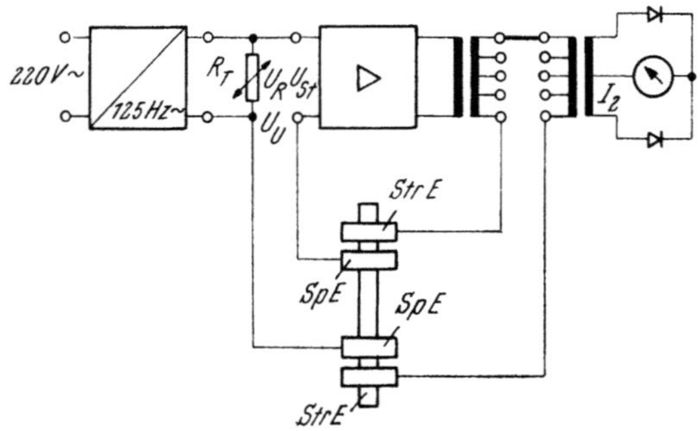

Abb. 2.22. Prinzipschaltbild des Meßzusatzes M976 der Firma Siemens zur Messung der LF von Elektrolyten nach der 4-Elektroden-Methode

Über einen Wechselstromkonstanthalter wird ein eingeprägter Strom erzeugt, der durch eine im Meßgeber eingebaute temperaturabhängige Widerstandskombination (Heißleiter) fließt. Der dabei auftretende Spannungsabfall U_R wird der Spannung U_U der Spannungselektrode entgegengeschaltet. Die daraus resultierende Differenzspannung — die Stellspannung U_{St} — wird dem Verstärker zugeführt, in dessen Ausgang die Stromelektroden geschaltet sind. Der im Ausgang fließende eingeprägte Strom I_2 ist direkt proportional der spezifischen LF der zu untersuchenden Lösung.

3. *Die induktive Methode.* Diese relativ neue Methode wird anhand des Leitfähigkeits-Meßzusatzes M **864** der Firma Siemens kurz dargestellt. Ein mit einer konstanten Wechselspannung gespeister Transformator Tr_1 (Abb. 2.23) erzeugt

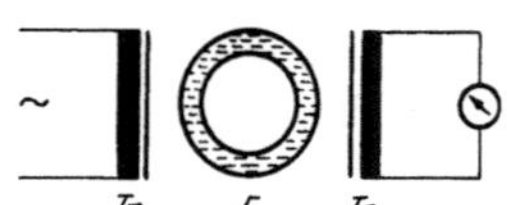

Abb. 2.23. Prinzipschaltung der Induktionsmethode nach Firma Siemens. Tr_1, Tr_2 = Transformatoren im Meßkopf des Meßgebers, F = Flüssigkeitsschleife

in der als Sekundärwicklung arbeitenden Flüssigkeitsschleife (Meßgut) einen von ihrer LF abhängigen Strom. Dieser Strom ist direkt proportional der LF. Die Flüssigkeitsschleife ist die Primärwindung eines als Stromwandler arbeitenden Transformators Tr_2. Sein Ausgangsstrom ist ebenfalls direkt proportional zur LF der Flüssigkeit.

Die Grundschaltung (Abb. 2.24) sei nachstehend näher erläutert:

Das Netzgerät liefert die Spannung für den im Anschlußkopf des Meßgebers untergebrachten Meßverstärker und die Spannung zum Betrieb des Oszillators.

Der Oszillator im Meßgeberkopf erzeugt eine 6-kHz-Wechselspannung, die dem Spannungswandler Tr_1 im Meßkopf zugeführt wird. Die durch Belastungsschwankungen auftretenden Spannungsschwankungen werden über eine Rückführung durch das Netzgerät ausgeregelt. Der vom Stromwandler Tr_2 abgegebene

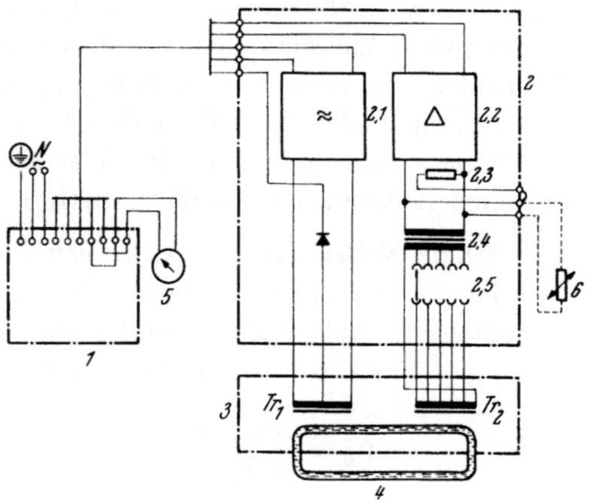

Abb. 2.24. Grundschaltung des Leitfähigkeits-Meßzusatzes M 864 der Firma Siemens. 1 Netzgerät, 2 Anschlußkopf des Meßgebers, 2.1 Oszillator, 2.2 Verstärker, 2.3 Ersatzwiderstand für Temperatur-Kompensationseinrichtung, 2.4 Stromwandler, 2.5 Buchsen für Meßbereichsumschaltung, 3 Meßkopf des Meßgebers, 4 Flüssigkeitsschleife, 5 Ausgabegeräte, 6 Temperatur-Kompensationseinrichtung, Tr_1, Tr_2 Stromwandler

eingeprägte Strom wird über mehrere Abgriffe einem Stromwandler im Anschlußkopf des Meßgebers zugeführt, dessen Ausgang über einen Belastungswiderstand abgeschlossen ist. Die Meßbereiche können durch Verbinden der entsprechenden Abgriffe eingestellt werden. Die am Belastungswiderstand abfallende Spannung wird einem Verstärker zugeführt, der am Ausgang einen eingeprägten Gleichstrom im Bereich 0 — 20 mA abgibt.

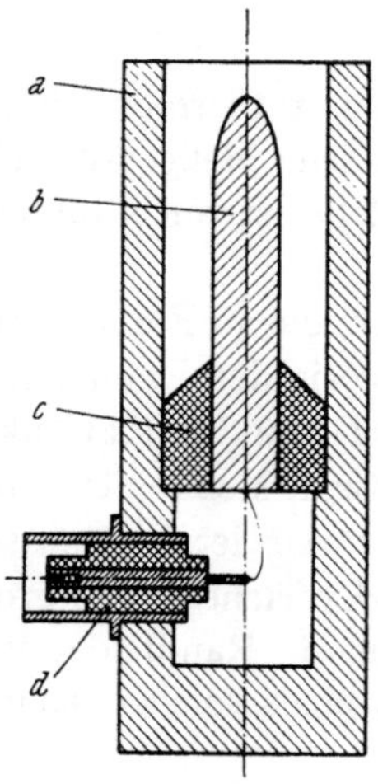

Abb. 2.25. Zylindrische Meßzelle. a = Außenelektrode, b = Innenelektrode, c = Isoliermaterial, d = BNC-Stecker

Der Ausgangsstrom fließt über ein gemeinsames Verbindungskabel (über das nur Gleichströme fließen) zum Netzgerät als Stützpunkt; dort werden die Ausgabegeräte angeschlossen. Die Kopplung von Tr_1 und Tr_2 (konzentrisch angeordnete Ringbandkerne) geschieht durch die nach Eintauchen geschlossene Flüssigkeitsschleife. Da der Widerstand dieser Schleife zu ca. 95% in der zentrischen Bohrung liegt, ist der Wandeinfluß des Meßgutbehälters sehr gering.

Die Anwendung der geschilderten Methoden richtet sich nach dem Ionengehalt des Elektrolyten. Für niedere Konzentrationen, wenn die Polarisationsspannungen von vorneherein gering sein werden, wird Methode 1. verwendet; bei mittleren bis starken Konzentrationen wird man mit der Vier-Elektroden-Anordnung messen und bei sehr hohen Konzentrationen die induktive Methode anwenden.

D. Meßzellen zur Bestimmung elektrischer Parameter von Flüssigkeiten (Wasser)

Im allgemeinen werden für derartige Messungen zylindrische Meßzellen benutzt. Die Innenelektrode (siehe Abb. 2.25) ist an der Spitze abgeflacht, um das Streufeld ganz zu erfassen. Für die Leerkapazität (ohne Streufeld) gilt

$$C_0 = \frac{2\pi\varepsilon_0 \cdot h}{\ln (r_a/r_i)} \tag{2.52}$$

r_a = Innendurchmesser der Außenelektrode [cm]
r_i = Außendurchmesser der Innenelektrode [cm]
h = Höhe des Zylinders [cm]
C_0 = Leerkapazität [F]
ε_0 = absolute DK des Vakuums ($= 8{,}859 \cdot 10^{-14}$ A sec/V cm].

Für den Widerstand einer solchen Meßzelle, die eine Flüssigkeit mit der LF σ enthält, ergibt sich

$$R_P = \frac{1}{2\pi\sigma h} \ln \frac{r_a}{r_i} = \frac{g_{Zy}}{\sigma}. \tag{2.53}$$

Zur Abkürzung wird die geometrische Zellkonstante g_{Zy} eingeführt:

$$g_{Zy} = \frac{1}{2\pi h} \ln \frac{r_a}{r_i}. \tag{2.54}$$

In der Praxis arbeitete man mit thermostatisierbaren Zylinderkondensatoren. Abb. 2.26 zeigt das konzentrische Meßgefäß BN 39319 der Firma Rohde und Schwarz, München. Diese Zelle ist auch für die Aufnahme passender, fester Substanzen geeignet.

Will man die Meßergebnisse, die an Elektrolyten erhalten werden, vergleichen mit den Voraussagen der Theorie der Raumladungspolarisation, die in der angegebenen Form (Kapitel 2.2.1) nur für Plattenkondensatoren gültig ist, so hat man zur Messung einen derartigen Meßkondensator zu verwenden. Für Plattenkondensatoren gilt: ist die Stärke der Platten sehr klein, relativ zum Plattenabstand d, und ist die Elektrodenfläche A sehr groß in bezug auf die Mantelfläche der Elektroden, so kann man die Randfelder vernachlässigen.

Für die Leerkapazität C_0 eines solchen Kondensators ergibt sich

$$C_0 = \varepsilon_0 \cdot \frac{A}{d}. \tag{2.55}$$

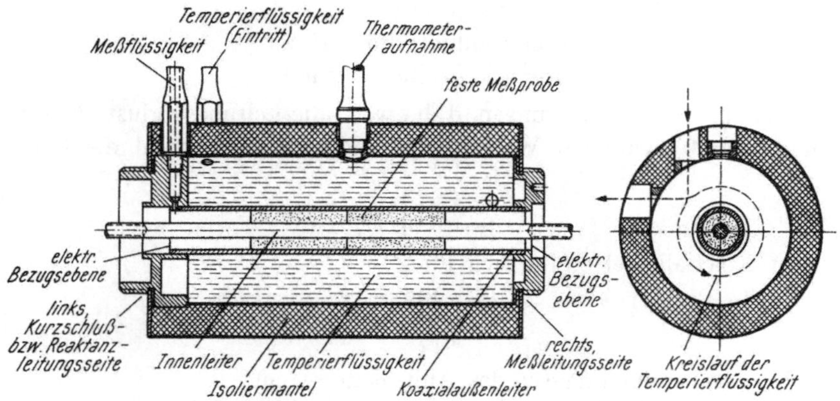

Abb. 2.26. Koaxiales Meßgefäß, BN 39319, der Firma Rohde und Schwarz

Für den Widerstand bei Verwendung eines Dielektrikums mit der LF σ erhält man:

$$R = \frac{1}{\sigma} \frac{d}{A}. \tag{2.56}$$

Somit nimmt die Zellkonstante die Form

$$g_{pl} = \frac{d}{A} \tag{2.57}$$

an. Als Elektrodenmaterial benutzt man je nach zu untersuchender Substanz korrosionsbeständige Metalle, z. B. Nickel, Gold oder Platin.

E. Betrachtungen zur Impedanz des Meßkabels

Schließt man einen Meßkondensator an eine Wechselstrombrücke an, so ist zu beachten, daß sowohl die Kapazität C_K des Anschlußkabels als auch die geometrische Kapazität C_G, die durch die Anschlußbuchse des Kondensators gegen Masse erzeugt wird, mit erfaßt werden. C_K und C_G müssen rechnerisch eliminiert werden. Die Kabelkapazität läßt sich sehr einfach messen, indem das Kabel als Meßobjekt an eine Brücke angeschlossen wird. Die geometrischen Kapazitäten bestimmt man dadurch, daß die Gesamtkapazität C_{gesamt} der leeren Meßzelle mit Kabel ermittelt wird, wobei die Leerkapazität C_0 der Zelle und Kabelkapazität C_K abgezogen werden.

$$C_G = C_{gesamt} - C_0 - C_K. \tag{2.58}$$

Neben den Kabel- und geometrischen Kapazitäten treten Meßfehler auf, die durch den Wellenwiderstand des Kabels hervorgerufen werden. Breitet sich eine elektromagnetische Welle längs einer Leitung aus, so ist das Verhältnis von Spannung zu Strom gleich dem komplexen Wellenwiderstand **Z**.

$$\mathbf{Z} = \sqrt{\frac{R_1 + j\omega L_1}{G_1 + j\omega C_1}} = \frac{\mathbf{U}}{\mathbf{I}} \tag{2.59}$$

Z = komplexer Wellenwiderstand [Ω]
Z = Realteil des Wellenwiderstandes [Ω]
R_1 = Längswiderstand [Ω cm^{-1}]

G_1 = Querleitwert [S cm^{-1}]
L_1 = Leitungsinduktivität [H cm^{-1}]
C_1 = Leitungskapazität [F cm^{-1}].

Für dämpfungsarme Leitungen, d. h., wenn die Leitungsverluste Null werden (R_1 und $G_1 = 0$), wird der Wellenwiderstand reell und nimmt die Form

$$Z = \sqrt{\frac{L_1}{C_1}} \tag{2.60}$$

an. Für Koaxialkabel ergibt sich für Z

$$Z = \frac{138}{\sqrt{\varepsilon}} \log \frac{D'}{d'} \tag{2.61}$$

D' = Innendurchmesser des Außenleiters [cm]
d' = Außendurchmesser des Innenleiters [cm]
ε = DK der Substanz zwischen den Leitern (für Luft: $\varepsilon = 1$).

Wird das Kabel an seinem Ende durch einen endlichen Widerstand überbrückt, d. h., $G_1 \neq 0$, dieser Fall liegt vor, wenn ein Kondensator mit hohen Verlusten (z. B. Meßkondensator + konzentrierter Elektrolyt) angeschlossen wird, so tritt der Wellenwiderstand in seiner komplexen Form auf. Man erhält dann für den Meßkondensator (mit verlustbehaftetem Dielektrikum) und das Koaxialkabel ein sehr kompliziertes Ersatzschaltbild, das in Abb. 2.27 wiedergegeben ist.

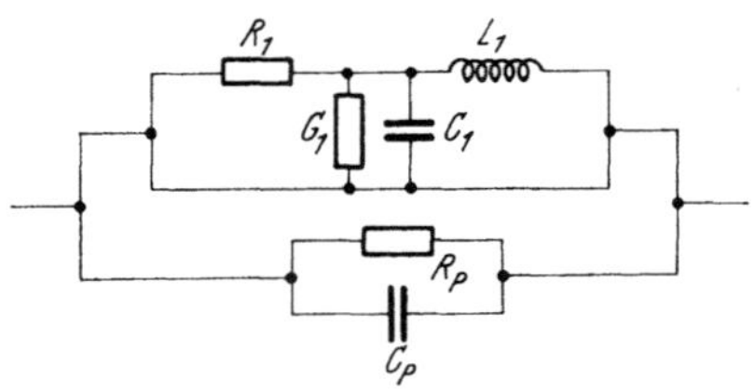

Abb. 2.27. Ersatzschaltbild für einen Meßkondensator mit verlustbehaftetem Dielektrikum und Anschlußkabel

Man kann Abhilfe schaffen, indem man auf ein Koaxialkabel verzichtet; das ist möglich, wenn die Einstreuung fremder elektrischer Felder gering ist. Man kann auch versuchen, die Größen R_1, L_1, G_1 und C_1 rechnerisch zu erfassen und bei den Messungen zu eliminieren. Schwierigkeiten treten bei diesen Verfahren insofern auf, als der Wellenwiderstand frequenzabhängig ist.

Allgemein gilt: Wenn Koaxialkabel verwendet werden müssen, sollten sie möglichst kurz gehalten werden. Die Herstellerfirmen dieser Kabel geben meistens die Kabelkapazität pro Meter Kabellänge an. Man kennt daher diesen Wert des benutzten Kabels und kann ihn von einer gemessenen Kapazität abziehen. Für dielektrische Messungen an Wasser und Elektrolyten ist anzuraten, eine einfache Kabelzuführung zu verwenden und auf Koaxialkabel zu verzichten, da hier bereits die induktive Komponente des komplexen Wellenwiderstandes eine Rolle spielt. Bei der Untersuchung von Gesteinen und sonstigen Medien mit geringer LF spielt der Wellenwiderstand im kHz-Bereich keine Rolle. Man kann ohne Beeinträchtigung der Meßgenauigkeit kurze (bis ca. 50 cm lange) Koaxialkabel verwenden.

2.2.4 Meßergebnisse — Vergleich mit der Theorie

Es werden einige Ergebnisse angegeben, die an Wasserproben und an Elektrolyten erhalten wurden.

Mit Hilfe eines Plattenkondensators und einer Wechselstrombrücke wurde das Innsbrucker Trinkwasser untersucht. In Abb. 2.28 sind die gemessenen

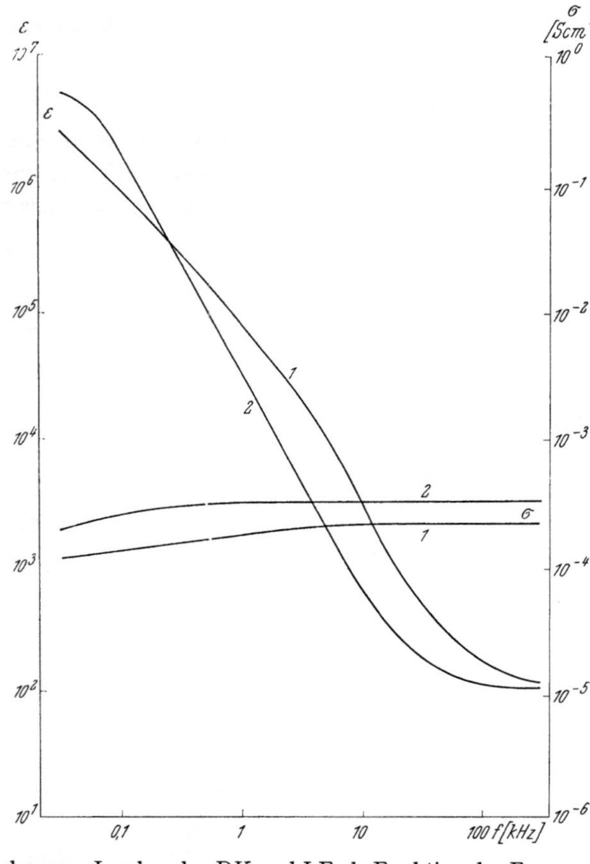

Abb. 2.28. Trinkwasser Innsbruck: DK und LF als Funktion der Frequenz. (1) = Zylinderkondensator, (2) = Plattenkondensator

Dielektrizitätskonstanten und Leitfähigkeiten als Funktion der Frequenz aufgetragen.

Diskussion der Kurve $\varepsilon = \varepsilon(f)$ (Abb. 2.28-2):

1. Die Meßkurve deutet darauf hin, daß bei Frequenzen $f < 30$ Hz eine frequenzunabhängige, bzw. schwach frequenzabhängige, sehr hohe DK auftreten wird, wie es die Theorie fordert.

2. Für den Frequenzbereich von 60 Hz bis 10 kHz wurde gefunden

$$\varepsilon = 5 \cdot 10^9 f^{-1,75}.$$

3. Bei hohen Frequenzen scheint die DK wiederum einen konstanten Wert anzunehmen; allerdings ist bei $f \approx 300$ kHz immer noch eine, wenn auch geringe, Frequenzabhängigkeit von ε festzustellen.

Diskussion der Kurve $\sigma = \sigma(f)$:

Bei Frequenzen $f < 1$ kHz nimmt σ mit steigender Frequenz zu und erreicht bei ca. 1 kHz den konstanten Wert $\sigma_=$, der nach der Theorie die Gleichstromleitfähigkeit sein sollte:

$$\sigma_= = 3{,}05 \cdot 10^{-4}\ \mathrm{S\,cm^{-1}}.$$

In Abb. 2.28-1 sind weiterhin die Meßergebnisse aufgetragen, die an dem gleichen Wasser, aber unter Verwendung einer zylindrischen Meßzelle, erhalten wurden.

Diskussion dieser Meßergebnisse:

1. Die Kurve $\varepsilon = \varepsilon(f)$ zeigt einen ganz anderen Verlauf als die entsprechende Kurve, die bei Verwendung des Plattenkondensators aufgenommen wurde. Bei niederen Frequenzen ist die gemessene DK kleiner, bei Frequenzen $f > 0{,}2$ kHz liegen die ε-Werte höher.

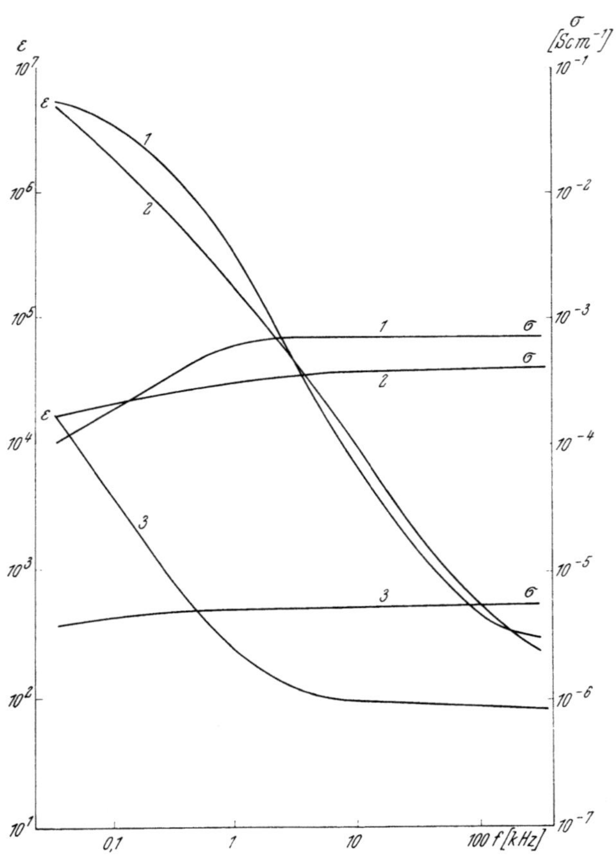

Abb. 2.29. Wasserproben: DK und LF gegen Frequenz. (1) = Bergbau Lafatsch, (2) = Bergbau Großkogl/Brixlegg, (3) = Aqua dest.

2. Die LF wächst zunächst mit steigender Frequenz an, erreicht aber den konstanten Wert $\sigma_=$ erst bei höheren Frequenzen. Die absoluten Werte von σ

liegen wesentlich niedriger als die Leitfähigkeiten, die bei Verwendung des Plattenkondensators gemessen wurden. Für $\sigma_=$ ergibt sich:

$$\sigma_= = 2{,}3 \cdot 10^{-4}\,\mathrm{S\,cm^{-1}}.$$

Hier zeigt sich, daß die gemessenen elektrischen Parameter des Wassers abhängig sind von der Geometrie der verwendeten Meßzelle, und zwar wird sowohl der absolute Wert der elektrischen Größen als auch ihr Frequenzgang von der Meßzelle beeinflußt.

Es wurden mit der zylindrischen Meßzelle Wasserproben aus den Bergwerken Lafatsch (Karwendel) und Großkogl (Brixlegg) sowie destilliertes Wasser des chemischen Institutes der Universität Innsbruck auf ihre elektrischen Eigenschaften hin untersucht. Die erhaltenen Kurven $\varepsilon = \varepsilon(f)$ und $\sigma = \sigma(f)$ sind in der Abb. 2.29 dargestellt.

Wasserprobe Bergbau Lafatsch (1): Die Kurve $\varepsilon = \varepsilon(f)$ tendiert bei niederen Frequenzen zu einem konstanten Wert von ε. Die LF zeigt bei Frequenzen $f < 3$ kHz einen starken Frequenzgang; die Gleichstromleitfähigkeit beträgt

$$\sigma_= = 7{,}1 \cdot 10^{-4}\,\mathrm{S\,cm^{-1}}.$$

Wasserprobe Großkogl (2): Die Dispersionskurve zeigt eine große Ähnlichkeit mit der am Innsbrucker Trinkwasser erhaltenen. Die LF erreicht ihren konstanten Wert, $\sigma_= = 4{,}3 \cdot 10^{-4}\,\mathrm{S\,cm^{-1}}$, erst bei hohen Frequenzen. Allerdings ist die Frequenzabhängigkeit weniger stark ausgeprägt als bei der Wasserprobe aus Lafatsch.

Die Dielektrizitätskonstanten und die Leitfähigkeiten liegen bei beiden Proben über denen des Innsbrucker Leitungswassers; das läßt auf einen höheren Ionengehalt — speziell des Lafatscher Wassers — schließen.

Destilliertes Wasser (3): Dieses Wasser zeigt nur bei Frequenzen $f < 10$ kHz starke Dispersionserscheinungen. Bei der Frequenz $f \approx 300$ kHz wird eine fast konstante DK erreicht, und zwar $\varepsilon = 81$, also die übliche DK für reines Wasser. Die LF ist nur schwach frequenzabhängig. Ihr Gleichstromwert liegt bei

$$\sigma_= = 5{,}5 \cdot 10^{-6}\,\mathrm{S\,cm^{-1}}.$$

Diese Ergebnisse sind sicherlich auf den relativ geringen Ionengehalt dieses Wassers zurückzuführen. Allerdings zeigt das Auftreten von Dispersionserscheinungen im Bereich niederer Frequenzen, daß auch dieses (destillierte) Wasser noch eine beträchtliche Zahl an Ionen enthalten muß.

Vergleich von Theorie und Experiment: Die Theorie der Raumladungspolarisation, die zur theoretischen Deutung der Dispersionserscheinungen an Wasser und an feuchten Gesteinsproben herangezogen werden soll, fordert für Elektrolyte einen charakteristischen Zusammenhang zwischen der Parallelkapazität C_P und dem Elektrodenabstand d der Platten des Meßkondensators, nämlich $C_P \sim d^{-2}$. Experimentell wurde diese Abhängigkeit an KCl-Lösung untersucht. Es wurde gefunden, daß C_P bei einer Frequenz $f = 1$ kHz folgende Abhängigkeit von d zeigte:

$$C_P \sim \frac{1}{d^{(1{,}5 \pm 0{,}2)}}. \tag{2.62}$$

Bei 20 kHz ergab sich:

$$C_P \sim \frac{1}{d^{(2,2\pm0,2)}}. \tag{2.63}$$

Man erhält somit Hinweise für die Zuständigkeit dieser Theorie zur Erklärung der Dispersionskurven an Elektrolyten.

Der experimentell ermittelte Frequenzgang der DK für Wasser (Innsbruck) ergab:

$$\varepsilon \sim f^{-1,75}. \tag{2.64}$$

Für das Innsbrucker Trinkwasser, das auch zur Sättigung der Gesteine verwendet wurde, konnte anhand chemischer Analysen die Ionenzusammensetzung ermittelt werden. Somit war es möglich, bei bekannter Geometrie des Plattenkondensators eine theoretische Kurve $\varepsilon = \varepsilon(f)$ zu konstruieren. Die Theorie der Raumladungspolarisation verlangt:

$$\text{A. } \varepsilon \sim f^{-2} \qquad \text{oder} \qquad \text{B. } \varepsilon \sim f^{-1,5}.$$

Die experimentelle Kurve $\varepsilon = \varepsilon(f)$ gibt keinen Aufschluß darüber, welche der beiden Möglichkeiten, A oder B, anzuwenden ist. Ein weiteres Kriterium für die Entscheidung zugunsten eines der beiden Fälle bietet die absolute Höhe der DK. Der Fall A, bei dem sowohl die positiven als auch die negativen Ionen bei der Entladung behindert werden, gibt am besten die Meßergebnisse wieder.

Die Konstante K aus Gleichung (2.15) nimmt dann den Wert

$$K = 2 \cdot 10^{10}\,\text{Hz}^{-2}\,\text{cm}$$

an. Für die gesamte DK des Wassers ergibt sich ($d = 0,75$ cm):

$$\varepsilon = \frac{1,5 \cdot 10^{10}}{f^2} + 81. \tag{2.65}$$

In Abb. 2.30 ist der Zusammenhang zwischen ε und der Frequenz f nach Gleichung (2.65) graphisch aufgetragen. Es wurde die experimentell erhaltene Kurve $\varepsilon = \varepsilon(f)$ dazugezeichnet. Der Vergleich beider Kurven zeigt, daß die Theorie den Frequenzgang von ε recht genau wiedergibt. Unterschiede ergeben sich für die absoluten Werte von ε, diese Differenzen können nicht durch Meßfehler erklärt werden.

Für die LF ist nach der Theorie (siehe Gleichung (2.26)) ebenfalls eine Frequenzabhängigkeit zu erwarten. Wenn die Bedingung $1 \ll 4\pi^2 f^2 \tau^2$ erfüllt ist, geht die LF über in den Gleichstromwert $\sigma_=$. Nach der Theorie müßte dieser Wert bei Frequenzen von $f = 40$ bis 50 Hz erreicht sein. Im Experiment tritt die Gleichstromleitfähigkeit erst bei der Frequenz $f = 1$ kHz auf. Nach Gleichung (2.28) erhält man für die Gleichstromleitfähigkeit unter Berücksichtigung des Maßsystemfaktors:

$$\sigma_= = 1,1 \cdot 10^{-3}\,\text{S cm}^{-1}.$$

Der experimentelle Wert liegt bei

$$\sigma_= = 3,05 \cdot 10^{-4}\,\text{S cm}^{-1}.$$

Hier tritt eine recht große Differenz zwischen Experiment und Theorie auf.

Gründe für das Versagen der Theorie in quantitativer Hinsicht:

1. Die Theorie ist für *eine* positive und *eine* negative Ionenart erstellt. Da im untersuchten Wasser 2 positive und 5 negative Ionensorten mit einem Mindestanteil von 1 mg pro Liter vorhanden waren, besteht natürlich die Möglichkeit, daß nicht alle Ionen bei der Entladung behindert wurden.

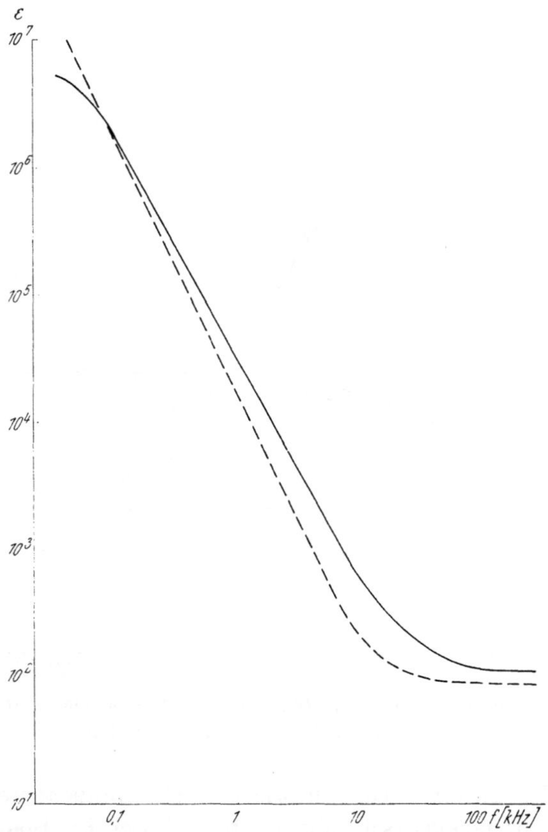

Abb. 2.30. Trinkwasser Innsbruck: DK als Funktion der Frequenz. Ausgezogene Kurve: experimentelle Ergebnisse. Gestrichelte Kurve: theoretische Werte

Wie der gemessene Frequenzgang von ε zeigt, liegen die Randbedingungen zwischen den beiden betrachteten Grenzfällen.

2. In die Theorie geht die Anzahl der Ionen pro cm^3 ein. Die Ionenzahlen wurden aus Messungen, die sich über sechs Monate erstreckten, als Durchschnittswerte gewonnen. Ein gewisser Fehler wurde somit unvermeidbar.

3. Blank [2.3] hat schon darauf hingewiesen, daß die Parallelkapazität vom Elektrodenmaterial abhängig ist. Vielleicht sind schon geringe Verunreinigungen der Elektroden die Ursache für die Differenzen zwischen Theorie und Experiment. Der Einfluß des Elektrodenmaterials auf die Meßergebnisse $C_P = C_P(f)$ und $G_P = G_P(f)$ wurde an einer $n/100$ NaCl-Lösung untersucht [2.136]. Als Meßzellen dienten Plattenkondensatoren mit Nickel- bzw. Kupferelektroden. In Abb. 2.31 sind die Meßergebnisse aufgetragen. Es zeigt sich im Kurvenverlauf ein deutlicher

Unterschied zwischen Nickel- und Kupferelektroden — in der Theorie kommt dieser Elektrodeneffekt nicht zum Ausdruck.

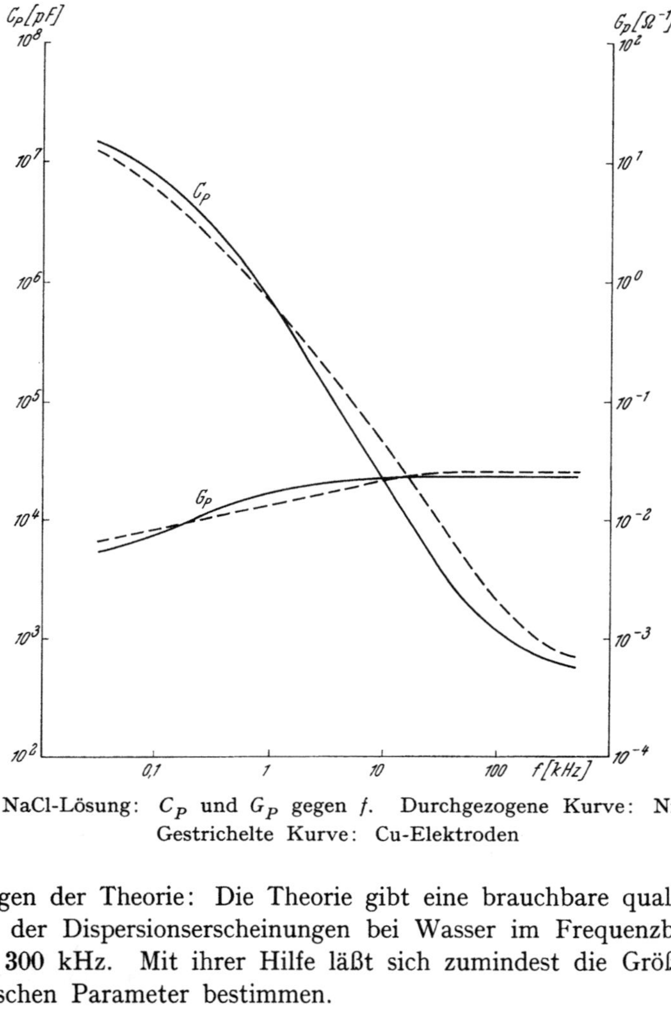

Abb. 2.31. NaCl-Lösung: C_P und G_P gegen f. Durchgezogene Kurve: Ni-Elektroden. Gestrichelte Kurve: Cu-Elektroden

Leistungen der Theorie: Die Theorie gibt eine brauchbare qualitative Beschreibung der Dispersionserscheinungen bei Wasser im Frequenzbereich von 30 Hz bis 300 kHz. Mit ihrer Hilfe läßt sich zumindest die Größenordnung der elektrischen Parameter bestimmen.

Die Theorie versagt völlig bei der Deutung der Meßergebnisse, die mit Zylinderkondensatoren erhalten werden. Der Grund wird in dem radialsymmetrischen elektrischen Feld der zylindrischen Meßzelle zu suchen sein.

2.3 Die Dielektrizitätskonstante der Gesteine

2.3.1 Der Frequenzgang der DK bei Gesteinen

Bei der Behandlung von Polarisationserscheinungen an Gesteinen hat man zu unterscheiden, ob trockenes, wasserhaltiges oder wassergesättigtes Gestein vorliegt. Besondere Erscheinungen treten weiterhin dann auf, wenn bei feuchtem Gestein Zonen mit guter elektrischer LF mit solchen geringer LF abwechseln. Entsprechend dieser Differenzierung hat man zur theoretischen Deutung der DK von Gesteinen verschiedene Theorien zu verwenden.

a) Theorie der Raumladungspolarisation für wassergesättigte Gesteine

Im vorigen Kapitel wurde eine theoretische Erklärung des Dispersionsverhaltens von Wasser (im kHz-Bereich) mit Hilfe der Erscheinungen der Raumladungspolarisation beschrieben. Es ist naheliegend, diese Theorie — in modifizierter Form — auch auf wassergesättigte Gesteinsproben anzuwenden, da das in den Gesteinsporen vorhandene Wasser maßgebend die Höhe und den Frequenzgang der DK beeinflußt. Der für elektrolytische Leitungsphänomene zur Verfügung stehende Gesamtquerschnitt a eines isotropen Gesteins beträgt nach SCHOPPER [2.162]

$$a = \phi \cdot A, \tag{2.66}$$

dabei ist A die Fläche, mit der das gesamte Gestein an den Elektroden anliegt, und ϕ ist die Porosität des Gesteins. (Bei Wassersättigung gilt: Wassergehalt in Volumsanteilen = Porosität.) Die mittlere Länge der Strompfade sei D cm. Es läßt sich ein Faktor T_{el}, die elektrische Tortuosität,

$$T_{el} = \frac{D}{d} \tag{2.67}$$

angeben, die die „Gewundenheit" der Stromwege beschreibt. d [cm] ist die Dicke der Gesteinsprobe.

Die Kapazität $C_{P,\text{Gestein}}$ einer wassergesättigten Gesteinsprobe setzt sich aus der Kapazität C_W' und, parallel dazu, der Kapazität C_T zusammen.

Die Kapazität C_W' sei einem Meßkondensator mit dem Porenwasser als Dielektrikum zugeordnet. Dieses Porenwasser grenze mit der Fläche $a = \phi A$ an die Elektroden, der Elektrodenabstand betrage D [cm]. Nach den Ausführungen in Kapitel 2.2.1 über die Raumladungspolarisation läßt sich C_W ausdrücken durch

$$C_W' = \frac{K \cdot a}{4\pi D^2} \cdot \frac{1}{f^2} + \varepsilon_W' \cdot \frac{a}{D \cdot 4\pi} \cdot \tag{2.68}$$

Die Kapazität C_T ist einem Meßkondensator mit dem trockenen Gestein als Dielektrikum zuzuordnen. Die Elektrodenfläche beträgt $A - a$ [cm²], der Elektrodenabstand ist d [cm]; die DK des trockenen Gesteins sei ε_T.

$$C_T = \varepsilon_T \cdot \frac{A - a}{4\pi d} \cdot \tag{2.69}$$

Somit gilt für $C_{P,\text{Gestein}}$

$$C_{P,\text{Gestein}} = C_W' + C_T = \frac{K \cdot a}{4\pi D^2 f^2} + \varepsilon_W' \frac{a}{4\pi D} + \varepsilon_T \cdot \frac{A - a}{4\pi d} \cdot \tag{2.70}$$

Dividiert man $C_{P,\text{Gestein}}$ durch die Leerkapazität $c_0 = A/4\pi d$, so erhält man unter Berücksichtigung der Gleichungen (2.66) und (2.67) die DK des Systems Gestein/Wasser zu:

$$\varepsilon_G = \frac{K\phi}{T_{el}^2\, d f^2} + \varepsilon_W' \cdot \frac{\phi}{T_{el}} + \varepsilon_T(1 - \phi). \tag{2.71}$$

Die DK enthält einen frequenzabhängigen Anteil $\varepsilon_\sim$ und einen frequenzunabhängigen Teil ε_c (soweit ε_W' und ε_T konstant sind)

$$\varepsilon_{\sim} = \frac{K\phi}{T_{el}^2\, d f^2} \tag{2.72}$$

$$\varepsilon_c = \varepsilon_W' \cdot \frac{\phi}{T_{el}} + \varepsilon_T(1-\phi). \tag{2.73}$$

Nach Gleichung (2.71) nimmt die DK des wassergesättigten Gesteins mit zunehmender Frequenz ab und erreicht schließlich den konstanten Wert ε_c. Die Frequenz f_c, bei der die DK konstant wird, läßt sich mit Hilfe der Gleichung (2.71) errechnen, wenn die Größen T_{el}, d, K und ϕ bekannt sind. Fordert man, daß bei der Frequenz f_c die frequenzabhängige DK $\varepsilon_{\sim}$ nur mehr p% von ε_c ausmachen soll, so gilt für f_c:

$$f_c = \left(\frac{K\phi}{T_{el}^2 d \varepsilon_c p \cdot 10^{-2}}\right)^{1/2}. \tag{2.74}$$

Man erkennt, daß die Frequenz f_c abhängig wird von der Porosität — bei gesättigtem Gestein — somit vom Wassergehalt. Mit zunehmendem Wassergehalt verschiebt sich f_c zu höheren Werten.

b) Betrachtung von teilgesättigten Gesteinen

In die Formel für ε_G (2.71) geht die Tortuosität ein — eine Größe, die nur für gesättigte Gesteine definiert ist. Somit ist die Theorie nur für wassergesättigte Gesteine anwendbar. Für Proben mit einem Sättigungsgrad $S < 1{,}0$ kann sie allenfalls zu einer grobqualitativen Deutung der Dispersionserscheinungen herangezogen werden.

c) Trockenes Gestein

Die Dielektrizitätskonstanten trockener Gesteine, ihre Höhe und ihr Frequenzgang lassen sich mit Hilfe der Theorie der atomaren und der Elektronen-Polarisation deuten. Dispersionserscheinungen treten erst bei Frequenzen $f > 10^{14}$ Hz auf und sollen daher hier nicht weiter untersucht werden.

d) Gesteine mit stark wechselnder LF

Untersucht man Gesteine, die neben dem Porenwasser metallisch leitende Einschlüsse enthalten, so treten im Frequenzbereich um ca. 1 Hz Dispersionserscheinungen auf. Neben der Raumladungspolarisation, die auch in solchen Fällen immer vorhanden ist, erhält man die Effekte der galvanisch induzierten Polarisation. Die diesen Vorgängen zuordenbare DK ist u. a. abhängig von der Zusammensetzung der Porenflüssigkeit, von der verwendeten Stromdichte, von der Art und Größe der metallisch leitenden Aggregate und von dem Volumsanteil der gut leitenden Substanz. Die Theorie dieser Dispersionserscheinungen scheint noch nicht ganz abgeschlossen zu sein; es sei auf die entsprechenden Literaturzitate verwiesen.

2.3.2 Methoden zur Bestimmung der DK von Gesteinsproben

Die Meßanordnung, die Geräte und die Methoden sind dem Kapitel 2.2.3 zu entnehmen. Die Meßkondensatoren sind natürlich für scheibenförmige Gesteinsproben anders gebaut als für Flüssigkeiten; einige Beispiele sollen angeführt werden: Stoffmeßkondensator KMS der Firma Rohde und Schwarz (siehe

Abb. 2.32). Auf einer massiven Grundplatte befinden sich zwei Streben, an denen eine Traverse mit zwei Rändelmuttern befestigt ist. Diese Traverse trägt die

Abb. 2.32. Stoffmeßkondensator KMS der Firma Rohde und Schwarz

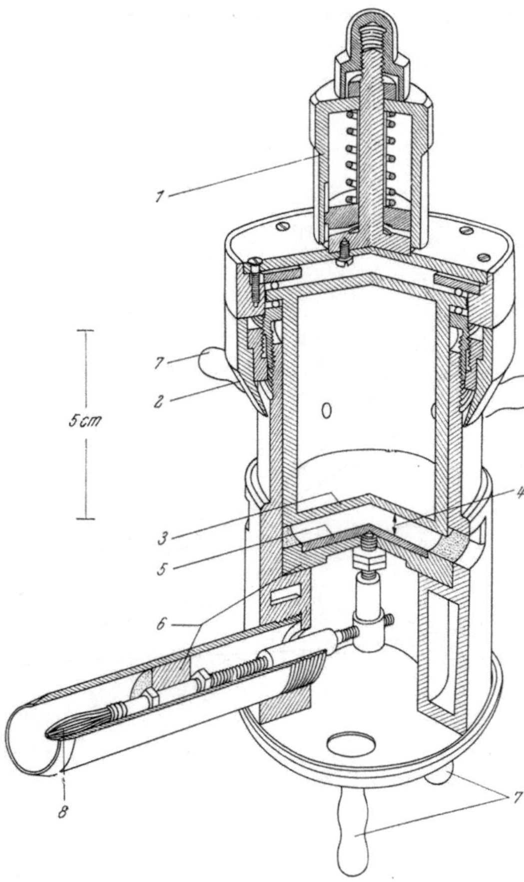

Abb. 2.33. Meßzelle MFM, der Firma WTW, Weilheim. 1 Ratsche, 2 Mikrometereinteilung, 3 verstellbare Gegenelektrode, 4 verstellbarer Elektrodenabstand, 5 fixe untere Elektrode, 6 Isolation, 7 Thermoanschlüsse, 8 Steckerrohr mit Zentralstecker

kalte Gegenelektrode. Die Einstellung des Plattenabstandes erfolgt mit einer geeichten Feineinstellmutter. Die heiße Elektrode ist starr mit einer Teflonstütze verschraubt, die in der Grundplatte sitzt. Alle Elektroden weisen am Übergang

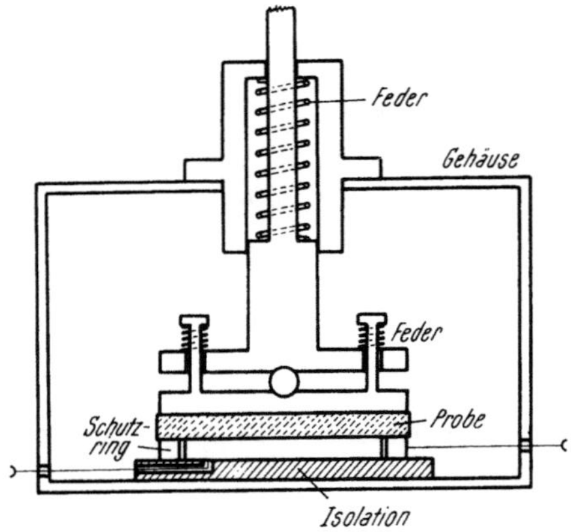

Abb. 2.34. Schutzringkondensator (nach Wörz)

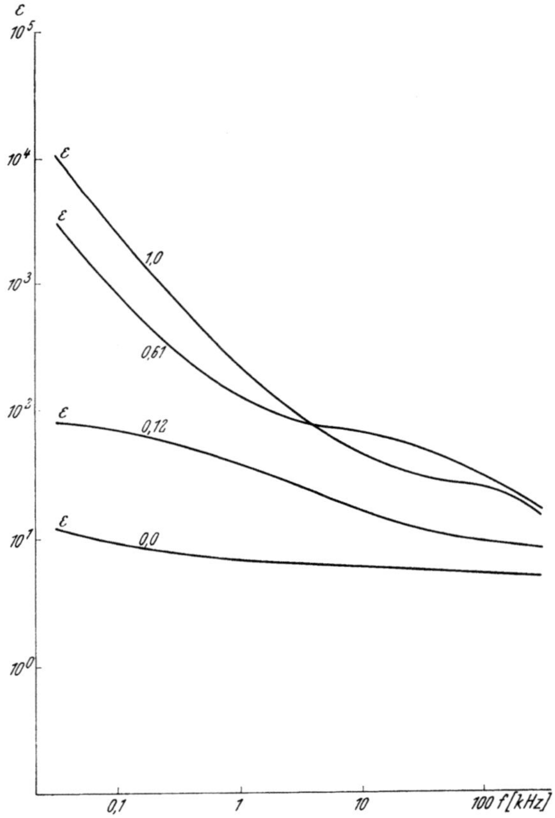

Abb. 2.35. Sandstein (Gallzein/Tirol): DK als Funktion der Frequenz. Parameter: Sättigungsgrad

zum Schaft eine starke Einschnürung auf, die einerseits dazu dient, daß sich die Platten unter dem Druck der Feder elastisch an etwa nicht genau planparallele Proben anpassen und die andererseits einen gewissen thermischen Widerstand bei Temperierung darstellt.

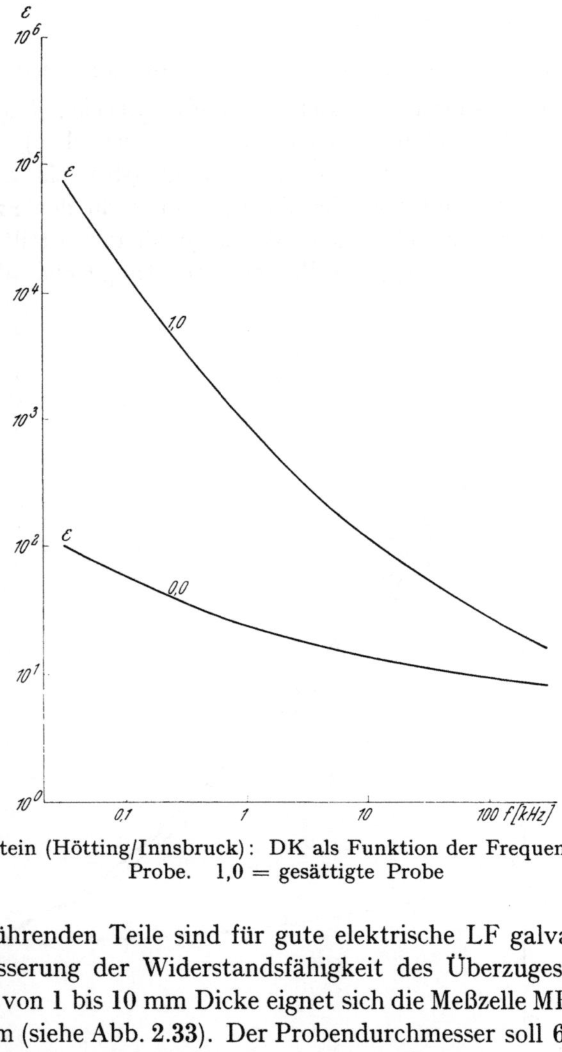

Abb. 2.36. Sandstein (Hötting/Innsbruck): DK als Funktion der Frequenz. 0,0 = trockene Probe. 1,0 = gesättigte Probe

Alle stromführenden Teile sind für gute elektrische LF galvanisch versilbert und zur Verbesserung der Widerstandsfähigkeit des Überzuges rhodiniert.

Für Platten von 1 bis 10 mm Dicke eignet sich die Meßzelle MFM 5T der Firma WTW, Weilheim (siehe Abb. 2.33). Der Probendurchmesser soll 60 mm betragen. Konstanter Andruck wird mittels einer Ratsche erzeugt. Zur genauen Messung wird empfohlen, die Oberfläche der Meßprobe mit Alu- oder Goldfolie zu belegen (siehe hierzu auch HAWLEY et al. [2.18]). Die Abb. 2.34 zeigt einen Schutzringkondensator, der nach Plänen von WÖRZ [2.66] konstruiert wurde. Die kreisrunden, vernickelten Elektroden haben einen Durchmesser von 5 cm. Der Plattenabstand ist variabel bis zu 2,4 cm. Um einen guten Kontakt zwischen den Elektroden und den Gesteinsscheiben herzustellen, wurde folgende Vorrichtung geschaffen:

a) Kleine Nichtparallelitäten der Oberfläche können durch die auf einer Stahlkugel kippbar angebrachte obere Elektrode ausgeglichen werden.

b) Die Platten werden durch eine starke Stahlfeder mit einer Kraft von 5 kp zusammengedrückt.

Die bewegliche Platte ist mit einem Meßgerät verbunden, mit dessen Hilfe die Dicke der zu untersuchenden Gesteinsproben auf 1/100 mm genau ermittelt werden kann. Der Meßkondensator ist aus Abschirmungsgründen in ein vernickeltes Stahlgehäuse eingebaut.

2.3.3 Meßergebnisse an diversen Gesteinsarten

Mit Hilfe der beschriebenen General Radio Brücke, Typ 716-C, wurden unter Benutzung des Schutzringkondensators (siehe oben) die elektrischen Parameter von verschiedenen Gesteinen im Frequenzbereich von 30 Hz bis 300 kHz gemessen. Im folgenden werden die Ergebnisse für den Frequenzgang der DK von Gesteinen mit verschiedenem Wassergehalt dargestellt, wobei bemerkt werden soll, daß zur Tränkung der Proben stets das gleiche Wasser verwendet wurde.

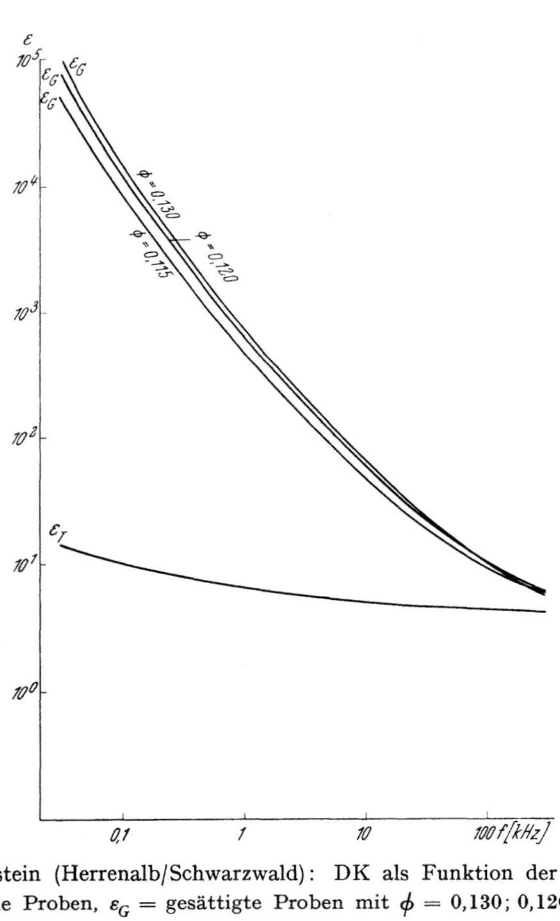

Abb. 2.37. Sandstein (Herrenalb/Schwarzwald): DK als Funktion der Frequenz. ε_T = trockene Proben, ε_G = gesättigte Proben mit ϕ = 0,130; 0,120; 0,115

a) Sandsteine

Die Abb. 2.35 zeigt für eine Sandsteinprobe (Fundort Gallzein/Tirol) die Frequenzabhängigkeit der DK. Als Parameter dient der Wassergehalt der Probe.

Die DK wächst mit zunehmendem Wassergehalt stark an. Bei der trockenen Probe tritt ebenfalls ein geringer Frequenzgang der DK auf. Wahrscheinlich ist auch in der „trockenen" Probe trotz sorgfältigster Trocknung noch etwas Porenwasser vorhanden, das den geringen Dispersionseffekt hervorruft. Die Porosität der Probe beträgt $\phi = 0{,}02$.

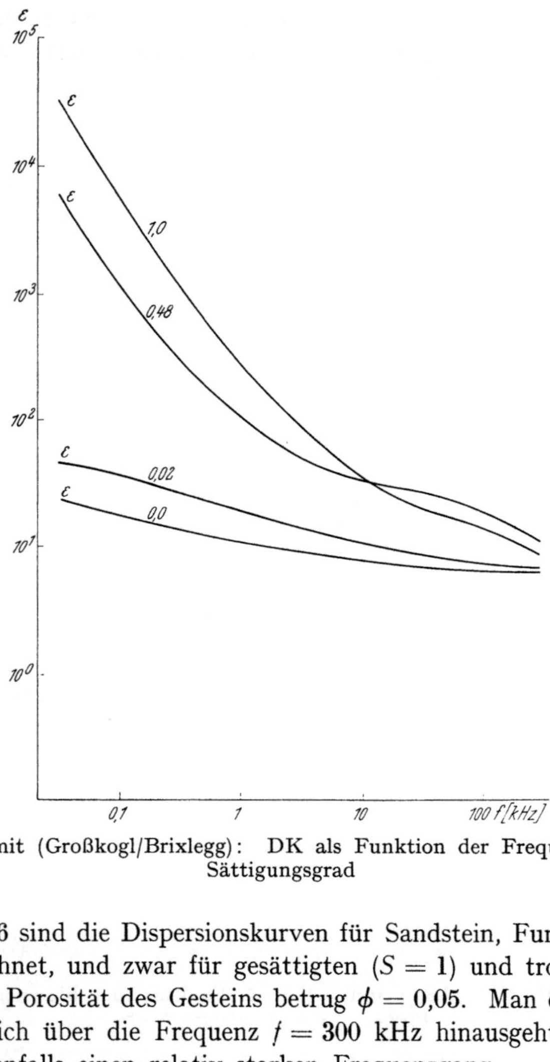

Abb. 2.38. Dolomit (Großkogl/Brixlegg): DK als Funktion der Frequenz. Parameter: Sättigungsgrad

In Abb. 2.36 sind die Dispersionskurven für Sandstein, Fundort Innsbruck/Hötting, gezeichnet, und zwar für gesättigten ($S = 1$) und trockenen Zustand ($S = 0{,}0$). Die Porosität des Gesteins betrug $\phi = 0{,}05$. Man erkennt, daß der Dispersionsbereich über die Frequenz $f = 300$ kHz hinausgeht. Die trockene Probe zeigt ebenfalls einen relativ starken Frequenzgang.

Die in Abb. 2.37 dargestellten Meßkurven stammen von Untersuchungen an drei Sandsteinen aus Herrenalb/Schwarzwald mit den Porositäten $\phi = 0{,}130$, 0,120 und 0,115. Die Dispersionskurven wurden für die gesättigten und trockenen Proben ermittelt. Bei den trockenen Proben traten keine größeren Unterschiede auf, daher sind die Meßwerte für alle drei Proben durch eine Kurve angedeutet. Bei den gesättigten Proben machen sich die unterschiedlichen Porositäten bereits bemerkbar. Die Dielektrizitätskonstanten der höchstporösen Probe, die also am meisten Wasser enthält, sind am größten.

b) Dolomit

Die Dolomitprobe, für die in Abb. 2.38 die Dispersionskurven zu sehen sind, stammt aus dem Schwerspatbergbau Großkogl bei Brixlegg in Tirol. Die Messungen wurden bei vier verschiedenen Sättigungsgraden durchgeführt. Die Ergebnisse sind denen ähnlich, die an der zuerst beschriebenen Sandsteinprobe erhalten wurden. Daran wird deutlich, daß die elektrischen Eigenschaften dieser Gesteine wesentlich durch das Porenwasser beeinflußt werden. Es wurde absichtlich eine Dolomitprobe ausgewählt, die die gleiche Porosität hatte wie der erwähnte Sandstein, nämlich $\phi = 0{,}02$.

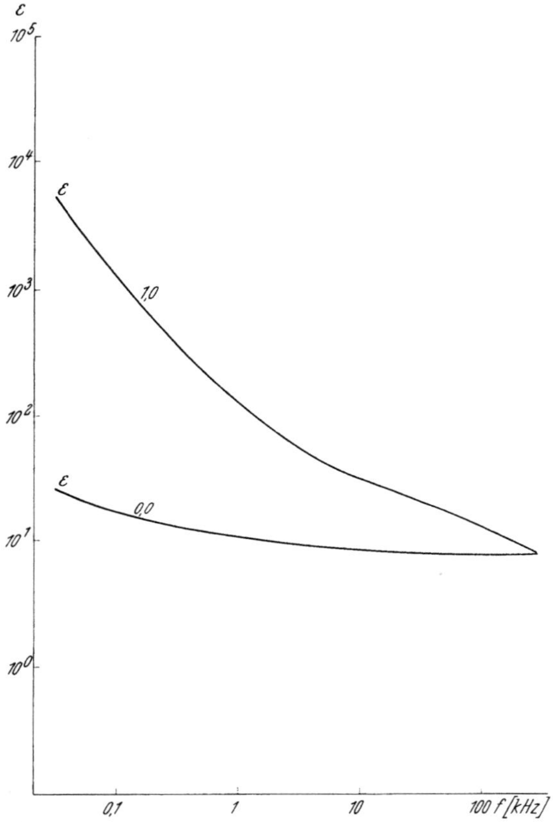

Abb. 2.39. Dolomit (Schönberg/Tirol): DK als Funktion der Frequenz. 0,0 = trockene Probe. 1,0 = gesättigte Probe

Für einen tonhaltigen, grüngefärbten Dolomit aus Schönberg/Tirol sind die Meßergebnisse in Abb. 2.39 aufgetragen. Porosität $\phi = 0{,}01$. Die Kurve für die trockene Probe ist der in Abb. 2.38 dargestellten sehr ähnlich; Unterschiede zeigen sich bei den Meßkurven in gesättigtem Zustand infolge der verschiedenen Porositäten.

c) Siderite

Die Messungen wurden an Sideriten aus dem Siegerland, BRD, ausgeführt.

Abb. 2.40 zeigt die Ergebnisse für einen Siderit mit $\phi = 0{,}013$. Der Wassergehalt der Probe wurde variiert. Ähnliche Meßresultate wurden für eine niederporöse Probe, $\phi = 0{,}008$, erhalten (Abb. 2.41). Obwohl der Wassergehalt dieser Probe im gesättigten Zustand etwa nur halb so groß ist wie bei dem oben beschriebenen Siderit, wurde eine etwas höhere DK ermittelt. Da zur Sättigung der Proben das gleiche Porenwasser verwendet wurde, und da die Meßbedingungen sonst gleich waren, kann diese Diskrepanz nur durch strukturelle Unterschiede oder durch den Einfluß verschiedener Poreninhalte (Ionen) erklärt werden.

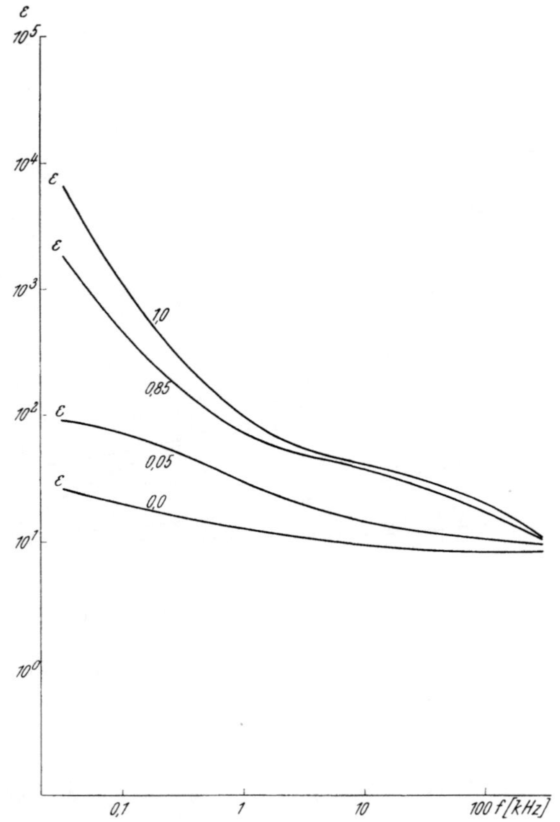

Abb. 2.40. Siderit (Siegerland/BRD): DK als Funktion der Frequenz. Parameter: Sättigungsgrad. $\phi = 0{,}013$

d) Granit (Abb. 2.42)

Porosität $\phi = 0{,}008$. Ein Vergleich mit dem niederporösen Siderit bietet sich an: Man erhält wiederum etwa gleiche Dispersionskurven — somit einen Hinweis auf den Einfluß des Porenwassers.

e) Brauneisenstein

Von Brauneisenstein (Salzgitter, BRD) lagen drei Proben vor mit $\phi = 0{,}205$, 0,220 und 0,245. Die elektrischen Eigenschaften wurden nur im trockenen Zustand gemessen. Bei Sättigung mit Wasser änderte sich die Konsistenz der Proben — sie wurden weich und schwammig. Die Abb. 2.43 zeigt die Meßergebnisse für trockene Proben. Bei $f = 5$ kHz wurde ein flaches Dispersionsgebiet erhalten. Es fällt weiterhin auf, daß die Dielektrizitätskonstanten auch bei den getrockneten Proben sehr hohe Werte annehmen. Diese Erscheinungen sind theoretisch noch nicht geklärt. Interessant ist auch, daß die Probe mit der höchsten Porosität die höchste DK aufweist, obwohl bei trockenen Proben der umgekehrte Effekt erwartet werden mußte. Dieses Phänomen deutet darauf hin, daß die hochporösen Proben offensichtlich mehr Wasser (Haftwasser) enthalten als die niederporösen.

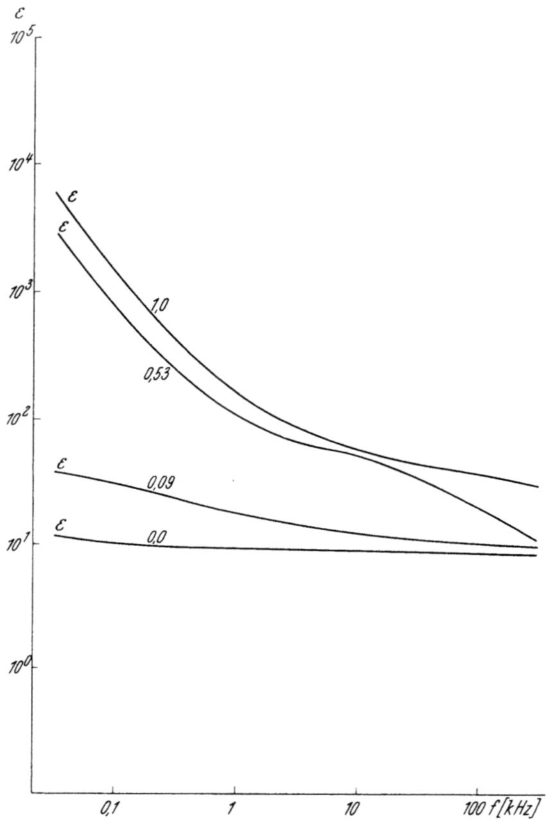

Abb. 2.41. Siderit (Siegerland/BRD): DK als Funktion der Frequenz. Parameter: Sättigungsgrad. $\phi = 0{,}008$

Allgemein kann für nicht elektronisch leitende Gesteine gesagt werden:

1. daß das Porenwasser bei gesättigten Proben fast alle gesteinsspezifischen elektrischen Parameter überdeckt,
2. daß die DK der Gesteine mit zunehmendem Wassergehalt anwächst,
3. daß die DK die den Forderungen der Theorie der Raumladungspolarisation entsprechenden Werte erreicht,
4. daß der Frequenzgang der DK ebenfalls vom Wassergehalt abhängig ist,
5. daß auch bei sorgfältig getrockneten Proben noch geringe Dispersionserscheinungen im kHz-Bereich festzustellen sind. In Tabelle 2.1 sind die Di-

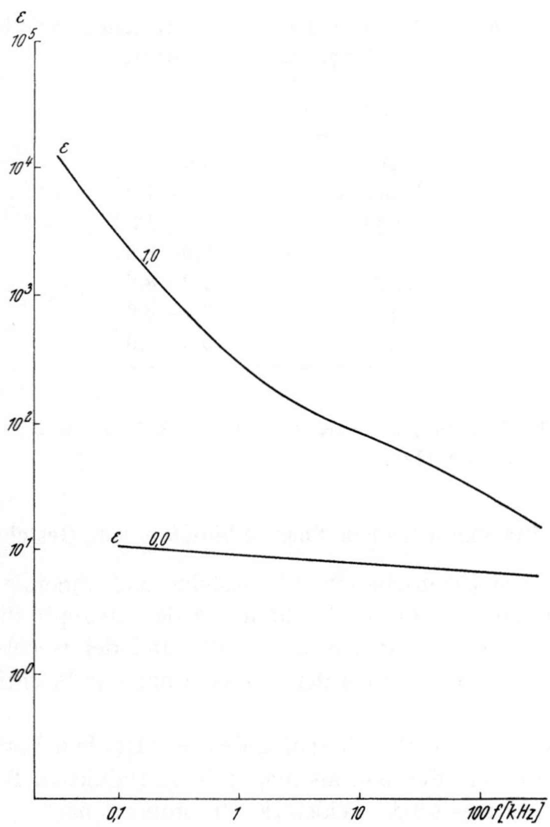

Abb. 2.42. Granit: DK als Funktion der Frequenz. 0,0 = trockene Probe. 1,0 = gesättigte Probe

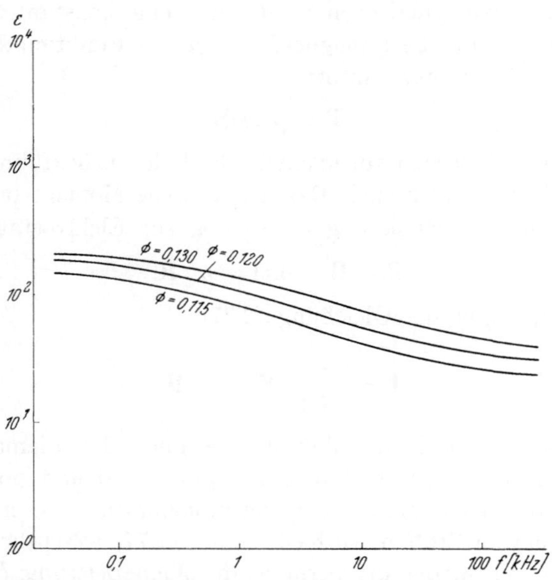

Abb. 2.43. Brauneisenstein (Salzgitter/BRD): DK als Funktion der Frequenz. Trockene Proben mit ϕ = 0,205, 0,220, 0,245

Tabelle 2.1. *Dielektrizitätskonstanten einiger Minerale nach* HAALCK [2.72].
Meßfrequenz $f = 4 \cdot 10^8$ *Hz*

Mineral	DK
Steinsalz	5,6
Dolomit	6,8–7,0
Baryt	7,6–12,2
Calzit	8,0–8,5
Augit	6,9–8,6
Gips	5,0–9,9
Siderit	6,9–7,9

elektrizitätskonstanten einiger Minerale nach HAALCK [2.72] zusammengestellt (Meßfrequenz $f = 4 \cdot 10^8$ Hz).

2.4 Die magnetischen Suszeptibilitäten von Gesteinen

Die magnetischen Eigenschaften der Gesteine und Minerale sind weitgehend bekannt. Die Meßmethoden zur Bestimmung der Suszeptibilität sind in allen besseren Lehrbüchern der Experimentalphysik und der Geoelektrik zu finden. Daher soll über den Magnetismus der Gesteine nur das Wichtigste kurz gesagt werden.

In der Magnetostatik läßt sich analog dem elektrischen Verschiebungsvektor **D** eine Größe einführen, die man als magnetische Induktion **B** bezeichnet. Die Größe **B** ist der magnetischen Feldstärke **H** proportional;

$$\mathbf{B} = \mu \cdot \mathbf{H}. \tag{2.75}$$

μ ist die magnetische Permeabilität, die der DK im elektrischen Feld entspricht. Für die para- und diamagnetischen Stoffe ist μ eine konstante Größe (bei konstanter Temperatur). Für Ferromagnetika ist μ eine Funktion der Feldstärke H, so daß Gleichung (2.75) nun lautet:

$$\mathbf{B} = \mu(H)\mathbf{H}. \tag{2.76}$$

Die Permeabilität μ läßt sich auf magnetische Pole zurückführen, die im „magnetischen Stoff" vorhanden sind. Das magnetische Moment pro Volumseinheit bezeichnet man als Magnetisierung **I**. Analog zur Elektrostatik gilt:

$$\mathbf{B} = \mathbf{H} + 4\pi\mathbf{I} = \mu \cdot \mathbf{H}. \tag{2.77}$$

Nach **I** aufgelöst, ergibt die Gleichung (2.77)

$$\mathbf{I} = \frac{\mu - 1}{4\pi}\mathbf{H} = \kappa \cdot \mathbf{H}. \tag{2.78}$$

κ wird als die magnetische Suszeptibilität bezeichnet. Für diamagnetische Stoffe ist $\kappa < 0$, für paramagnetische Substanzen gilt $\kappa > 0$ und für den Sonderfall des extremen Paramagnetismus – den Ferromagnetismus – erhält man $\kappa \gg 0$. Bei magnetisch harten Stoffen wird Gleichung (2.77) wesentlich komplizierter; es tritt ein Term hinzu, der die permanente Magnetisierung I_P beschreibt, so daß gilt:

$$\mathbf{B} = \mathbf{H} + 4\pi\mathbf{I} + 4\pi\mathbf{I}_P. \tag{2.79}$$

Die Messung der magnetischen Eigenschaften (μ oder κ) erfolgt über die Bestimmung der Magnetisierung **I**. Die Suszeptibilität wird nach Gleichung (2.78) errechnet:

$$\kappa = \frac{|\mathbf{I}|}{|\mathbf{H}|}. \tag{2.80}$$

Bei der Messung bringt man kleine Versuchskörper mit dem Volumen V in ein Magnetfeld und mißt das durch die Magnetisierung entstehende magnetische Moment **M**.

$$\mathbf{M} = \mathbf{I} \cdot V. \tag{2.81}$$

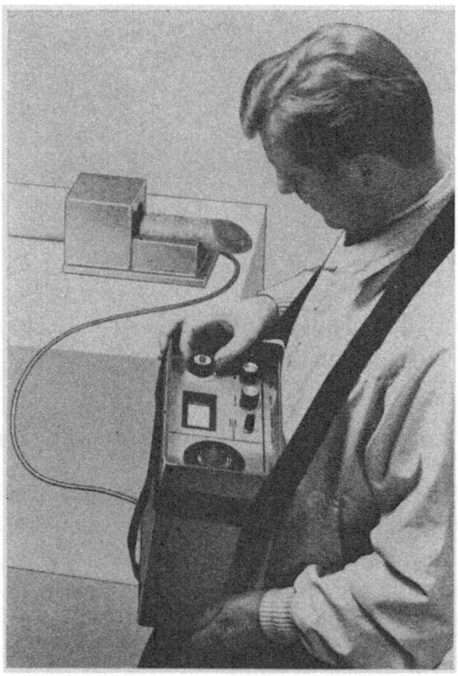

Abb. 2.44. Meßanordnung für die Bestimmung magnetischer Eigenschaften von Bohrkernen (Bison Instruments, Minneapolis)

Die Ermittlung von **M** kann über Torsions- oder Wägemethoden erfolgen. Gibt man eine Substanz in eine vormagnetisierte Spule hinein, so wird das Feld geschwächt oder gestärkt, d. h., die Induktivität der Spule ändert sich. Diese Änderung ist ebenfalls ein Maß für die magnetischen Parameter des Meßobjektes. Geräte zur exakten Bestimmung der magnetischen Eigenschaften von Gesteinen findet man angegeben in dem Lehrbuch der Angewandten Geophysik von H. Haalck [2.72].

Als Beispiel für eine moderne, handliche Meßeinrichtung sei das Magnetic Susceptibility System **3101** A der Firma Bison Instruments, Minneapolis, erwähnt. Dieses System arbeitet nach einem Brückenverfahren, wobei die Änderung der

Induktivität einer Meßspule (durch das Gestein) ermittelt wird. Die Abb. 2.44 zeigt die Messung der magnetischen Eigenschaften eines Bohrkerns.

Tabelle 2.2. *Suszeptibilitäten von Gesteinen und Mineralen*

Gestein/Mineral	Suszeptibilität $\cdot 10^6$ cgs
Granit	650–1350
Kupferkies	bis 6000
Hämatit	220–3200
Arsenkies	237
Zinkblende	bis 520
Brauneisenerz	60–600
Siderit	100–430
Sandstein	23–100
Malachit	30–40
Pyrit	0–10
Bleiglanz	0–10
Dolomit	0–10
Quarz	0–10
Kalkspat	0–10
Magnetit	bis $29 \cdot 10^6$

Für die in diesem Buch behandelten Minerale und Gesteine sind in Tabelle 2.2 die Suszeptibilitäten angegeben.

2.5 Die elektrische Leitfähigkeit der Gesteine

Dehnt man den Begriff Gestein — wie er in diesem Buch verwendet wird — aus bis zum mineralischen Vorkommen von gediegenen Metallen, so überstreicht die elektrische LF von „Gesteinen" einen Bereich, der zwischen $\sigma = 1 \cdot 10^{-18}$ S cm^{-1} (für Bernstein) und $\sigma = 6{,}25 \cdot 10^5$ S cm^{-1} (gediegenes Silber) liegt. Man findet alle Übergänge zwischen hervorragenden Isolatoren (Bernstein, Glimmer) bis zu metallischen Leitern. Für die folgenden Betrachtungen wird eine Einteilung in

a) Gesteine mit metallischer oder quasimetallischer LF,

b) Gesteine mit guter Isolationswirkung und

c) Gesteine mit elektrolytischer LF infolge ihres Porenwassers vorgenommen, wobei keine scharfen Grenzen gesetzt werden sollen.

2.5.1 Zur Theorie der Gesteinsleitfähigkeit

a) Gesteine mit quasimetallischer LF

Zu diesen Gesteinen sind gediegen vorkommende Metalle, gewisse Sulfide, Oxyde, Kohle und Graphit zu rechnen. Der Stromtransport wird hauptsächlich — wie bei Metallen — von Elektronen übernommen. Die Theorie dieser Vorgänge, die in fast jedem Lehrbuch der theoretischen Physik dargestellt ist, ist weitgehendst bekannt und soll hier nicht weiter erörtert werden.

b) Gesteine mit guter Isolationswirkung

Die meisten mineralischen Vorkommen sind in diese Gruppe einzuordnen, sofern die entsprechenden Substanzen kein Porenwasser enthalten. Diese Gesteine besitzen eine äußerst geringe Gleichstromleitfähigkeit $\sigma_=$. Benutzt man derartige Gesteine als Dielektrikum eines Meßkondensators, so treten bei Verwendung von Wechselströmen Verluste auf, die in diesem Falle als dielektrische Verluste bezeichnet werden. Diese Verluste führen zu einer Erwärmung des Dielektrikums; dementsprechend wird eine LF σ_2 definiert, so daß gilt (nach Gleichung (2.20)):

$$N_V = U^2 \omega \varepsilon'' C_0 = U^2 \cdot \frac{1}{R_P} = U^2 \frac{\sigma_2 A}{d}$$

$$= U^2 \omega \varepsilon' C_0 \cdot \tan \delta = U^2 \omega C_P \cdot \tan \delta', \qquad (2.82)$$

d. h., daß die sekundlich durch dielektrische Verluste erzeugte Wärme gleichgesetzt wird einer sekundlich erzeugten Jouleschen Wärme, die bei Annahme einer hypothetischen LF σ_2 nach Gleichung (2.82) zustande kommt.

Bei reinen dielektrischen Verlusten — wenn also die Gleichstromleitfähigkeit σ_1 des trockenen Gesteins nicht berücksichtigt wird — ergibt Gleichung (2.82) folgenden Zusammenhang zwischen der LF und der Frequenz

$$\sigma_2 = \tfrac{1}{2} \varepsilon' \tan \delta \cdot f. \qquad (2.83)$$

„Gute" Dielektrika sind definiert durch einen Verlustfaktor, der über einen großen Frequenzbereich konstant bleibt, und durch eine frequenzunabhängige DK. Somit ist für die Frequenzabhängigkeit der hypothetischen LF σ_2 nach Gleichung (2.83) zu erwarten:

$$\sigma_2 \sim f. \qquad (2.84)$$

c) Gesteine mit elektrolytischer Leitfähigkeit

Tränkt man ein Gestein der Gruppe b) mit einem Elektrolyten — z. B. Wasser — so ändert sich die äußerlich erfaßbare LF. Der einstige Isolator wird zu einem relativ gut leitenden Medium, wobei nun die LF im wesentlichen von der Art und dem Anteil des Poreninhaltes abhängig ist. Neben der elektrolytischen LF werden selbstverständlich auch die unter b) aufgeführten Leitfähigkeiten σ_1 und σ_2 auftreten.

Je mehr Feuchtigkeit in einem Gestein vorhanden ist, umso mehr wird der elektrolytische Anteil der LF hervortreten, umso stärker wird der Frequenzgang der Gesteinsleitfähigkeit durch den Frequenzgang der Wasserleitfähigkeit bestimmt sein.

Für wassergesättigte Gesteine läßt sich eine theoretische Aussage über die Höhe der LF, σ_{Gestein}, machen. Der Leitwert G_{Gestein} des gesättigten Gesteins setzt sich additiv zusammen aus dem Leitwert G_W' des im Gestein vorhandenen Porenwassers und aus dem Leitwert G_T, wobei G_T die Summe aus dem Gleichstromleitwert und dem den dielektrischen Verlusten zuordenbaren Leitwert des trockenen Gesteins darstellt.

$$G_{\text{Gestein}} = G_W' + G_T. \qquad (2.85)$$

Bei Verwendung eines Plattenkondensators gilt:

$$G_W = \sigma_W \cdot \frac{a}{D} \qquad (2.86)$$

$$G_T = \sigma_T \cdot \frac{A - a}{d} \tag{2.87}$$

$$G_{\text{Gestein}} = \sigma_G \cdot \frac{A}{d} \,. \tag{2.88}$$

Somit ergibt sich mit $T_{\text{el}} = D/d$ und $a = \phi \cdot A$:

$$\sigma_G = \sigma_W \cdot \frac{\phi}{T_{\text{el}}} + \sigma_T(1 - \phi). \tag{2.89}$$

Wenn man wieder den Fall heranzieht, daß die positiven und negativen Ionen bei der Entladung gehemmt werden, kann man für σ_W den Gleichstromleitwert $\sigma_=$ einsetzen — solange man nicht sehr niedere Frequenzen betrachtet. Für gesättigte Gesteine ergibt sich:

$$\sigma_G = \sigma_= \cdot \frac{\phi}{T_{\text{el}}} + (1 - \phi)\sigma_T. \tag{2.90}$$

Die LF des wassergesättigten Gesteins wird abhängig von der Porosität ϕ, von der Tortuosität T_{el}, von der Gleichstromleitfähigkeit $\sigma_=$ des Porenwassers und von der Trockenleitfähigkeit des Gesteins. Bei Wechselstrommessungen kann phänomenologisch nur die Summe

$$\sigma = \sigma_= + \sigma_1 + \sigma_2 \tag{2.91}$$

erfaßt werden. Diese Erscheinung stimmt gut überein mit den Maxwellgleichungen, die nach HETEREN [2.21] und COLE [2.11] durch die Annahme einer Ladungsdichte Null und einer DK der Form

$$\varepsilon^* + \frac{\sigma^*}{\omega} \tag{2.92}$$

gelöst werden können, wobei

$$\varepsilon^* = \varepsilon' - j\varepsilon'' \quad \text{und} \quad \sigma^* = \sigma' - j\sigma'' \tag{2.93}$$

ist.

Experimentell läßt sich nur $\omega\varepsilon'' + \sigma'$ ermitteln, wobei σ' einer reell vorhandenen LF (in diesem Falle $\sigma_1 + \sigma_=$) und $\varepsilon''\omega$ einer LF, hervorgerufen durch dielektrische Verluste (in unserem Falle σ_2), entspricht.

Die experimentell meßbare LF setzt sich aus den Anteilen σ_1, σ_2 und $\sigma_=$ zusammen. Da eine Trennung der drei Anteile makroskopisch unmöglich ist, können hier nur einige qualitative Betrachtungen über den Frequenzgang der LF angestellt werden. Betrachtet man ein trockenes, quasi-isolierendes Gestein als gutes Dielektrikum, so ist für den Frequenzgang der LF zu erwarten:

$$\sigma_G \sim f.$$

Für gesättigte Proben würde man (abgesehen von sehr niederen Frequenzen) im kHz-Bereich erhalten:

$$\sigma_G(f) = \text{const.}$$

In diesen Grenzen ist somit die Frequenzabhängigkeit der elektrischen LF für wasserhaltiges Gestein zu erwarten. Hinzu kommt, daß auch bei gesättigten

Gesteinsproben der elektrolytischen LF die den dielektrischen Verlusten zugeordnete LF σ_2 ($\sigma_2 \sim f$) überlagert ist, so daß auch in diesem Fall eine — allerdings sehr schwach ausgeprägte — Frequenzabhängigkeit angenommen werden muß.

2.5.2 Meßmethoden

a) Wechselstrommessungen

Will man den Frequenzgang der LF von Gesteinen, die als Dielektrikum eines Meßkondensators dienen, aufnehmen, bedient man sich der Brücken- oder Resonanzmethoden, die in Kapitel 2.2.3 dargestellt sind.

b) Gleichstrommessungen an metallisch leitenden Gesteinen

Liegen Gesteine vor, die quasimetallisch leiten, kann man die LF sehr exakt mit Hilfe von gleichstrombetriebenen Thomson-Meßbrücken erfassen. Dazu wird das leitende Gestein ebenfalls in eine spezielle Meßzelle eingebracht. Die Zelle mit der Substanz möge den Widerstand R_x haben. R_x wird mit einer Thomson-Anordnung bestimmt; unter Verwendung der geometrischen Daten der Meßzelle wird daraus σ_{Gestein} berechnet.

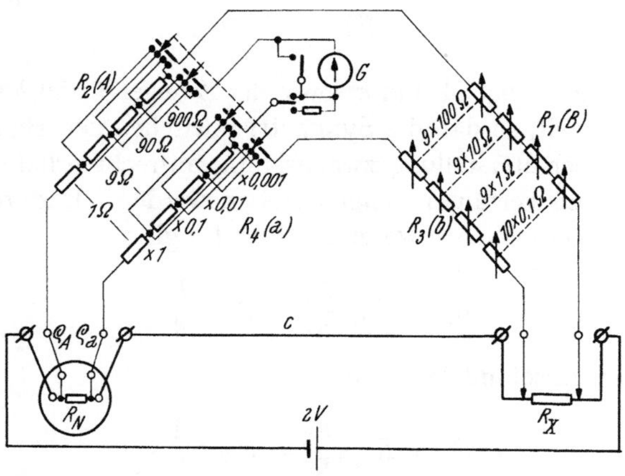

Abb. 2.45. Prinzipschaltbild einer Thomsonbrücke. Präzisions-Doppel-Meßbrücke der Firma Siemens

In Abb. 2.45 ist das Prinzipschaltbild einer Thomson-Brücke (Präzisions-Doppelmeßbrücke der Firma Siemens) angegeben. Bei Thomson-Messungen werden die Verhältniswiderstände aus den Zweigen $A - a$ und $B - b$ gebildet. Die Widerstände A und B werden die Hauptzweige, a und b die Nebenzweige genannt. Vergleichswiderstand ist der Normalwiderstand R_N.

Die Verhältniswiderstände der linken Brückenseite $A - a$ können mit dem Bereichschalter 1, 10, 100 oder 1000 Ω groß gewählt werden. Alle Widerstandswerte dieser beiden Zweige sind auf $\pm$ 0,02% ihres Nennwertes abgeglichen. Die 1ΩWiderstände sind jedoch um 2,5 mΩ kleiner justiert, ein Betrag, der dem Widerstand der flexiblen äußeren Potentialzuleitungen ρ_A und ρ_B entspricht, über die der Normalwiderstand oder der X-Widerstand mit diesen Verhältniszweigen verbunden wird. Die Verhältniswiderstände der rechten Brückenseite $B - b$

bestehen aus je vier Dekaden mit insgesamt 9 · 100, 9 · 10, 9 · 1 und 10 · 0,1 Ω. Die Abgleichtoleranzen dieser Dekaden betragen für die 100 Ω, 10 Ω und 1 Ω Widerstände ± 0,02%, für die 0,1 Ω Widerstände ± 0,1%. Der Null-Widerstand des *B*-Zweiges liegt in der Größenordnung von etwa 10 mΩ, der des *b*-Zweiges bei etwa 12 mΩ.

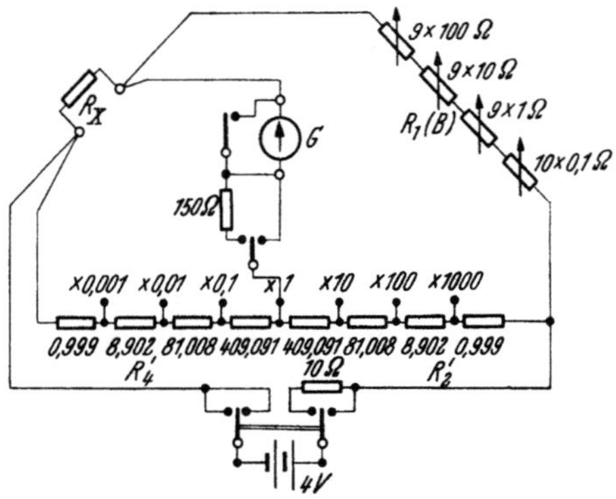

Abb. 2.46. Prinzipschaltbild einer Wheatstonebrücke (Präzisions-Doppel-Meßbrücke der Firma Siemens)

Die Schalter der Zweige *A* und *a* sowie der Zweige *B* und *b* sind mechanisch miteinander gekuppelt, so daß die Symmetrie zwischen den Haupt- und Nebenzweigen für jede Schalterstellung zwangsläufig aufrecht erhalten bleibt.

X und *N* können vertauscht angeschlossen werden. Dadurch läßt sich der Meßbereichumfang erheblich erweitern. Für R_x gilt:

$$R_x = R_N \cdot \frac{R_1}{R_2} = R_N \cdot \frac{B}{A}. \tag{2.94}$$

Bei vertauschtem Anschluß lautet die Formel

$$R_x = R_N \cdot \frac{R_2}{R_1} = R_N \cdot \frac{A}{B}. \tag{2.95}$$

Die Anzeige der Brückenabstimmung erfolgt durch ein Spiegelgalvanometer.

c) Gleichstrommessungen an trockenen Gesteinen mit geringer LF

Der Widerstand R_x der Meßzelle mit Meßobjekt ist in diesem Fall sehr hoch, so daß man mit der Thomsonbrücke nicht mehr das Auslangen findet. Verwendet wird statt dessen die bekannte Wheatstone-Schaltung, die in Abb. 2.46 für die Doppelmeßbrücke der Firma Siemens dargestellt ist. Die Brücke ist abgeglichen, wenn gilt:

$$R_x = \frac{R_4'}{R_2'} \cdot R_1. \tag{2.96}$$

In der Wheatstoneschaltung lassen sich grundsätzlich die Diagonalen der Brücke vertauschen, wobei dann die Batterie an die Galvanometerklemmen und das Galvanometer an die Batterieklemmen geschaltet werden. Diese Maßnahme bringt bei der Messung sehr hoher Widerstände eine Steigerung der Brückenempfindlichkeit, wobei Voraussetzung ist, daß bei hoher Batteriespannung unter Vorschalten eines entsprechenden Schutzwiderstandes gearbeitet wird.

2.5.3 Meßbeispiele

Tabelle 2.3. *Gleichstromleitfähigkeiten einiger Minerale und Gesteine nach* Haalck *und* Reich

Gestein/Mineral	LF · $S\,cm^{-1}$
Pyrit	10
Kupferkies	4,8 — 8,3
Bleiglanz	10
Graphit	2,5 — 33
Sandstein	$2{,}5 \cdot 10^{-6}$ — $2{,}9 \cdot 10^{-4}$
Kalkstein	$2{,}5 \cdot 10^{-5}$ — $8{,}8 \cdot 10^{-5}$
Granit	$1{,}0 \cdot 10^{-8}$ — $2{,}0 \cdot 10^{-6}$
Schiefer	$1{,}5 \cdot 10^{-8}$ — $5{,}0 \cdot 10^{-4}$

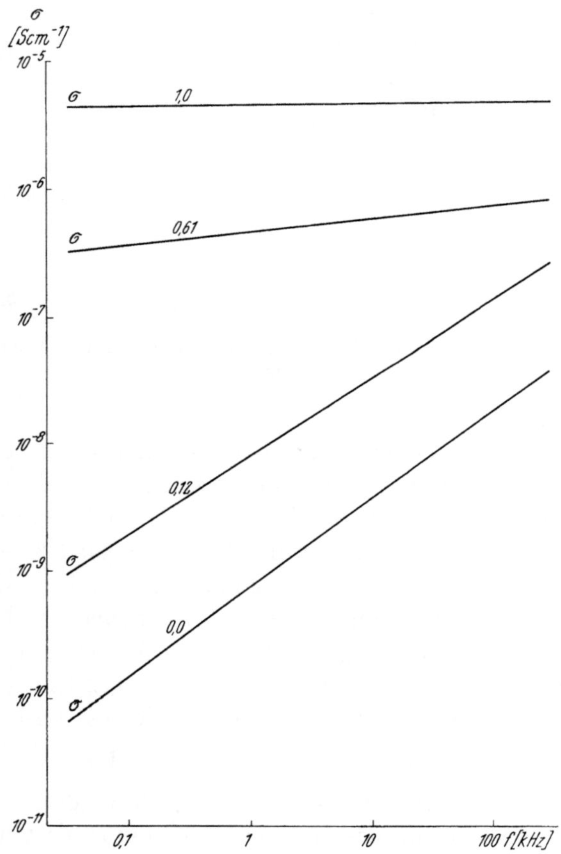

Abb. 2.47. Sandstein (Gallzein/Tirol): LF als Funktion der Frequenz. Parameter: Sättigungsgrad

Für einige metallisch leitende Minerale sowie für diverse Gesteine sind in Tabelle 2.3 die Gleichstromleitfähigkeiten aufgeführt.

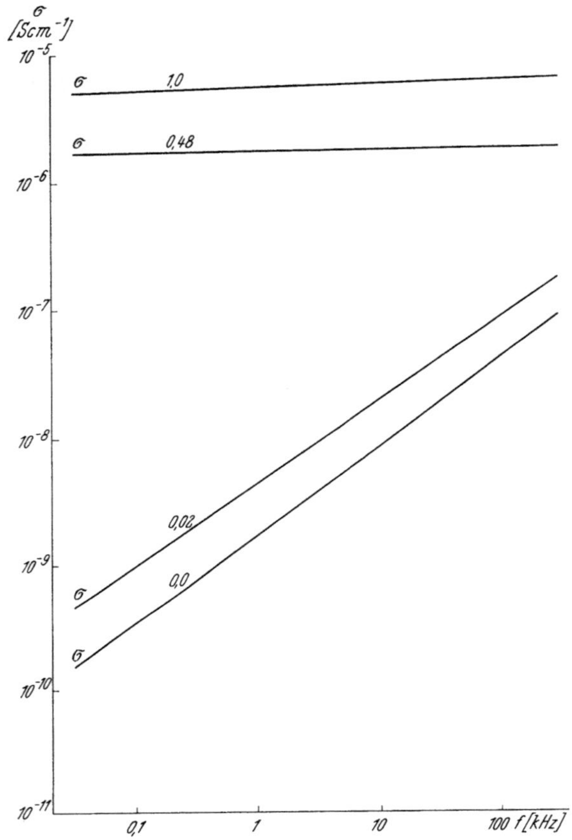

Abb. 2.48. Dolomit (Großkogl/Brixlegg): LF als Funktion der Frequenz. Parameter: Sättigungsgrad

Im folgenden werden einige Wechselstromleitfähigkeiten, die mit Hilfe der in Kapitel 2.2.3 erwähnten General-Radio-Brücke im kHz-Bereich gemessen wurden, angegeben. Die Abb. 2.47 zeigt für einen Sandstein (Fundort Gallzein/Tirol, $\phi = 0{,}02$) die LF als Funktion der Frequenz (30 Hz — 300 kHz). Als Parameter dienen verschiedene Sättigungsgrade der Probe. Man erkennt, daß der Frequenzgang von σ mit zunehmendem Wassergehalt flacher wird und daß die Höhe der LF mit dem Wassergehalt zunimmt. Für einen Dolomit, $\phi = 0{,}02$, ist in Abb. 2.48 die LF als Funktion der Frequenz gezeichnet. Als Parameter dienen wieder verschiedene Sättigungsgrade, für die gesättigte Probe ergab sich

$$\sigma = 4{,}5 \cdot 10^{-6} \cdot f^{0{,}02} \qquad [\mathrm{S\,cm^{-1}, Hz}].$$

Abb. 2.49 gibt die Meßkurven für Siderit ($\phi = 0{,}013$) wieder.

Als letztes Beispiel soll die Messung an einem Brauneisenstein, der eine Porosität von $\phi = 0{,}23$ hatte, angeführt werden (siehe Abb. 2.50). Die LF bei Sättigung erreicht bereits den sehr hohen Wert von ca. 10^{-4} S cm^{-1}. Man erkennt bei tiefen Frequenzen den für die Erscheinungen der Raumladungspolarisation typischen Anstieg.

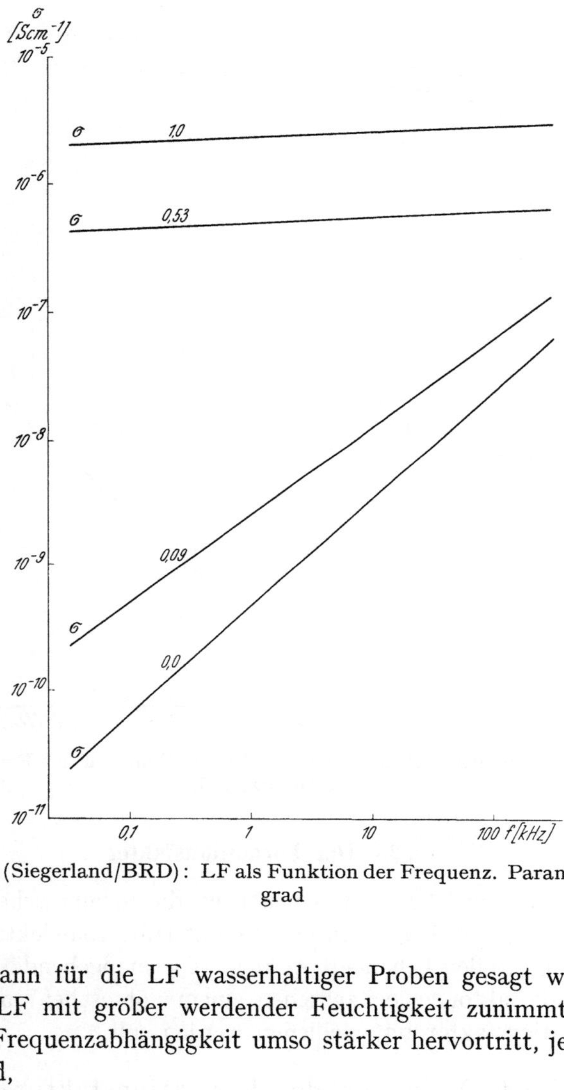

Abb. 2.49. Siderit (Siegerland/BRD): LF als Funktion der Frequenz. Parameter: Sättigungsgrad

Allgemein kann für die LF wasserhaltiger Proben gesagt werden:

a) daß die LF mit größer werdender Feuchtigkeit zunimmt,

b) daß die Frequenzabhängigkeit umso stärker hervortritt, je weniger feucht die Proben sind,

c) daß die LF niederporöser Proben ($\phi \leqslant 0{,}01$) im kHz-Bereich eine exponentielle Abhängigkeit von der Frequenz zeigt, die bereits von Dokoupil und Karpinskij [2.109] erwähnt wird.

Es gilt:

$$\sigma_G = B \cdot f^e \tag{2.97}$$

σ_G = LF des Gesteins [S cm^{-1}]
B = extrapolierte LF bei $f = 1$ Hz [S cm^{-1} · Hz^{-1}]
e = Exponent
f = Frequenz [Hz].

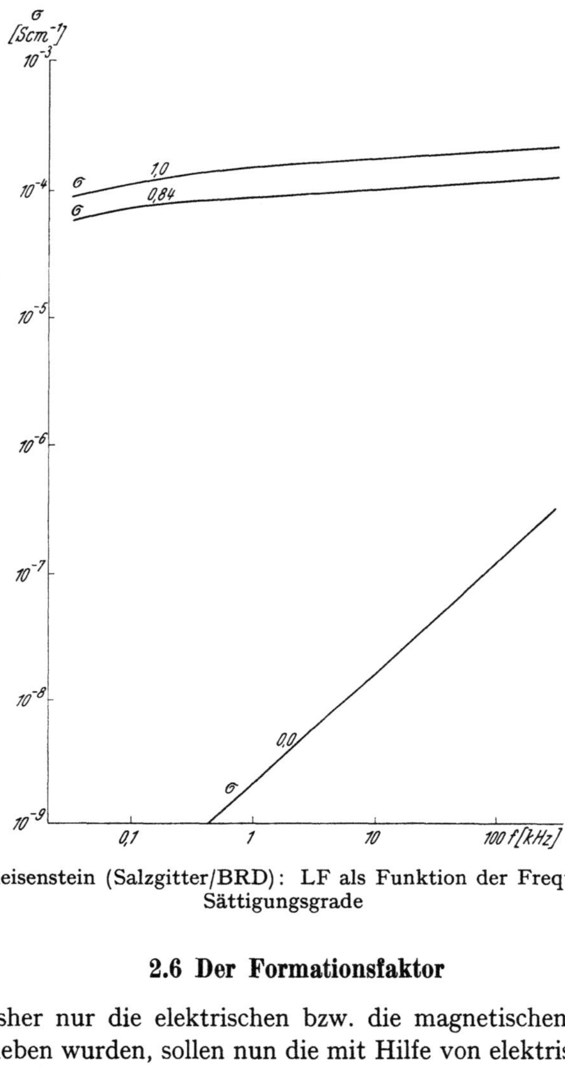

Abb. 2.50. Brauneisenstein (Salzgitter/BRD): LF als Funktion der Frequenz. Parameter: Sättigungsgrade

2.6 Der Formationsfaktor

Während bisher nur die elektrischen bzw. die magnetischen Gesteinseigenschaften beschrieben wurden, sollen nun die mit Hilfe von elektrischen Methoden erfaßbaren Gefügegrößen behandelt werden. Die maßgebende Größe dieser Art ist der Formationsfaktor, wobei zwischen einem „ohmschen" und einem „kapazitiven" Formationsfaktor unterschieden werden soll.

2.6.1 Definition der Formationsfaktoren

a) Der ohmsche Formationsfaktor (Widerstandsfaktor) F_R

Sättigt man ein poröses Gestein, das im trockenen Zustand den Strom nicht leitet, mit einer Salzlösung, so ist der Widerstand R_G des Systems Gestein/Elektrolyt abhängig von der Leitfähigkeit σ_W der Porenflüssigkeit, von der mittleren Länge D der Strompfade (Stromlinien) und von dem für die Stromleitung zur Verfügung stehenden Querschnitt a.

Wird ein Elektrolyt mit der LF σ_W von 2 plattenförmigen Elektroden mit der Fläche A und dem Abstand d kontaktiert, so beträgt der Widerstand dieser Anordnung:

$$R_W = \frac{1}{\sigma_W} \cdot \frac{d}{A}. \tag{2.98}$$

Bringt man bei der gleichen Elektrodenanordnung ein Gestein, das mit dem gleichen Elektrolyten (σ_W) gesättigt sein möge, zwischen die Platten, so erhält man als Widerstand der Kombination Gestein/Elektrolyt:

$$R_G = \frac{1}{\sigma_W} \cdot \frac{D}{a}. \tag{2.99}$$

Als ohmschen Formationsfaktor F_R definiert man:

$$F_R = \frac{R_G}{R_W} \tag{2.100}$$

bei gleichbleibender Elektrodenanordnung.

F_R bestimmt nach SCHOPPER [2.162] den Einfluß eines porösen Mediums auf alle Transporterscheinungen, bei denen die transportierte Menge proportional ist zum Querschnitt und umgekehrt proportional zum Transportweg — solange der Transport selbst allein in den Poren stattfindet.

Da man den Gesteinswiderstand auch durch die Formel

$$R_G = \frac{1}{\sigma_G} \cdot \frac{d}{A} \tag{2.101}$$

(σ_G = Gesamtleitfähigkeit des Systems Gestein/Elektrolyt) ausdrücken kann, ergibt sich als weitere Definition für F_R:

$$F_R = \frac{\sigma_W}{\sigma_G}. \tag{2.102}$$

Setzt man in Gleichung (2.100) die Formeln (2.98) und (2.99) ein, so erhält man mit Hilfe der Definitionen $T_{el} = D/d$ und $\phi = a/A$:

$$F_R = T_{el}/\phi. \tag{2.103}$$

F_R ist ein rein geometrischer Faktor, der nach ARCHIE [2.129] einen Ausdruck für die Abhängigkeit der elektrischen LF von der Porenstruktur oder nach KELLER [2.149] ein Maß für die Porenverteilung darstellt.

F_R sollte eine konstante Größe sein. Sättigt man ein Gestein mit einer wässrigen Lösung, so können Erscheinungen auftreten, die zu einer zeitlichen Variabilität von F_R führen:

1. Durch Rücklösung kann der Ionengehalt der Porenflüssigkeit erhöht werden, d. h., F_R nimmt ab.

2. Von KELLER [2.149] wird der sogenannte Clay-Effekt erwähnt. In den Poren finden sich Staubteilchen, die bei Wasserberührung quellen und zu einer Verstopfung der Porenkanälchen führen.

Für die Messung von F_R wird die Verwendung hochkonzentrierter Salzlösungen vorgeschlagen, um die erwähnten Effekte zu überdecken.

Eine weitere Größe, die in engem Zusammenhang mit dem Ohmschen Formationsfaktor steht, ist der sogenannte Widerstandsindex, worunter das Verhältnis des Widerstandes eines teilgesättigten Gesteins zum Widerstand desselben Gesteins bei voller Sättigung verstanden wird.

b) Der kapazitive Formationsfaktor (Kapazitätsfaktor) F_C

Der kapazitive Formationsfaktor, der erstmals von BITTERLICH und WÖBKING [2.132] beschrieben wurde, ist dem ohmschen Formationsfaktor zumindest der Definition nach sehr ähnlich. Dieser neue Parameter wird nicht über Widerstands-, sondern über Kapazitätsmessungen gewonnen. Der Definition dieses Faktors liegt der Gedanke zugrunde, daß im Bereich niederer Frequenzen die kapazitiven Effekte von wasser-(elektrolyt-)gesättigten Gesteinen mit Hilfe der Theorie der Raumladungspolarisation beschrieben werden können (siehe Kapitel 2.3.1). Für Elektrolyte, die als Dielektrikum eines Meßkondensators mit plattenförmigen Elektroden dienen, wurde auf S. 44ff gezeigt, daß die Theorie für den Frequenzgang der Kapazität dieser Meßobjekte im Frequenzbereich $f \leqslant f_W$, wobei für f_W gilt:

$$\frac{K \cdot A}{4\pi d^2 f_W^2} \quad \text{bzw.} \quad \frac{K' A}{4\pi d^2 f_W^{1,5}} \gg \varepsilon_W' \cdot \frac{A}{4\pi d}, \tag{2.104}$$

fordert:

A. Die positiven und negativen Ionen werden bei der Entladung behindert:

$$C_W = \frac{K \cdot A}{4\pi d^2 f^2}. \tag{2.105}$$

B. Die positiven oder negativen Ionen werden behindert:

$$C_W' = \frac{K' \cdot A}{4\pi d^2 f^{1,5}} \tag{2.106}$$

(Bedeutung der verwendeten Symbole siehe S. 45).

Für das wassergesättigte Gestein erhält man unterhalb einer bestimmten Frequenz f_G, für die gilt (2.70):

$$\frac{K \cdot a}{4\pi D^2 f_G^2} \gg \varepsilon_W' \cdot \frac{a}{4\pi D} + \varepsilon_T \frac{A - a}{4\pi d} \tag{2.107}$$

bzw.

$$\frac{K' \cdot a}{4\pi D^2 f_G^{1,5}} \gg \varepsilon_W' \frac{a}{4\pi D} + \varepsilon_T \frac{A - a}{4\pi d} \tag{2.108}$$

für den Fall A:

$$C_G = \frac{K \cdot a}{4\pi D^2 f^2} \tag{2.109}$$

für den Fall B:

$$C_G' = \frac{K' \cdot a}{4\pi D^2 f^{1,5}}. \tag{2.110}$$

Der kapazitive Formationsfaktor F_C wird definiert als Kapazität C_W eines Kondensators mit Porenwasser (Elektrolyt) als Dielektrikum, dividiert durch die Kapazität C_G des Kondensators mit wasser-(elektrolyt-)gesättigtem Gestein als Dielektrikum für den Fall eines Plattenkondensators mit konstanter Elektrodenanordnung:

$$F_C = \frac{C_W}{C_G} \quad \text{bzw.} \quad \frac{C_W'}{C_G'}. \tag{2.111}$$

Unter Verwendung der Gleichungen (2.105) und (2.106) sowie (2.109) und (2.110) ergibt sich:

$$F_C = \frac{D^2}{d} \cdot \frac{A}{a}. \tag{2.112}$$

Mit den Definitionen:

$$D/d = T_{\text{el}} = \text{elektrische Tortuosität (2.67)}$$

und $a/A = \phi =$ Porosität (2.66) gilt:

$$F_C = T_{\text{el}}^2/\phi. \tag{2.113}$$

Verwendet man die Ansätze:

$$C_W = \varepsilon_{\text{Wasser}} \cdot \frac{A}{4\pi d} \tag{2.114}$$

und

$$C_G = \varepsilon_{\text{Gestein}} \frac{A}{4\pi d}, \tag{2.115}$$

so läßt sich F_C durch die Dielektrizitätskonstanten der Porenflüssigkeit und des gesättigten Gesteins ausdrücken.

$$F_C = \frac{\varepsilon_{\text{Wasser}}}{\varepsilon_{\text{Gestein}}}. \tag{2.116}$$

Diskussion des kapazitiven Formationsfaktors F_C: Der kapazitive Formationsfaktor ist ebenfalls — wie sein ohmsches Analogon — ein geometrischer Faktor, wie z. B. die Gleichung (2.113), die nur geometrische Größen enthält, zeigt. Auf Grund dieser Gleichung läßt sich auch — durch Vergleich mit (2.103) — ein Zusammenhang zwischen F_C und dem Ohmschen Formationsfaktor F_R finden, nämlich

$$F_C = T_{\text{el}} \cdot F_R. \tag{2.117}$$

Als rein geometrischer Gesteinsparameter sollte F_C wie auch F_R eine konstante Größe sein. Eine zeitliche Veränderung läßt sich für F_C aus den gleichen Gründen erwarten wie für F_R (siehe S. 93).

Zur Frequenzabhängigkeit des kapazitiven Formationsfaktors: Für Frequenzen $f \gg f_G$ (2.107) erhält man das Ergebnis (2.113). Bei hohen Frequenzen (5 — 100 kHz), wenn neben den Erscheinungen der Raumladungspolarisation die der atomaren- und der Elektronen-Polarisation wesentlich zur absoluten Höhe der DK beitragen, ergibt sich:

$$F_C = F_C(f) \tag{2.118}$$

mit

$$F_C(f) = \frac{a' + b'f^2}{c' + d'f^2} \quad \text{bzw.} \quad F_C(f) = \frac{a'' + b''f^{1,5}}{c'' + d''f^{1,5}}, \tag{2.119}$$

wobei die Größen $a', a'', \ldots, d', d''$ Funktionen der Porosität, der elektrischen Tortuosität, der Faktoren K und K', der Dicke der Gesteinsprobe, der Elektrodenoberfläche und der Dielektrizitätskonstanten ε_W' und ε_T sind.

Sind die Phänomene der Raumladungspolarisation gegenüber denen der atomaren und elektronischen Polarisation zu vernachlässigen, Frequenzbedingung:

$$\frac{Ka}{D^2 f^2} \ll \varepsilon_W' \frac{a}{4\pi D} + \varepsilon_T \frac{A-a}{4\pi d}, \tag{2.120}$$

so erhält man wiederum einen frequenzunabhängigen Wert F_C (soweit ε_W' und ε_T konstant sind) der Form:

$$F_C = \frac{1}{(\phi/T_{\mathrm{el}}) + (\varepsilon_T/\varepsilon_W')(1-\phi)}. \tag{2.121}$$

Für die weiteren gefügekundlichen Betrachtungen soll nur der niederfrequente Wert von F_C (2.113) verwendet werden, da F_C in den hohen Frequenzbereichen abhängig wird von den Dielektrizitätskonstanten ε_W' und ε_T.

2.6.2 Methoden zur Bestimmung der Formationsfaktoren F_R und F_C

Gemäß den Definitionen der Formationsfaktoren (2.100) und (2.111) erfolgt ihre Messung über die Bestimmung von Widerständen bzw. von Kapazitäten; dabei sind jeweils Messungen an gesättigten Gesteinen und an der reinen Porenflüssigkeit selbst auszuführen. Man benutzt das Gestein bzw. die Porenflüssigkeit als Dielektrikum einer Meßzelle mit plattenförmigen Elektroden und bestimmt mit einer Brückenanordnung im entsprechenden Frequenzbereich die benötigten elektrischen Größen.

Die bereits erwähnten Einflüsse, die zu einer Inkonstanz von F_C und F_R führen können, eliminiert man rechnerisch bzw. meßtechnisch.

Eine Rücklösung von Salzen, die im Gestein selbst lagern, kann man vermeiden, indem man vor Beginn der Versuche das Gestein „entsalzt". Legt man die Probe in ein Gefäß mit destilliertem Wasser, so diffundieren die Salze aus dem Gestein heraus; durch dauerndes Erneuern des Wassers und durch genügend lange Versuchsdauer kann man die Mengen der sich rücklösenden Substanzen auf ein Minimum herabsetzen.

Wirkungsvoller dürfte eine Methode sein, nach der die Probe in destilliertem Wasser einer Elektrolyse ausgesetzt wird, um die dissoziierten Salze abzutrennen.

Den bereits erwähnten Clay-Effekt kann man — wie auch den Einfluß der Rückionisation — durch Verwendung konzentrierter Elektrolyte zum Teil überdecken.

Den geringen Frequenzgang der LF (bzw. des Widerstandes) bei gesättigten Proben schaltet man aus, indem man die Meßwerte auf $f = 1$ Hz extrapoliert; bei dieser Frequenz sind die dielektrischen Verluste, die zu einer frequenzabhängigen LF führen, zu vernachlässigen.

Bei der Bestimmung des kapazitiven Formationsfaktors ist darauf zu achten, daß im richtigen Frequenzbereich gearbeitet wird. Wenn man die gesamte Dispersionskurve (für $f = 1$ Hz bis ca. 1 MHz) aufnimmt, kann i. a. sehr leicht das günstigste Frequenzgebiet abgeschätzt werden, das erfahrungsgemäß bei $f \approx 100$ Hz liegt.

2.6.3 Werte für diverse Gesteinsarten

Die im folgenden angegebenen Werte wurden von BITTERLICH und WÖBKING gemessen. Dabei wurde bewußt darauf verzichtet, Rücklösungen und Clay-Effekte zu eliminieren. Es sollten Meßwerte ermittelt werden, die auch am anstehenden Gestein auftreten würden — wo man kaum die störenden Nebeneffekte beseitigen kann. In Tabelle 2.4 sind Meßwerte für F_C und F_R angegeben.

Tabelle 2.4. *Meßwerte für den kapazitiven* (F_C) *und den ohmschen* (F_R) *Formationsfaktor*

Gestein	Fundort	F_C	F_R
Sandstein	Gallzein/Tirol	381– 512	65–112
Sandstein	St. Odile/Vogesen	399– 766	102–172
Sandstein	Herrenalb/BRD	95– 170	23– 42
Siderit	Siegerland/BRD	1060–1970	157–255
Dolomit	Großkogl/Tirol	224– 930	57–400
Dolomit	Schwaz/Tirol	573– 774	264–293
Dolomit	Schönberg/Tirol	1180–1555	241–274
Granit	Innsbruck	547	231

2.7 Die Porosität der Gesteine

2.7.1 Definition der Porosität

Der von den Poren im Gestein eingenommene Raum macht einen mehr oder minder großen Anteil des Gesamtvolumens aus. Man unterscheidet offene Poren (Kanälchen), einseitig offene Poren (Säcke) und allseitig geschlossene Poren (Blasen). Den frei zugänglichen Poren ordnet man nach KIENOW [2.151] die sogenannte scheinbare oder offene Porosität zu; davon unterschieden wird die geschlossene Porosität, die qualitativ die allseits umschlossenen Poren erfaßt. Als Gesamtporosität bezeichnet man die Summe der beiden angegebenen Teilporositäten.

Gibt man beispielsweise für ein Gestein an, es habe die Porosität $\phi = 0{,}30$, so heißt das, in 1 cm³ Gestein sind 0,30 cm³ Porenraum vorhanden (nach ENGELHARDT et al. [2.183]).

Für Strömungs- und elektrische Vorgänge im Gestein ist der sogenannte Nutzporenraum von alleinigem Interesse. Nach SCHUMANN [2.165] versteht man darunter die Gesamtheit der miteinander kommunizierenden, frei zugänglichen Poren, ausgedrückt in Prozentzahlen der Volumseinheit des Gesteins. Die Nutzporosität (effective porosity) ist identisch mit der scheinbaren (offenen) Porosität und mit der Wasseraufnahmefähigkeit nach REICH [2.92]. Hier und in den folgenden Ausführungen ist mit Porosität immer diese Nutz- oder effektive Porosität gemeint, die mit dem Symbol ϕ bezeichnet werden soll. ϕ wird definiert als

$$\phi = \frac{\text{Porenvolumen}}{\text{Probenvolumen}} = \frac{V_P}{V}. \tag{2.122}$$

Diese Größe hat man auch gelegentlich als Porenindex bezeichnet. Nach der Größe der Poren unterscheidet man nach KIENOW: Grobporen mit 25 – 1000 μm Durchmesser, Feinporen mit 0,1–25 μm und Mikroporen mit einem Durchmesser kleiner als 0,1 μm.

2.7.2 Meßmethoden

a) Mechanische Methoden

Nach SCHUMANN [2.164] verfährt man zur rohen Bestimmung des Nutzporenraumes – für die meisten Zwecke genau genug – auf folgende Weise: Der Probekörper wird unter vermindertem Druck mit einer leicht eindringenden Flüssigkeit (z. B. CCl_4) gesättigt und abgewogen. Die Differenz relativ zum ursprünglichen Gewicht, dividiert durch das spezifische Gewicht der Flüssigkeit, ergibt die Größe des Nutzporenraumes V_P. Zur Ermittlung der Porosität benutzt man das äußere Volumen V des Körpers (Formvolumen), das mit Hilfe einer Quecksilber-Auftriebs-Waage gemessen werden kann. Die Porosität errechnet sich nach Gleichung (2.122).

Man kann bei einfach gestalteten Probekörpern das äußere Volumen auf geometrischem Weg erhalten. SCHUMANN weist darauf hin, daß dann der Körper der gewünschten geometrischen Idealgestalt sehr nahe kommen muß, damit der Fehler der Berechnung klein bleibt. BENTZ gibt für das Volumen der Probekörper einen optimalen Wert von $V = 15 - 20$ cm^3 an. Er geht von dem Gesichtspunkt aus, daß sich größere Volumen zwar leichter bestimmen lassen, andererseits wird die völlige Durchtränkung bei großen Stücken immer schwieriger durchzuführen sein. Die Höhe der aufzuwendenden Drücke, mit denen eine Flüssigkeit in das Porengefüge hineingepreßt wird, liegt nach REICH [2.92] bei 50 – 150 atü.

Die Firma Carlo Erba, Mailand, bietet Geräte an (Sorptomatic und mercury pressure porosimeter), wobei Stickstoff in das poröse Medium hineingepreßt wird. Automatisch wird die Porenverteilung, die Porengröße und das Porenvolumen aufgezeichnet.

Zur Sichtbarmachung der Porenquerschnitte wurden von CORRENS [2.177] Gesteinsdünnschliffe mit heißem, blauem Kanadabalsam getränkt. WATZNAUER et al. [2.167] geben ein Verfahren an, mit dessen Hilfe die gesamte Porenstruktur eines Gesteins dargestellt werden kann. Das Gestein wird mit einem heißen, gut eindringenden Kunststoff gesättigt. Beim Erkalten polymerisiert der Kunststoff. Das Gestein wird mit Flußsäure weggeätzt und der das Porengefüge nachzeichnende Kunststoff bleibt zurück. Das Porenvolumen wird dann durch Auftriebsmessung bestimmt.

b) Elektrische Verfahren

Die elektrischen Methoden zur Bestimmung der Porosität eines Gesteins beruhen darauf, daß die LF bzw. die DK eines wassergesättigten Gesteins abhängig ist vom prozentuellen Volumsanteil der wassergefüllten Poren am Gesamtgestein. Es läßt sich für ein Gestein der Wassergehalt und damit auch die Nutzporosität bestimmen.

Wie bereits in Kapitel 2.6.1 ausführlich beschrieben wurde, bestehen Beziehungen zwischen den Formationsfaktoren, der Porosität und der elektrischen

Tortuosität. Der kapazitive Formationsfaktor ist nach Gleichung (2.113) direkt proportional zum Kehrwert der Porosität und zum Quadrat der elektrischen Tortuosität. Der Ohmsche Formationsfaktor ist proportional zum Verhältnis T_{el}/ϕ (2.103).

Durch Kombination der beiden Gleichungen läßt sich ϕ errechnen zu

$$\phi = \frac{F_C}{F_R^2}. \tag{2.123}$$

Führt man für F_R und F_C die elektrischen Parameter des Porenwassers (ε_W, σ_W) und des gesättigten Gesteins (ε_G, σ_G) nach den Gleichungen (2.102) und (2.116) ein, so erhält man

$$\phi = \frac{\varepsilon_W}{\varepsilon_G} \cdot \frac{\sigma_G^2}{\sigma_W^2}, \tag{2.124}$$

d. h., mit Hilfe der LF und der DK des Porenwassers und des gesättigten Gesteins läßt sich die Nutzporosität ϕ bestimmen.

Diskussion dieser Methode: Die Genauigkeit dieser Methode ist von vorneherein beschränkt.

1. In die Formel (2.123) geht die Größe F_C quadratisch ein, wodurch sich der Meßfehler verdoppelt.

2. Die verschiedenen Erscheinungen, die zu Fehlern bei der Bestimmung der Formationsfaktoren führen können (siehe Kapitel 2.6.1) beeinflußen auch das Meßergebnis für die Porosität ϕ.

Allgemein soll gesagt werden, daß die hochentwickelten mechanischen Methoden selbstverständlich zu exakteren Ergebnissen führen als das elektrische Verfahren. Diese Methode wird für Übersichtsmessungen recht brauchbar sein — besonders, wenn die auf S. 96 angegebenen Vorsichtsmaßregeln bei der Bestimmung von F_R und F_C berücksichtigt werden.

2.7.3 Meßwerte für diverse Gesteine

Genaue Porositätsangaben für verschiedene Gesteinsarten sind in Tabelle 2.5 nach Reich zusammengestellt. Von Bitterlich und Wöbking [2.132] wurde

Tabelle 2.5. *Porosität ϕ von Gesteinen (nach* Reich)

Gestein	ϕ
Granit	0,0023 – 0,0175
Porphyr	0,0038 – 0,0673
Basalt	0,0007 – 0,0230
Marmor	0,0011 – 0,0059
Grauwacke	0,0041 – 0,042
Devonsandstein	0,0136 – 0,1298
Karbonsandstein	0,0109 – 0,0709
kristalliner Kalk	0,0307 – 0,069
Buntsandstein	0,077 – 0,2772
Muschelkalk	0,008 – 0,276
Jurakalk	0,24 – 0,34

die Porosität diverser Gesteine nach dem angegebenen elektrischen Verfahren bestimmt. Bei einigen Proben, z. B. einem Sandstein aus Herrenalb/Schwarzwald war eine Übereinstimmung der Meßwerte, die nach dem elektrischen und nach dem üblichen mechanischen Verfahren erhalten wurden, bis auf 1% Abweichung festzustellen, bei anderen Proben war die Abweichung größer. Es konnte bestätigt werden, daß mit Hilfe der elektrischen Methode zumindest die Größenordnung der Porosität ermittelt werden konnte. Für Messungen am Anstehenden dürfte die Genauigkeit dieser Methode ausreichen.

2.8 Die Tortuosität der Gesteine

2.8.1 Definition der verschiedenen Tortuositäten

Die bisher aus der Literatur näher bekannt gewordenen Tortuositäten sind: Die hydraulische Tortuosität T_{hy} und die elektrische Tortuosität T_{el}.

a) Die hydraulische Tortuosität

Die hydraulische Tortuosität läßt sich nur über Strömungsmessungen gewinnen, es soll daher nur eine Definitionsgleichung für T_{hy} angegeben werden:

$$T_{\mathrm{hy}} = \frac{\phi \cdot a_{\mathrm{eff}}}{k \cdot 8\pi} \tag{2.125}$$

ϕ = Porosität, k = Durchlässigkeit. Die Größe a_{eff}, der für den Durchfluß wirksame Querschnitt, ist nur sehr vage definiert und wahrscheinlich über Kapillarmessungen zugänglich.

b) Die elektrische Tortuosität T_{el}

Man betrachte einen zylindrischen Behälter mit parallelen Stirnflächen: Zylinderlänge d, Fläche A, der gefüllt sei mit einer Salzlösung der LF σ_W.

Der Widerstand dieser Anordnung beträgt

$$R_W = \frac{1}{\sigma_W} \cdot \frac{d}{A}. \tag{2.126}$$

Der Widerstand eines mit der erwähnten Salzlösung gesättigten Gesteins, das dieselbe geometrische Form haben soll wie der Zylinder, beträgt, solange die Stromleitung nur von der Porenflüssigkeit besorgt wird:

$$R_G = \frac{1}{\sigma_W} \cdot \frac{D}{a}. \tag{2.127}$$

D ist mittlere Länge des Stromweges im Gestein, a = gesamter Porenquerschnitt.

Es gilt:

$$R_G > R_W.$$

Es wird der Stromweg im Gestein länger und es wird der wirksame Querschnitt kleiner. Für ein isotropes Gestein mit einer statistischen Porenverteilung gilt für die Porosität [2.162], [2.170]:

$$\phi = \frac{a}{A} \tag{2.128}$$

a = gesamter Porenquerschnitt, A = Elektrodenfläche. Bildet man den Quotienten R_G/R_W, so ergibt sich mit Hilfe der Gleichungen (2.100) und (2.128):

$$F_R = \frac{R_G}{R_W} = \frac{D \cdot A}{a \cdot d} = \frac{D}{d} \cdot \frac{1}{\phi}. \tag{2.129}$$

Das Verhältnis $D : d$, die mittlere Länge der Strompfade im gesättigten Gestein relativ zur Gesteinsdicke d, bezeichnet man als elektrische Tortuosität T_{el}

$$T_{\mathrm{el}} = D/d, \tag{2.130}$$

so daß die Definitionsgleichung für T_{el} folgende Form annimmt:

$$T_{\mathrm{el}} = F_R \cdot \phi. \tag{2.131}$$

Hier wird ein vorwiegend „elektrisches" Modell einer Gesteinsscheibe verwendet, wobei eine mittlere Länge D für die Stromwege und ein wirksamer Querschnitt $a = \phi \cdot A$ eingeführt wird. Ein der Wirklichkeit entsprechendes Schaltbild eines wassergesättigten Gesteins besteht aus einer komplizierten Verschachtelung von Widerständen, deren Einfluß auf den Gesamtwiderstand R_G (im Modell) in der Größe D implizit zum Ausdruck kommt; während für den Gesamtquerschnitt des Stromflusses die oben angegebene geometrische Beziehung gewählt wurde. Dieser Zusammenhang zwischen a und ϕ muß ebenfalls als indirekter Beitrag zur Definition von T_{el} gewertet werden.

T_{el} läßt sich auch über den kapazitiven Formationsfaktor F_C (2.113) definieren:

$$T_{\mathrm{el}} = \sqrt{F_C \cdot \phi}. \tag{2.132}$$

c) Die geometrische Tortuosität

Obwohl T_{hy} und T_{el} rein geometrische Faktoren sind, wird hier die sogenannte „Geometrische Tortuosität" T_g beschrieben. Dieser Parameter soll die „Gewundenheit" der Porenkanälchen beschreiben [2.134].

Um diese Tortuosität T_g definieren zu können, muß dem Porengefüge des Gesteins ein einfaches Modell zugrunde gelegt werden:

1. Die Porosität wird von durchgehenden Porenkanälchen hervorgerufen.
2. Die Porenkanälchen bilden kein kommunizierendes System miteinander.
3. Die Porenkanälchen werden als nicht gekrümmte, relativ zu einer äußeren Oberfläche geneigte Kanäle betrachtet.

Das Volumen V_i eines $i$ten Porenkanälchens mit dem mittleren Querschnitt b_i und der Länge L_i ist

$$V_i = b_i \cdot L_i. \tag{2.133}$$

Sind N Kanälchen vorhanden, so gilt für das gesamte Porenvolumen V_P:

$$V_P = i\sum_{i=1}^{N} b_i L_i. \tag{2.134}$$

Für die nachfolgende Betrachtung ist eine Mittelwertbildung notwendig:

$$\frac{i\sum b_i L_i}{N} = \bar{b} \cdot L. \tag{2.135}$$

Das Porenvolumen nimmt somit die Form

$$V_P = i\sum b_i L_i = N\bar{b}L = b \cdot L \tag{2.136}$$

an.

Die geometrische Tortuosität T_g wird definiert als

$$T_g = L/d, \tag{2.137}$$

wobei d die Dicke der Gesteinsscheibe sein soll; L ist die Länge eines mittleren Porenkanälchens. Für die Porosität gilt dann:

$$\phi = \frac{V_P}{V} = \frac{N \cdot \bar{b} \cdot L}{A \cdot d} = \frac{b}{A} \cdot T_g = n' \cdot \bar{b} \cdot T_g \tag{2.138}$$

n' ist die Dichte der Porenkanälchen, b ist der für die Stromleitung wirksame Gesamtquerschnitt.

Unter Verwendung des angegebenen Modells einer Gesteinsscheibe läßt sich der ohmsche Formationsfaktor F_R folgendermaßen einführen

$$F_R = \frac{R_G}{R_W} = \frac{(1/\sigma_W) \cdot (L/b)}{(1/\sigma_W) \cdot (d/A)} = \frac{T_g^2}{\phi}. \tag{2.139}$$

Setzt man die Beziehung (2.102) in Gleichung (2.139) ein, so ergibt sich

$$T_g = \sqrt{\frac{\sigma_W}{\sigma_G} \cdot \phi}. \tag{2.140}$$

Den Betrachtungen über die geometrische Tortuosität T_g liegt eine mehr „geometrische" Modellvorstellung über das Porengefüge zugrunde. Das Modell ist so gewählt, daß gilt:

$$V_P = b \cdot L \tag{2.141}$$

V_P = Porenvolumen. Die Größen b und L werden auch in der Widerstandsformel für R_G

$$R_G = \frac{1}{\sigma_W} \cdot \frac{b}{L} \tag{2.142}$$

verwendet.

Zur Kritik der benutzten Modelle ist folgendes zu sagen: Während im ersten Modell die geometrische Beziehung $a = \phi \cdot A$ — elektrisch gesehen — etwas willkürlich eingeführt wird, begründet durch die Isotropie der Porenanordnung, wird im zweiten, geometrischen Modell die mittlere Porenlänge L willkürlich der mittleren Länge der Strompfade gleichgesetzt.

Diese „ad hoc"-Verfahren sind aber nicht zu umgehen, wenn man relativ einfache Beziehungen zwischen Widerständen, Kapazitäten, Tortuositäten und Porositäten aufstellen will.

Messungen von WINSAUER et al. [2.168] — allerdings an Sand — haben ergeben, daß die experimentellen Ergebnisse mit Hilfe eines Modells gedeutet werden können, das etwa in der Mitte der angegebenen Modellvorstellungen zu suchen ist.

2.8.2 Meßmethoden

a) Hydraulische Tortuosität

Der Wert von T_{hy} für scheibenförmige Gesteinsproben läßt sich nur über Permeabilitätsmessungen und über die Bestimmung kapillarer Größen ermitteln. Siehe hierzu Kapitel 2.10.

b) Elektrische Tortuosität

1. Die elektrische Tortuosität wird im allgemeinen über den ohmschen Formationsfaktor F_R und über die Porosität ϕ nach Gleichung (2.131) bestimmt, dabei ergibt sich F_R als das Verhältnis der LF von Porenwasser zur LF von wassergesättigtem Gestein (2.102).

Für T_{el} erhält man:

$$T_{el} = \frac{\sigma_W}{\sigma_G} \cdot \phi. \tag{2.143}$$

2. Eine andere Meßmethode führt über F_C, den kapazitiven Formationsfaktor, zu T_{el}. Unter Benutzung der Gleichungen (2.132) und (2.116) erhält man:

$$T_{el} = \sqrt{\frac{\varepsilon_W}{\varepsilon_G} \cdot \phi}. \tag{2.144}$$

Man hat also nach den in Kapitel 2.2.3 bzw. 2.3.2 angegebenen Methoden σ_W, σ_G, ε_W und ε_G zu ermitteln. Über die Bestimmung von ϕ siehe Kapitel 2.7.2.

3. Man kann T_{el} auch auf rein elektrischem Wege messen. Nach Gleichung (2.117) ergibt sich:

$$T_{el} = \frac{F_C}{F_R}. \tag{2.145}$$

Diese Formel läßt sich unter Verwendung der Gleichungen (2.116) und (2.102) umrechnen in:

$$T_{el} = \frac{\varepsilon_W}{\varepsilon_G} \cdot \frac{\sigma_G}{\sigma_W}. \tag{2.146}$$

Die elektrischen Parameter ε_W, ε_G, σ_W und σ_G werden nach einer Brückenmethode (siehe S. 41) oder nach dem Resonanzverfahren (siehe S. 52) bestimmt.

4. Eine neue Methode führt über die Messung von Phasenwinkeln zur elektrischen Tortuosität (siehe Bitterlich und Wöbking [2.137]). Ersetzt man einen Meßkondensator mit einem verlustbehafteten Dielektrikum durch eine Parallelschaltung von Kapazität $C_P(C_W, C_G)$ und Widerstand $R_P(R_W, R_G)$, so ergibt sich für die Phasenfaktoren:

$$\tan\varphi = \omega \cdot C_P R_P \tag{2.147}$$

ω = Kreisfrequenz. Benutzt man Porenwasser als Dielektrikum, soll gelten:

$$(\tan\varphi)_W = \omega C_W R_W; \tag{2.148}$$

fungiert wassergesättigtes Gestein als Dielektrikum, wird erhalten:

$$(\tan\varphi)_G = \omega C_G R_G. \tag{2.149}$$

Dividiert man Gleichung (2.148) durch Gleichung (2.149), ergibt sich:

$$\frac{(\tan\varphi)_W}{(\tan\varphi)_G} = \frac{C_W}{C_G} \cdot \frac{R_W}{R_G} = \frac{F_C}{F_R} = T_{el}. \tag{2.150}$$

Man kann somit die elektrische Tortuosität allein durch Messung der Phasenfaktoren eines Plattenkondensators mit Wasser bzw. gesättigtem Gestein als Dielektrikum angeben.

Meßanordnung: Man verwendet einen Phasenmesser mit zwei hochohmigen Eingängen, an welche je eine dem Strom und eine der Spannung proportionale Größe angelegt wird; dabei ist zu beachten, daß die Meßgrößen nicht durch die Eingangsimpedanzen des Phasenmessers verfälscht werden. In Abb. 2.51 ist

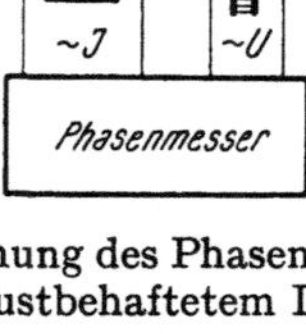

Abb. 2.51. Meßanordnung zur Bestimmung des Phasenwinkels zwischen Strom und Spannung bei einem Plattenkondensator mit verlustbehaftetem Dielektrikum. R_S = Serienwiderstand. PK = Meßobjekt

eine Meßanordnung für Phasenmessungen angegeben. Die Vergleichsspannung wird direkt am Kondensator abgenommen, die mit dem Strom gleichphasige Spannung fällt am rein ohmschen (kapazitäts- und induktivitätsarmen) Widerstand R_S ab.

Phasenmessung mit Hilfe einer Kapazitäts-Verlustfaktor-Brücke: An modernen Kapazitätsmeßbrücken kann man i. a. direkt den sogenannten Verlustwinkel δ ablesen. Zwischen dem Verlustwinkel und dem Phasenfaktor besteht folgender Zusammenhang:

$$\tan\varphi = \tan(90° - \delta). \tag{2.151}$$

Mit einer Wechselstrombrücke bestimmt man bei gleicher Frequenz den Verlustwinkel für einen Kondensator mit Wasser bzw. gesättigtem Gestein als Dielektrikum, ermittelt nach Gleichung (2.151) die entsprechenden Phasenfaktoren und errechnet nach (2.150) den Wert für T_{el}.

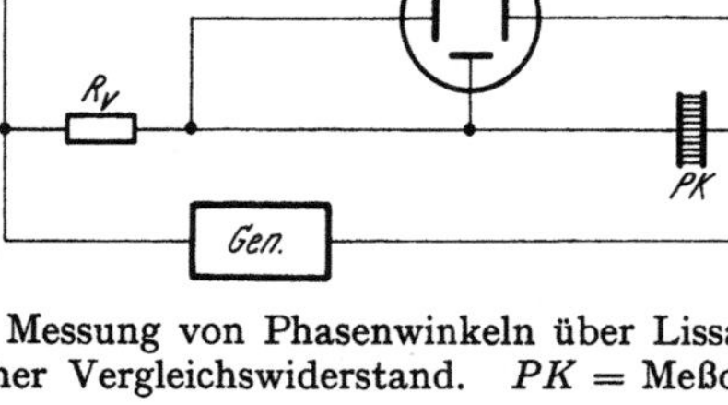

Abb. 2.52. Schaltbild zur Messung von Phasenwinkeln über Lissajous-Figuren. R_V = rein ohmscher Vergleichswiderstand. PK = Meßobjekt

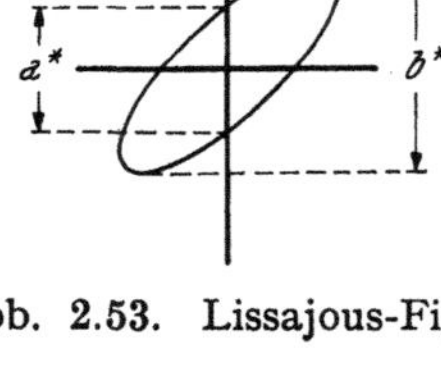

Abb. 2.53. Lissajous-Figur

Phasenmessung mit Hilfe von Lissajous-Figuren: Zur Messung benutzt man einen Oszillographen mit x- und y-Eingang. Das Schaltbild für die Meßanordnung ist in Abb. 2.52 wiedergegeben. Als Lissajous-Figur erscheint auf dem Oszillographenschirm i. a. eine schrägstehende Ellipse (siehe Abb. 2.53). Für den Fall, daß x- und y-Eingang den gleichen Verstärkungsfaktor aufweisen, gilt nach CZECH [2.12] folgende Beziehung:

$$\sin \varphi = \frac{a^*}{b^*} \tag{2.152}$$

$$\cos \varphi = \sqrt{1 - (a^*/b^*)^2} \tag{2.153}$$

$$\tan \varphi = \frac{a^*}{\sqrt{b^{*2} - a^{*2}}}. \tag{2.154}$$

Dem Oszillographenbild sind die Werte von a^* und b^* zu entnehmen; nach Gleichung (2.154) wird $\tan \varphi$ ausgerechnet. Diese Methode wird wesentlich ungenauer sein als die vorher angegebenen, da die Größen a^* und b^* quadratisch in die Formel (2.154) eingehen. Hinzu kommt, daß die Ablesegenauigkeit am Oszillographen nicht sehr hoch ist.

Die zu benutzenden Wechselstromgeneratoren sollten nur kleine Kapazitäten gegen Masse aufweisen, am besten werden Generatoren mit massefreiem Ausgang verwendet. Die Meßfrequenz muß in dem Bereich liegen, wo die Dispersionserscheinungen an Elektrolyten durch die Theorie der Raumladungspolarisation gedeutet werden können — siehe Kapitel 2.2.1.

c) *Geometrische Tortuosität*

Die geometrische Tortuosität läßt sich über die Gleichung (2.140) berechnen.

2.8.3 Meßwerte

In der Tabelle 2.6 sind die elektrischen Tortuositäten T_{el} und die Porositäten ϕ für eine Reihe von Gesteinen angegeben. Die Tortuositäten sind über den Formationsfaktor F_R nach Gleichung (2.131) berechnet worden.

Tabelle 2.6. *Elektrische Tortuosität T_{el} diverser Gesteine (mit Angabe der Porosität ϕ)*

Gestein	Fundort	ϕ	T_{el}
Sandstein	Herrenalb/BRD	0,115—0,130	2,89—4,84
Sandstein	Gallzein/Tirol	0,020—0,029	1,45—3,07
Brauneisenstein	Salzgitter/BRD	0,22 —0,23	2,04—3,79
Dolomit	Brixlegg/Tirol	0,014—0,028	1,2 —8,0
Siderit	Siegerland/BRD	0,006—0,012	1,26—5,05
Dolomit	Schwaz/Tirol	0,004—0,006	1,05—1,67

Für die Konstanz der rein geometrischen Größe T_{el} gelten die gleichen Betrachtungen wie für F_R (siehe S. 93).

Die Tabelle 2.7 gibt für einige Gesteine die nach Gleichung (2.140) erhaltenen geometrischen Tortuositäten T_g wieder. Wie die Ausführungen auf S. 91 gezeigt haben, zeigen die Größen σ_W und σ_G einen geringen Frequenzgang;

für die Tortuosität T_g nach (2.140) ergibt sich somit nur eine schwache Frequenzabhängigkeit.

Tabelle 2.7. *Geometrische Tortuosität T_g diverser Gesteine berechnet nach der Gleichung (2.140) für die Frequenzen $f = 1$ kHz und $f = 100$ Hz*

Gestein und Fundort	T_g (2.140)	
	$f = 100$ Hz	1 kHz
Sandstein, Innsbruck	1,02	1,06
Sandstein, Gallzein	1,33	1,44
Sandstein, St. Odile	1,75	1,83
Sandstein, Herrenalb	1,65	1,29
Siderit, Siegerland	1,26	1,33
Dolomit, Schönberg	1,37	1,45
Dolomit, Brixlegg	1,14	1,22
Granit, Innsbruck	1,08	1,15

In der Tabelle 2.7 sind Werte von T_g für die Frequenzen $f = 100$ Hz und $f = 1$ kHz angegeben. In der Frequenzabhängigkeit von T_g spiegelt sich wieder, wie gut die Dispersionskurven von gesättigtem Gestein mit Hilfe der Theorie der Raumladungspolarisation gedeutet werden können.

2.9 Der Zementationsfaktor

2.9.1 Definition der Zementationsfaktoren m und n

Archie [2.129] untersuchte experimentell die Zusammenhänge zwischen dem Formationsfaktor F_R und der Porosität ϕ. Empirisch fand er — trotz großer Abweichungen —

$$F_R = \phi^{-m}, \tag{2.155}$$

wobei m als konstanter Wert betrachtet wurde.

Neue Kombinationen zwischen F_R und ϕ wurden von Wyllie et al. [2.170] angegeben:

$$F_R = c \cdot \phi^{-m}$$
$$c \neq 1. \tag{2.156}$$

Für Sandsteine mit $\phi = 0{,}14 - 0{,}23$ fand Keller [2.149]

$$F_R = 0{,}62 \cdot \phi^{-2{,}10}. \tag{2.157}$$

Winsauer et al. [2.168] geben für m einen Bereich $1{,}3 \leqslant m \leqslant 2{,}4$ an. Das Gesetz (2.156) hat den Nachteil, daß für den Grenzfall $\phi = 1{,}00$ ein unmögliches Ergebnis, nämlich $F_R = c \neq 1$, herauskommt.

Experimentelle Untersuchungen an Sandsteinen, Sideriten und an Dolomit, durchgeführt von Bitterlich und Wöbking [2.133], ergaben ein Archie-Gesetz in modifizierter Form:

$$F_R = \phi^{-m(\phi)} = \phi^{-(u \cdot \phi + v)}. \tag{2.158}$$

Diese Gleichung bringt zum Ausdruck, daß m nicht eine konstante Größe ist, sondern von ϕ abhängt. Die Schwierigkeiten der Formulierung (2.156) werden umgangen.

Von BITTERLICH und WÖBKING [2.133] wurde ein neuer Zementationsfaktor n über den kapazitiven Formationsfaktor F_C definiert:

$$F_C = \phi^{-n(\phi)} = \phi^{-(u'\phi+v')}. \tag{2.159}$$

2.9.2 Über die gefügekundliche Bedeutung von m und n

Über die gefügekundliche Bedeutung der Zementationsfaktoren findet man in der Literatur nur spärliche Angaben. Nach KELLER [2.149] gibt m die verschiedenen Dimensionen der Poren an. Im allgemeinen bringt man m in Zusammenhang mit der Stärke der Zementierung von Körnern innerhalb eines Gesteins. Nach PIRSON [2.157] ist m ein Maß für die Konsolidierung eines

Tabelle 2.8. *Zementationsfaktor und Grad der Zementierung* (PIRSON)

m	Zementierung
1,3	unverfestigt
1,35–1,55	sehr leicht zementiert
1,55–1,75	leicht zementiert
1,75–1,95	mittelmäßig zementiert
1,95–ca. 2,25	stark zementiert

Gesteins oder eines Bodens. In Tabelle 2.8 ist die den verschiedenen Zementationsfaktoren zugeordnete Stärke der Zementierung nach PIRSON angegeben.

Von BITTERLICH und WÖBKING wurde der Versuch unternommen, den Zementationsfaktoren eine weitere – modellmäßige – Deutung zu geben:

Nimmt man für eine Gesteinsscheibe ein Modell an, bei dem die Stromleitung durch geradlinige, gegen eine plane Oberfläche geneigte Porenkanälchen erfolgt,

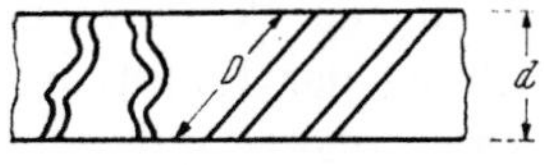

Abb. 2.54. Querschnitt durch eine Gesteinsscheibe. Rechts: idealisierte Porenkanälchen. Links: „normale" Porenkanälchen

siehe Abb. 2.54, wobei nach SCHOPPER [2.162] gelten soll: Der gesamte für die elektrische Stromleitung wirksame Porenquerschnitt sei

$$a = \phi \cdot A \ (2.128)$$

a = Gesamtporenquerschnitt, A = Elektrodenfläche, ϕ = Porosität. Die mittlere Länge der Strompfade sei D, die Dicke der Gesteinsscheibe sei d und die elektrische Tortuosität sei $T_{el} = D/d$ (2.130), so gilt aufgrund einfachster geometrischer Überlegungen:

$$T_{el} = \frac{D}{d} = \frac{1}{\cos\alpha}, \tag{2.160}$$

wobei α die mittlere Neigung der Stromwege gegen die Flächennormale angibt. Unter Verwendung der Gleichungen (2.131) und (2.158) gilt somit:

$$\cos\alpha = \phi^{m(\phi)-1} = \phi^{u\phi+v-1}. \tag{2.161}$$

Der Neigungswinkel der Strompfade wird durch ϕ und $m(\phi)$ festgelegt. (Hier soll expressis verbis erwähnt werden, daß sich der Winkel α nur durch die oben eingeführte, sehr einfache Modellvorstellung einer Gesteinsscheibe mit ihrem Porengefüge begründen läßt.)

Auch mit Hilfe des neuen Zementationsfaktors n läßt sich der Winkel α ausdrücken. Mit den Gleichungen (2.159), (2.132) und (2.160) erhält man:

$$\cos\alpha = \phi^{(n(\phi)-1)/2} = \phi^{(u'\phi+v'-1)/2}. \tag{2.162}$$

Gleichsetzen von (2.160) und (2.162) ergibt einen theoretischen Zusammenhang zwischen m und n:

$$\frac{n(\phi)-1}{2} = m(\phi) - 1 \tag{2.163}$$

bzw.:

$$u'\cdot\phi + v' = 2u\cdot\phi + 2v - 1. \tag{2.164}$$

Diese Beziehung kann experimentell sehr leicht nachgeprüft werden.

2.9.3 Bedeutung der Zementationsfaktoren für geoelektrische Untersuchungen

Der Formationsfaktor F_R läßt sich nach Gleichung (2.102) ausdrücken durch das Verhältnis der LF σ_W des Porenwassers zur LF σ_G des wassergesättigten Gesteins. Somit kann man Gleichung (2.158) in die Form

$$\sigma_G = \sigma_W\cdot\phi^{u\phi+v} = \sigma_W\cdot z(\phi) \tag{2.165}$$

bringen, d. h., die Funktion

$$z(\phi) = \phi^{m(\phi)} = \phi^{u\phi+v} \tag{2.166}$$

ist neben der Größe σ_W maßgebend für die Gesteinsleitfähigkeit — sofern die Stromleitung allein durch das in den Poren vorhandene Wasser besorgt wird.

Eine analytische Untersuchung der Funktion $z(\phi)$ ergibt:

a) $z(\phi)$ ist monoton abnehmend, solange gilt:

$$\ln\phi < -\left(1 + \frac{v}{u}\cdot\phi\right). \tag{2.167}$$

b) $z(\phi)$ ist monoton zunehmend im Bereich

$$\ln\phi > -\left(1 + \frac{v}{u}\cdot\phi\right). \tag{2.168}$$

c) $z(\phi)$ hat ein Maximum bei der Porosität ϕ_m, wobei gilt:

$$\ln\phi_m = -1 - \frac{v}{u}\,\phi_m. \tag{2.169}$$

Für verschiedene Quotienten v/u sind in Abb. 2.55 die Funktionen $x(\phi) = \ln\phi$ und $y(\phi) = -1 - v/u\cdot\phi$ dargestellt.

Unter Berücksichtigung der Betrachtungen (2.166) bis (2.169) lassen sich Angaben machen über die elektrische Gesteinsleitfähigkeit σ_G in Abhängigkeit von der Porosität ϕ.

Im Falle a) wird σ_G mit zunehmender Porosität anwachsen, im Falle b) nimmt σ_G mit steigender Porosität ab.

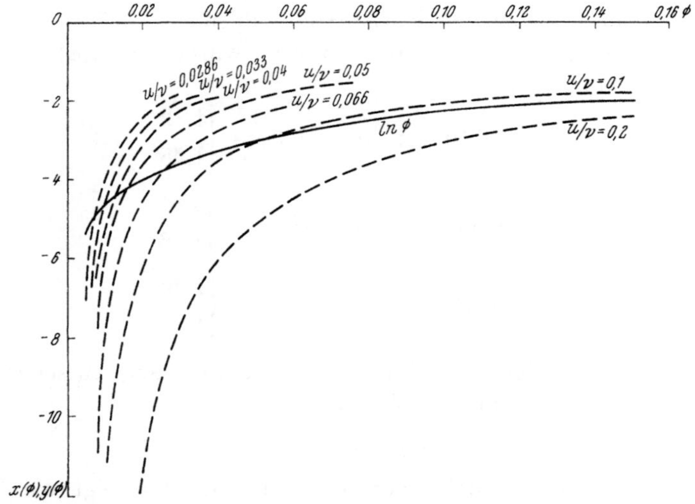

Abb. 2.55. Darstellung der Funktionen $x(\phi) = \ln \phi$ und $y(\phi) = -1 - v/u \cdot \phi$ für verschiedene Parameter v/u

Bei einer Porosität $\phi = \phi_m$ erreicht σ_G ein Maximum. Voraussetzung dieser Betrachtungen ist: $\sigma_W =$ konstant.

Ähnliche Überlegungen wie für den Zementationsfaktor m gelten für n. Man kann eine Beziehung für die DK des Gesteins und der Porosität (bei konstantem ε_W) aufstellen, nämlich

$$\varepsilon_G = \varepsilon_W \cdot \phi^{u'\phi + v'} = \varepsilon_W \cdot Z(\phi). \tag{2.170}$$

Um den Zusammenhang zwischen ε_G und ϕ zu charakterisieren, hätte man die Funktion $Z(\phi)$ analytisch zu untersuchen. Da diese Funktion gleich aufgebaut ist wie $z(\phi)$ (2.166), kann man die Ergebnisse (2.167) bis (2.169) übernehmen, wenn u durch u' und v durch v' ersetzt werden.

Diese Betrachtungen gewinnen an Bedeutung, wenn man am anstehenden Gestein die DK oder die LF mißt, um aus dem Meßergebnis Rückschlüsse auf die Art des Gesteins oder auf seine Porosität zu ziehen.

2.9.4 Meßmethoden und Ergebnisse

Einige Meßergebnisse verschiedener Autoren wurden bereits in Kapitel 2.9.1 angegeben — es sei auf die entsprechende Literatur verwiesen.

Die Messung der Zementationsfaktoren erfolgt über die Ermittlung der Porosität ϕ (siehe S. 98f), des kapazitiven (siehe S. 96) und des ohmschen (siehe S. 96) Formationsfaktors.

Von Bitterlich und Wöbking [2.133] wurden die Zementationsfaktoren von Sandstein, Siderit und von Dolomit bestimmt:

$$\text{Sandstein:} \quad m = 5\phi + 1{,}02 \tag{2.171}$$

$$\text{Dolomit:} \quad m = 25\phi + 0{,}92 \tag{2.172}$$

$$\text{Siderit:} \quad m = 25\phi + 0{,}92. \tag{2.173}$$

Es ist auffällig, daß Dolomit und Siderit eine gleiche (im Rahmen einer Fehlerhaftigkeit $m \pm 7\%$) Abhängigkeit $m = m(\phi)$ zeigen – ein interessantes Ergebnis, da beide Gesteinsarten zu den Karbonaten zählen.

Über den kapazitiven Formationsfaktor F_C wurde $n = n(\phi)$ bestimmt, und zwar bei $f = 100$ Hz:

$$\text{Sandstein:} \quad n = 8{,}5\phi + \begin{cases} 1{,}12 \\ 1{,}58 \end{cases} \tag{2.174}$$

$$\text{Dolomit:} \quad n = 37{,}5\phi + \begin{cases} 0{,}81 \\ 1{,}16 \end{cases} \tag{2.175}$$

$$\text{Siderit:} \quad n = 30{,}0\phi + \begin{cases} 1{,}20 \\ 1{,}31 \end{cases}. \tag{2.176}$$

Die theoretischen Forderungen über den Zusammenhang zwischen $m(\phi)$ und $n(\phi)$, die sich aus Gleichung (2.163) zu

$$n(\phi) = 2m(\phi) - 1 \tag{2.177}$$

ergeben, wurden experimentell überprüft. Tabelle 2.9 zeigt die Ergebnisse.

Tabelle 2.9. *Zusammenhang $n(\phi) = 2m(\phi) - 1$ für diverse Gesteine*

Gestein	$n(\phi)$	$2m(\phi) - 1$
Sandsteine	$8{,}6 \cdot \phi + \begin{cases} 1{,}12 \\ 1{,}58 \end{cases}$	$10\phi + 1{,}04$
Dolomit	$37{,}5 \cdot \phi + \begin{cases} 0{,}82 \\ 1{,}16 \end{cases}$	$50\phi + 0{,}84$
Siderit	$30 \cdot \phi + \begin{cases} 1{,}20 \\ 1{,}31 \end{cases}$	$50\phi + 0{,}84$

Die Forderungen der Theorie waren nur größenordnungsmäßig durch das Experiment zu erfüllen. Die Diskrepanzen werden ihre Ursachen in der Einführung des relativ primitiven Gesteinsmodells und in Effekten der Raumladungspolarisation haben, die noch nicht bis ins Letzte geklärt sind.

2.10 Die Permeabilität (Durchlässigkeit) der Gesteine

In Kapitel 2 sollten nur Gesteinsparameter beschrieben werden, die auf irgendeine Art mit Hilfe elektrischer Methoden ermittelt werden können. Die Permeabilität k, die durch das Darcysche Gesetz definiert werden kann:

$$k = \frac{\Delta p}{d} \frac{A}{\eta Q}, \tag{2.178}$$

k = Durchlässigkeit [darcy]
Δp = Druck [at]

A = Deckfläche einer Gesteinsscheibe [cm^2]
η = Zähigkeit [P]
Q = Durchflußmenge pro sec. [cm^3/sec]
d = Dicke der Gesteinscheibe [cm]

wird i. a. durch Strömungsmessungen gewonnen. Man hat versucht, Zusammenhänge zwischen der Permeabilität und der elektrischen LF eines Gesteins (bzw. Sanden) zu finden — handelt es sich doch in beiden Fällen um eine Bewegung von Teilchen atomarer Größe (Moleküle, Ionen). SCHOPPER [2.208] fand einen Zusammenhang zwischen σ_G und k über kapillare Größen. BURJAKOWSKIJ [2.174] benutzte dazu den sogenannten Widerstandsindex (siehe S. 93). Als weitere Möglichkeit scheint sich anzubieten, über die Porosität nach einer Abhängigkeit $k = k(\sigma_G)$ zu suchen. Wenn es gelänge, für eine Gesteinsart die Funktionen $\sigma_G = \sigma_G(\phi)$ und $k = k(\phi)$ zu erhalten, würde man auch einen Zusammenhang $k = k(\sigma_G)$ aufstellen können. Diesem Vorhaben sind die Meinungen von SCHUMANN [2.209], HAMEISTER [2.191], ENGELHARDT [2.182] und DÜRBAUM [2.181] entgegenzuhalten, wonach kein eindeutiger Zusammenhang zwischen Permeabilität und Porosität eines Gesteins besteht.

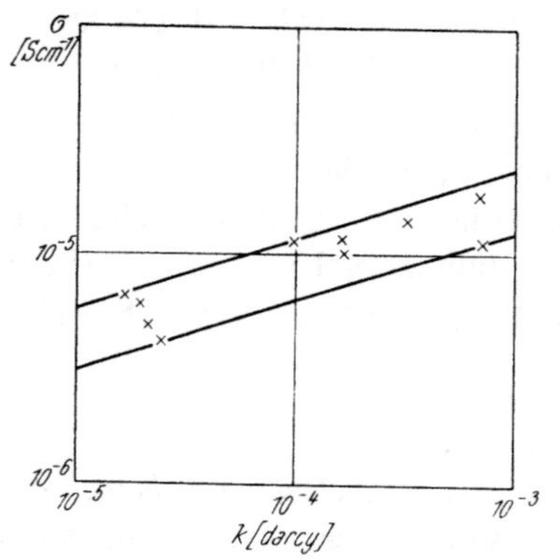

Abb. 2.56. Sandstein: LF gesättigter Gesteinsproben als Funktion der Permeabilität

Es wird zwar von den erwähnten Autoren eingeräumt, daß hohe Permeabilitäten immer mit großen Porositäten gekoppelt sind — nicht aber umgekehrt.

Von WÖBKING wurde trotzdem der Versuch unternommen, an Sandsteinen die Abhängigkeit $k = k(\phi)$ zu messen. Die Meßpunkte zeigten jedoch eine so große Streuung, daß ein Geradenausgleich nicht mehr sinnvoll erschien. Ebenso erfolglos verlief die Erstellung einer Funktion $\sigma_G = \sigma_G(\phi)$ für die betreffenden Gesteine.

In Abb. 2.56 ist die Permeabilität k gegen die LF σ_G (bei gesättigten Gesteinen) aufgetragen. Die Meßpunkte lassen sich von zwei Geraden eingrenzen, für die etwa gilt:

$$k \sim \sigma_G^{-0,3}.$$

Dazu muß bemerkt werden, daß nur sehr wenige (10) Messungen vorlagen, so daß der oben angegebene Zusammenhang zwischen k und σ_G rein zufällig aufgetreten sein könnte.

Hier sollte nur der Vollständigkeit halber einiges über den Zusammenhang zwischen Permeabilität und elektrischer LF bei Gesteinen gesagt werden. Die Ausführungen wurden sehr kurz gehalten, da aus der Literatur nur wenige Meßergebnisse verfügbar waren und da die Existenz eindeutiger Zusammenhänge zwischen Permeabilität und elektrischen Gesteinsparametern von vorneherein fraglich war. Es sei auf das Literaturverzeichnis verwiesen.

2.11 Einteilung von Gesteinen nach ihren Parametern

2.11.1 Einteilung nach elektrischen Eigenschaften

Die Einteilung der Gesteine soll nach der Höhe und der Art der elektrischen LF, nach der Höhe der DK (im natürlichen Zustand) und nach magnetischen Eigenschaften erfolgen.

a) Elektrische Leitfähigkeit als maßgebende Größe

Zwei Arten von elektrischer LF liegen bei Gesteinen vor: einmal wandern Elektronen unter dem Einfluß eines elektrischen Feldes – das Gestein zeigt quasi-metallische LF, zweitens werden bei wasserhaltigen Gesteinen Ionen bewegt (auch bei Alkalisalzen) – es liegt elektrolytische LF vor. Trockene Gesteine zeigen im allgemeinen mehr oder weniger gute Isolationsfähigkeit.

Dementsprechend läßt sich eine Einteilung in

1. Quasi-metallische Leiter mit Leitfähigkeiten $\sigma_G = 3 \cdot 10^{-6}$ S cm^{-1} (Graphit) bis $\sigma_G = 1 \cdot 10^{3}$ S cm^{-1} (Bleiglanz),

2. Gesteine und Minerale mit elektrolytischer LF mit Werten zwischen $\sigma_G = 10^{-2}$ S cm^{-1} (Ton) und $\sigma_G \approx 10^{-8}$ S cm^{-1} (Steinsalz),

3. Isolatoren mit Leitfähigkeiten $\sigma_G = 10^{-8}$ S cm^{-1} (Granit) bis $\sigma_G = 10^{-18}$ S cm^{-1} (Bernstein)

treffen.

b) Einteilung nach der Höhe der Dielektrizitätskonstante

Um die Effekte der Raumladungspolarisation, der induzierten galvanischen Polarisation und der Zwischenwandpolarisation auszuschalten, werden die Messungen der DK bei Hochfrequenz (ca. 10^7 – 10^8 Hz) ausgeführt. Die DK ist natürlich auch bei diesen Frequenzen sehr stark abhängig vom Wassergehalt, da die hohe DK von Wasser ($\varepsilon \approx 81$) die dem eigentlichen Gestein zuzuordnende DK teilweise überdeckt. Für taube Gesteine bzw. Minerale liegen die Werte zwischen $\varepsilon_G = 2{,}7$ (Asphalt) und $\varepsilon_G = 11$ (trockener Sandstein).

Bei wasserhaltigen Gesteinen spielt der Volumsanteil des Wassers eine entscheidende Rolle. Bei hochporösen Gesteinen kann man Dielektrizitätskonstanten zwischen $\varepsilon_G = 20$ und $\varepsilon_G = 40$ erwarten. Allgemein ist zu sagen, daß sich die DK als Einteilungsparameter schlecht eignet, da die DK sämtlicher Gesteine nur den Bereich $\varepsilon_G = 2$ bis $\varepsilon_G \approx 40$ überstreicht.

c) Einteilung nach magnetischen Eigenschaften

Eine Einteilung in 3 Gruppen ist entsprechend den 3 Haupterscheinungen des Magnetismus möglich:

1. Ferromagnetika. Die Suszeptibilität liegt zwischen $\kappa = 29{,}6$ cgs-Einheiten (Magnetitkristalle) und $\kappa = 0{,}002$ cgs (Titanmagnetit).

2. Para- und 3. Dia-Magnetika. Die Suszeptibilitäten dieser Gesteine liegen zwischen $\kappa = 1{,}2 \cdot 10^{-6}$ (Quarz) und ca. $1{,}5 \cdot 10^{-2}$ cgs bei Basalten, Perioditen und Pyroxeniten. Die Paramagnetika haben positive, die Diamagnetika negative Suszeptibilitäten.

Die Betrachtung der Gesamtheit der elektrischen Eigenschaften von Gesteinen zeigt, daß wohl am besten die LF eine Einteilung in verschiedene Gruppen zuläßt. Die Gesteinsleitfähigkeit überstreicht einen Bereich von 21 Zehnerpotenzen — trotzdem muß erwähnt werden, daß es nur selten möglich ist, ein Gestein durch eine spezielle LF zu charakterisieren.

2.11.2 Einteilung von Gesteinen nach gefügekundlichen Parametern

Die am besten bekannte gefügekundliche Größe ist die Porosität. Nach der Höhe der Porosität lassen sich die Gesteine in 3 Gruppen aufteilen, wobei eine gewisse Korrelation mit petrographischen Aspekten auffällt (nach Reich):

1. Eruptiva und kristalline Schiefer mit Porositäten $\phi = 0{,}0011$ (Marmor) bis 0,0673 (Porphyr). Eine Ausnahme bilden Trachyt (Drachenfels) mit $\phi = 0{,}09$ und Bimsstein mit $\phi \approx 0{,}64$.

2. Durch Gebirgsdruck verfestigte nicht kristalline Gesteine (Sedimente) mit Porositäten zwischen $\phi = 0{,}004$ (Grauwacke) und $\phi = 0{,}13$ (Devonsandstein).

3. Durch Diagenese verfestigte Gesteine (Sedimente) mit $\phi = 0{,}008$ (Muschelkalk) bis $\phi \approx 0{,}43$ (Kalkstein).

Ob sich andere — elektrisch zugängliche — Gefügegrößen, wie beispielsweise die Tortuosität oder der Zementationsfaktor als charakteristisch für bestimmte Gesteinsklassen erweisen, kann auf Grund der geringen Anzahl der vorliegenden Meßergebnisse noch nicht gesagt werden. Es wird abzuwarten sein, ob die Funktionen $m(\phi)$ und $n(\phi)$ für gewisse Gesteine typisch sind. Hier müssen erst weitere Versuchsergebnisse ausgewertet werden.

2.12 Untersuchung der komplexen, frequenzabhängigen Leitfähigkeit erzhaltiger Gesteine mit Hilfe künstlicher Modelle

Von Chr. Grissemann, Innsbruck

2.12.1 Einleitung

Die theoretischen Überlegungen der Abschnitte 2.3.1 und 2.5 setzten voraus, daß die Dielektrizitätskonstante und Leitfähigkeit eines wassergesättigten Gesteins nur von den elektrischen Eigenschaften des Porenwassers und der geometrischen Struktur des Porenraumes (Porosität, Tortuosität und Zementationsfaktor) abhängen. Dies gilt jedoch nur solange, als die gesteinsbildenden Minerale keine merkliche Eigenleitfähigkeit aufweisen und zwischen ihnen und dem Porenwasser keine elektrochemische Wechselwirkung besteht. Die Leitfähigkeit der häufigsten gesteinsbildenden Minerale ist sehr gering, dagegen können einige Erzminerale, besonders Sulfide, in denen der Ladungstransport von relativ frei beweglichen Elektronen getragen wird, fast als metallische Leiter angesehen werden. Die Tabelle 2.10 gibt einige Beispiele:

Tabelle 2.10. *Spezifische Leitfähigkeit und Dielektrizitätskonstante einiger Minerale nach* G. V. Keller [2.222]

Mineral	Leitfähigkeit in $[\Omega^{-1}m^{-1}]$	Dielektrizitätskonstante
Calcit $CaCO_3$		7,9–8,6
Dolomit $CaMg(CO_3)_2$		6,8–8,1
Quarz SiO_2		4,1–4,3
Gediegen Kupfer Cu	$3 \cdot 10^5 - 8 \cdot 10^7$	–
Kupferkies $CuFeS_2$	$1,1 - 67 \cdot 10^2$	–
Pyrit FeS_2	2–800	–
Bleiglanz PbS	$11 - 1,4 \cdot 10^5$	–
Zinkblende ZnS	$8 \cdot 10^{-5} - 4 \cdot 10^2$	–
Porenwasser	ca. 10^{-2}	81

Wenn die Erzeinschlüsse nicht in Form kompakter Massen oder langgestreckter Adern, sondern als fein verteilte Körner vorliegen, wird die Gesamtleitfähigkeit des trockenen Gesteins kaum beeinflußt, da die gut leitenden Erzkörner durch die schlecht leitenden Gangartminerale voneinander isoliert sind. Erst in wassergesättigten Gesteinen bewirkt der elektrochemische Prozeß, der bei Stromfluß an den Grenzflächen zwischen dem elektrolytisch leitenden Porenwasser und den elektronisch leitenden Erzpartikeln auftritt, ein charakteristisches, unterschiedliches Verhalten der betreffenden Gesteine. Das Problem, die Dielektrizitätskonstante und die Leitfähigkeit des Gesteins aus den bekannten Werten der einzelnen Komponenten zu berechnen, wird jetzt wesentlich komplizierter, da nun außer der Porengeometrie auch der Aufbau der Gesteinsmatrix, insbesondere Form, Größe und relativer Volumsanteil der leitenden Einschlüsse, berücksichtigt werden muß. In natürlichen Gesteinen sind diese Parameter oft nur ungenau zu bestimmen. Es ist daher bei elektrischen Messungen an natürlichen Gesteinsproben nur unzureichend möglich, den jeweiligen Einfluß eines dieser Parameter vom Gesamtergebnis abzutrennen. Hier hat sich eine Untersuchungsmethode bewährt, die anstelle natürlicher Gesteinsproben künstliche Modelle verwendet. Die Zusammensetzung ist dann bekannt und die interessierenden Parameter können einzeln unter sonst gleichen Versuchsbedingungen variiert werden. Damit ist es möglich, theoretische Überlegungen, die z. B. den Einfluß von Erzkorngröße und relativem Volumsanteil auf die komplexe Leitfähigkeit eines vererzten Gesteins voraussagen, zu überprüfen.

2.12.2 Elektrisches Verhalten der Grenzflächen Erz/Elektrolyt

In einem stromdurchflossenen, erz- und wasserhaltigen Gestein wechselt der Leitungsmechanismus an allen Grenzflächen zwischen den Erzpartikeln und dem Porenwasser. Im Porenwasser wird der Strom von den in Bergwässern immer vorhandenen Ionen getragen, die ihre Ladung in einem elektrochemischen Prozeß an das Erz abgeben, beziehungsweise von dort aufnehmen. Werden dabei ohne weitere chemische Reaktion nur Elektronen ausgetauscht, so liegt eine relativ einfache Redoxelektrode vor, deren elektrisches Verhalten gegenüber Wechselstrom nach Vetter [2.230] durch das Ersatzschaltbild der Abb. 2.57 dargestellt

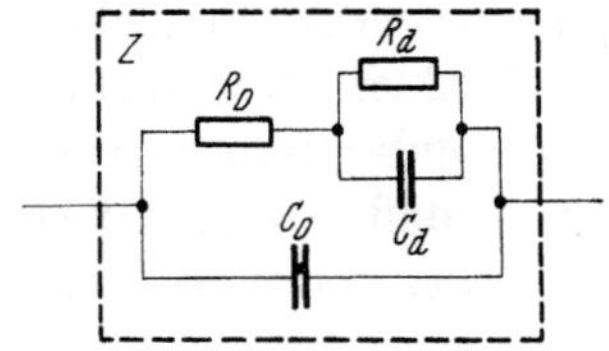

Abb. 2.57. Ersatzschaltbild einer Redoxelektrode. R_D = Durchtrittswiderstand, C_D = Doppelschichtkapazität, R_d = Diffusionswiderstand, C_d = Diffusionskapazität

werden kann. C_D ist die Kapazität der elektrischen Doppelschicht an der Grenzfläche, sie liegt in der Größenordnung von einigen $\mu F/cm^2$. Die von den Ionen an das Erz abgegebenen Elektronen haben beim Durchtritt durch die Doppelschicht eine Potentialschwelle zu überwinden, die bei kleinen Strömen der Stromdichte proportional ist. Dies entspricht einem ohmschen Widerstand R_D. Der Durchtrittswiderstand R_D ist der Geschwindigkeit, mit der der Elektronenaustausch abläuft, umgekehrt proportional und erreicht bei langsamen Reaktionen einige Ohm · cm². Die unmittelbar vor der Grenzfläche im Elektrolyten entstehende Ionenstauung muß durch Diffusion ausgeglichen werden, wodurch bei Wechselstrom ein frequenzabhängiger, komplexer Diffusionswiderstand auftritt. Diese sogenannte Warburgimpedanz hat die Form

$$W = E \cdot \omega^{-1/2}(1 - i) \qquad [\mathrm{Ohm} \cdot \mathrm{m}^2]. \tag{2.179}$$

Sie kann durch die Parallelschaltung eines Widerstandes $R_d(\omega)$ und einer Kapazität $C_d(\omega)$ dargestellt werden, wobei

$$R_d = 1/\omega C_d \tag{2.180}$$

gelten muß, so daß bei allen Frequenzen ein Phasenwinkel von 45° bestehen bleibt. Die elektrochemische Konstante E enthält unter anderem die Konzentrationen c [Mol/l] und Diffusionskonstanten D [$m^2 \cdot sec^{-1}$] der beteiligten Ionen. Sie ist dem Produkt $c \cdot \sqrt{D}$ umgekehrt proportional.

C_D vergrößert die Phasendrehung der Warburgimpedanz, während sie durch R_D vermindert wird. Bei schnellen Elektrodenprozessen (R_D = sehr klein) und niederen Frequenzen ($\omega \cdot C_D$ = sehr klein) wird demnach der Übergangswiderstand Z der Grenzfläche Porenwasser/Erz im wesentlichen durch den Diffusionsvorgang bestimmt. Im Frequenzbereich 0,01 — 100 Hz erhielten z. B. MADDEN und MARSHALL [2.224] für eine Reihe verschiedener Elektrodenmetalle:

$$Z \approx 0{,}27\, \omega^{-1/2}(1 - i) \qquad [\mathrm{Ohm} \cdot \mathrm{m}^2]. \tag{2.181}$$

2.12.3 Vereinfachtes Erzmodell

In einem porösen Gestein, in dem einzelne Erzkörner gleichmäßig verteilt sind, gibt es Poren, die durchgehend frei sind, und solche, die durch Erzkörner blockiert werden (Abb. 2.58). Eine „Elementarzelle“ dieses Porensystems kann elektrisch etwa durch das Schaltbild der Abb. 2.59 ersetzt werden. Dabei steht R_a für den Widerstand der erzfreien, wassergefüllten Poren, R_c für den elektrolytischen Anteil der blockierten Poren. R_b ist der sehr kleine metallische Widerstand des Erzkornes und Z repräsentiert den frequenzabhängigen, komplexen Widerstand der Grenzfläche Porenwasser/Erz. T. R. MADDEN und Mitarbeitern [2.223] ist es in einigen Fällen gelungen, die Gesamtimpedanz verschiedener Gesteine auf die Größen dieses Ersatzschaltbildes zurückzuführen. Trotzdem bleiben bei allen Gesteinen noch sehr viele unbestimmte Faktoren hinsichtlich der Porengeometrie und Erzverteilung, so daß es gerechtfertigt erscheint, das Modell für eine theoretische Betrachtung des Einflusses von Erzanteil, Korngröße und

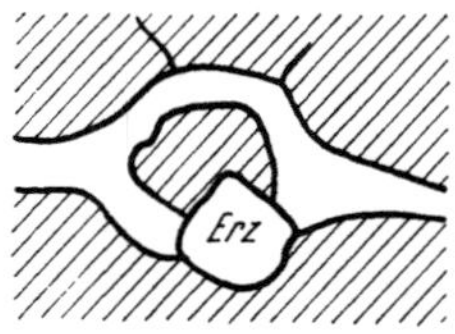

Abb. 2.58. Schema einer Elementarzelle

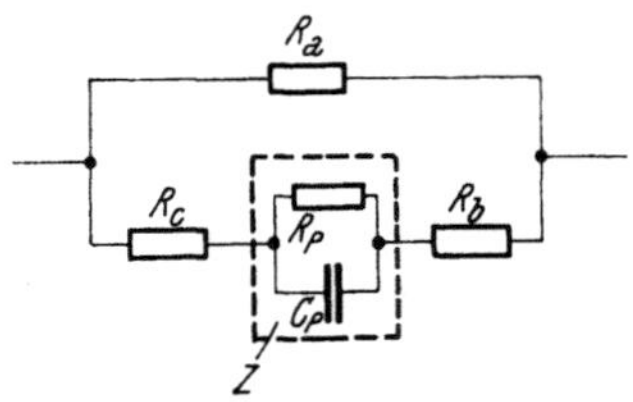

Abb. 2.59. Ersatzschaltbild einer Elementarzelle

Grenzflächenwiderstand noch weiter zu vereinfachen. I. R. WAIT [2.231], und in ganz ähnlicher Weise auch W. BUCHHEIM [2.217], ersetzt die mikroskopische Struktur des vererzten, wassergesättigten Gesteins durch eine homogene Grundmasse, in der die Erzpartikel mit dem relativen Volumsanteil q gleichmäßig verteilt sind. Dazu werden folgende Annahmen getroffen (Abb. 2.60):

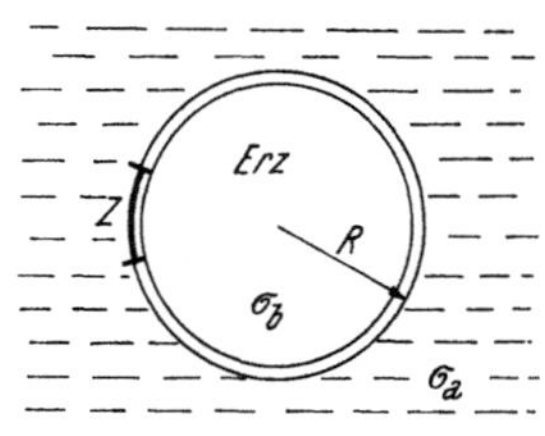

Abb. 2.60. Theoretisches Modell

1. Die Grundmasse hat die konstante Leitfähigkeit σ_a [S/m],

2. Die Erzpartikel sind kugelförmig, Radius R [m], ihre Eigenleitfähigkeit ist $\sigma_b \gg \sigma_a$,

3. Die Teilchen sind mit einer dünnen Schicht bedeckt, deren Flächenimpedanz Z [Ωm^2] beträgt.

In einem elektrischen Wechselfeld $E = E_0 \exp(i\omega t)$ werden die Teilchen auf Grund des Potentialsprunges und der Flächenladungen, die sich bei Stromdurchfluß an der Übergangsschicht bilden, polarisiert und erhalten das Dipolmoment

$$m_k = 4\pi \frac{1 - d}{1 + 2d} R^3 E_0 \exp(i\omega t) \tag{2.182}$$

$$d = \frac{\sigma_a}{\sigma_b} - \frac{\sigma_a \cdot Z}{R} \approx -\frac{\sigma_a \cdot Z}{R}. \tag{2.183}$$

Betrachtet man ein genügend großes Gebiet, das mehrere polarisierte Erzpartikel enthält, so kann diesem eine komplexe effektive Gesamtleitfähigkeit σ_e^* zugeordnet werden, die WAIT durch analoge Anwendung der Clausius-Mosotti-Beziehung berechnet:

$$\sigma_e^* = \sigma_e + i\omega\varepsilon_0\varepsilon_e = \sigma_a \cdot \frac{(1+2q) + (2-2q)\cdot[(\sigma_a \cdot Z)/R]}{(1-q) + (2+q)\cdot[(\sigma_a \cdot Z)/R]}. \tag{2.184}$$

Der komplexe Übergangswiderstand Z kann im allgemeinen nicht durch das Verhalten eines einfachen verlustbehafteten Dielektrikums beschrieben werden. Die entsprechenden Parallelgrößen C_p und R_p müssen beide als frequenzabhängig eingesetzt werden. Wenn für $Z = Z(\omega)$ eine geeignete Funktion gefunden werden kann, ist es möglich, den Frequenzgang von Real- und Imaginärteil der komplexen Gesamtleitfähigkeit zu berechnen. Obwohl der elektrochemische Prozeß, der von der Art des Erzes, den beteiligten Ionen und deren Konzentration abhängt, im einzelnen sehr kompliziert ist, kann zumindest bei Frequenzen unter 100 Hz ein Überwiegen der Diffusionsimpedanz W angenommen werden. Gl. (2.179) in Gl. (2.184) eingesetzt ergibt für die effektive komplexe Leitfähigkeit des Erzes, bezogen auf die Leitfähigkeit σ_a der Grundmasse:

Realteil von $\sigma_e^*/\sigma_a =$

$$\sigma_e/\sigma_a = \frac{(4-2q-2q^2) + (4+q+4q^2)\cdot X + (2+2q-4q^2)\cdot X^2}{(4+4q+q^2) + (4-2q-2q^2)\cdot X + (2-4q+2q^2)\cdot X^2}. \tag{2.185}$$

Imaginärteil von $\sigma_e^*/\sigma_a =$

$$\frac{\omega\varepsilon_0\varepsilon_e}{\sigma_a} = \frac{9\cdot q\cdot X}{(4+4q+q^2) + (4-2q-2q^2)\cdot X + (2-4q+2q^2)\cdot X^2}. \tag{2.186}$$

Tangens des Phasenwinkels $\varphi =$

$$\frac{\omega\varepsilon_0\varepsilon_e}{\sigma_e} = \frac{9\cdot q\cdot X}{(4-2q-2q^2) + (4+q+4q^2)\cdot X + (2+2q-4q^2)\cdot X^2}. \tag{2.187}$$

Die dimensionslose Variable X, beziehungsweise $f_N = X^2/2\pi$ bedeutet eine normierte Frequenz:

$$X = \frac{R\cdot\sqrt{2\pi f}}{2\cdot E\cdot\sigma_a}. \tag{2.188}$$

2.12.4 Diskussion der theoretischen Frequenzabhängigkeit der komplexen Leitfähigkeit

Der komplexe Übergangswiderstand W der Grenzflächen zwischen Porenwasser und Erz bewirkt eine kapazitive Komponente der Leitfähigkeit des erzhaltigen Gesteins. Bei den Frequenzen $f \to 0$ ($W \to \infty$) und $f \to \infty$ ($W \to 0$) verschwindet dieser Anteil und damit auch der Tangens des Phasenwinkels. Abb. 2.61 zeigt $\tan\varphi$ als Funktion der normierten Frequenz $\log X^2$. Unter Annahme eines reinen Diffusionswiderstandes besitzt $\tan\varphi$ beinahe unabhängig von q ein ausgeprägtes Maximum bei $X^2 \approx 1{,}8$. Zwischen dem Betrag der Phasenverschiebung und dem Erzanteil q besteht bei kleinen q eine annähernd lineare Beziehung.

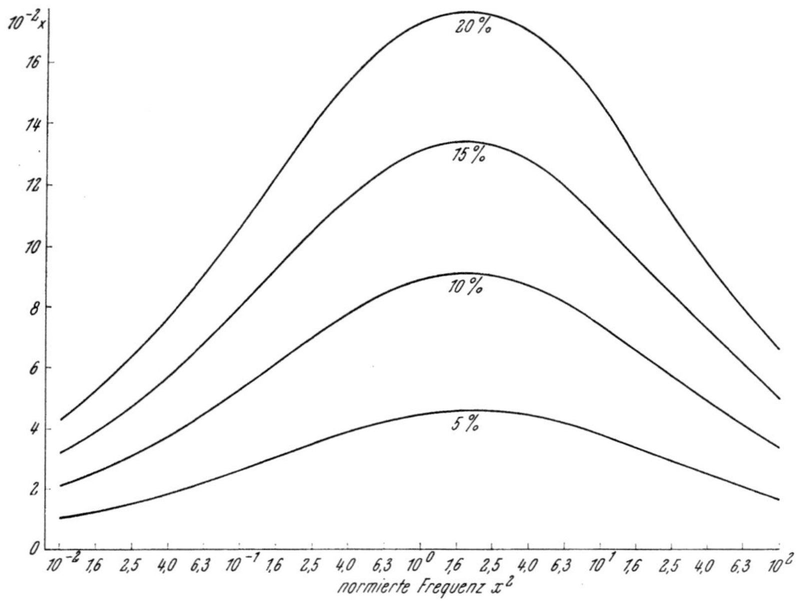

Abb. 2.61. Phasenwinkel des theoretischen Erzmodelles $\tan \varphi = \omega \varepsilon_0 \varepsilon_e / \sigma_e$

In Abb. 2.62 ist der Logarithmus von $\mathrm{Re}(\sigma_e^*/\sigma_a)$ gegenüber dem Logarithmus der normierten Frequenz aufgetragen. Die Kurven des Realteiles der komplexen Leitfähigkeit weisen unabhängig vom Erzanteil sowohl für $X = 0$

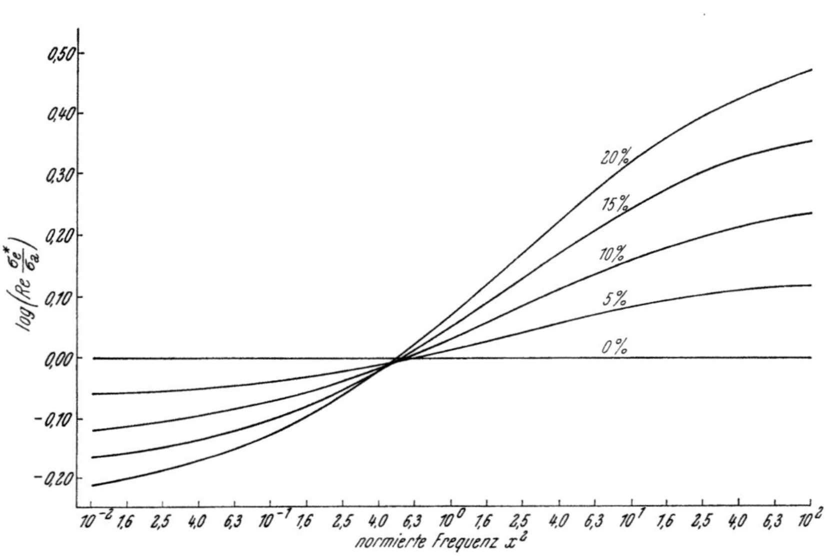

Abb. 2.62. Reelle Leitfähigkeit des theoretischen Erzmodelles $\log \sigma_e/\sigma_a$

wie auch für $X = \infty$ horizontale Tangenten auf. Im Bereich $X \ll 1$ ist das Verhältnis $\sigma_e/\sigma_a < 1$. Bei genügend tiefen Frequenzen erniedrigt also eine Erzeinlagerung trotz ihrer hohen Eigenleitfähigkeit die Gesamtleitfähigkeit des Gesteins, da die Erzkörper durch den hohen Übergangswiderstand der Grenzflächen isoliert erscheinen. Mit zunehmender Frequenz steigt die Leitfähigkeit des Gesteins und erreicht bei sehr hohen Frequenzen $X \gg 1$ wiederum einen konstanten Wert, der höher liegt als σ_a. Der Wendepunkt des Leitfähigkeitsanstieges wird ebenfalls bei $X^2 \approx 1{,}8$ erreicht, seine genaue Lage hängt nur geringfügig vom Erzanteil ab. Das Ausmaß der gesamten Leitfähigkeitsänderung wird nur vom relativen Volumsanteil der Erzeinlagerung bestimmt:

$$\frac{\sigma_e(X = \infty)}{\sigma_e(X = 0)} = \frac{(2 + 2q - 4q^2)/(2 - 2q + 2q^2)}{(4 - 2q - 2q^2)/(4 + 4q + q^2)}. \tag{2.189}$$

Aus dem Verhältnis der beiden Grenzwerte der Leitfähigkeit bei den Frequenzen $f = \infty$ und $f = 0$ kann theoretisch der Erzgehalt berechnet werden.

Die Lage charakteristischer Kurvenpunkte bezüglich der tatsächlichen Frequenzachse, z. B. der Wendepunkte und Maxima, wird durch alle Faktoren, die in der normierten Frequenz X nach Gl. 2.188 zusammengefaßt sind, gemeinsam festgelegt. Eine Änderung der Korngröße, unter sonst gleichen Bedingungen, verschiebt im logarithmischen Maßstab lediglich die Kurven als Ganzes auf der Frequenzachse, ohne ihre Amplitude oder Form zu beeinflussen. Den gleichen Effekt haben auch eine Änderung der Leitfähigkeit der hypothetischen Grundmasse σ_a oder verschiedene Elektrodenreaktionen, ausgedrückt durch den Faktor E, zur Folge.

2.12.5 Experimentelle Methoden

A. Probenherstellung

Die künstlichen Gesteinsmodelle sollen einerseits die Möglichkeit bieten, durch systematische Variationen die Voraussagen der Theorie überprüfen zu können, andererseits doch dem Gefüge natürlicher Gesteine möglichst nahe kommen. Es wurden daher feste Proben mit Zement als Bindemittel, wie sie z. B. auch W. Scott [2.229] verwendete, den mehr oder weniger flüssigen Mischungen aus Sand, Erz und Elektrolyt (z. B. Collett [2.218] und Anders [2.214]) vorgezogen. Dadurch sind zudem Wiederholungen der Meßreihen und Messungen mit verschiedenen Wassergehalten oder anderen Elektrolyten bei immer gleichem Porenaufbau möglich.

Alle Proben bestehen aus jeweils 85 Volumsteilen Zementpaste plus 75 Volumsteilen Quarzsand und Kupferkies. Die mittlere Korngröße des Quarzsandes war etwa 0,2 mm, der gemahlene Kupferkies wurde in sieben Siebfraktionen zwischen 0 mm und 1 mm aufgeteilt. Bei mehreren Korngrößen wurden Probenserien hergestellt, in denen der Erzanteil von 0 vol% bis 15 vol% variiert.

Die möglichst gleichmäßigen Mischungen wurden in zylindrische Formen mit dem Durchmesser 54 mm gepreßt, wobei die beim Rühren entstandenen Luftblasen beseitigt wurden. Dadurch konnte die Porosität der erstarrten Proben zwischen 14% und 22% gehalten werden.

Von den Probenzylindern wurden für Zwei-Elektrodenmessungen 8 mm dicke Scheiben abgeschnitten und glattgeschliffen. In die verbleibenden ca. 45 mm langen Zylinder wurden symmetrisch zur Mitte im Abstand von 5 mm mehrere parallele Rillen eingeschliffen, die zur Aufnahme der Potentialelektroden der in Abb. 2.17 gezeigten Vier-Elektroden-Meßbrücke dienten. Die bereits ausgehärteten und bearbeiteten Proben wurden zur weiteren chemischen Stabilisierung mehrmals nach der Vakuummethode mit Wasser gespült und schließlich für die Messung vollkommen gesättigt.

Tabelle 2.11. *Zusammensetzung der künstlichen Proben*

Proben- nummer	Erzanteil q vol%	Korngröße mm	Porosität %
74B	5,6	< 0,063	17,1
75B	6,3	0,063 – 0,1	20,0
76B	6,3	0,1 – 0,2	18,6
77B	6,3	0,2 – 0,3	16,1
78B	6,3	0,3 – 0,4	15,4
79B	6,3	0,4 – 0,63	17,0
87B	6,3	0,63 – 1,0	13,8
80B	0,0	—	16,7
81B	1,6	0,2 – 0,3	17,8
82B	3,2	0,2 – 0,3	14,5
83B	4,7	0,2 – 0,3	16,7
77B	6,3	0,2 – 0,3	16,1
84B	7,8	0,2 – 0,3	17,8
85B	9,5	0,2 – 0,3	16,1
86B	11,0	0,2 – 0,3	16,5

B. Messung der komplexen Leitfähigkeit

Eine Gesteinsscheibe mit der Fläche F m², der Dicke d m und der komplexen Leitfähigkeit σ_e^* zeigt die Admittanz

$$Y = \frac{F}{d}(\sigma_e + i\omega\varepsilon_e\varepsilon_0) = G + i\omega C \qquad [\text{Ohm}^{-1}], \tag{2.190}$$

deren Parallelersatzschaltbildgrößen G und C in einer geeigneten Meßbrücke als Funktionen der Frequenz bestimmt werden können. Der Phasenwinkel zwischen Strom und Spannung wird daraus berechnet:

$$\tan\varphi = \frac{\omega C}{G}. \tag{2.191}$$

Fließt ein Wechselstrom senkrecht zur Grundfläche der zylinderförmigen Gesteinsprobe, so ruft er entlang der Achse einen Spannungsabfall hervor, der dem örtlich wirksamen Widerstand proportional ist. Verwendet man die Gesteinsscheibe als verlustbehaftetes Dielektrikum eines Meßkondensators, wie er in Kapitel 2.3.2 beschrieben wurde, dann überwiegen im Meßergebnis G und C die Effekte der Raumladungspolarisation an den Kondensatorplatten jene der eigentlich zu messenden Erzpolarisation. Die rechnerische Trennung der beiden

Polarisationen ist dabei nur unvollkommen möglich. Die wirkliche komplexe Leitfähigkeit des erzhaltigen Gesteines kann nur dann ohne Verfälschung durch Raumladungspolarisation gemessen werden, wenn die Potentialdifferenz zwischen zwei Punkten abgegriffen wird, die weit genug von den Stromzuführungselektroden entfernt sind. Diese Potentialdifferenz ist dem Kehrwert $1/Y$ proportional und wird in Betrag und Phasenlage mit dem Strom, der die Probe durchfließt, verglichen. Abb. 2.17 zeigt das Schaltbild einer Meßanordnung, die diesen Vergleich im Frequenzbereich 0 Hz — 10 kHz ermöglicht, wobei die Meßwerte G und C direkt angezeigt werden.

C. Meßergebnisse

In Tabelle 2.11 ist die Zusammensetzung und Porosität einiger Proben angegeben, deren experimentell gefundene komplexe Leitfähigkeit mit dem elektrischen Verhalten des theoretischen Modelles verglichen werden soll.

Die Realteile der gemessenen Leitwerte wurden zur besseren Übersicht auf den jeweiligen Wert bei 10 kHz normiert. Die logarithmische Darstellung in Abb. 2.62, Abb. 2.63 und Abb. 2.66, in der eine beliebige Normierung lediglich lineare Verschiebung, jedoch keine Verzerrung der Kurven hervorruft, erlaubt den unmittelbaren Vergleich theoretischer und experimenteller Frequenzkurven.

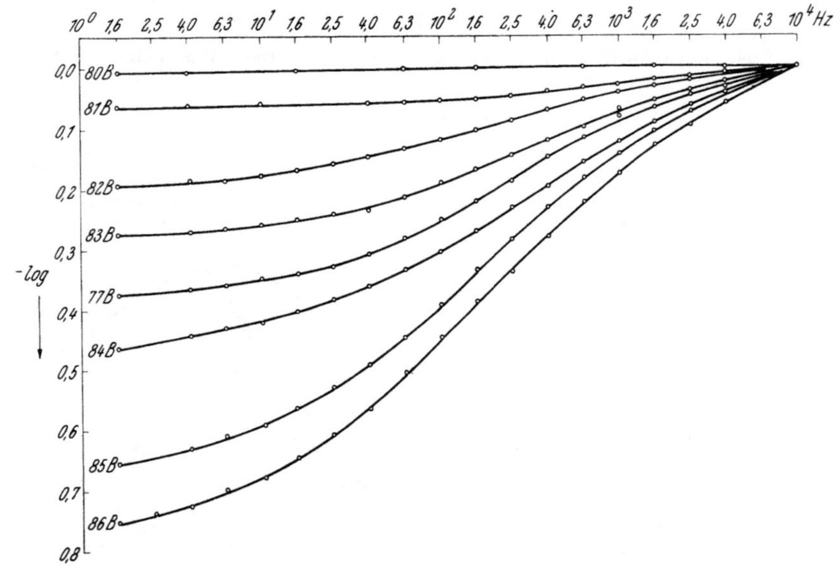

Abb. 2.63. Reelle Leitfähigkeit $\sigma_e/\sigma_e(10\,\mathrm{kHz})$, experimentell; Parameter: Erzgehalt

Abb. 2.63 gibt die reelle Leitfähigkeit einer Probenserie wieder, deren Erzanteil bei konstanter Korngröße 0,2 — 0,3 mm von 0% bis 11% variiert wurde. Der Charakter der Frequenzabhängigkeit ist bei allen erzhaltigen Proben gleich: Bei tiefen Frequenzen nimmt die Leitfähigkeit zunächst langsam, dann schnell mit wachsender Frequenz zu. Zwischen 100 Hz und 500 Hz durchlaufen alle Kurven einen Wendepunkt und nehmen darüber in ihrer Steigung wieder ab. Sowohl das Ausmaß der gesamten Leitfähigkeitsänderung zwischen 1 Hz und

10 kHz, wie auch die Steigung der logarithmischen Wendetangenten nimmt mit dem Erzgehalt kontinuierlich zu.

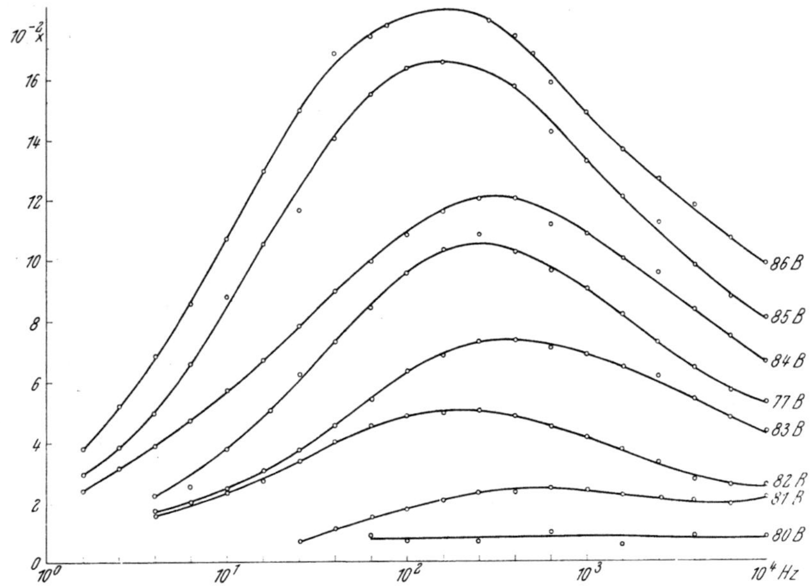

Abb. 2.64. Phasenwinkel $\tan\varphi = \omega\varepsilon_0\varepsilon_e/\sigma_e$, experimentell; Parameter: Erzgehalt

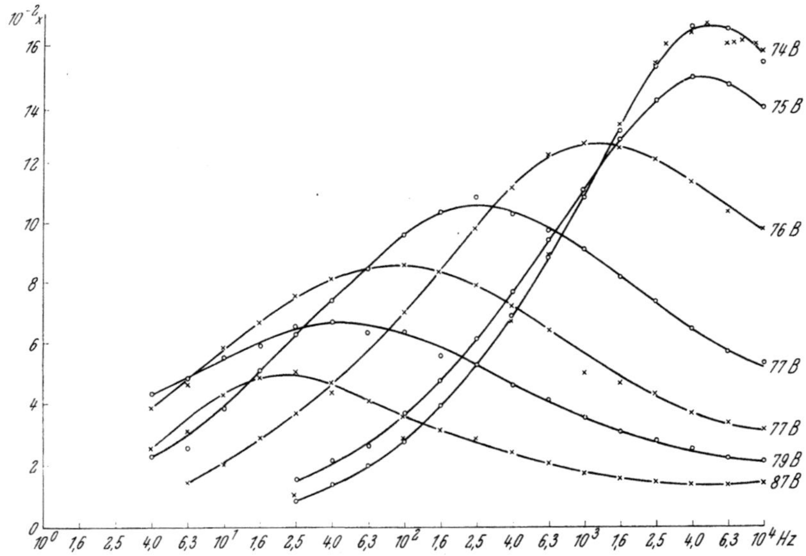

Abb. 2.65. Phasenwinkel $\tan\varphi = \omega\varepsilon_0\varepsilon_e/\sigma_e$, experimentell; Parameter: Korngröße

Die Phasenwinkel derselben Probenserie (Abb. 2.64) weisen alle ein ausgeprägtes Maximum auf. Die Frequenzen, bei denen die maximalen Phasenwinkel auftreten, liegen zwischen 160 Hz bei Probe 86B und ca. 500 Hz bei

Probe 81B. Sie fallen bei jeder Probe recht genau mit der Frequenz des Wendepunktes der Leitfähigkeitskurve zusammen. Die Höhe der maximalen Phasenverschiebung nimmt ebenfalls mit dem Erzgehalt zu und erreicht bei $q = 11\%$ (86B)

$$\tan \varphi\,(11\%) = 0{,}184 \mathrel{\hat{=}} 10{,}4^\circ.$$

Auch bei der Leerprobe 80B wurde ein geringer Phasenwinkel gemessen, der frequenzunabhängig zu sein scheint, jedoch an der unteren Grenze der Brückengenauigkeit liegt. Dieselbe Größenordnung wird allerdings auch von J. H. SCOTT [2.228] bei natürlichen Gesteinen angegeben.

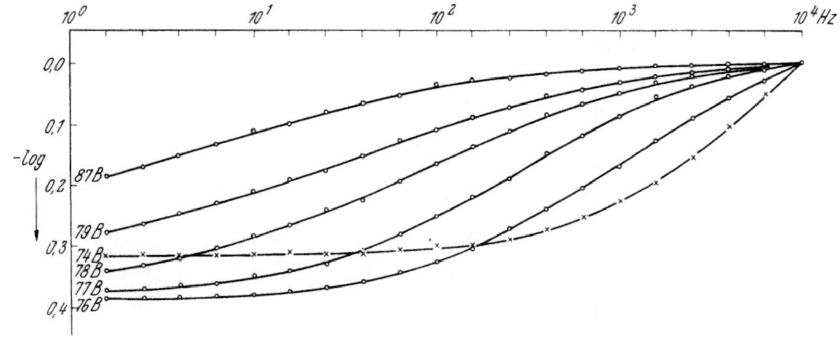

Abb. 2.66. Reelle Leitfähigkeit $\sigma_e/\sigma_e(10\,\mathrm{kHz})$, experimentell; Parameter: Korngröße

Abb. 2.65 zeigt die Phasenwinkel der Gruppe 74B — 79B, 87B, in der bei konstantem Erzanteil von etwa 6,3% die Korngrößen in sieben Schritten verändert wurden. Zwei Eigenschaften dieser Serie fallen sofort auf:

1. Die Frequenz $f_{\max}$, bei der der Phasenwinkel sein Maximum erreicht, hängt stark von der Korngröße ab. $f_{\max}$ der Probe 87B mit Erzkörnern der Größe 0,63 — 1 mm liegt bei 18 Hz, bei der Probe 74B mit Korndurchmessern unter 0,063 mm tritt dieses Maximum erst bei etwa 5000 Hz ein.

2. Der maximale Phasenwinkel ist umso größer, je kleiner die Erzkörner sind. Tan $\varphi_{\max}$ wächst von 0,05 bei Probe 87B gleichmäßig bis 0,165 bei Probe 74B.

Die beiden an den Phasenwinkeln gefundenen, mit der Korngröße verknüpften Eigenschaften spiegeln sich analog in den reellen Leitfähigkeiten derselben Proben wieder (Abb. 2.66): Die Leitfähigkeit der Probe 87B mit den größten Körnern steigt von 1 Hz zunächst an, erreicht aber bei 10 kHz einen frequenzunabhängigen Wert. Probe 79B mit Erzkörnern von 0,4 — 0,63 mm zeigt bereits einen Wendepunkt, der bei den weiteren Proben mit abnehmender Korngröße zu höheren Frequenzen wandert. Probe 74B mit den kleinsten Erzkörnern weist bis 10 Hz eine fast frequenzunabhängige Leitfähigkeit auf, die erst bei Frequenzen über 100 Hz stark zu steigen beginnt. Die Steigung der Wendetangenten ist umso größer, je höher die Frequenz des Wendepunktes liegt, das heißt, je kleiner die Korngrößen sind. Auch in dieser Gruppe fallen die Frequenzen der Wendepunkte f_w und der maximalen Phasenwinkel $f_{\max}$ im Rahmen der Ablesegenauigkeit zusammen.

D. Vergleich der Meßergebnisse mit dem theoretischen Modell

Da sich die Gleichungen (2.185) und (2.187) als Funktionen einer normierten Frequenz darstellen lassen, sollte in einer Serie, in der nur die Korngrößen variieren, folgende Beziehung für die Frequenzen $f_{\max}$ bzw. f_w gelten:

$$f_{\max} = K \cdot \frac{1}{R^2} \tag{2.192}$$

mit

$$K = \frac{2}{\pi} \cdot X_{\max}{}^2 \cdot (E \cdot \sigma_a)^2. \tag{2.193}$$

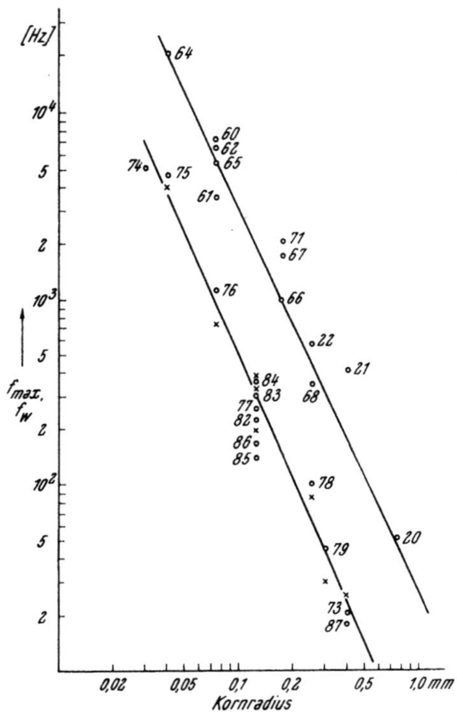

Abb. 2.67. Frequenz des maximalen Phasenwinkels gegen Korngröße

Die Abb. 2.67 zeigt, daß diese Forderung des theoretischen Modelles auch bei den Gesteinsproben weitgehend erfüllt ist. Dies bedeutet, daß tatsächlich der elektrochemische Übergangswiderstand an den Grenzflächen Kupferkies/Porenwasser im wesentlichen durch die Diffusionsimpedanz gebildet wird. Die beiden Geraden in Abb. 2.67 gehören zu zwei Probengruppen, die mit etwas verschiedenem Porenwasser gesättigt worden waren. Für die Sättigungsflüssigkeit „demineralisiertes Wasser", die durch Ionenaufnahme aus den Proben die Leitfähigkeit $\sigma_w = 0{,}19$ S/m erreichte, berechnet sich daraus die elektrochemische Konstante der Gleichung (2.179) zu

$$E \approx 0{,}12 \qquad [\Omega \mathrm{m^2 sec^{-1/2}}].$$

Der qualitative Vergleich der theoretischen Frequenzabhängigkeit in Abb. 2.61 und Abb. 2.62 mit dem experimentell ermittelten Kurvenverlauf ergibt sowohl beim Realteil log σ_e in Abb. 2.63 wie auch bei den Phasenwinkeln tan φ in

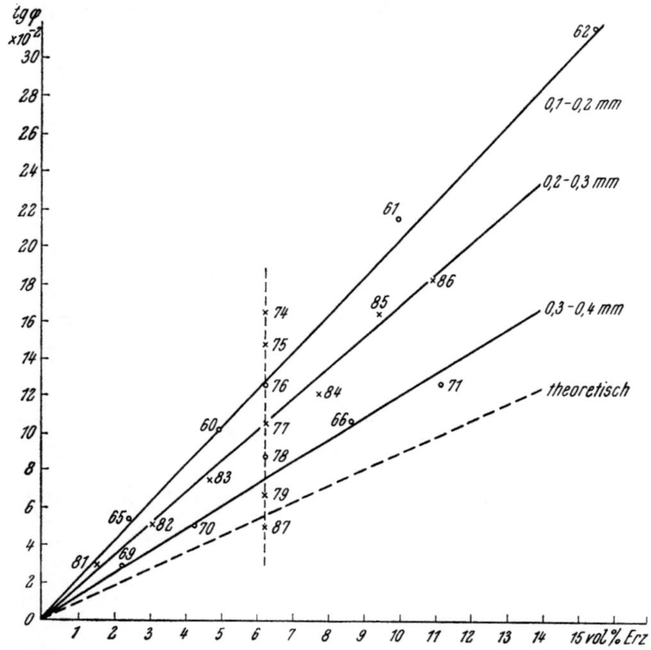

Abb. 2.68. Maximaler Phasenwinkel gegen Erzgehalt; Parameter: Korngröße

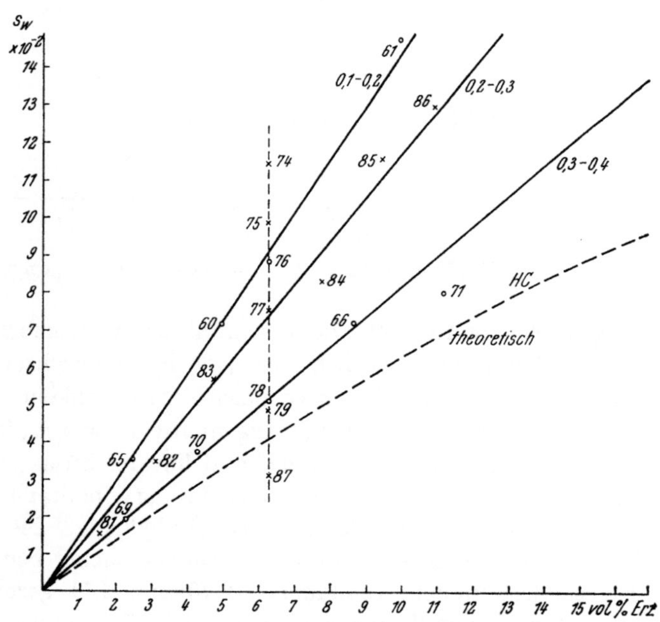

Abb. 2.69. Steigung der Wendetangenten von log σ_e gegen Erzgehalt; Parameter: Korngröße

Abb. 2.64 weitgehende Übereinstimmung. Ebenfalls wird der Einfluß der Korngröße auf die Frequenzlage der Dispersionsgebiete durch das theoretische Modell richtig vorausgesagt. Im Gegensatz zur theoretischen Erwartung steht jedoch, daß auch alle Größen, die nur vom relativen Volumsanteil des Erzes abhängen sollten, außerdem noch von der Korngröße mitbestimmt werden:

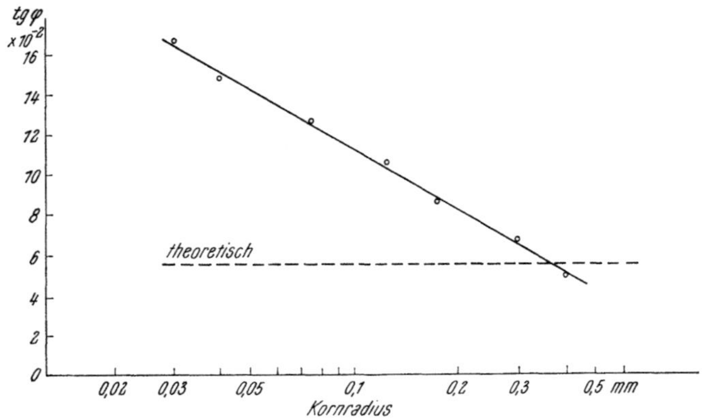

Abb. 2.70. Maximaler Phasenwinkel bei $q = 6{,}3\%$ gegen Korngröße

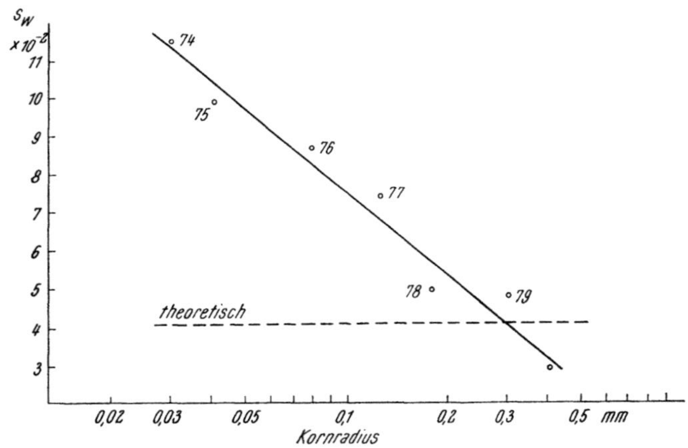

Abb. 2.71. Steigung der Wendetangenten von $\log \sigma_e$ bei $q = 6{,}3\%$ gegen Korngröße

Die Gleichung (2.189) konnte infolge des beschränkten Frequenzbereiches nicht unmittelbar überprüft werden. Deutlich wird jedoch der gleichzeitige Einfluß von Erzanteil und Korngröße an den maximalen Phasenwinkeln tan $\varphi_{\max}$ in Abb. 2.68 und den Steigungen s_w der Wendetangenten von $\log \sigma_e/\sigma_a$ in Abb. 2.69. Für beide Größen besteht zunächst ein annähernd linearer Zusammenhang mit dem prozentuellen Erzanteil. Die entsprechenden Proportionalitätsfaktoren sind jedoch ihrerseits von der Korngröße der Erzpartikel abhängig. Die Probenserie 74B — 79B, 87B stellt jeweils Schnitte durch die Geradenfächer beim Erzgehalt 6,3% dar, die gesondert in den Abbildungen 2.70 und 2.71 gezeichnet sind. Für den beobachteten Korngrößenbereich lassen sich die maximalen Phasenwinkel und Steigungen der Wendetangenten in folgender Weise wiedergeben:

$$\tan \varphi_{\max}(q, R) = (0{,}22 - 0{,}68 \cdot \log R) \cdot q \pm 10\%$$

$$s_w(q, R) = (0{,}06 - 0{,}52 \cdot \log R) \cdot q \pm 15\%.$$

Der Erzgehalt q ist dabei als relativer Volumsanteil einzusetzen, die mittleren Kornradien in mm.

Die Ursache für den im theoretischen Modell nicht aufscheinenden Einfluß der Korngröße auf das Ausmaß der Erzpolarisation liegt in der Porenstruktur der Gesteine, die mit der Annahme einer hypothetischen Grundmasse σ_a nicht ausreichend berücksichtigt wurde. Die Veränderung der effektiven Leitfähigkeit eines erzhaltigen Gesteines beruht auf den zusätzlichen lokalen Feldern, die von der Ladungskonzentration an den elektrochemisch aktiven Grenzflächen herrühren. Nur wenn die gesamte Erzkornoberfläche, wie im Modell angenommen worden war, für den Ladungsaustausch zur Verfügung steht, läßt sich diese Flächenpolarisation eindeutig durch eine äquivalente homogene Volumspolarisation der Erzkugeln ersetzen. Die Polarisation M/m^3 eines größeren Gebietes, das polarisierte Erzkugeln mit dem relativen Volumsanteil

$$q = n^* \cdot 4\pi R^3/3 \tag{2.194}$$

enthält ($n^* = \text{Anzahl}/\mathrm{m}^3$), erweist sich nur in diesem Fall als unabhängig vom Kornradius der Erzpartikel.

$$M = n^* \cdot m_k = \frac{3 \cdot q}{4\pi R^3} \cdot 4\pi R^3 \cdot \frac{1 - d}{1 + 2d} \cdot F \tag{2.195}$$

(F ist die durch Dipolwechselwirkung beeinflußte örtliche Feldstärke.) Im Gestein, in dem nur ein Bruchteil der Erzoberfläche mit dem Porenwasser in Berührung steht, ist die Polarisation nicht mehr dem Partikelvolumen, sondern dieser Kontaktfläche proportional. Da mit abnehmender Korngröße die spezifische Oberfläche pro Volumseinheit steigt, nimmt die Zahl der Berührungsflächen im Porenraum entsprechend zu. Ein bestimmter Erzgehalt, der aus vielen kleinen Körnern gebildet wird, bewirkt daher größeren Einfluß auf die komplexe Leitfähigkeit als derselbe relative Anteil, bestehend aus wenigen großen Körnern.

Literatur

Abschnitt 2.1 – 2.2

[2.1] Anders, W., Versuche zur induzierten galvanischen Polarisation an Gesteinsmodellen. Bergakademie *8*, **426** (**1958**).

[2.2] Bitterlich, W., Einführung in die Elektronik. Wien-New York: Springer. **1967**.

[2.3] Blank, K., Raumladungserscheinungen in flüssigen und festen Ionenleitern. NTF, Dielektrika *29*, **41** (**1964**).

[2.4] Blechschmidt, E., Präzisionsmessungen von Kapazitäten, dielektrischen Verlusten und Dielektrizitätskonstanten. Verfahrens- und Meßkunde der Naturwissenschaften, Heft **2** (**1940**).

[2.5] Bleil, D. F., Induced polarization: a method of geophysical prospecting. Geophysics *18*, **636–661** (**1953**).

[2.6] Briegleb, G., Zwischenmolekulare Kräfte und Molekülstruktur. Sammlung chemischer und chemotechnischer Vorträge (N.F.), Heft **37**, Stuttgart (**1937**).

[2.7] Buchheim, W., Theoretische Betrachtungen und Versuche zur Unterscheidung

elektrolytischer von metallischer Stromleitung im Boden beim elektrischen Schürfen auf Sulfiderze. Geologie *3,* **1009—1053** (**1954**).
[2.8] Buchheim, W., Zur Theorie der induzierten galvanischen Polarisation elektrisch aktiver Imprägnationserze. Freib. Forschh. *C28* (**1956**).
[2.9] Card, R. H., Earth resistivity and geological structure. El. Ingeneering *54,* **1153—1161** (**1935**).
[2.10] Cole, K. S., Dispersion and absorption in dielectrics. J. Chem. Phys. *9,* **341—351** (**1941**).
[2.11] Cole, R. H., Theories of dielectric polarization and relaxation. Progress in dielectrics *3,* **47—99** (**1961**).
[2.12] Czech, J., Oszillographen-Meßtechnik. Berlin: **1959**.
[2.13] Daniel, V. V., Dielectric relaxation. Leatherhead: **1967**.
[2.14] Debye, P., Polare Molekeln. Leipzig: **1929**.
[2.15] Ebert, H., Physikalisches Taschenbuch. Braunschweig: **1962**.
[2.16] Fischer, H., Elektrische Abscheidung und Elektrokristallisation von Metallen. Berlin: **1954**.
[2.17] Friauf, R. J., Polarization effects in the ionic conductivity of silver bromide. J. Chem. Phys. *22,* **1329—1338** (**1954**).
[2.18] Hawley, R., et al., Surface preparation of electrodes for studies of the electrical properties of dielectrics. Nature *1,* **60—61** (**1963**).
[2.19] Hersping, A., et al., Beitrag zur phänomenologischen Theorie der dielektrischen Nachwirkung bei keramischen Dielektriken. Z. angew. Phys. *10,* **371—376** (**1958**).
[2.20] Hersping, A., Zur Bestimmung der mittleren Zeitkonstante der dielektrischen Nachwirkung. Z. angew. Phys. *17,* **329f.** (**1964**).
[2.21] Heteren, P. J. M., van, Die phänomenologische Theorie der dielektrischen Relaxation. NTF, Dielektrika *29,* **11ff.** (**1966**).
[2.22] Isihara, A., Theory of dielectric polarization in non-polar fluids. Physica *27,* **857—871** (**1961**).
[2.23] Kirkwood, J. G., On the theory of dielectric polarization. J. Chem. Phys. *4,* **592—601** (**1936**).
[2.24] Kirkwood, J. G., The dielectric polarization of polar liquids. J. Chem. Phys. *7,* **911—919** (**1939**).
[2.25] Kittel, C., Einführung in die Festkörperphysik. München: **1968**.
[2.26] Koops, C. G.: On the dispersion of resistivity and dielectric constant of some semiconductors at audiofrequencies. Phys. Rev. *83,* **121—124** (**1951**).
[2.27] Lidiard, A. B., Ionic conductivity. In: Flügge, S., Hrsg., Handbuch der Physik, Bd. 20, S. **311—324**. Berlin-Göttingen-Heidelberg: Springer. **1957**.
[2.28] Maxwell, J. C., Lehrbuch der Electricität und des Magnetismus. Berlin: **1883**.
[2.29] Meakins, R. J., Mechanisms of dielectric absorption in solids. Progress in dielectrics *3,* **151—202** (**1961**).
[2.30] Müller, W., Reibungsdispersion polarer Lösungen bei kurzen elektrischen Wellen. Ann. Physik (5. Folge) *24,* **99—112** (**1935**).
[2.31] Müser, H. E., Zur Temperaturabhängigkeit der Dielektrizitätskonstante. NTF, Dielektrika *29,* **30—36** (**1964**).
[2.32] Oberdorfer, G., Lehrbuch der Elektrotechnik, Bd. I. München: **1948**.
[2.33] Oehme, F., Dielektrische Meßmethoden zur quantitativen Analyse und für chemische Strukturbestimmungen. Weinheim: **1958**.
[2.34] Philips, Firma, Conductivity measurements in practice (Part II). Application laboratory for electro chemistry.
[2.35] Pradhan, B. P., et al., Dielectric constants of mixtures. Dielectrics *1,* **195—200** (**1964**).

[2.36] SCHLOSSER, E., et al., Meßanordnung für die komplexe Dielektrizitätskonstante Polymerer im Frequenzbereich von 1—100 Hz. Exp. Techn. Phys. *11*, 145—150 (1963).

[2.37] SCHRAGE, I., Experimentelle Untersuchungen zur induzierten galvanischen Polarisation an Sulfiderzen und graphitführenden Gesteinen. Freib. Forschh. *C28* (1956).

[2.38] Siemens, Firma, Leitfähigkeits-, pH-Wert-, Redoxpotential-, Meßgeber- und Meßeinrichtungen für gelösten Sauerstoff. 1970.

[2.39] SKANAVI, G. I., Physics of dielectrics. Moscow: 1949.

[2.40] SLEVOGT, K., Die Messung der elektrischen Leitfähigkeit (Konduktometrie). Zeitsch. Instrumentenkunde, Heft 6 (1964).

[2.41] TAYLOR, L. S., Dielectric properties of mixtures. IEEE transactions on antennas and propagation *AP-13*, 943—947 (1965).

[2.42] TRUKHAN, E. M., Dispersion of the dielectric constant of heterogeneous systems. Soviet physics — solid state *4*, 2560ff. (1963).

[2.43] VAN BELLE, O. C., Statische Polarisationsvorgänge und das innere Feld in homogenen Dielektriken. NTF, Dielektrika *29*, 7ff. (1964).

[2.44] VETTER, K. J., Elektrochemische Kinetik. Wien: 1961.

[2.45] WAGNER, K. W., Erklärung der elektrischen Nachwirkungsvorgänge auf Grund Maxwellscher Vorstellung. Archiv f. Elektrotechnik *2*, 371—387 (1913/14).

[2.46] WAIT, J. R., A phenomenological theory of induced electrical polarization. Can. J. Phys. *36* (1958).

[2.47] WERT, C. A., Physics of solids. New York: 1964.

[2.48] WESTPHAL, W., Physikalisches Wörterbuch. Berlin: 1952.

[2.49] WÖBKING, H., Über den Frequenzgang der Dielektrizitätskonstante und der elektrischen Leitfähigkeit bei Gesteinen und über die Bedeutung der elektrischen Gesteinsparameter für die Bestimmung gefügekundlicher Größen. Dissertation Innsbruck (1968).

[2.50] Table of dielectric constants of pure liquids. NBS Circular, Washington, D.C.

Die Beschreibung der Meßgeräte wurde z. T. wörtlich den Betriebsanleitungen entnommen, die von den Herstellerfirmen speziell zu diesem Zweck zur Verfügung gestellt wurden.

Abschnitt 2.3

[2.51] BITTERLICH, W., Wissenschaftlicher Endbericht: Die Fortpflanzung von Vlf-Wellen in Festkörpern. Contract No. 61(052)-902, Innsbruck, Dezember 1965.

[2.52] BITTERLICH, W., Jahresbericht des VLF-Forschungsprojektes. Contract No. 61(052)-902, Innsbruck, Dezember 1966.

[2.53] BITTERLICH, W., Jahresbericht des VLF-Forschungsprojektes. Contract No. 61(052)-902, Innsbruck, Dezember 1967.

[2.54] BÖHME, H., Ortung von plötzlichen Ausbrüchen von Salz und Gas durch Messungen mit der DK-Sonde und der Knistersonde. Meldearbeit Bergakademie Freiberg 1961 (unveröffentlicht).

[2.55] DOKOUPIL, S., et al., Entwurf einer neuen Methode zur Messung der Veränderungen des Gebirgsdruckes mittels Radiowellen. Felsmechanik und Ingenieurgeologie. Wien: 1967.

[2.56] KELLER, G. V. et al., Dielectric constant and electrical resistivity of natural-state cores. Geological Survey Bull. 1052-H (1959).

[2.57] KRAJEW, A. P., Grundlagen der Geoelektrik. Berlin: 1957.

[2.58] LINCK, G., et al., Grundriß der Mineralogie und Petrographie. S. 94/95. Jena: 1957.

[2.59] Löb, E., Die dielektrischen Eigenschaften von Quarzsanden bei hohen und höchsten Frequenzen. Z. angew. Phys. *10*, 178–185 (1958).

[2.60] Mitsuo, I., et al., Dielectric behavior of water adsorbed on solid surfaces at very low frequencies. J. Phys. Soc. Japan *18*, 457ff. (1963).

[2.61] Rudajew, V., Experimentelle Untersuchungen der Veränderungen der dielektrischen Konstante in Abhängigkeit vom Druck. Freib. Forschh. *C126*, 45 (1962).

[2.62] Tausz, J., Untersuchung über die Dielektrizitätskonstanten wasserhaltiger Stoffe. Kolloid Beihefte *39*, 58–104 (1934).

[2.63] Winter, U., Beiträge zu Untersuchungen über die Dielektrizitätskonstante von Salzgesteinen. Bergakademie *18*, 727ff. (1950).

[2.64] Winter, U., Die Anwendung geophysikalischer Verfahren zur Bekämpfung der Gasgefahr im Kalibergbau der DDR. Bergakademie *16*, 138ff. (1964).

[2.65] Wöbking, H., The frequency dependence of the dielectric constant and conductivity of rock and its relation to quantities of rock fabric. Scientific Report No. 3. VLF-Project Dr. W. Bitterlich, Contract No. 61(052)-902, Innsbruck, 25. 4. 1967.

[2.66] Wörz, O., Über die Dielektrizitätskonstante ε und die elektrische Leitfähigkeit σ von Gesteinen. Dissertation Innsbruck (1965).

Abschnitt 2.4

[2.67] Althausen, O. N., Der Einfluß der Oxydation auf die magnetischen Eigenschaften der Magnetite. C. R. Acad. Sci. UdSSR *31*, 566–568 (1941).

[2.68] Balsley, J. R., et al., Iron-titanium oxide minerals, rocks and aero-magnetic anomalies of the adirondacks area, N.Y. Economic Geof. *53*, 747–805 (1958).

[2.69] Blacket, P. M. S., Lectures on rock magnetism. Jerusalem: 1956.

[2.70] Brynjolfsson, A., Ergebnisse bei partieller Entmagnetisierung des natürlichen Magnetismus isländischer Basalte. Die Naturwiss. *43*, 154–155 (1950).

[2.71] Cook, J., et al., Magnetic effect and properties of typical topsoils. J. Geophys. Res. *67*, 815ff. (1962).

[2.72] Haalck, H., Lehrbuch der angewandten Geophysik, Teil I, S. 156–215. Berlin: 1953.

[2.73] Jahren, C., Magnetic susceptibility of bedded iron formation. Geophysics *28*, 756ff. (1963).

[2.74] Jakosky, J. J., Exploration geophysics. Trija Publishing Comp. *1950*, 1150ff.

[2.75] Kiskyras, D. A., Einige Bemerkungen über die magnetischen Eigenschaften der Minerale der Systeme FeS – FeS_2. Beitr. angew. Geophys. *10*, 308–311 (1943).

[2.76] Kiskyras, D. A., Zur Frage der Thermoremanenz von Mineralen und Gesteinen. Beitr. angew. Geophys. *11*, 143–162 (1944).

[2.77] Koenigsberger, J., Thermoremanenz und spontane Magnetisierung. Phys. Zeitsch. *33*, 468ff. (1932).

[2.78] Lark-Horovitz, K., et al., Methods of experimental physics. Solid state physics *6*, 416ff. (1959).

[2.79] Lindsley, D., et al., Magnetic properties of rocks and minerals. In: Handb. of physical constants. Geol. Soc. Am. Memoir *97*, 543–552 (1966).

[2.80] Lynton, E. D., Laboratory orientation of well cores by their magnetic polarity. Bull. Am. Ass. Pet. Geol. *21*, 580ff. (1937).

[2.81] Marsch, B., et al., Beitr. angew. Geophys. *8*, 195ff. (1940).

[2.82] Mooney, H. M., et al., Magnetic susceptibility measurements in Minnesota. Geophysics *17*, 531ff. (1953); *18*, 383ff. (1954).

[2.83] NAGAMIYA, T., et al., Antiferromagnetism. Advances in physics *4*, **1—112** (**1955**).

[2.84] NAGATA, T., The mode of causation of thermoremanent magnetism in igneous rocks. Prelim. Note Bull. Earthquake Res. Inst. Tokyo *19*, **49—79** (**1941**).

[2.85] NAGATA, T., Rock — magnetism. Tokyo: **1953**.

[2.86] NAGATA, T., In: FLÜGGE, S., Hrsg., Handbuch der Physik, Bd. **49** (Geophysik III), Teil **1**. Berlin-Heidelberg-New York: Springer. **1966**.

[2.87] NEEL, L., Some theoretical aspects of rock magnetism. Advances in physics *4*, **191—243** (**1955**).

[2.88] NICHOLLS, G. D., The mineralogy of rock magnetism. Advances in physics *4*, **113—190** (**1955**).

[2.89] POWELL, H., et al., Magnetic susceptibility of **34** manganese bearing minerals. U.S. Bureau of mines information circular *8359*, **10ff.** (**1968**).

[2.90] PUZICHA, K., Der Magnetismus der Gesteine als Funktion des Magnetitgehaltes. Beitr. angew. Geophys. *9*, **158—186** (**1941**).

[2.91] REICH, H., Über die Grundlage der magnetischen Bohrkernorientierung. Öl und Kohle *37*, **213ff.** (**1941**).

[2.92] REICH, H., Grundlagen der angewandten Geophysik für Geologen, S. **29ff.** Leipzig: **1960**.

[2.93] ROSSIGER, M., et al., Magnetische Eigenschaften von Mineralen. In LANDOLT-BÖRNSTEIN III, Astronomie und Geophysik, S. **331—348**. Berlin-Göttingen-Heidelberg: Springer. **1952**.

[2.94] RUNCORN, S. K., Magnetization of rocks. In: FLÜGGE, S., Hrsg., Handbuch der Physik, Bd. **47** (Geophysik I), S. **470—497**. Berlin-Göttingen-Heidelberg: Springer. **1956**.

[2.95] SANFORD, R. L., et al., Basic magnetic quantities and the measurement of the magnetic properties of materials. NBS, Monograph *47*, **36ff.** (**1962**).

[2.96] SCHMUCKER, U., Gesteinsmagnetische Untersuchungen. Abh. Akad. Wiss., mathem.-phys. Kl. (Göttingen) *3*, **26** (**1957**).

[2.97] SHANDLEY, P., et al., Analysis for magnetite utilizing magnetic susceptibility. Geophysics *31*, **398ff.** (**1953**).

[2.98] SHARMA, P., Rapid computation of magnetic anomalies and demagnetization effects caused by bodies of arbitrary shape. Pure and applied geophysics *64*, **89ff.** (**1966**).

[2.99] SHARMA, P., Demagnetization effect of a rectangular prism. Geophysics *33*, **132ff.** (**1968**).

[2.100] SHARPE, J., Magnetic susceptibility of rocks, its determination and usefulness. Proc. Geophys. Soc. Tulsa *1*, **23ff.** (**1953**).

[2.101] STAVRON, A., Untersuchungen über die magnetischen Eigenschaften der griechischen Roterde. Gerl. Beitr. Geophys. *66*, **214ff.** (**1957**).

[2.102] STRANGWAY, D., Magnetic characteristics of rocks. Mining Geophys. *2*, **45ff.** (**1967**).

[2.103] TZU-CHANG-WANG, In: Z. Geophys. *16*, **160—180** (**1940**).

[2.104] VOGEL, A., Application of electronic computers to the calculation of effective magnetization. Geophys. Prosp. *11*, **51ff.** (**1963**).

[2.105] WEBB, J., The search of iron ore, Eyre Peninsular, South Australia. Mining Geophys. *1*, **379ff.** (**1966**).

[2.106] WERNER, S. T., Determinations of the magnetic susceptibility of ores and rocks from Swedish iron ore deposits. Sweriges Geol. Undersökening, Ser. C **472**, Årsbok **39** (**1945**).

Abschnitt 2.5

[2.108] ALBRECHT, H. J., Klimatische Beeinflussung der Dämpfung bei unterirdischer Wellenausbreitung. Int. Elektr. Rsch. *20*, 589–590 (1966).

[2.109] DOKUPIL, S., et al., The attenuation of electromagnetic waves in rocks. Studia geoph. et geod. *6*, 176–192 (1962).

[2.110] FRICKE, H., A mathematical treatment of the electric conductivity and capacity of disperse systems. Phys. Rev. *24*, 575ff. (1924).

[2.111] FRITSCH, V., Grundzüge der angewandten Geoelektrik. Wien: 1949.

[2.112] FORGNES, P., Prospection électrique par courants continus. Paris: 1957.

[2.113] GAST, H., Möglichkeiten geophysikalischer Messungen bei der Wassererkundung. Z. angew. Geol. *12*, 367–368 (1966).

[2.114] GORELIK, A. M., et al., Die Elektroschürfung bei ingenieur-geologischen Untersuchungen. Berlin: 1952.

[2.115] HUMMEL, J. N., Beitr. angew. Geophys. *5*, 32–132 (1935).

[2.116] JAGANNADA, V. V., et al., Variation of electrical resistivity of river sands, calcit, and quartz powders with water content. Geophysics *27*, 470–479 (1962).

[2.117] KELLER, G. V., Electrical resistivity of rocks in the area 12 tunnels, Nevada Test Side, Nye County, Nevada. Geophysics *27*, 242–252 (1962).

[2.118] KOENIGSBERGER, J., Beitr. angew. Geophys. *7*, 23–109 (1930).

[2.119] MEISSER, O., Praktische Geophysik. Dresden: 1943.

[2.120] PARASNIS, D. S., The electrical resistivity of some sulphide. Geophys. Prosp. *4*, 248ff. (1956).

[2.121] POLDINI, E., La prospection électrique du sous-sol. Lausanne: 1941.

[2.122] SCHLUMBERGER, C., Etude sur la prospection du sous-sol. Paris: 1920.

[2.123] SMITH-ROSE, R. L., Electrical measurements on soil with alternating currents. J. Inst. Electr. Eng. *75*, 221–237 (1934).

[2.124] SUNDBERG, K., Die schwedischen Schürfmethoden. Metall und Erz *23*, 288ff. (1926).

[2.125] SUNDBERG, K., Principles of the Swedish geoelectrical methods. Beitr. angew. Geophys. *2*, 298–361 (1931).

[2.126] WINTER, U., Beiträge zur Untersuchung über die elektrische Leitfähigkeit von Salzgesteinen. Bergakademie *19*, 87ff. (1967).

[2.127] WYLLIE, M. R. J., et al., Some theoretical considerations related to the quantitative evaluation of the physical characteristics of reservoir rocks from electrical log data. Trans. AIME *189*, 105ff. (1950).

[2.128] WYLLIE, M. R. J., The fundamentals of electrical log interpretation. New York: 1957.

Abschnitt 2.6–2.9

[2.129] ARCHIE, G. E., Electrical resistivity as an aid in core-analysis interpretation. Bull. Am. Ass. Pet. Geol. *31*, 350–366 (1947).

[2.130] ATKINS, E. R., et al., The significance of particle shape in formation resistivity factor–porosity relationship. J. Pet. Techn. *222*, 285–291 (1961).

[2.131] BLUM, E., Die Analyse von Druckaufbaukurven. Erdöl und Kohle *9* (1956).

[2.132] BITTERLICH, W., und WÖBKING, H., Eine neue gefügekundliche Größe und ihre Bedeutung für die Bestimmung der Porosität und der elektrischen Tortuosität von Gesteinen. Gerl. Beitr. Geophys. *79*, 185–195 (1970).

[2.133] BITTERLICH, W., und WÖBKING, H., Neue Betrachtungen über Zementationsfaktoren und ihre Bedeutung für geoelektrische Untersuchungen. Arch. Met. Geoph. Biokl., Ser. A, *19*, 211–226 (1970).

[2.134] BITTERLICH, W., und WÖBKING, H., Eine Methode zur Bestimmung der

sogenannten „Geometrischen Tortuosität". Geophysik. Z. *36*, 607–620 (1970).
[2.135] BITTERLICH, W., und WÖBKING, H., Versuch einer Einteilung von Gesteinen nach gefügekundlichen und elektrischen Größen. Geophysik. Z. *36*, 743–752 (1970).
[2.136] BITTERLICH, W., und WÖBKING, H., Dispersionserscheinungen an NaCl-Lösungen. Eine Untersuchung über die Verwendbarkeit von NaCl-Lösungen zur Bestimmung von gefügekundlichen Gesteinsparametern auf elektrischem Wege. Gerl. Beitr. Geophys. *79*, 185–195 (1970).
[2.137] BITTERLICH, W., und WÖBKING, H., Ein neuer meßtechnischer Vorschlag zur Bestimmung der elektrischen Tortuosität von Gesteinen. Z. angew. Geol. *16*, 310–313 (1970).
[2.138] BORELI, M., Sur la porosité effective. Comptes rendus hebdomadaires des séances de l'Académie des sciences (Paris) *A14*, 601–607 (1966).
[2.139] BURDINE, N. T., et al., Pore size distribution of petroleum reservoir rocks. Trans. AIME *189*, 195ff. (1950).
[2.140] COATS, K. H., et al., Dead-end pore volume and dispersion in porous media. Soc. Petrol. Eng. *4*, 73ff. (1964).
[2.141] FARA, H. D., et al., Statistical geometry of porous media. J. Geophys. Res. *66*, 3279ff. (1961).
[2.142] GRIFFITHS, J. C., Petrographic evaluation of porosity measurement. Producers monthly *13* (1949).
[2.143] HAAS, R., Ein einfaches und empfindliches Verfahren zur Bestimmung des offenen Porenvolumens von Sinterkörpern. Z. Instrumentenkunde *74*, 96ff. (1966).
[2.144] HALLENBACH, F., Gesteinsdichte und Gesteinsgewichte. Öl und Kohle *40*, 120ff. (1947).
[2.145] HELING, D., Die Porositäten toniger Keuper- und Jura-Sedimente Südwest-Deutschlands. Beitr. Min. Petr. *15*, 224–233 (1967).
[2.146] HILL, H. J., Effect of clay and water salinity on electrochemical behavior of reservoir rocks. Petr. Transa. *207*, 65–72 (1956).
[2.147] HOWELL, B. F., jr., Electrical conduction in fluid-saturated rocks. World oil *136/137*, 113–116, 142–146 (1953).
[2.148] KEIL, K., Ingenieurgeologie und Geotechnik. Halle: 1951.
[2.149] KELLER, G. V., Electrical properties of sandstones of the Morrison formation. Geol. Surv. Bull. 1052-J (1959).
[2.150] KELLY, S. F., Geophysical exploration for water by electrical resistivity. J. New Engl. Water Workers Ass. *76*, 118–189 (1962).
[2.151] KIENOW, S., Poren. In: Luegers Lexikon der Technik, Bd. 5, S. 472. Stuttgart: 1963.
[2.152] KLINKENBERG, L. J., Pore size distribution of porous media and displacement experiments with miscible liquids. J. Pet. Techn. *63* (1957).
[2.153] KÖSTER, E., Mechanische Gesteins- und Bodenanalyse. München: 1960.
[2.154] MAC MULLIN, R. B., et al., Characteristics of porous beds and structures. Am. Inst. Chem. Ings. *2*, 392ff. (1956).
[2.155] MIKHAIB, R. S., et al., Investigation of a complete pore structure analysis. J. Colloid Interf. Sc. *26*, 45–61 (1968).
[2.156] Önorm B 3122, Prüfung von Naturstein — Wasseraufnahme. Ausgabetag: 18. 8. 1952.
[2.157] PIRSON, S., Elements of oil reservoir engineering. New York: 1950.
[2.158] POLLARD, T. A., et al., Core-analysis practices. Bull. Am. Ass. Pet. Geol. *36* (1952).
[2.159] PORSTENDORFER, G., et al., Quantitative Porositätsbestimmung an Bohr-

kernen beliebiger Form mit einer elektrischen 4-Punkt-Anordnung. Bergakademie *19*, 743–744 (1967).

[2.160] RINK, M., et al., Computations of network models of porous media. Geoph. Prosp. *26*, 277ff. (1968).

[2.161] SCHMID, C., Ringversuche zur Überprüfung der Zuverlässigkeit von Porositäts- und Permeabilitätsmessungen. Erdöl und Kohle *6*, 442ff. (1953).

[2.162] SCHOPPER, J. R., A theoretical investigation on the formation factor (permeability) porosity relationship using a network model. Geoph. Prosp. *14*, 301–341 (1966).

[2.163] SCHOPPER, J. R., A theoretical study on the reduction of statistical pore system parameters to measurable quantities. Geoph. Prosp. *15*, 261–287 (1967).

[2.164] SCHUMANN, H., Über die Bestimmung des Nutzporenraumes von Gesteinen. Öl und Kohle *40*, 183ff. (1944).

[2.165] SCHUMANN, H., Die Raumgestaltung von Gesteinsporen. Erdöl und Tektonik in NW-Deutschland. Hannover: 1949.

[2.166] TOWLE, G. H., An analysis of the formation factor—porosity relationship of some assumed pore geometries. Trans. Soc. Well Log Analysists 3rd Annual Logging Sym. (1962).

[2.167] WATZNAUER, A., et al., Beitrag zur räumlichen Darstellung des Porenraumes von Sedimentgesteinen. Z. angew. Geol. *11*, 86f. (1956).

[2.168] WINSAUER, W. O., et al., Resistivity of brine-saturated sands in relation to pore geometry. Bull. Am. Ass. Pet. Geol. *36*, 253–277 (1952).

[2.169] WYLLIE, M. R. J., Application of electrical resistivity measurements to problems of fluid flow in porous media. Bull. Am. Ass. Pet. Geol. *36*, 359–403 (1952).

[2.170] WYLLIE, M. R. J., et al., Formation factors of unconsolidated porous media: Influence of particle shape and effect of cementation. J. Pet. Techn. *198*, 103–110 (1953).

Abschnitt 2.10

[2.171] ALPAN, I., The geotechnical properties of soils. Earth Sci. Rev. *6*, 5–49 (1970).

[2.172] BRACE, N. F., et al., Permeability of granite under high pressure. J. Geoph. Res. *73*, 2225–2236 (1968).

[2.173] BURDINE, N. T., Relative permeability calculations from pore size distribution data. Trans. AIME *198*, 71ff. (1953).

[2.174] BURJAKOWSKIJ, L. A., Permeabilitätsbestimmung mit Hilfe der Widerstandskarottage. Z. angew. Geol. *6*, 112–114 (1960).

[2.175] CARMAN, P. C., Some physical aspects of water flow in porous media. Disc. Faraday Soc. 3. London: 1948.

[2.176] CHAPOTON, A., et al., Contribution à la détermination des conductivités et permittivités au niveau des alvéoles des corps poreux. Comptes rendus hebdomadaires des séances de l'Académie des science (Paris) *B265*, 989–992 (1967).

[2.177] CORRENS, C. W., et al., Zur Durchlässigkeitsbestimmung der Gesteine. Erdöl und Kohle *2*, 439ff. (1949).

[2.178] CORRENS, C. W., Die Messung der Durchlässigkeit der Gesteine. Öl und Kohle *38*, 1247–1253 (1942).

[2.179] D'ARCY, H., Les fontaines publiques de la ville de Dijon. Paris: 1856.

[2.180] DITTRICH, E., Möglichkeiten zur besseren Auswertung von Wasserdurchlässigkeitsprüfungen und Zementinjektionen in Bohrlöchern. Felsmechanik und Ingenieurgeologie *4*, 103–118 (1966).

[2.181] DÜRBAUM, H., Über das Darcysche Gesetz und seine Anwendungsmöglichkeiten in der Hydrologie. Dtsch. gewässerkdl. Mitt. *1* (1957).

[2.182] ENGELHARDT, W., v., Über das Strömen von Flüssigkeiten durch Sandsteine. Heidelb. Beitr. Min. Pet. *4* (1954/55).

[2.183] ENGELHARDT, W., v., et al., Zusammenhänge zwischen Porosität, Permeabilität und Korngröße bei Sanden und Sandsteinen. Heidelb. Beitr. Min. Pet. *2* (1949/50).

[2.184] ENGELHARDT, W., v., Der Porenraum der Sedimente. Min. Pet. in Einzeldarst. *2* (1960).

[2.185] FOSTER, W. R., et al., The equations of motion of fluids in porous media. Trans. Soc. Pet. Eng. Am. Inst. Min. Pet. Met. Eng. *240,* 333ff. (1967).

[2.186] FRASER, H. J., Experimental study of the porosity and permeability of clastic sediments. J. Geol. *43,* 910ff. (1935).

[2.187] GAYDON, F. A., et al., Viscous flow through tubes of multiply connected cross sections. J. Appl. Mech. *1959,* 573ff.

[2.188] GRIFFITHS, J. C., Directional permeability and dimensional orientation in Bradford sands. Producers Monthly *14* (1950).

[2.189] HALLENBACH, F., Die Durchlässigkeit poröser Gesteine und ihre Bestimmung. Öl und Kohle *39,* 7–20 (1943).

[2.190] HAMEISTER, E., Mikrohydraulik der absoluten Durchlässigkeit in Erdöl- und Erdgasspeichergesteinen. Z. angew. Geol. *6* (1959).

[2.191] HAMEISTER, E., Wie wird die absolute Permeabilität von Gesteinen ermittelt? Z. angew. Geologie *6,* 114–117 (1960).

[2.192] KOZENY, J., Über kapillare Leitung des Wassers im Boden. Sitzungsb. Ak. Wiss. Wien, Abt. IIa, *136,* 271ff. (1927).

[2.193] MARSAL, D., Die Berechnung der Verwässerung von Erdöllagerstätten. Erdöl und Kohle *10* (1957).

[2.194] MARSHALL, T. J., A relation between permeability and size distribution of pores. J. Soil Sci. *9,* 1ff. (1958).

[2.195] MOSER, H., et al., Die Anwendung radioaktiver Isotope in der Hydrologie. Atomkernenergie *2* (1957).

[2.196] MUSKAT, M., The flow of homogeneous fluids through porous media. New York: 1937.

[2.197] MUSKAT, M., The physical principles of oil production. New York: 1949.

[2.198] NITSCH, W. v., Über Wasserbewegung und Porosität des Bodens. RKTL-Schrift 41. Berlin: 1943.

[2.199] PIRSON, S. J., et al., Prediction of relative permeability characteristics of intergranular reservoir rocks from electrical resistivity measurements. Trans. Soc. Well Log. Analysists 4th Annual Logging Symp. (1963).

[2.200] PRANDTL, L., et al., Applied hydro- and aeromechanics. Eng. Soc. Monog. 1957.

[2.201] ROSE, W., Theoretical generalizations leading to the evaluation of relative permeability. Trans. AIME *186,* 111ff. (1949).

[2.202] ROSE, W., et al., Evaluation of capillary character in petroleum reservoir rock. Trans. AIME *186,* 127ff. (1949).

[2.203] RÜHL, W., et al., Über das Verhältnis der vertikalen zur horizontalen absoluten Permeabilität von Sandsteinen. Geol. Jb. *74,* 447–462 (1957).

[2.204] SAFFMAN, P. G., Dispersion in flow through a network of capillaries. Chem. Eng. Sci. *11,* 125ff. (1959).

[2.205] SCHEIDEGGER, A. E., The physics of flow through porous media. New York: 1947.

[2.206] SCHMID, C., Über die effektive und relative Durchlässigkeit poröser Ölspeichergesteine. Erdöl und Kohle *9* (1956).

[2.207] SCHOENE, H. J., Bemerkungen zu Durchlässigkeitsmessungen und eine neue Apparatur zur Bestimmung derselben. Öl und Kohle *35,* 67–69 (1939).

[2.208] SCHOPPER, J. R., Experimentelle Methoden und eine Apparatur zur Untersuchung der Beziehungen zwischen hydraulischen und elektrischen Eigenschaften loser und künstlich verfestigter poröser Medien. Geoph. Prosp. *15*, **700ff.** (**1967**).

[2.209] SCHUMANN, H., Zur Porosität und Durchlässigkeit von Sandsteinen. Erdöl und Kohle *5*, **473ff.** (**1952**).

[2.210] THEISS, C. V., The relation between the lowering of. Trans. Am. Geoph. Union. Washington: **1935**.

[2.211] THORNTON, O. F., A note on the valuation of relative permeability data. Trans. AIME *186*, **329ff.** (**1949**).

[2.212] TODD, D. K., Ground water hydrology. New York: **1959**.

[2.213] ZAKOSEK, H., Durchlässigkeitsuntersuchungen an Böden. Abh. hess. L.-A. f. Bodenf. Heft **32**. Wiesbaden: **1960**.

Abschnitt 2.12

[2.214] ANDERS, W., Versuche zur induzierten galvanischen Polarisation an Gesteinsmodellen. Bergakademie *8* (**1958**).

[2.215] ANDERSON, L. A., und KELLER, G. V., A study in induced polarization. Geophysics *29* (**1964**).

[2.216] BERBERIAN, J. G., und COLE, R. H., Low frequency bridge for guarded three-terminal and four-terminal measurements of admittance. Rev. Sci. Instr. *40* (**1969**).

[2.217] BUCHHEIM, W., Zur Theorie der induzierten galvanischen Polarisation elektrisch aktiver Imprägnationserze. Freiberger Forschungshefte C **28**. Berlin: **1956**.

[2.218] COLLETT, L. S., Laboratory investigation of overvoltage. Chapter **5** in: WAIT, J. R., ed., Overvoltage research and geophysical application. Pergamon Press. **1959**.

[2.219] HALLOF, P. G., A comparison of the various parameters employed in the variable-frequency induced polarization method. Geophysics *29* (**1964**).

[2.220] FRASER, D. C., KEEVIL, N. B., Jr., und WARD, S. H., Conductivity spectra of rocks from the Craigmont ore environment. Geophysics *29* (**1964**).

[2.221] KEEVIL, N. B., Jr., und WARD, S. H., Electrolyte activity: Its effect on induced polarization. Geophysics *27* (**1962**).

[2.222] KELLER, G. V., und FRISCHKNECHT, F. C., Electrical methods in geophysical prospecting. Int. Ser. of Monographs in Electromagnetic Waves, Vol. **10**. Pergamon Press. **1966**.

[2.223] MADDEN, T. R., und CANTWELL, T., Induced polarization, a review. Preprint from SEG Mining Geophysics Volume (**1963**).

[2.224] MARSHALL, D. J., und MADDEN, T. R., Induced polarization, a study of its causes. Geophysics *24* (**1959**).

[2.225] PARASNIS, D. S., The electrical resistivity of some sulfides. Geophysical Prospecting *4* (**1956**).

[2.226] RÖSLER, R., Die galvanisch induzierte Polarisation an Dispersionen rotationselliptischer Teilchen. Freiberger Forschungshefte C **67** (**1959**).

[2.227] SAUCK, W. A., und SUMNER, J. S., Laboratory experiments in induced polarization. Preprint, presented at the **37**th Ann. Int. Meet. of SEG. Geophysics (**1967**).

[2.228] SCOTT, J. H., CAROLL, R. D., und CUNNINGHAM, D. R., Dielectric constant and electrical conductivity measurements of moist rocks: A new laboratory method. J. Geophys. Res. *72* (**1967**).

[2.229] SCOTT, W. J., und WEST, G. F., Induced polarization of synthetic, high-resistivity rocks containing disseminated sulfides. Geophysics *34* (**1969**).

[2.230] VETTER, K. J., Elektrochemische Kinetik. Berlin-Göttingen-Heidelberg: Springer. **1961**.

[2.231] WAIT, J. R., A phenomenological theory of overvoltage for metallic particles. Chapter **3** in: Overvoltage research and geophysical application. Pergamon Press. **1959**.

3. Natürliche elektrische Potentiale

3.1 Galvanipotentiale von Mineralen relativ zu einer Bezugselektrode [3.4]

3.1.1 Meßmethoden

Wenn ein quasi-metallisch leitendes Mineral und eine metallische Elektrode oder eine Kalomelelektrode in einen Elektrolyten eintauchen, läßt sich zwischen Mineral und Bezugselektrode eine Spannung feststellen, die dem galvanischen Potential zwischen verschiedenen Metallen entspricht. Im allgemeinen geht man so vor, daß man das Mineral mit einer Froschklemme (vorsichtig) kontaktiert und in den Elektrolyten eintaucht. Dabei ist zu beachten, daß nicht auch die Froschklemme vom Elektrolyten benetzt wird, um die Entstehung eines Lokalelements zu vermeiden. Die Spannungsmessung erfolgt mit Gleichstrommillivoltmetern, die einen hochohmigen Eingangswiderstand besitzen müssen.

Für die in Abschnitt 3.1.2 beschriebenen Messungen wurde das Elektronische Voltohmmeter VX 304 A der Firma Metrix, Frankreich, benutzt. Der Eingangswiderstand beträgt bei „normaler" Verwendung $R_E = 100$ MΩ. Dieses Gerät bietet meßtechnisch gesehen den Vorteil, daß es als Voltmeter mit „Null" in der Skalenmitte Verwendung finden kann, so daß auf allen Bereichen positive und negative Gleichspannungen ohne Umschaltung gemessen werden können.

Arbeitsweise: Die zu messende Spannung wird durch Teilerwiderstände reduziert und an eine Röhrenschaltung angelegt, die die hohe Eingangsimpedanz in eine niedere Ausgangsimpedanz umwandelt, an der die nötige Leistung für das Anzeigeinstrument entsteht. Der Impedanzanpassungsverstärker enthält zwei symmetrische Wege mit zwei Stufen, die vollkommen gegengekoppelt sind. Dies ergibt eine von Röhrenalterungen unabhängige Spannung. Die Eingangsstufe nach dem Spannungsteiler ist mit einer Nuvistor-Röhre (siehe Bitterlich [3.3]) bestückt, die bei sehr hoher Impedanz einen sehr geringen Gitterstrom aufnimmt.

Dieses Voltmeter bietet weiterhin die Möglichkeit einer statischen Potentialmessung (Elektrometerschaltung) mit einem Eingangswiderstand von $R_E > 10^{12}\,\Omega$, d. h., die maximale Belastung der potentialerzeugenden Elektroden beträgt in diesem Falle ca. 10^{-13} A — bei einer Meßspannung von ca. 100 mV. Der Strombelastung ist besonders bei der Verwendung von Kalomelelektroden Beachtung zu schenken. Strombelastungen von $I > 10^{-8}$ A führen bei derartigen Elektroden oft schon zu größeren Veränderungen ihrer elektrochemischen Eigenschaften.

Zur Potentialmessung eignet sich auch das auf S. 203f beschriebene Kompensationsmillivoltmeter. Es bietet den Vorteil, daß der Innenwiderstand des Meßgerätes bei Spannungsabgleich unendlich groß wird, d. h., die Strombelastung der Elektroden wird Null.

Abb. 3.1 zeigt eine Meßanordnung zur Bestimmung des Galvanipotentials zwischen einem Mineral und einer Metallelektrode. Als leitende Verbindungen zwischen den Elektroden und dem Voltmeter sind Koaxialkabel zu empfehlen, um eine Einstreuung fremder Felder zu vermeiden.

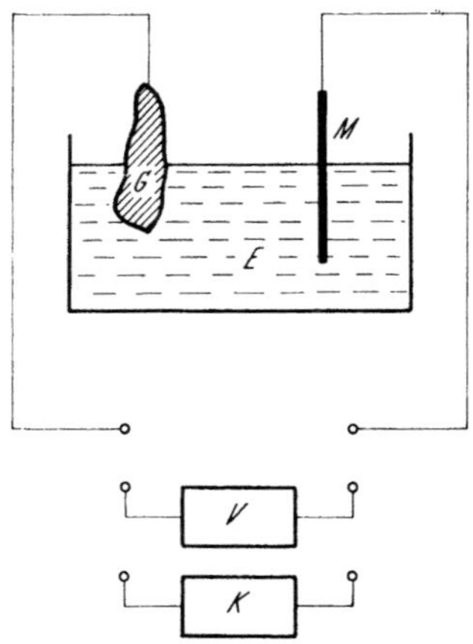

Abb. 3.1. Meßanordnung zur Bestimmung des galvanischen Potentials zwischen einem Gestein (G) und einer Metallelektrode (M). E = Elektrolyt, V = Millivoltmeter, K = Kompensationsvoltmeter

3.1.2 Potentiale einiger wichtiger Erzminerale

Von HAALCK [3.8] sind Potentiale einiger Minerale angegeben, wobei als Referenzelektrode Kupfer und als Elektrolyt Quellwasser diente. Bei derart durchgeführten Messungen können zwei Fehlerquellen stärker ins Gewicht fallen:

1. Die ionische Zusammensetzung des Quellwassers kann variieren.
2. Das Kupfer kann im Wasser korrodieren.

Daher wurden (BITTERLICH und WÖBKING [3.4]) als Bezugselektroden nichtkorrodierende Metalle wie Gold und Platin sowie eine Kalomelelektrode (gesättigte KCl-Lösung) verwendet. Als Elektrolyt dienten reproduzierbare Lösungen von KCl mit den Normalitäten 1, 1/10, 1/100 und 1/1000. Zum Vergleich wurden Messungen in Brixlegger Trinkwasser und in Bergwasser (Großkogl-Brixlegg) durchgeführt. Die Meßtemperatur betrug 20°C.

Tabelle 3.1. *Potentiale in mV von Tsumebit gegen Au-, Pt- und Kalomel-Elektroden. Elektrolyt: Bergwasser, Trinkwasser und KCl-Lösungen* (BITTERLICH *und* WÖBKING)

Elektrode	Elektrolyt					
	Bergwasser	Trinkwasser	n	$n/10$	$n/100$	$n/1000$
				KCl-Lösung		
Au	+ 18	+ 35	+ 20	+ 25	± 0	+ 45
Pt	+ 65	+ 66	+ 120	+ 73	+ 42	+ 73
Kalomel	+ 75	+ 109	+ 93	+ 105	+ 84	+ 82

Tabelle 3.2. *Galvanipotentiale [mV] zwischen Erzmineralen der II. Klasse und einer Kalomel-Bezugs-Elektrode. Elektrolyt: n/100 KCl-Lösung (nach* BITTERLICH *und* WÖBKING)

Mineral	Fundort	Potential
Antimonit	Felsölnya	+ 49
Arsenkies	Mitterberg	+ 71
Bleiglanz	Kreuth	— (22—48)
Bornit	T. Buttles	— 68
Chloanthit	Tragöss	— 175
Covellin	Butte	+ 130
Fahlerz	Brixlegg	+ 220
Gersdorffit	Mitterberg	+ 196
Kupferkies	Siegerland	+ 242
Kupferkies	Virgental	+ 263
Kupferkies	Mitterberg	+ 243
Kylindrit	Poopo'	+ 280
Löllingit	Lölling	— 158
Magnetkies	Lienz	+ 220
Markasit	Bad Grund	+ 340
Markasit (Speerkies)	Waldeck	+ 340
Millerit	Wissen	+ 179
Molybdänglanz	Kingsgate	+ 167
Pyrit	Heerlen	+ 108
Pyrit	Elba	+ 261
Pyrit	Steinkasbach	+ 310
Pyrit	Mitterberg	+ 300
Rotnickelkies	Mansfeld	— 125
Skutterudit	Riechelshof	+ 51
Tennantit	Butte	+ 103
Wismutglanz	Rammelsberg	+ 50
Selenide:		
Berzelianit	Rozna	+ 59
Clausthalit	Lasovice	— 410

In Tabelle 3.1 sind die Potentiale für Tsumebit, 5 (PbCu) · O · P_2O_5 · 8 H_2O, aus der Tsumebgrube/SW-Afrika angeführt.

Tabelle 3.2 gibt die Galvanipotentiale einiger Minerale der II. Klasse (Sulfide und ähnliche Verbindungen) wieder. Als Elektrolyt fungierte eine *n*/100 KCl-Lösung, als Referenzelektrode diente eine Kalomelelektrode, deren Potential gegen die Standard-Wasserstoff-Elektrode (bei 20°C) + 247,1 mV betrug.

Um eine Systematik in die Meßergebnisse zu bringen, wurde untersucht, ob sich die elektrischen Potentiale der Minerale innerhalb einer sogenannten isomorphen Reihe in gleicher Weise ändern wie der Chemismus der Spezies.

Als Beispiel sei die Markasitreihe betrachtet, die die rhombischen Bisulfide bzw. Arsenide der Elemente Fe, Mn, Ni, Co und der Platinmetalle enthält:

Markasit	FeS_2	+ 340 mV
Speerkies	FeS_2	+ 340 mV

Arsenkies	FeAsS	+ 71 mV
Löllingit	$FeAs_2$	− 158 mV.

Eine ähnliche Parallelität zwischen dem Verlauf des Galvani-Potentials und der Änderung der chemischen Zusammensetzung läßt sich auch für die Pyritreihe, die die kubisch kristallisierenden Bisulfide der Elemente Fe, Mn, Ni, Co und der Platinmetalle enthält, finden:

Pyrit	FeS_2	+ (108—310) mV
Gersdorffit	NiAsS	+ 196 mV
Skutterudit	$CoAs_2$	+ 51 mV
Chloanthit	$NiAs_2$	− 175 mV.

Analoge Ergebnisse wie für die Pyrit- und Markasitreihe wurden auch für die Antimonit- und Wurtzitreihe festgestellt.

Die Tabelle 3.3 zeigt die Galvanipotentiale einiger Erzminerale der III. Klasse (Oxyde, Hydroxyde und Oxysalze).

Betrachtet man die Mineralparagenesen, so bietet sich die Möglichkeit, auf Grund von Potentialmessungen die einzelnen Vertreter voneinander zu trennen.

Tabelle 3.3. *Galvanipotentiale mV zwischen Erzmineralen der III. Klasse und einer Kalomelelektrode. Elektrolyt: n/100 KCl-Lösung (nach* Bitterlich *und* Wöbking)

Mineral	Fundort	Potential
Chalcotrichit	Yuma	+ 155
Cuprit	Cornwall	+ 389
Cuprit	Santa Rita	+ 98
Eisenniere	Admont	− 30
Euxenit	Arendal	+ 330
Hämatit	Champion	+ 410
Hämatit	Kriwoi	+ 300
Hämatit	Elba	+ (183—350)
Hausmannit	Equemont	+ 183
Ilmenorutil	West-Afrika	+ 226
Limonit	Lölling	+ 403
Magnetit	Brasilien	+ 238
Magnetit	Narvik	+ 160
Manganit	Ilfeld	+ 388
Polianit	Plattau	+ 583
Psilomelan	Siegerland	+ 470
Pyrolusit	Rokosbanya	+ 450
Pyrolusit	Nurschau	+ 398
Rotkupfererz	Ural	+ 110
Titaneisen	Ekesund	+ 315
Titaneisen	Gastein	+ 335
Tsumebit	Tsumeb-Grube	+ 84
Uranpecherz	Joachimstal	− 180
Valentinit	Persek	+ 300
Zinnerz	Ehrenfriedensdorf	+ (230—235)
Zinnerz	Freiberg	+ 248

Es sei aber auf folgende prinzipielle Schwierigkeit hingewiesen. Die Aufstellung von Spezies im Mineralreich und deren exakte Abgrenzung gegeneinander stößt auf Schwierigkeiten, da man erkannt hat, daß die Minerale keine reinen Stoffe darstellen sondern allmähliche Übergänge zwischen reinen Endgliedern (nach KLOCKMANN). An die Stelle der reinen Arten treten isomorphe Reihen. Es wird somit kaum möglich sein, einem Mineral ein bestimmtes Galvanipotential (relativ zu einer Bezugselektrode) generell zuzuordnen. Die Minerale werden je nach Fundort (und Genese) in ihrem Chemismus kleine Unterschiede aufweisen, woraus Verschiebungen im Potential resultieren (siehe z. B. Pyrit in Tabelle 3.2). Es ist sogar zu erwarten, daß „gleiche" Minerale ein und derselben Lagerstätte verschiedene Potentiale erzeugen, wodurch bei der Prospektion mit Hilfe von Galvanipotentialen (siehe Abschnitt 5.3) die nötige Vorsicht geboten scheint.

3.2 Eigenpotentiale

3.2.1 Entstehungsursachen

In der Nähe von Erzlagerstätten, die gut leitende sulfidische Erze führen, findet man unter bestimmten Bedingungen charakteristische elektrische Felder, die eine Prospektion nach der sogenannten Eigenpotential- (SP = self potential)-Methode zulassen. Die erwähnten Felder treten dort auf, wo ein quasimetallisch (elektronisch) leitender geologischer Körper in einen inhomogenen Elektrolyten eingebettet ist. Inhomogenität des Elektrolyten kann bedeuten:

a) er enthält Bereiche mit verschiedenen Sauerstoffgehalten oder

b) im Ionengehalt des Elektrolyten bestehen Konzentrations- bzw. Qualitätsunterschiede.

ad a): Wenn ein steilstehender Erzgang mit seinem unteren Teil in sauerstoffarmes, stagnierendes Wasser hineinragt und wenn sein oberer Teil das Gebiet der sogenannten Sickerzone durchsetzt, eine Zone, in der dem Erz durch das einsickernde Regenwasser sehr viel mehr Sauerstoff zugeführt wird als in der Stagnationszone (HAALCK), so wird der Gang in Oberflächennähe stärker oxydiert

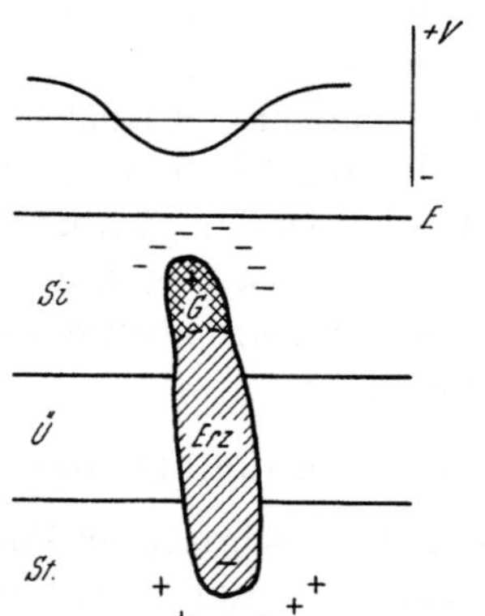

Abb. 3.2. Entstehung von Eigenpotentialen an einer Sulfiderzlagerstätte (nach MILLITZER). G = Gossan, E = Erdoberfläche, V = Potential, Si = Sickerzone, St = Stagnationszone, $Ü$ = Übergangszone

als in tieferen Zonen. Oxydation bedeutet immer Abgabe von Elektronen, d. h., der Erzgang wird in der Oxydationszone (Gossan = eiserner Hut) weniger Elektronen enthalten als im unteren Teil, der Gang wird polarisiert, es fließt ein Elektronenstrom aus dem unteren Bereich der Ganges in den Gossan. Im umgebenden Porenwasser finden elektrolytische Leitungsphänomene statt, positive Ionen wandern in Richtung Gossan und nehmen dort Elektronen auf, negative Ionen werden zum unteren Teil des Ganges bewegt und geben dort Elektronen ab. In den Deckschichten über dem Erz stellt man ein Potentialminimum fest — siehe hierzu Abb. 3.2.

Nach SATO [3.18] und MOONEY [3.12] hat man sich den Mechanismus der Eigenpotentialbildung etwas anders vorzustellen. Die im Sickerwasser vorhandenen Substanzen sind stark oxydiert, in der Stagnationszone liegen dieselben Substanzen in reduzierter Form vor, so daß ein elektrolytisches Redoxpotential auftritt. Ein gut leitender Erzstock, der in beide Zonen hineinragt, führt zu einem Stromfluß im Erz selbst. Die negativen Ionen, die im unteren Teil in direktem Kontakt mit dem Erz stehen, geben überschüssige Elektronen ab, am Gossan findet der umgekehrte Vorgang statt, d. h., positive Ionen wandern nach oben und negative nach unten. Über dem Erzstock beobachtet man ein Potentialminimum bis zu einigen zehntel Volt.

ad b): Ein seigerer Erzgang, der mit seinem oberen Ende in einen hochkonzentrierten Elektrolyten und mit seinem unteren Teil in einen Elektrolyten geringerer Konzentration eintaucht, führt zu einem Konzentrationspotential, wobei der positive Pol im oberen Teil der Vererzung zu suchen ist; in den Deckschichten ist wieder eine Potentialsenke festzustellen.

Die Bedingungen für die Bildung und Erfassung von Eigenpotentialen sind:

1. Gut ausgebildete Erzstöcke oder Gänge von quasi-metallisch leitenden Mineralen (hauptsächlich Sulfide und Graphit),

2. Inhomogenitäten im umgebenden Elektrolyten (Wasser) — damit in engem Zusammenhang: durchlässige Deckschichten,

3. nicht allzu mächtige Überdeckung des Erzes, um noch einen meßbaren Effekt (mV) zu erhalten.

Die Eigenpotentiale sind oft von Störpotentialen überdeckt oder kompensiert: α) durch Elektrofiltration — hervorgerufen durch Strömung von Wasser durch die Gesteinsporen — entstehen Filterpotentiale, die dem Druck direkt und der Viskosität der Flüssigkeit umgekehrt proportional sind (REICH). β) Am Kontakt zweier Elektrolyte mit verschiedener LF erhält man infolge der Elektroosmose eine elektromotorische Kraft, die dem Logarithmus des Leitfähigkeitsverhältnisses beider Lösungen proportional ist. γ) Störend können auch Erdströme wirken, die in der Nähe von gleichstrombetriebenen Bahnen oder sonstigen elektrischen Verbrauchern fließen.

3.2.2 Meßmethoden

Die Methode zur Erfassung der beschriebenen Potentialsenken besteht darin, daß man entweder Profile über das Mutungsgebiet legt, oder man mißt die Potentiale auf einer Fläche und zeichnet die Äquipotentiallinien.

Die Meßmethode ist relativ einfach. Man wählt einen fixen Bezugspunkt — nach Möglichkeit außerhalb einer Anomalie — und tastet mit einer beweglichen

Sonde ein Profil bzw. eine Fläche ab. Die Spannungsanzeige kann mit einem hochohmigen Millivoltmeter, mit dem auf S. 203f beschriebenen Kompensationsmillivoltmeter oder mit einer einfachen Kompensationsschaltung erfolgen. Abb. **3.3** zeigt eine Kompensationsschaltung nach OSTERMEIER. Die Spannung

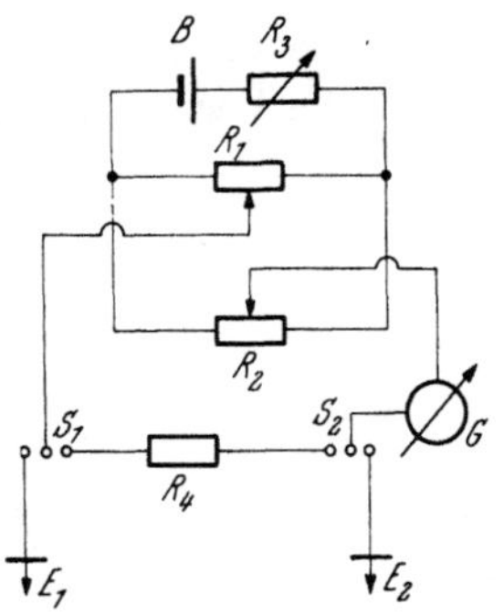

Abb. 3.3. Kompensationsschaltung nach OSTERMEIER. $R_1 - R_4$ = Widerstände, S_1, S_2 = Schalter, B = Batterie, G = Galvanometer, E_1, E_2 = Erdelektroden

(4 Volt) der Batterie erzeugt einen Strom durch die Parallelwiderstände R_1 und R_2. Mit dem Regelwiderstand R_3 wird ein bestimmter Spannungsabfall an $R_1||R_2$ erzeugt. Die Meßelektroden E_1 und E_2 werden über den Schalter S_1 bzw. S_2 an die Abgriffe der Widerstände R_1 und R_2 gelegt. Durch Ausregelung an diesen Widerständen kann die Spannung an den Meßelektroden kompensiert werden. In diesem Fall fließt durch das Galvanometer G kein Strom.

Der Widerstand R_2 ist als Potentiometer ausgebildet, das direkt die Eigenpotentiale in mV abzulesen gestattet. Die Bereichsumschaltung erfolgt stufenweise durch Veränderung des Abgriffes an R_1. Der Widerstand R_4 dient zum Eichen des Gerätes.

Als Meßelektroden werden sogenannte unpolarisierbare Elektroden verwendet, um alle galvanischen Effekte, die bei Benutzung einfacher metallischer Sonden auftreten, auszuschalten. Üblicherweise arbeitet man mit $Cu/CuSO_4$- oder $Zn/ZnSO_4$-Elektroden (siehe hierzu HAALCK [**3.8**] und HALLENBACH [**3.9**]. Müssen sehr lange Meßkabel verwendet werden, kann die genaue Erfassung der Spannungen an den Erdelektroden durch Einstreuung von Wechselfeldern erschwert werden. Man kann sich behelfen, indem man abgeschirmte Kabel benutzt und die Abschirmung auf Masse legt; oder man verwendet ein Filter zum Abschwächen der störenden Wechselspannungen.

Das in Abb. **3.4** abgebildete Filter ist ein RC-Tiefpaß. Die obere Grenzfrequenz f_g (für $R_E \gg R$) beträgt nach BITTERLICH [**3.3**]

$$f_g = \frac{1}{2\pi RC}. \tag{3.1}$$

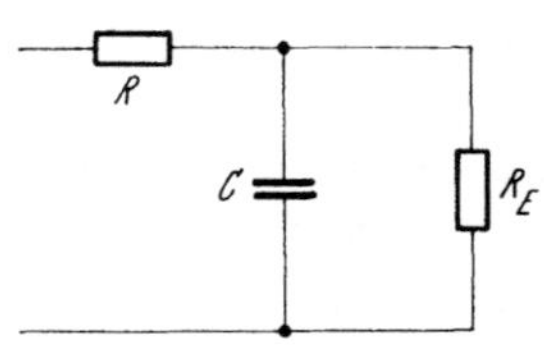

Abb. 3.4. *RC*-Tiefpaß. R_E = Eingangswiderstand des Voltmeters

Für Gleichspannungsmessungen sollte f_g sehr niedrig sein, um alle störenden Wechselspannungen auszusieben.

Beispiel: $f_g = 1$ Hz, diese Bedingung ist mit den Parametern $R = 160$ kΩ und $C = 1$ μF zu erfüllen.

Alle Spannungen mit Frequenzen $f > f_g = 1$ Hz werden abgeschwächt. Diese Anordnung läßt sich nur dann verwenden, wenn R_E, der Eingangswiderstand des Voltmeters, sehr groß ist im Vergleich zu R. Wenn gilt: $R_E = 100 \cdot R$, beträgt der Meßfehler 1%.

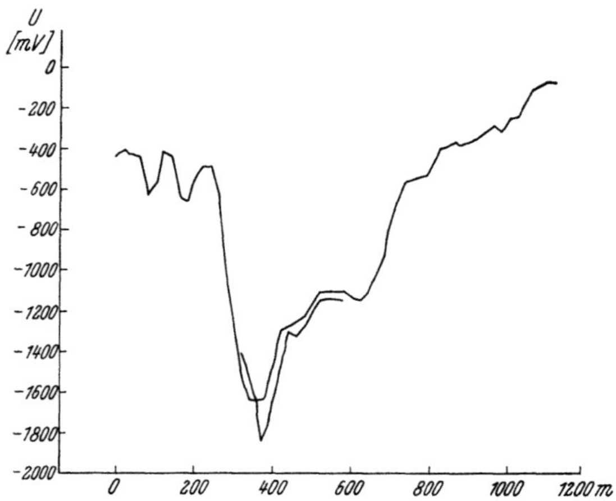

Abb. 3.5. Eigenpotential-Anomalie bei Tantahuatay/Peru (nach PARKER GAY)

Die Erfahrung hat gezeigt, daß derartige Filter bei Verwendung von hochohmigen Spannungsmessern notwendig sind. Bei Benutzung von Kompensationsschaltungen wird der Eingangswiderstand der Meßanordnung bei Spannungsabgleich unendlich groß; meistens erübrigt sich dann ein Filter.

Als Meßbeispiel sei eine Eigenpotentialanomalie von −1800 mV angeführt, die von PARKER GAY [3.14] in Peru gemessen wurde. Die Potentialkurve längs eines Profils ist in Abb. 3.5 dargestellt.

3.3 Tellurische Ströme

Tellurische Ströme sind induzierte Erdströme, die parallel zur Erdoberfläche fließen. Ihre Ursachen sind in außerirdischen Vorgängen zu suchen, man kann eine Korrelation mit ionosphärischen Effekten, der Sonnenfleckenaktivität und mit der Eigenrotation der Sonne feststellen. Dementsprechend weisen die Erdströme Schwankungen auf — sowohl was ihre Stärke als auch was ihre Richtung anbelangt. Neben langzeitlichen Schwankungen unterscheidet man sekundliche bzw. minutiöse Veränderungen. Es sind gerade diese kurzzeitlichen Variationen, die für geologische Auswertungen von Bedeutung sind. Das Hauptmerkmal dieser Veränderungen ist, daß sie an verschiedenen Orten und über sehr große Entfernungen hinweg zeitlich zusammenfallen. Die Schwingungsweiten allerdings sind von Ort zu Ort verschieden und ein Maß für den Einfluß der geologischen Gegebenheiten.

Tellurische Messungen lassen Aussagen über relativ große Tiefen zu und dienen u. a. zur Erforschung der äußeren Erdkruste. Die auftretenden Felder liegen in der Größenordnung von einigen mV/km. Wegen dieses geringen Effektes muß die Messung sehr sorgfältig erfolgen. Störungen sind von allen lokalen natürlichen und künstlichen elektrischen Feldern zu erwarten, deren Einfluß — besonders bei kurzzeitigen Oszillationen der tellurischen Felder — eliminiert werden kann.

Meßvorgang: Man vergleicht den Vektor des elektrischen Feldes an einer Basisstation mit den Vektoren diverser Feldstationen, die um die Basisstation verteilt sind. Zwischen diesen Vektoren und zwischen ihren zeitlichen Änderungen bestehen lineare Zusammenhänge. In der Praxis benutzt man nur Feldänderungen, speziell Änderungen von zwei senkrecht zueinander stehenden Feldkomponenten. Durch entsprechende Normierung der Vektoren an der Basisstation und an den Feldstationen kommen die Endpunkte der Vektorpfeile auf einen Kreis (Basis) bzw. auf eine Ellipse (Feldstation) zu liegen, wobei es die Lage und der Flächeninhalt der Ellipse gestatten, Rückschlüsse auf die elektrische Leitfähigkeit im Untergrund zu ziehen. Große Ellipsenfläche bedeutet geringe Gesteinsleitfähigkeit. In Richtung der großen Ellipsenachse ist das Spannungsgefälle am größten, d. h., σ_G ist klein; senkrecht dazu ist die LF am größten.

Sowohl in der Basisstation als auch in den umgebenden Feldstationen werden gleichzeitig (mindestens über einen Zeitraum von ca. 30 Minuten) die elektrischen Felder registriert. An zwei zueinander senkrecht stehenden Meßstrecken (NS-Richtung und EW-Richtung) wird zwischen je zwei unpolarisierbaren Elektroden — Abstand ca. 100 m — gleichzeitig die Spannung photographisch aufgezeichnet.

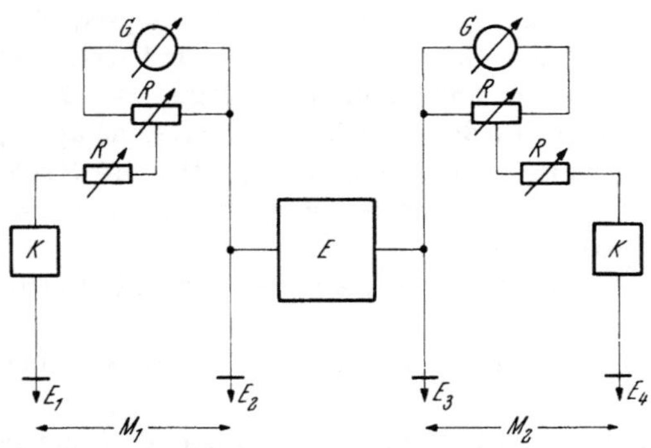

Abb. 3.6. Blockschaltbild einer Apparatur zur Messung tellurischer Ströme (nach PORSTENDORFER). G = Galvanometer, R = Meßwiderstände, E = Eichgenerator, K = Kompensationsvoltmeter, $E_1 - E_4$ = Erdelektroden, M_1 und M_2 = zwei senkrecht aufeinander stehende Meßstrecken

In Abb. **3.6** ist das Prinzipschaltbild entsprechend einer Schaltung von PORSTENDORFER [3.16] angegeben. M_1 und M_2 sind die senkrecht zueinander stehenden Meßstrecken. Die Spannung zwischen den Elektroden E_1, E_2 und E_3, E_4 wird durch Kompensation bestimmt. Die Anzeige des Spannungsabgleiches erfolgt durch ein empfindliches Galvanometer (ca. 10^{-10} A/mm und Meter Lichtzeiger), das durch einen Ohmschen Widerstand aperiodisch gedämpft ist. K ist die Kompensationseinrichtung, E ein Eichteil für das Galvanometer, der wechselweise an einen der vollkommen symmetrischen Meßkreise angeschlossen werden kann.

Ein Lichtmarkenschreiber zeichnet auf einen Film (mit entsprechender Zeitmarkierung) den Verlauf der beiden senkrecht zueinander stehenden Feldkomponenten auf.

Mittels der von Haalck [3.8] angegebenen mathematischen Methode konstruiert man die zu jeder Feldstation gehörenden Ellipsen und zeichnet die Linien gleichen Ellipseninhaltes. Man erkennt dann unter Umständen die Begrenzung des gesuchten geologischen Körpers. Meßbeispiele siehe Abschnitt 5.4.

Literatur

[3.1] Bartels, J., Erdmagnetisch erschließbare lokale Inhomogenitäten der elektrischen Leitfähigkeit im Untergrund. Nachr. Akad. Wiss. Göttingen, mathem. phys. Kl. *1954*, 95–100.

[3.2] Berdicherskiy, M. N., Electrical prospecting with the telluric current method. Quarterly Colorado School of Mines *60*, 1–216 (1962).

[3.3] Bitterlich, W., Einführung in die Elektronik. Wien-New York: Springer. 1967.

[3.4] Bitterlich, W., und Wöbking, H., Elektrische Potentiale natürlich vorkommender Sulfide und verwandter Verbindungen. Der Aufschluß *21*, 267–272 (1970).

[3.5] Cagniard, L., Electricité tellurique. In: Handbuch der Physik, Bd. 47 (Geophysik I). Berlin-Göttingen-Heidelberg: Springer. 1956.

[3.6] Doll, H. G., The *SP*-log, theoretical analysis and principles of interpretation. Petrol. Technol. 1948.

[3.7] Fleischer, U., Ein Erdstrom im tiefen Untergrunde Norddeutschlands. Dissertation, Göttingen (1954); Naturwissenschaften *41*, 114–115 (1954).

[3.8] Haalck, H., Lehrbuch der angewandten Geophysik, Teil II. Berlin: 1958.

[3.9] Hallenbach, F., Eigenpotentialmessungen und Tellurische Messungen. In: Bentz, A., Lehrbuch der angewandten Geologie, Bd. 1. Stuttgart: 1961.

[3.10] Migaux, L., Une méthode nouvelle de géophysique appliqué: La prospection par courants telluriques. Ann Geophys. *2*, 131–146 (1946).

[3.11] Militzer, H., Die elektrische Eigenpotentialmethode im Erzbergbau. Bergbautechnik *3*. Berlin: 1953.

[3.12] Mooney, H. M. et al., The potentials about a point electrode. Univ. Minnesota Press. 1956.

[3.13] Nosske, G., Erfolge und Mißerfolge mit Eigenpotentialmessungen. Z. angew. Geol. *2* (1956).

[3.14] Parker Gay, S., jr., A 1800 millivolt self-potential anomaly near Hualgayoc, Peru. Geophys. Prosp. *25*, 236–245 (1969).

[3.15] Poldini, E., Les phénomènes de polarisation spontanée électrique du sous-sol. Mém. Soc. Vandoise des Science naturelles, N 40 (1938).

[3.16] Postendorfer, G., Tellurik, Grundlagen und Anwendungen. Freib. Forschh. *C16* (1954).

[3.17] Schlumberger, M., The application of telluric currents to surface prospecting. Trans. Am. Geoph. Union *3*, 271–277 (1939).

[3.18] Sato, M. et al., The electro-chemical mechanism of sulfide selfpotential. Geophysics *25*, 226–249 (1960).

[3.19] Wiese, H., Tiefentellurik. Abh. geomagnet. Inst. und Obs. Potsdam-Niemegk. Nr. 18, 30–31 (1956).

4. Ausbreitung elektromagnetischer Wellen durch das Gestein

4.1 Theorie der Wellenausbreitung

Ausgehend von den vollständigen Maxwell-Gleichungen soll der Verlauf der magnetischen Feldstärke in einem Medium mit der elektrischen Leitfähigkeit σ [S/m], der Dielektrizitätskonstanten $\varepsilon = \varepsilon_r \varepsilon_0$ (ε_r = relative Dielektrizitätskonstante des Mediums, ε_0 = absolute Dielektrizitätskonstante des Vakuums = $8{,}86 \cdot 10^{-14}$ Farad/m) und der Permeabilität $\mu = \mu_r \cdot \mu_0$ (μ_r = relative Permeabilität, $\mu_0 = 1{,}257 \cdot 10^{-6}$ H/m) dargestellt werden. Voraussetzung ist: erstens, daß die Gesteinsparameter ε, μ und σ konstante Größen sind, mithin keinen Frequenzgang zeigen; zweitens, daß die Antennen in einem homogenen, isotropen, unendlich ausgedehnten Gestein eingebettet sind; drittens, daß die Entfernung Sender — Empfänger so groß ist, daß sowohl Sender als auch Empfänger als punktförmig angesehen werden können.

Die Maxwell-Gleichungen seien von folgender Gestalt

$$\operatorname{rot} \mathbf{H} = \varepsilon \frac{\partial \mathbf{E}}{\partial t} + \sigma \mathbf{E}; \qquad \operatorname{div} \mathbf{E} = 0 \tag{4.1}$$

$$\operatorname{rot} \mathbf{E} = -\mu \frac{\partial \mathbf{H}}{\partial t}; \qquad \operatorname{div} \mathbf{H} = 0. \tag{4.2}$$

Elimination von E und Verwendung des Ansatzes $\mathbf{H} = \mathbf{A} \cdot \exp(i\omega t)$ ergibt

$$\Delta \mathbf{A} + k\mathbf{A} = 0 \tag{4.3}$$

mit

$$k^2 = \varepsilon \cdot \mu \cdot \omega^2 \left(1 - \frac{i\sigma}{\varepsilon\omega}\right) \tag{4.4}$$

k ist eine komplexe Größe der Form

$$k = k_1 + ik_2 = \omega \sqrt{\varepsilon\mu \left(1 - i\frac{\sigma}{\omega\varepsilon}\right)}. \tag{4.5}$$

Aus der Gleichung (4.5) folgt:

$$k_1 = \omega \sqrt{\frac{\varepsilon\mu}{2}\left(1 + \sqrt{1 + \frac{\sigma^2}{\omega^2\varepsilon^2}}\right)} \tag{4.6}$$

$$k_2 = \omega \sqrt{\frac{\varepsilon\mu}{2}\left(-1 + \sqrt{1 + \frac{\sigma^2}{\omega^2\varepsilon^2}}\right)}. \tag{4.7}$$

Schreibt man Gl. (4.3) in Kugelkoordinaten und löst man sie unter Verwendung von Besselfunktionen mit halbzahligem Index, so erhält man für die

Abstrahlung eines magnetischen Dipols (nur dieser soll betrachtet werden):

$$\mathbf{H}_r = \frac{\mathbf{m}}{2\pi} \cos\vartheta \cdot \frac{1}{r} \cdot \exp[i(\omega t - kr)] \cdot \left(\frac{ik}{r} + \frac{1}{r^2}\right) \tag{4.8}$$

$$\mathbf{H}_\vartheta = \frac{\mathbf{m}}{4\pi} \sin\vartheta \cdot \frac{1}{r} \exp[i(\omega t - kr)] \cdot \left(-k^2 + \frac{ik}{r} + \frac{1}{r^2}\right). \tag{4.9}$$

Mit folgender Buchstabenbedeutung: $\mathbf{m} = n \cdot \mathbf{I} \cdot F$ = Dipolmoment einer Antenne mit dem Strom $\mathbf{I}$, der Windungszahl n und der Fläche F, r = Abstand Sender — Empfänger, δ = Winkel zwischen Dipolachse und Richtung zum Aufpunkt. Zusätzlich zu $\mathbf{H}_r$ und $\mathbf{H}_\vartheta$ erhält man eine elektrische Komponente $\mathbf{E}_\varphi$ (Bitterlich [4.6]), die vernachlässigt werden soll.

Die sich aus den Maxwell-Gleichungen ergebenden Lösungen für einen elektrischen Dipol sollen ebenfalls nicht weiter behandelt werden, da sich gezeigt hat, daß bei Verwendung von großen Wellenlängen die Strahlung eines magnetischen Dipols günstiger wird als die eines elektrischen Dipols.

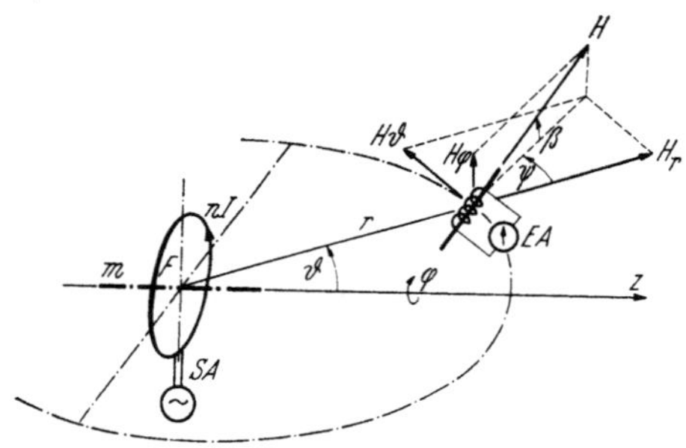

Abb. 4.1. Geometrische Verhältnisse am Empfangsort. SA = Sendeantenne, EA = Empfangsantenne. Übrige Bezeichnungen siehe Text

Bei der Messung am Empfangsplatz ist nur der Betrag der magnetischen Feldstärke $\mathbf{H}$ erfaßbar, der sich vektoriell aus $\mathbf{H}_r$ und $\mathbf{H}_\vartheta$ zusammensetzt. Gemessen wird die dem Betrag der Feldstärke proportionale, in einer Antenne induzierte Spannung U_I.

Die Verhältnisse an der Empfangsantenne sind in Abb. 4.1 wiedergegeben. Das Maximum der Feldstärke H ist gegeben durch die Bedingung

$$\tan\psi = \frac{|\mathbf{H}_\vartheta|}{|\mathbf{H}_r|}. \tag{4.10}$$

Für die Ausbreitung höherfrequenter Wellen ist nur das Fernfeld von Bedeutung, welches im allgemeinen ab einer Entfernung von einigen Wellenlängen gerechnet wird. Dort verschwindet bereits $\mathbf{H}_r$ gegen $\mathbf{H}_\vartheta$.

Im VLF- und im LF-Bereich sind Messungen im Nah- und Fernfeld möglich. Eine Abgrenzung ergibt sich auf folgendem Wege [4.4]: Man definiert

$$G = \frac{|H|\,(\vartheta = 0°)}{|H|\,(\vartheta = 90°)}. \tag{4.11}$$

Für das Nahfeld soll gelten $G > 1$, für das Fernfeld: $G < 1$.

4.2 Wellenausbreitung im VLF-Bereich

4.2.1 Feldstärkediagramme

In Abbildung 4.2 ist der theoretische Zusammenhang zwischen der Feldstärke H_ϑ und der Entfernung r dargestellt (für $\vartheta = 90°$). Der variable Parameter ist die Leitfähigkeit des Mediums (Gestein). Als Frequenz wurde $f = 120$ kHz gewählt. Aus der Abb. 4.2 ist zu entnehmen, daß die Abhängigkeit

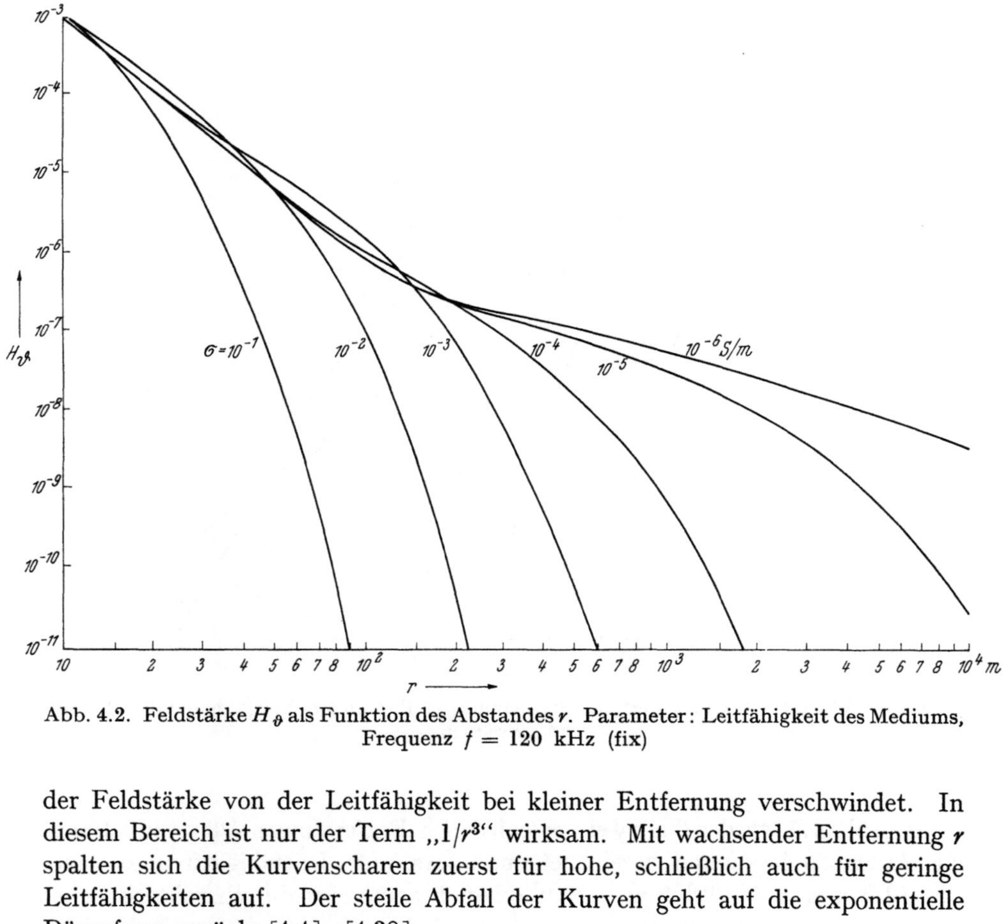

Abb. 4.2. Feldstärke H_ϑ als Funktion des Abstandes r. Parameter: Leitfähigkeit des Mediums, Frequenz $f = 120$ kHz (fix)

der Feldstärke von der Leitfähigkeit bei kleiner Entfernung verschwindet. In diesem Bereich ist nur der Term „$1/r^3$" wirksam. Mit wachsender Entfernung r spalten sich die Kurvenscharen zuerst für hohe, schließlich auch für geringe Leitfähigkeiten auf. Der steile Abfall der Kurven geht auf die exponentielle Dämpfung zurück [4.4], [4.38].

Die in Abb. 4.3 dargestellte Kurvenschar zeigt die Abhängigkeit $H_\vartheta = H_\vartheta(r)$, variabler Parameter ist die Frequenz f, die Leitfähigkeit beträgt $\sigma = 10^{-4}$ S/m bzw. $\sigma = 10^{-2}$ S/m.

Man erkennt die starke Dämpfung mit wachsender Frequenz und steigender Leitfähigkeit.

Weitere Feldstärkediagramme siehe Literatur [4.4], [4.34], [4.38].

4.2.2 Antennendiagramme

Antennendiagramme erhält man, wenn die Feldstärke H als Funktion des Winkels ϑ — bei konstantem r und σ — aufgetragen wird.

In Abb. 4.4 wurden als Parameter verschiedene Leitfähigkeiten, nämlich $\sigma = 10^{-2}$ und $\sigma = 10^{-4}$ S/m gewählt. Frequenz: $f = 120$ kHz. Die Abstände variierten zwischen 10 m und 500 m. Die Feldstärken wurden für die Winkel $\delta = 0°$, 30°, 60°, ..., 330°, 360° aufgetragen. Die Formänderung von liegender Acht über den Kreis zu stehender Acht entspricht der starken Dämpfung von H_r gegenüber H_ϑ.

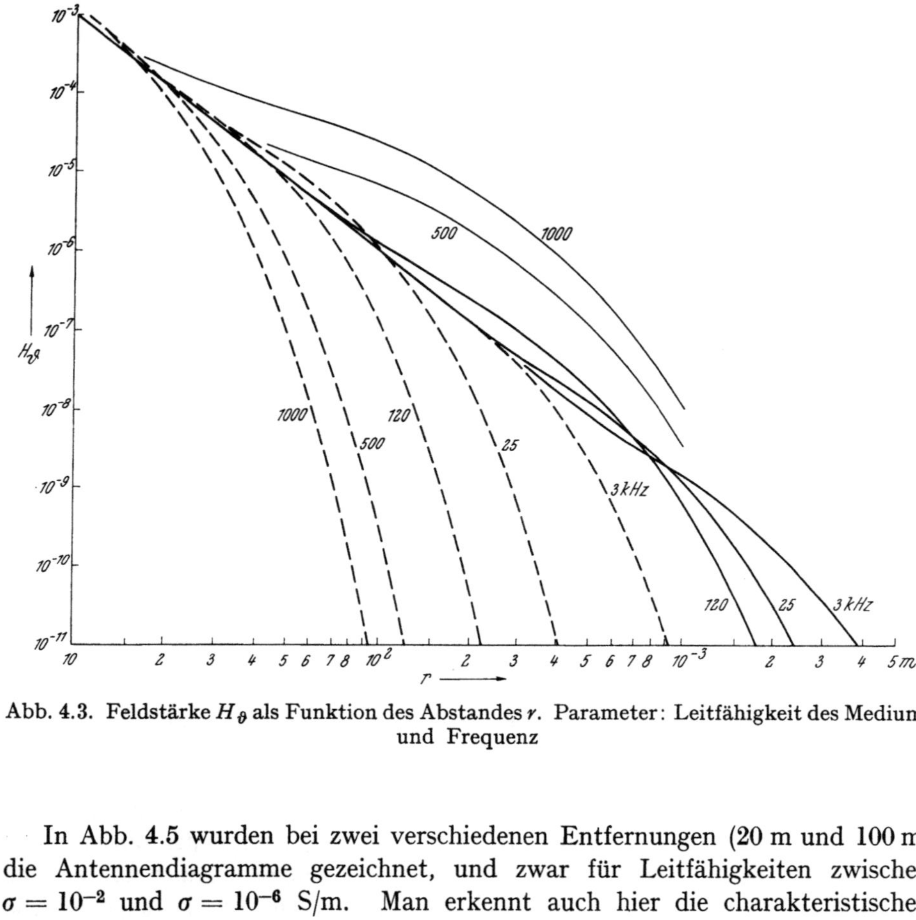

Abb. 4.3. Feldstärke H_ϑ als Funktion des Abstandes r. Parameter: Leitfähigkeit des Mediums und Frequenz

In Abb. 4.5 wurden bei zwei verschiedenen Entfernungen (20 m und 100 m) die Antennendiagramme gezeichnet, und zwar für Leitfähigkeiten zwischen $\sigma = 10^{-2}$ und $\sigma = 10^{-6}$ S/m. Man erkennt auch hier die charakteristischen Formen der enthaltenen Kurven, die umgekehrt eine Abschätzung der Leitfähigkeit des „durchstrahlten" Mediums zulassen würden.

Bei den bisher aufgeführten Diagrammen wurde die Abhängigkeit von der Dielektrizitätskonstante ε vernachlässigt. Im folgenden Diagramm Abb. 4.6 ist H_{90} als Abszisse und G als Ordinate aufgetragen. Fixe Parameter: Entfernung $r = 100$ m, Frequenz $f = 120$ kHz. Variable Parameter: Leitfähigkeit $\sigma = 3 \cdot 10^{-3}$ bis $> 10^{-5}$ S/m, relative Dielektrizitätskonstante $\varepsilon_r = 10 - 100$.

Aus den Diagrammen ist zu ersehen, daß eine Unterscheidung verschiedener ε-Werte erst unterhalb einer bestimmten Leitfähigkeit möglich ist. Nach NESSLER [4.38] tritt für hohe Frequenzen bereits bei geringen Entfernungen eine Aufspaltung der Kurven infolge verschiedener ε-Werte auf. Aus den entsprechenden

Diagrammen lassen sich sofort auf die Gesteinsparameter σ und ε_r Rückschlüsse ziehen.

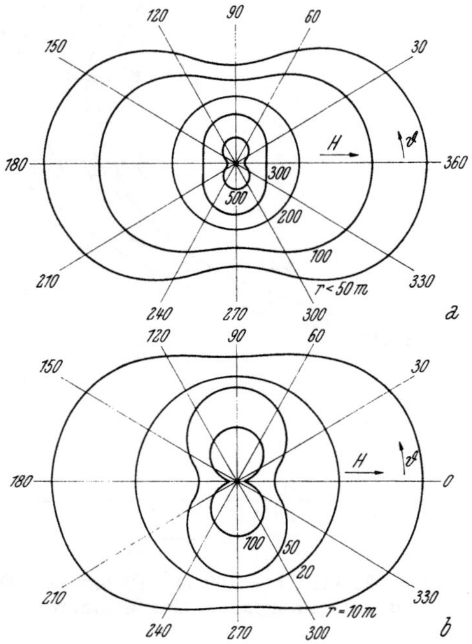

Abb. 4.4. a) Antennendiagramm: $f = 120$ kHz; $\sigma = 10^{-4}$ S/m. Parameter: Abstand r. b) Antennendiagramm: $f = 120$ kHz; $\sigma = 10^{-2}$ S/m. Parameter: Abstand r

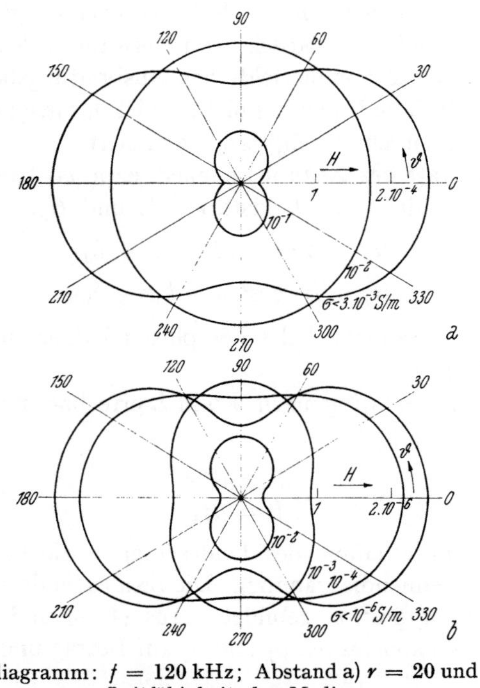

Abb. 4.5. Antennendiagramm: $f = 120$ kHz; Abstand a) $r = 20$ und b) 100 m. Parameter: Leitfähigkeit des Mediums

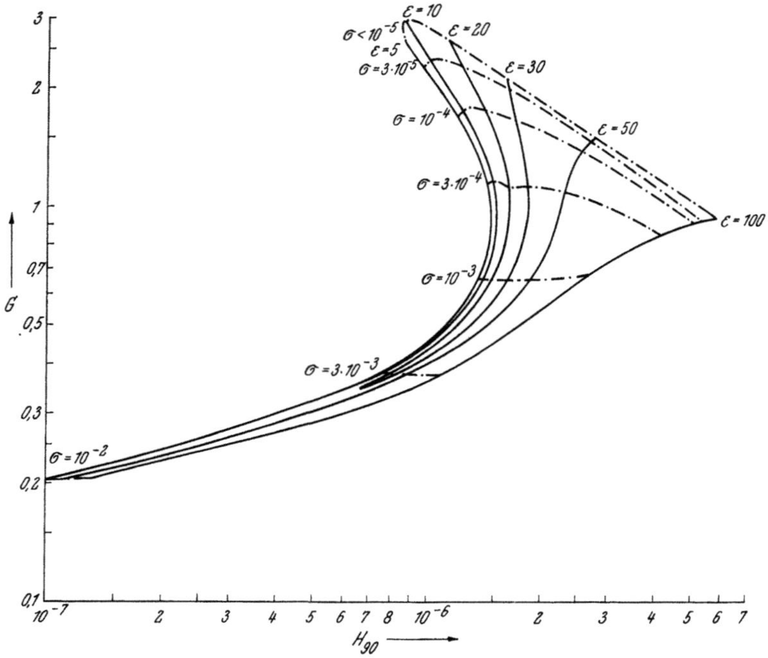

Abb. 4.6. G gegen H_{90}. $f = 120$ kHz, $r = 100$ m. Parameter: Dielektrizitätskonstante ε und Leitfähigkeit σ des Mediums

4.3 Der magnetische Dipol im elliptisch polarisierten Magnetfeld [4.14]

Für das Fernfeld eines Dipols ($k_1 \cdot r \gg 1$) können in den Gleichungen (4.8) und (4.9) alle Terme höherer Ordnung als $1/r$ vernachlässigt werden. Es bleiben nur eine magnetische und die in Abschnitt 4.1 erwähnte elektrische Komponente übrig, die sich gemäß der Sommerfeldschen Ausbreitungsbedingung wie Kugelwellen verhalten. Gilt diese Näherung nicht, so ist das magnetische Feld (Hauptfeld) beim magnetischen Dipol elliptisch polarisiert.

Verwendet man statt der Zeitabhängigkeit $\exp(i\omega t)$ trigonometrische Funktionen, so erhält man die reelle Feldstärke H_r und H_ϑ:

$$H_r = A \cdot \cos(\omega t - k_1 r + \delta_1) \tag{4.12}$$

$$H_\vartheta = B \cdot \cos(\omega t - k_1 r + \delta_2). \tag{4.13}$$

δ_1 und δ_2 sind die Phasenwinkel der komplexen Zahlen in den Klammern der Formeln (4.8) und (4.9).

Die Amplituden der Schwingungen A und B errechnet man aus den absoluten Beträgen von (4.8) und (4.9).

$$A = |H_r| \tag{4.14}$$

$$B = |H_\vartheta|. \tag{4.15}$$

Eine zeitliche Momentaufnahme des Feldes ergäbe die bekannten Hertzschen Kraftlinienbilder (Antennendiagramme). Die resultierende Feldstärke wird nach den Regeln der Vektoraddition gebildet. Aus (4.12) und (4.13) erkennt man den Einfluß der Phasenkonstanten δ_1 und δ_2 auf Betrag und Richtung der Feldstärke.

Experimentell lassen sich derartige Momentaufnahmen nicht erfassen. Beobachter hätten nur die Möglichkeit, in einem bestimmten Punkt mit den Koordinaten (r, ϑ) die zeitlichen Mittelwerte der Empfangsfeldstärke nach Betrag und Richtung zu messen. Die Schwingungen in der r- und ϑ-Richtung sind relativ zueinander phasenverschoben um

$$\delta = \delta_1 - \delta_2. \tag{4.16}$$

Unterdrückt man die hier nicht interessierenden Phasenkonstanten $k_1 \cdot r$, δ_1 und δ_2, so lassen sich die Gleichungen (4.12) und (4.13) folgendermaßen schreiben:

$$H_r = A \cdot \cos \omega t \tag{4.17}$$

$$H_\vartheta = B \cdot \cos(\omega t + \delta). \tag{4.18}$$

Der Beobachter mißt also ein elliptisches Feld.

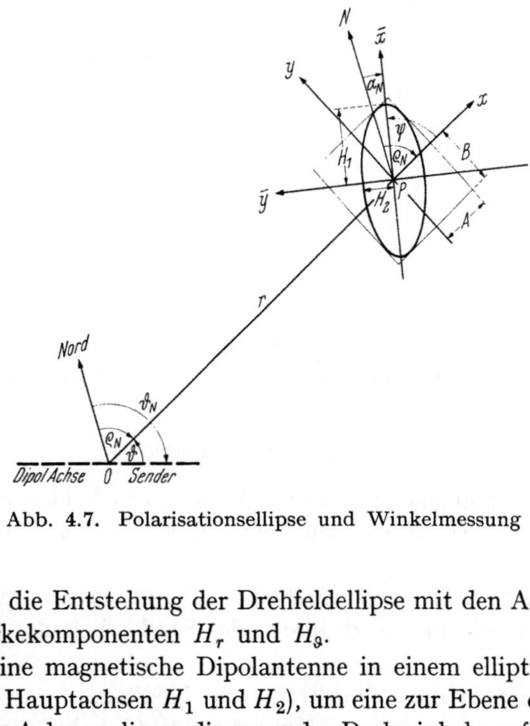

Abb. 4.7. Polarisationsellipse und Winkelmessung

Abb. 4.7 zeigt die Entstehung der Drehfeldellipse mit den Achsen H_1 und H_2 aus den Feldstärkekomponenten H_r und H_ϑ.

Dreht man eine magnetische Dipolantenne in einem elliptisch polarisierten H-Feld (mit den Hauptachsen H_1 und H_2), um eine zur Ebene der Polarisationsellipse senkrechten Achse, so liegen die gegen den Drehwinkel γ aufgetragenen Werte für die induzierte Spannung nicht auf einer Ellipse, sondern auf der zur Ellipse gehörenden Fußpunktkurve bezüglich des Punktes 0 (siehe Abb. 4.8). Die Gleichung für $H(\gamma)$ läßt sich ableiten, wenn man die beiden Projektionen der um 90° phasenverschobenen Komponenten auf die Richtung der Empfangsantenne addiert, wodurch man den Momentanwert

$$H(\gamma, t) = H_1 \sin \omega t \cos \gamma + H_2 \cos \omega t \sin \gamma = H(\gamma) \sin(\omega t + \chi) \tag{4.19}$$

erhält.

Für $H(\gamma)$ folgt daraus:

$$H(\gamma) = \sqrt{H_1^2 \cos^2\gamma + H_2^2 \sin^2\gamma}. \tag{4.20}$$

Man erhält diese Kurve, indem man für alle Werte von γ eine zur Richtung der Empfangsantenne normale Tangente an die Ellipse zieht.

In Abb. 4.8 stellen die Punkte die gemessenen Werte dar. Man erkennt die sehr genaue Übereinstimmung der Meßwerte mit der theoretischen Fußpunktkurve.

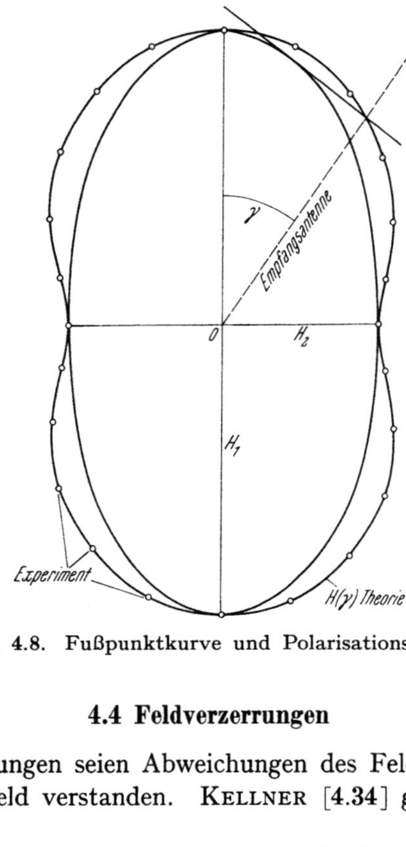

Abb. 4.8. Fußpunktkurve und Polarisationsellipse

4.4 Feldverzerrungen

Unter Feldverzerrungen seien Abweichungen des Feldes von dem nach der Theorie erwarteten Feld verstanden. KELLNER [4.34] gibt folgende Ursachen für Verzerrungen an:

1. Antennenform und -größe, Metallteile (z. B. Geräte am Senderort),
2. Der Stollenhohlraum, in dem sich der Sender befindet (siehe auch WAIT [4.48], [4.68]),
3. Inhomogenitäten oder Anisotropie des Mediums.

Ad 1: Untersuchungen von KELLNER [4.14] haben ergeben, daß zwar durch die Form der Sendeantenne und die Aufstellung der Meßapparatur eine Feldverzerrung hervorgerufen wird, daß aber diese Einflüsse gegenüber den vom Medium (Gestein) verursachten Effekten im allgemeinen vernachlässigt werden können.

Ad 2 und 3: Einfluß des Stollenhohlraumes und Einfluß von Inhomogenitäten.

Da bei Messungen über größere Entfernungen Einflüsse geologischer Störungen nie mit Sicherheit auszuschließen sind, wurde versucht, Feldverzerrungen auf Grund des Stollenhohlraumes in unmittelbarer Nähe der Sendeantenne nachzuweisen. Dies gelang durch folgenden Versuch:

Abb. 4.9 zeigt rechts unten den Ort der Messung. Die Sendeantenne wurde an den Punkten I, II, III der Skizze aufgestellt. P ist der Empfangsort. Die Entfernung Sender — Empfänger beträgt 17,3 m für die Punkte I und III, 16,9 m für II. Frequenz: 1016 kHz.

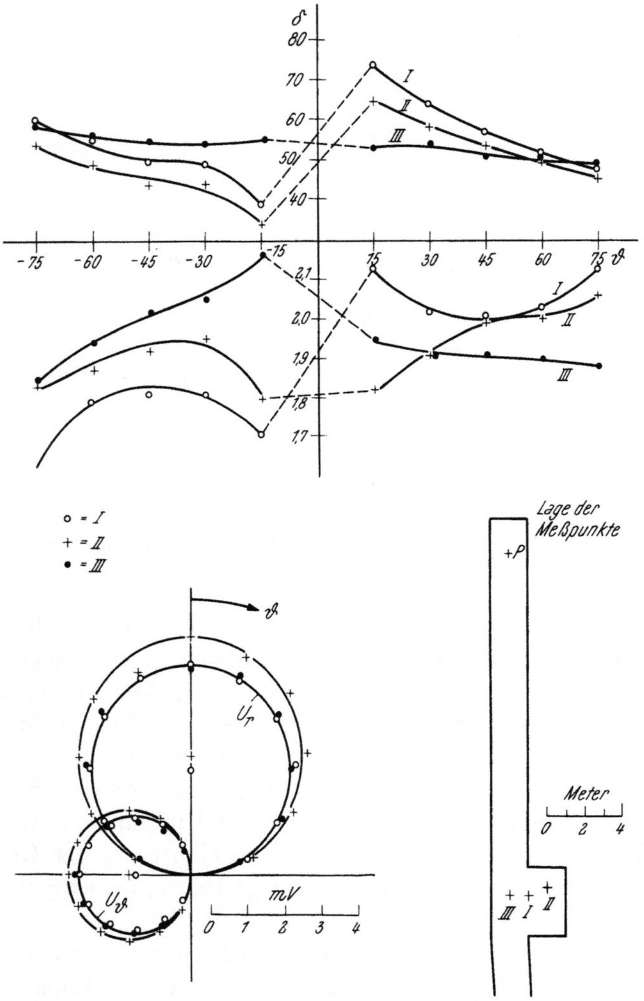

Abb. 4.9. Feldverzerrung. Einfluß des Hohlraumes auf die Feldstruktur eines magnetischen Dipols

Aus der in Abb. 4.9 links unten dargestellten Abhängigkeit der Feldstärkekomponenten vom Winkel ϑ läßt sich schwerlich ein Unterschied zwischen den verschiedenen Sendeorten feststellen. Es ist

$$U_r \sim \cos\vartheta \tag{4.21}$$

$$U_\vartheta \sim \sin\vartheta \tag{4.22}$$

mit guter Genauigkeit (10%) erfüllt. Die größere Feldstärke bei Messung II entspricht der geringeren Entfernung.

Trägt man aber G und δ gegen ϑ auf (Abb. 4.9 oben), so treten die Unterschiede zwischen den Messungen deutlich hervor. Die Kurven für δ zeigen für Messung I und II einen ähnlichen Verlauf, der sich von III deutlich unterscheidet. Die Kurven für G hingegen unterscheiden sich stark in ihrem Verlauf.

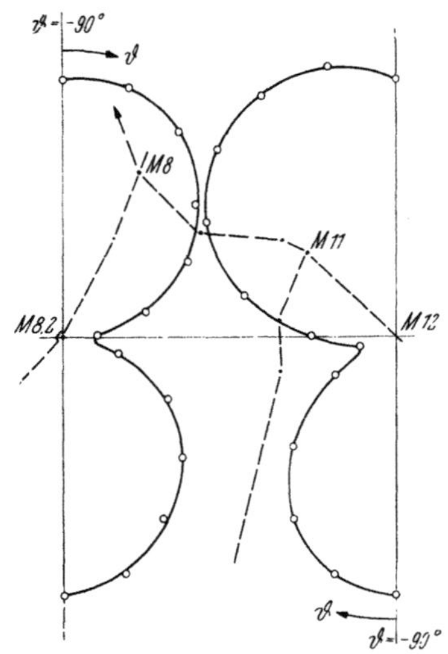

Abb. 4.10. Feldverzerrung. Austausch von Sender und Empfänger

Da in diesem Versuch sicherlich der Stollenhohlraum für die Unterschiede im Feldverlauf verantwortlich ist, in einem anderen Versuch aber Verzerrungen gefunden wurden, die nicht vom Stollenhohlraum herrühren, muß man annehmen, daß die Feldverzerrungen im allgemeinen von beiden Faktoren, Stollenhohlraum und Inhomogenität oder Anisotropie, verursacht werden.

Besonders stark traten die Feldverzerrungen bei größerer Entfernung und höherer Frequenz zutage. Abb. 4.10 zeigt den Einfluß des Stollenhohlraums in größerer Entfernung vom Sender. Ein Ausschnitt aus der Grubenkarte ist strichliert eingetragen. Die Meßstrecke beträgt 103 m, wobei Sender und Empfänger vertauscht wurden.

Die am Empfangsort gemessene Maximalspannung U_1 wird in einem Polarkoordinatensystem mit dem Sendeort als Ursprung als Funktion des Winkels ϑ aufgetragen. Nach der Theorie müßte das Maximum von $U_1(\vartheta)$ bei $\vartheta = 90°$ liegen. Es zeigt sich, daß sich dieses Maximum etwa verschiebt, und zwar in die Richtung des Stollens am Sendeort. Weiters ist die Symmetrie zur Verbindungslinie Sender — Empfänger gestört. Fällt die Dipolachse am Senderort mit der Richtung der Stollenachse zusammen, so treten am Empfangsort größere Feldstärken auf als in dem Falle, wo die Dipolachse auf die Stollenwand gerichtet ist. Besonders deutlich zeigt sich diese Unsymmetrie in der rechts liegenden Kurve $U_1(\vartheta)$ der Abb. 4.10. Hier liegt der Sender am Ende eines Stollens, wo dieser Effekt naturgemäß stärker hervortreten muß.

Es reicht die Feststellung aus, daß Einflüsse des Stollenhohlraums in der Nähe und in größerer Entfernung von der Sendeantenne nachweisbar sind. Zur

Klärung dieser Effekte wären weitere, umfangreiche, theoretische wie experimentelle Untersuchungen nötig.

4.5 Meßeinrichtungen

Die Umweltbedingungen der freien Natur oder des Bergwerks stellen an elektronische Meßeinrichtungen besondere Forderungen. Die Geräte müssen leicht tragbar, d. h. von geringem Gewicht und, was vor allem in engen Bergwerksstrecken von großer Bedeutung ist, von geringem Volumen sein. Sie müssen auch in meßbereitem Zustand tropfwassergeschützt und unempfindlich gegen Feuchtigkeit und Kondenswasserbildung sein. Unempfindlich gegen Stösse, müssen sie einen Transport mit der Grubenbahn oder ein hartes Aufsetzen auf Felsboden aushalten können.

Von den vielen, im Rahmen unserer Forschungsarbeit gebauten Meßeinrichtungen sollen im folgenden Abschnitt einige bewährte Konstruktionen besprochen werden.

4.5.1 Sender und Sendeantennen

Die Frage nach der Art der Antenne für die Abstrahlung langer elektromagnetischer Wellen ist von grundlegender Wichtigkeit. Die an der Erdoberfläche verwendeten elektrischen Dipolantennen für Sender sollen nach Möglichkeit eine Länge von $\lambda/4$ haben. Derartige überdimensionale Gebilde werden bei kommerziellen oder militärischen Stationen verwendet, sind aber für unterirdische Versuche unbrauchbar. Für die Messungen unter der Erde kann nur eine kleine Antenne mit einer relativ zur Wellenlänge sehr geringen elektrischen Länge benützt werden.

Zur Klärung der Frage, ob ein elektrischer oder magnetischer Dipol verwendet werden soll, wurden zuerst theoretische Betrachtungen angestellt [4.9]. Es ergab sich, daß bei tiefen Frequenzen ab einer minimalen Leitfähigkeit der magnetische Dipol wirtschaftlicher ist als der elektrische, das heißt, bei gleicher Sendeleistung ist der Energiefluß durch gleich große Kugelschalen bei Verwendung eines magnetischen Dipols größer.

Im praktischen Meßbetrieb ist ein magnetischer Dipol wesentlich leichter zu handhaben als ein elektrischer in Form eines langen ausgespannten Drahtes. Die kapazitiven Einflüsse durch die verschiedenen Entfernungen zur Stollenwand sind beim magnetischen Dipol vernachlässigbar. Die Erzeugung eines maximalen magnetischen Momentes ist technisch wesentlich leichter realisierbar als die Anpassung extrem kleiner Strahlungswiderstände an einem Generator. Auch ist es nur mit einem magnetischen Dipol möglich, Antennendiagramme in einem Bergwerk durch Drehen der Sendeantenne aufzunehmen. Wie die Gleichungen der magnetischen Feldstärkekomponenten zeigen [4.34]

$$H_r = \frac{nIF}{2\pi r^3} \cdot F_1{}^* \cdot \cos\vartheta, \tag{4.23}$$

$$H_\vartheta = \frac{nIF}{4\pi r^3} \cdot F_2{}^* \cdot \sin\vartheta \tag{4.24}$$

(n = Windungszahl, I = Senderstrom, F = Fläche), ist es möglich, die Empfangsfeldstärke durch Vergrößerung von n, I oder F zu erhöhen. Bei Serienresonanz des Antennenkreises ist der Strom I, abgesehen von der Leistungsfähigkeit des Generators, nur vom ohmschen Antennenwiderstand bestimmt. Eine Querschnittsvergrößerung des Leiters reduziert zwar diesen Widerstand, steigert aber das Gewicht der Antenne. Windungszahl n und Fläche F bestimmen die Induktivität, die bei gegebener Frequenz im Hinblick auf die Resonanzabstimmbarkeit nicht beliebig vergrößert werden kann. So ist die Konstruktion der Sendeantenne als magnetischer Dipol vor allem durch ihren Verwendungszweck bestimmt.

Abb. 4.11. Längstwellensender in einem Salzwerk aufgestellt

Bei transportablen Sendeanlagen spielt die Stromquelle, der Akkumulator, eine „gewichtige" Rolle. Bis zu einer Leistung von ca. 70 W sind transistorisierte Sender noch als leicht transportabel zu bezeichnen.

Abb. **4.11** zeigt eine bewährte VLF-Sendeanlage in einem Salzwerk aufgestellt [**4.33**]. Auf einer Transportkiste, die einen 12 V-Akkumulator enthält, steht ein Leistungsverstärker (Eigenbau) und darüber ein handelsüblicher RC-Generator als Steuersender. Rechts daneben befindet sich auf einem Aluminiumstativ die magnetische Dipolantenne. Bei dieser Antenne ist das Bündel von 60 Windungen (Kupferlitze, Querschitt 2,5 mm^2) in einen flexiblen Plastikschlauch eingeschweißt. Die Wicklung kann deshalb vom Rahmen abgenommen und zusammengefaltet, der Rahmen ebenfalls zusammengeklappt werden. Damit ist die Antenne besonders leicht zu transportieren. Die Fläche der betriebsbereiten Antenne ist 1,4 m², ihre Induktivität 15 mH.

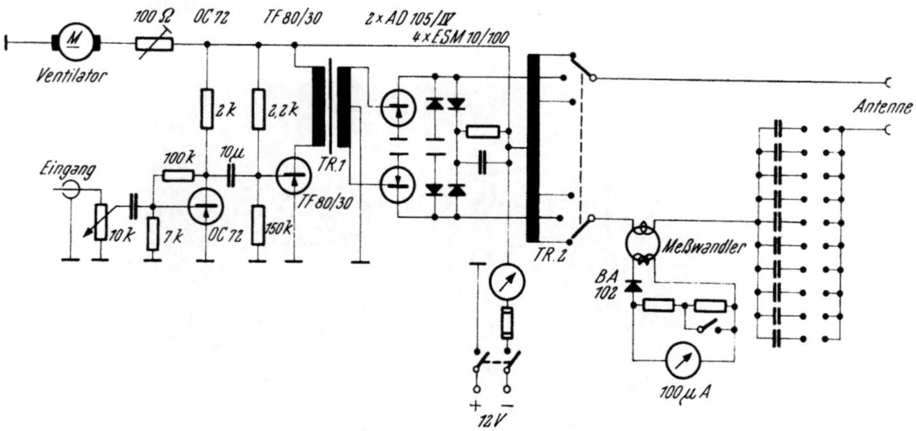

Abb. 4.12. Schaltbild einer Senderendstufe für Längstwellen

Das Schaltbild des Leistungsverstärkers zeigt Abb. 4.12. Am Eingang wird der RC-Generator angeschlossen, mit dem Eingangspotentiometer die Aussteuerung geregelt. Ein zweistufiger Vorverstärker bringt das Signal auf die für die Endstufe nötige Steuerleistung. Die Endstufe arbeitet in einer Gegentakt-C-Schaltung und gibt eine Ausgangsleistung von 50 W ab. Der Ausgangsübertrager ist als Spartransformator ausgeführt. Die Übertragungsverluste sind folglich gering. Die Antenne wird in Serienresonanz betrieben. Die Abstimmung erfolgt mit einer Dekade aus Glimmerkondensatoren mit einer Spannungsfestigkeit von 2000 V. Durch mehrere Anzapfungen am Ausgangsübertrager ist eine Impedanzanpassung der Endstufe an den Antennenkreis möglich. Der Kollektor-Emitterstrecke parallelgeschaltete Siliziumdioden begrenzen die während des Abstimmvorganges auftretenden Spannungsspitzen und schützen so die Leistungstransistoren. Mit Hilfe eines Meßwandlers wird der Resonanzstrom in der Antenne gemessen. Die verfügbare Batteriekapazität ist wegen der Gewichtsgrenze einer Traglast auf etwa 75 Ah begrenzt. Bei einer Ausgangsleistung von etwa 50 W und einem Wirkungsgrad von etwa 50% ergibt sich eine Betriebsdauer von etwa sieben Stunden, die gerade für eine längere Versuchsreihe ausreichen.

Mit der beschriebenen Anlage können Entfernungen bei mittlerer Gesteinsleitfähigkeit (10^{-4} Sm^{-1}) von einigen hundert Metern durch das Gestein im Frequenzbereich von 2 — 10 kHz überbrückt werden. Zur Messung über größere unterirdische Distanzen im VLF-Bereich müssen die Sendeleistungen um Zehnerpotenzen vergrößert werden. Dadurch wird aber die leichte Transportierbarkeit und die Stromversorgung aus Batterien unmöglich.

Für die verschiedensten montanelektronischen Untersuchungen wurde im Bergbau Großkogl bei St. Gertraudi, Tirol, ein Labor eingerichtet, dessen Ansicht Abb. 4.13 zeigt. In diesem klimatisierten Raum sind neben elektronischen Meßeinrichtungen zwei netzbetriebene Sender mit Ausgangsleistungen von je einem kW installiert. Im Bild rechts hinten steht der Längstwellensender (Bryan

Savage KM 2Z). Sein Frequenzbereich ist 20 Hz bis 10 kHz, seine Ausgangsimpedanz von 0,6 bis 40 Ohm wählbar. Rechts davor steht ein Mittel- und Langwellensender (Aironautical C. E., Mod. GLX-M) mit einem Bereich von 100 kHz bis 1 MHz, der für seinen speziellen Einsatz umgebaut wurde.

Abb. 4.13. Geoelektronisches Labor im Bergbau Großkogl, Tirol

Für unterirdische Ausbreitungsversuche über eine Distanz von vielen Kilometern im VLF-Bereich ist neben einer erhöhten Senderleistung vor allem eine Vergrößerung der Fläche der magnetischen Dipolantenne nötig. In einem System von Stollen, Zechen und Schächten wurde eine nahezu quadratische Sendeantenne montiert, deren Teilstück die Abb. 4.14 zeigt. Bei einer Seitenlänge von 40 m besitzt sie eine Fläche von 1600 m². Die 10 Windungen bestehen aus einem Stahlaluminiumseil mit einem Querschnitt von 135 mm². Beträchtliche Isolationsschwierigkeiten in der 100% feuchten Luft bereiteten die hohen Resonanzspannungen auf einem Teil der Windungen. Bei 3 kHz beträgt der maximale

Antennenstrom 40 A. Die hohe Blindstrombelastung verlangt Abstimmkondensatoren mit sehr gutem Dielektrikum. Mit dieser Antenne wurden Entfernungen von 15 km überbrückt [4.10, 4.13]. Für höhere Frequenzen wurde im gleichen Bergwerk in einer Zeche ein Sendedipol errichtet, Abb. 4.15. Die Antenne ist am First mit einem Gelenk aufgehängt, so daß sie für Antennendiagrammmessungen nach allen Seiten drehbar ist. Die Größe des Rahmens ist 4 × 4 m. An seinen Ecken sind Porzellan-Schirmisolatoren montiert, durch deren Rillen die 10 Windungen (kunststoffisolierte Kupferlitze, 4 mm^2 Querschnitt) geführt sind. Die Speisung der Antenne erfolgt über eine Lecherleitung, die zum Bergwerkslabor führt. Diese Sendeantennenkonstruktion hat sich sehr bewährt und wurde für zahlreiche Messungen verwendet [4.11].

Abb. 4.14. Teilstück einer großen magnetischen Sendeantenne

Eine transportable Sendeanlage für den Frequenzbereich von 100 kHz bis 1 MHz zeigt die Abb. 4.16 [4.34]. Diese für geophysikalische Arbeiten wichtige Anlage soll etwas ausführlicher besprochen werden. Die kreisförmige Sendeantenne ist mit dem Sender in einem zweiteiligen Aluminiumkasten zu einer Einheit zusammengebaut. Diese Anlage ist auf die zylinderförmige Antennendrehanlage geschraubt, die auf einem kurzen Stativ befestigt ist. Links neben dem Stativ steht die Transportkiste mit dem Akkumulator, rechts der DC-Wandler (siehe S. 204) zur Versorgung des Senders mit Hochspannung.

Der Sender, Schaltbild Abb. 4.17, ist mit Röhren aufgebaut. Der Steuersender in Balanceschaltung wird zur Frequenzwahl mit einem Doppeldrehkondensator abgestimmt. Durch Umschalten der Induktivitäten wird das Frequenzband in drei Bereiche unterteilt. Die Endstufe ist mit Leistungspentoden bestückt und arbeitet im Gegentakt-C-Betrieb. Wegen ihrer kleinen Gitter-Anodenkapazität kann auf eine Neutralisation verzichtet werden. Die Gittervorspannung wird automatisch durch Aussteuerung in den Gitterstrombereich erzeugt. Vor den Gittern liegen UKW-Sperren. Die Schirmgitterverlustleistung der Pentoden wird durch Vorwiderstände begrenzt.

Abb. 4.15. Drehbarer Sendedipol in einer Zeche

Problematisch ist die Anpassung der Antennenimpedanz mit einer Größenordnung von mΩ an den optimalen Arbeitswiderstand der Endstufe (Größenordnung kΩ) über den gesamten Frequenzbereich. Dazu wären mindestens zwei umschaltbare Ausgangsübertrager und ein Impedanztransformator (Collinsfilter) nötig. Die für eine gewählte Frequenz notwendige Abstimmung ist dabei aufwendig. Dem Verwendungszweck des Senders als Meßgerät entsprechend, wurde auf schnelle und einfache Bedienung im Bergwerkseinsatz mehr Wert gelegt, als auf eine maximale Leistungsanpassung. Wie das Schaltbild des Senders zeigt, wird lediglich die Primärseite des Ausgangskreises kapazitiv abgestimmt. Bei Resonanz wird der Anodengleichstrom minimal, der Wechselstrom in der Antenne maximal. Als Ausgangsübertrager wurde ein Ferrit-Schalenkern (Siemens N28, 42/70 mm) verwendet. Um die Kraftflußdichte im Kern zu reduzieren und dadurch die Kernverluste klein zu halten, wurden die Mittelstege beider Schalenhälften vollständig abgeschliffen.

Abb. 4.16. Für geophysikalische Messungen und Prospektionsaufgaben besonders geeignete Sendeanlage

Die Antenne besteht aus einer Windung, die durch einen Gummischlauch zentriert in ein kreisförmig gebogenes Aluminiumrohr (Radius 0,452 m) eingezogen ist. Um Wirbelstromverluste klein zu halten, wurde das Rohr geschlitzt. Feldverzerrungen, die durch eine Ausdehnung der Antenne normal zur Windungsfläche verursacht werden, und kapazitive Beeinflussungen vermeidet diese Konstruktion. Wie weit die Abschirmung zu einer Reduzierung des magnetischen Momentes Anlaß gibt, wurde durch die Bestimmung der effektiven Antennenfläche ermittelt. In einer Entfernung r vom Sender wurde die Kraftflußdichte

$$B = \frac{\mu_0 \cdot nIF}{2\pi r_0^3} (1 + k_0^2 r_0^2) \tag{4.25}$$

mit

$$r_0^2 = r^2 + a^2$$

$a =$ Radius der Sendeantenne

im Vergleich mit einer Eichspule gemessen. Da die Empfangsspannung der Kraftflußdichte proportional ist, erhält man für die effektive Antennenfläche $F_{\text{eff}} = 0{,}620 \pm 0{,}012 \text{ m}^2$. Die Abschirmung reduziert das Dipolmoment um etwa 5%.

Mit dieser Sendeanlage konnten Entfernungen von einigen hundert Metern im Gestein überbrückt werden.

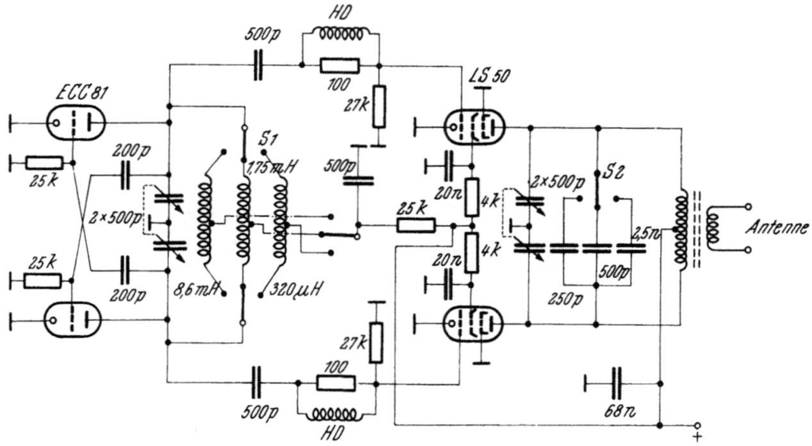

Abb. 4.17. Schaltbild des Senders aus Abb. 4.16

4.5.2 Antennendrehanlage

Zur Aufnahme eines Antennendiagrammes müssen Feldstärkemessungen in gleichem Abstand rund um die Sendeantenne durchgeführt werden. Will man auch noch den Einfluß der Entfernung auf das Diagramm mit studieren, so müssen diese Messungen an Punkten vorgenommen werden, die auf konzentrischen Kreisen um die Antenne liegen. Für ein derartiges Programm ist ein untertägiges Meßgelände nicht zu finden. Einen Ausweg bietet die Möglichkeit, Feldstärkemessungen nur an einem Punkt, bzw. an Punkten mit verschiedener Entfernung zum Sender durchzuführen und dabei die Sendeantenne definiert zu drehen.

Eine automatische Antennendrehanlage ist für untertägige Wellenausbreitungs- und Prospektionsmessungen beinahe unentbehrlich. Eine bewährte Konstruktion, in [4.38] ausführlich beschrieben, soll hier vorgestellt werden. Das Prinzipschaltbild zeigt Abb. 4.18.

Die Sendeantenne ist auf einer drehbaren Scheibe *D* montiert. Wird der Schaltkontakt *Z* durch einen Zeitschalter geschlossen, so erhält der Hubmagnet *H* Strom, der Anker wird angezogen und dadurch die Drehscheibe entarretiert. Gleichzeitig schaltet der Magnetanker den Schalter *h* um, der Motor erhält Strom und dreht die Scheibe, der Sender ist stromlos. Wird durch den Zeitschalter der Kontakt *Z* wieder geöffnet, so ist der Magnet stromlos, sein Anker kann aber erst in die Ruhestellung zurück und dadurch den Motor aus- und den Sender wieder einschalten, wenn ein Loch in der Scheibe sein Zurückgleiten ermöglicht. Durch diese Vorrichtung wird eine definierte Antennendrehung um vorgewählte Winkelgrade erreicht. Das Abschalten des Senders während des Drehvorganges signalisiert zum Empfänger (Feldstärkemeßplatz) eine neue Sendeantenneneinstellung. Der Endumschalter *EU* polt in den Endstellungen 0° und 180° die Drehrichtung des Motors um.

Abb. 4.19 zeigt in einem halbschematischen Schnitt den Aufbau der Antennendrehanlage. Die Grundplatte 1 trägt alle mechanischen und elektrischen Teile; den Hubmagnet *H* in Ruhestellung mit Anker und Zentrierspitze 4, den Motor *M* mit zwei je nach Drehrichtung wechselseitig anliegenden Reibrädern 3 und diversen im Bild nicht sichtbaren Bauteilen. Die deckelartige Drehscheibe *D* liegt auf 5 Rollen (21) auf und dreht sich um ein mittleres Lager mit dem Zentrierstift 11. Die Elektronik ist auf der Grundplatte und im Schaltkästchen 6 untergebracht.

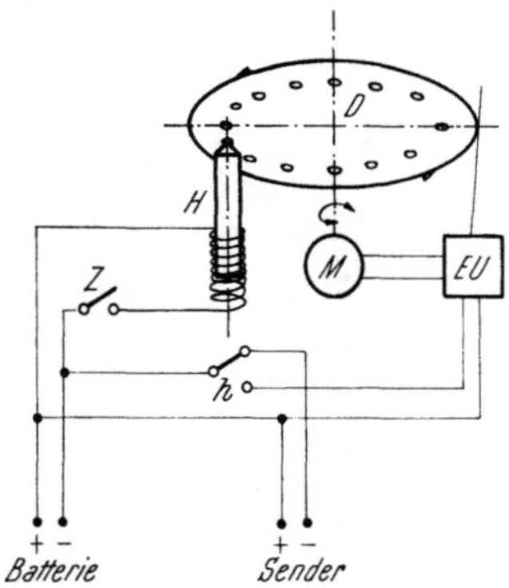

Abb. 4.18. Prinzipschaltbild einer Antennendrehanlage

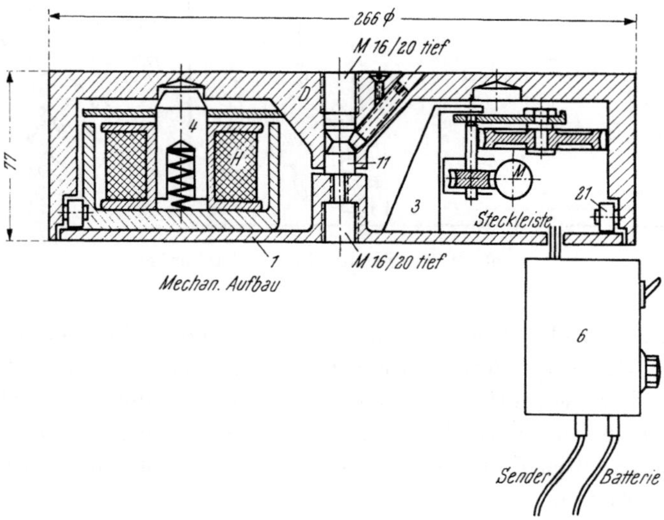

Abb. 4.19. Automatische Antennendrehanlage. Schnitt durch die Drehanlage

Den Schaltplan des elektronischen Teils zeigt Abb. 4.20. Der Zeitschalter wird durch einen stark unsymmetrischen astabilen Multivibrator gebildet (b). Während der langen Kippzeit – Entladung des Kondensators *C1* über *R1*, *P1* – ist der Transistor *T1* und damit das Relais *Z* stromlos. Diese lange Kippzeit (= Meßzeit auf der Empfängerseite) kann mit dem Potentiometer *P1* von 2 bis 12 Minuten gewählt werden. Die zeitbestimmende Kapazität des Elektrolytkondensators wird durch die Brückenschaltung *A* (c) stabilisiert. Der als Heizung für *C1* dienende Transistor *AC127* hält dessen Temperatur auf 28° konstant.

Hat sich der Kondensator *C1* entladen, so kippt der Vibrator um, der Transistor *T1* wird leitend, das Relais *Z* zieht an. Das Anziehen des Hubmagneten schaltet den Motor ein und die Antenne beginnt sich zu drehen. Bereits nach vier Sekunden kippt der stark unsymmetrische Vibrator wieder zurück und macht den Hubmagnet stromlos. Der Motor dreht sich aber solange weiter, bis der am Deckel schleifende Ankerstift in eine Bohrung einrasten kann. Dadurch wird eine Genauigkeit der Winkeleinstellung von besser als 1° erreicht. Bei jedem Arbeitsschritt wird die Antenne um 15° bzw. 30° gedreht.

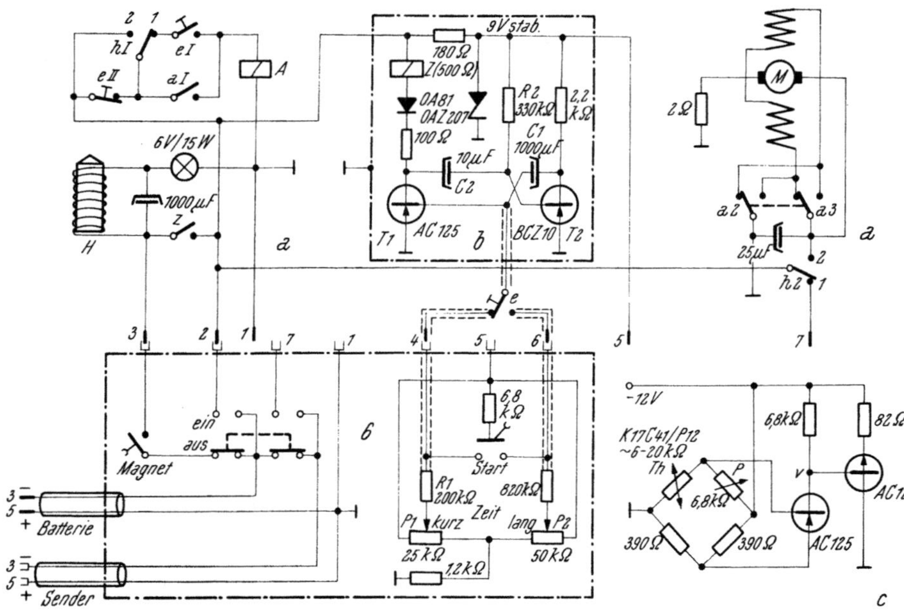

Abb. 4.20. Schaltbild der Drehanlage

Nach einem Drehzyklus von 180° wird vom Endschalter der Kontakt *e* umgeschaltet. Der vergrößerte Entladewiderstand verlängert die Pause bis zur nächsten Drehung wesentlich — mit P2 von 10 bis 50 Minuten einstellbar. Dieser Zeitraum ist für einen Wechsel des Empfängerstandortes vorgesehen. Beim nächsten Einschalten dreht der Motor die Antenne in umgekehrter Richtung (Umpolungsrelais *a*).

4.5.3 Empfangsantennen und Feldstärkemeßeinrichtungen

A. Empfangsantennen

Für Feldstärkemessungen im mittleren und niederfrequenten Bereich war vor allem die räumliche Begrenztheit in Bergwerken konstruktionsbestimmend. Die elektrische und die geometrische Länge einer Antenne werden in jedem Fall klein gegen die Wellenlänge des Signals sein, Strahlungswiderstand und effektive Höhe haben minimale Werte und die Dämpfung durch Verluste im Antennenkreis ist nicht mehr kleiner als die Strahlungsdämpfung. Eingehende Untersuchungen haben gezeigt, daß die magnetische Dipolantenne der elektrischen überlegen ist.

In einer Rahmenantenne mit der Fläche F und der Windungszahl n wird bei gegebener Senderfeldstärke am Empfangsort E_{eff} eine Spannung

$$U_{\text{eff}} = E_{\text{eff}} \cdot h_{\text{eff}} \tag{4.26}$$

induziert. Die effektive Höhe der Antenne und ihr Strahlungswiderstand sind

$$h_{\text{eff}} = \frac{2\pi n F}{\lambda} \tag{4.27}$$

$$R_s = 160\pi^2 (h_{\text{eff}}/\lambda)^2. \tag{4.28}$$

Diese Werte sind im Vergleich zu denen des elektrischen Dipols sehr klein. Trotzdem ist die Verwendung magnetischer Dipolantennen, wie noch gezeigt wird, günstiger, da die induzierte Antennenspannung zur Gänze als Eingangsspannung für einen nachgeschalteten Verstärker zur Verfügung steht. Eine Resonanzabstimmung der magnetischen Antenne ist ebenfalls ohne Schwierigkeiten möglich, so daß sich die nutzbare Spannung um den Gütefaktor des Resonanzkreises erhöht und so mit dem theoretischen Spannungswert des elektrischen Dipols vergleichbar wird. Der Scheinwiderstand eines gegenüber der Wellenlänge kleinen elektrischen Dipols ist hauptsächlich durch seine sehr hohe kapazitive Impedanz gegeben, die eine Anpassung an den Verstärker und eine Resonanzabstimmung unmöglich macht. Die am Verstärkereingang liegende Spannung erreicht nur mehr einen Bruchteil der induzierten. Mit Verwendung der magnetischen Feldkomponente wird aus den Gleichungen (4.26) und (4.28)

$$U_{\text{ind}} = 2\pi f \cdot n \cdot F \cdot B \qquad [\text{V, Hz, m}^2, \text{Vs} \cdot \text{m}^{-2}] \tag{4.29}$$

f = Frequenz, n = Windungszahl, F = Antennenfläche, B = magnetische Induktion. Wird die Rahmenantenne mit einer Kapazität zu einem Parallelresonanzkreis geschaltet und auf Resonanz abgestimmt, so tritt auf der rechten Gleichungsseite der Gütefaktor

$$Q = \frac{1}{R_V} \sqrt{\frac{L}{C}} \tag{4.30}$$

hinzu. Erstrebenswert ist nach Gl. (4.29) eine möglichst große Fläche F und Windungszahl n. Damit vergrößern sich aber zwangsläufig die Verluste R_V des Resonanzkreises. Außerdem wird eine großflächige Rahmenantenne empfindlich gegen Annäherung. Wesentlich günstiger ist es, die Fläche klein zu halten und die Induktionsflußdichte durch Einbringen eines ferromagnetischen Materials mit hoher Permeabilität in die Rahmenantenne zu vergrößern (siehe auch Abb. 4.22). Aus Gl. (4.29) wird

$$U_{\text{ind}} = 2\pi f \cdot n \cdot F \cdot B \cdot \mu_{\text{eff}}(Q) \tag{4.29a}$$

μ_{eff} = effektive oder Scherungspermeabilität des magnetischen Materials. Q = Gütefaktor bei Resonanzabstimmung. Diese Gleichung ist für eine Spule mit kleinem Durchmesser und einer Lage in der Stabmitte, dem Ort größter Kraftflußdichte, streng gültig.

Die effektive Antennenhöhe wird

$$h_{\text{eff}} = \frac{2\pi n F}{\lambda} \cdot \mu_{\text{eff}}(Q) \qquad [\text{M, m}^2]. \tag{4.31}$$

(Gültig für Antennen, deren elektrische Spulenlänge klein gegen λ ist.) Setzt man Gl. **4.31** in **4.28** ein, so wird der Strahlungswiderstand

$$R_s = 320\pi^4 \left(\frac{n \cdot F \cdot \mu_{\text{eff}}}{\lambda^2}\right)^2 \qquad [\Omega, \text{m}^2, \text{m}]. \tag{4.32}$$

Um eine möglichst große Antennenspannung zu erhalten, soll nach Gl. (4.29a) bei gegebener Frequenz n, F, μ_{eff} und Q möglichst groß sein. Der Windungszahl n ist durch die Resonanzabstimmung eine Grenze gesetzt. Q ist durch das L/C-Verhältnis und die Kreisverluste bestimmt. Freie Parameter sind in erster Linie die Spulenfläche F, die vom Kernquerschnitt des Antennenstabes abhängt, und die effektive Permeabilität des Stabmaterials. μ_{eff} wird umso größer, je größer die Anfangs- oder Toroidpermeabilität μ_{tor} und je kleiner der Entmagnetisierungsfaktor N ist. Es ist:

$$\mu_{\text{eff}} = \frac{\mu_{\text{tor}}}{1 + (N/4\pi)(\mu_{\text{tor}} - 1)}. \tag{4.33}$$

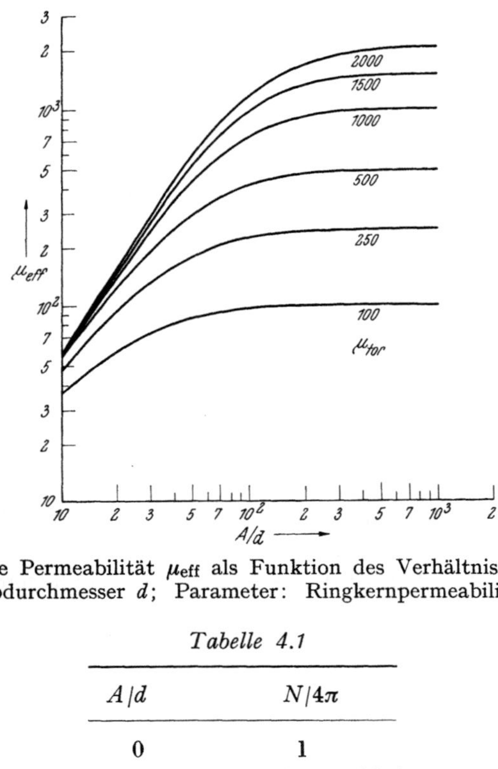

Abb. 4.21. Wirksame Permeabilität μ_{eff} als Funktion des Verhältnisses von Stablänge A zu Stabdurchmesser d; Parameter: Ringkernpermeabilität μ_{tor}

Tabelle 4.1

A/d	$N/4\pi$
0	1
1	$27 \cdot 10^{-2}$
2	$14 \cdot 10^{-2}$
5	$4 \cdot 10^{-2}$
10	$1{,}7 \cdot 10^{-2}$
20	$6{,}17 \cdot 10^{-3}$
50	$1{,}29 \cdot 10^{-3}$
100	$3{,}6 \cdot 10^{-4}$
200	$9 \cdot 10^{-5}$
500	$1{,}4 \cdot 10^{-5}$
1000	$3{,}6 \cdot 10^{-6}$
2000	$9 \cdot 10^{-7}$

N ist vom Verhältnis Stablänge A zu Stabdurchmesser d (siehe Abb. 4.22) abhängig. Die Tabelle 4.1 zeigt den Zusammenhang zwischen dem Verhältnis A/d und dem Quotienten $N/4\pi$ der Gl. (4.33).

Nach Gl. (4.30) ist ein großes $d \cdot F$ gefordert. Es wird folglich ein möglichst dicker und möglichst langer Ferritstab günstig sein. Hier sind neben praktischen Gebrauchserwägungen natürlich auch Herstellungsprobleme eingrenzend. Die Abb. 4.21 zeigt μ_{eff} als Funktion von A/d. Ab einem bestimmten A/d-Verhältnis bewirkt eine weitere Stabverlängerung keine nennenswerte Vergrößerung von μ_{eff}.

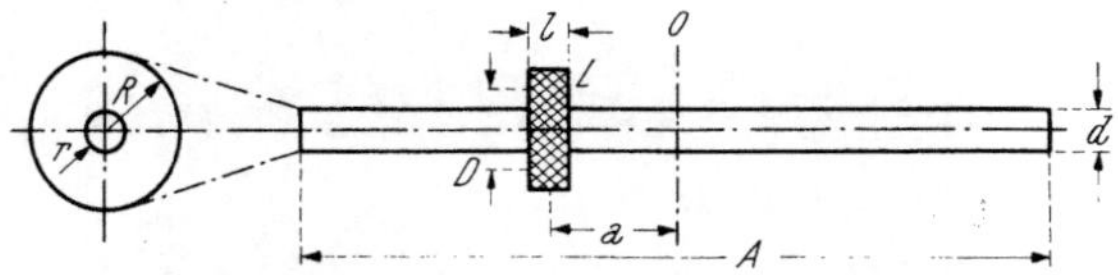

Abb. 4.22. Maße am Ferritstab mit aufgebrachter Wicklung

Für die Konstruktion des Antennenstabes wird zuerst ein Ferritmaterial ausgesucht, dessen Verlustfaktor für die in Frage kommende Frequenz klein ist und das ein möglichst hohes μ_{tor} besitzt. Bei gegebenem Kerndurchmesser wird mit Hilfe von Abb. 4.21 die Länge des Stabes derart festgelegt, daß nach Möglichkeit $\mu_{eff} \geqslant 0{,}9\ \mu_{tor}$ wird.

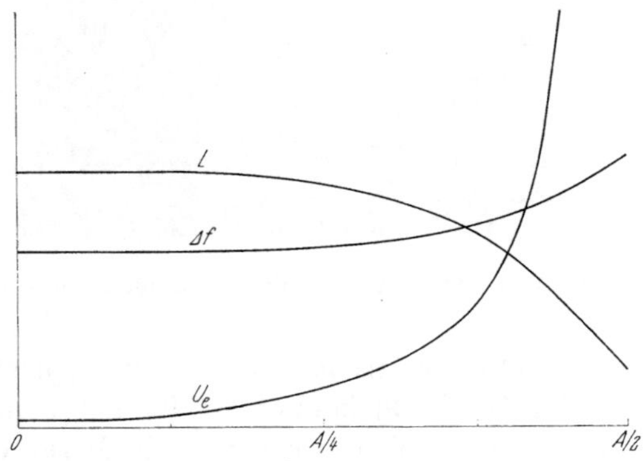

Abb. 4.23. Induktivität L, Bandbreite Δf und für jeweils gleiche Resonanzspannung erforderliche Eingangsspannung U_e als Funktion des Spulenortes auf dem Ferritstab

Die Induktivität der Spule ist durch die gegebene Frequenz und das geforderte hohe L/C-Verhältnis bestimmt. Sie ist eine Funktion der Stabpermeabilität, der Windungszahl, der Form der Spule und der Lage der Spule auf dem Stab. Abb. 4.22 zeigt einen Stab der Länge A mit der Spule L und dem Abstand a von der Stabmitte (o).

Zur Festlegung der richtigen Windungszahl ist die Bestimmung des Induktivitätsfaktors A_L mit Hilfe einer über die Stabmitte angebrachten kurzen Probewicklung mit der Windungszahl n_1 vorteilhafter. Es ist:

$$A_L = \frac{L_1}{n_1^2} \quad \text{und} \quad \frac{n_2}{n_1} = \sqrt{\frac{L_1}{L_2}}\,. \tag{4.34}$$

Die Abhängigkeit der Induktivität L einer kurzen Spule von ihrer Lage auf dem Stab zeigt Abb. 4.23. Im mittleren Drittel des Stabes ist L nahezu konstant.

Die Messung der Kreisgüte Q als Funktion der Spulenlage zeigt, daß Q gegen das Stabende ab-, die Bandbreite f folglich zunimmt. Abb. 4.23 zeigt weiter, daß die für eine konstante Kreisspannung an LC notwendige Eingangswechselspannung U_e bei Spulenlagen gegen das Stabende hin vergrößert werden muß.

Abb. 4.24. Längstwellen-Ferritantenne mit Abstimmeinheit und Vorverstärker

Wird eine größere Bandbreite verlangt, so kann die Spulenlänge entsprechend vergrößert werden. Zur Gl. (4.29) kommt ein Faktor β hinzu, der für kurze Spulen gleich 1, für eine lange über den ganzen Stab gewickelte Spule gleich 0,7 ist [4.46].

Die endgültige Gleichung für die in einer magnetischen, auf Resonanz abgestimmten Antenne induzierte Spannung ist

$$U_{\text{ind}} = 2\pi \cdot f \cdot n \cdot F \cdot B \cdot \mu_{\text{eff}} \cdot Q \cdot \beta \qquad [\text{V}, \text{Hz}, \text{m}^2, \text{Vs} \cdot \text{m}^{-2}]. \qquad (4.35)$$

Wird an Stelle eines stabförmigen Ferritmaterials ein Ferritrohrkern verwendet, was bei größeren Kernen aus herstellungstechnischen Gründen notwendig sein kann, so ist folgendes zu beachten: für die Bestimmung von μ_{eff} aus dem A/d-Verhältnis wird für d der Außendurchmesser der Röhre eingesetzt. Für die Fläche F in der Gl. (4.30) bzw. (4.34) muß die tatsächliche Querschnittsfläche $F' = \pi(R^2 - r^2)$ eingesetzt werden (Abb. 4.22). Die Induktivität ändert sich in diesem Fall nur wenig. Wenn möglich, ist die Verwendung von Vollmaterial mit geringerem Durchmesser dem Rohrmaterial mit größerem Durchmesser vorzuziehen, da ein hohes A/d-Verhältnis erstrebenswert ist.

Unsymmetrierte Ferritantennen für den Längstwellenbereich (1 — 20 kHz) [4.4]

Bei einer erprobten Antenne besteht der Stab aus sechs Rohrkernen mit einem Außendurchmesser von 19 mm und einer Bohrung von 9 mm. Das Kernmaterial von der Firma Siemens ist Siferrit 1100 N22 mit einem $\mu_{\text{tor}} = 1300$. Die Stirnseite der Rohrkerne wurde zuerst geschliffen und dann ohne Klebemittel durch die axiale Bohrung mit einem Kunststoffstab zusammengespannt.

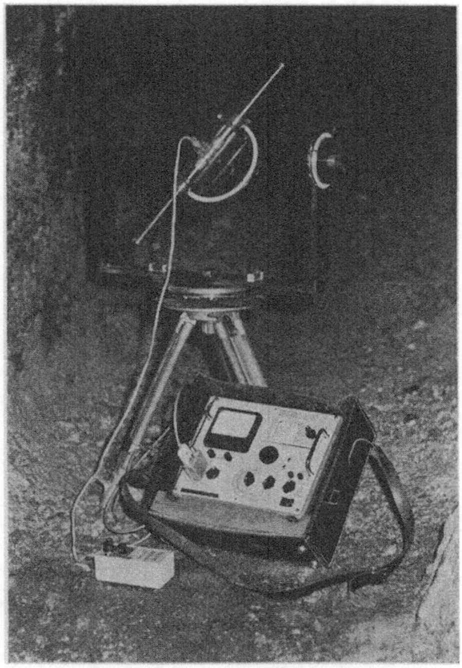

Abb. 4.25. Längstwellen-Peilantenne

Die Gesamtstablänge beträgt 980 mm, das $\mu_{\text{eff}} = 480$. Die Gesamtwindungszahl von $n = 2400$ ist auf 8 kurze Kreuzwickelspulen aufgeteilt, die symmetrisch um die Stabmitte angeordnet und elektrisch in Serie geschaltet sind. Für höhere Empfangsfrequenzen (> 12 kHz) werden nur 5 bzw. 3 Kreuzwickel verwendet. Eine Kombination von umschaltbaren Festkondensatoren und Drehkondensatoren dient zur Resonanzabstimmung. Die Resonanzspannung U_0 liegt als Eingangssignal an einer Cascodestufe mit Nuvistoren. Abstimmeinheit und Vorverstärker sind unmittelbar an die Antenne angebaut.

Elektrische Daten: Maximale Induktivität $L = 2{,}19$ H, Gleichstromwiderstand der Wicklung 52 Ω. Bandbreite bei 3 kHz: $\Delta f = 10$ Hz, bei 10 kHz: $\Delta f = 75$ Hz. Diese Antenne eignet sich besonders für Ausbreitungsversuche über größere Entfernungen. Ihre Ausführung zeigt Abb. 4.24 (Schaltung des Vorverstärkers Abb. 4.30). Für Peil- und Feldrichtungsmessungen muß die Antenne in drei Ebenen schwenkbar sein, wobei die Montage zur Vermeidung von Feldverzerrungen möglichst metallfrei erfolgen muß. Eine Ausführung für den niederfrequenten Wellenbereich zeigt Abb. 4.25, für den hochfrequenten Abb. 4.26 [4.38].

Symmetrierte Antennen

Für Nahfeldpeilungen, zur Ausschaltung des Antenneneffektes (kapazitiver Empfang) und zur Verbesserung des Signal-Störverhältnisses ist es notwendig, die Antenne abzuschirmen oder gemäß Abb. 4.27 elektrisch zu symmetrieren. Von großem Vorteil besonders bei Feldausmessungen ist es, daß die Antenne jede Handempfindlichkeit verliert. Untersuchungen mit einem Stab von 1 m Länge haben gezeigt, daß das Übersetzungsverhältnis $\ddot{u}^2 = L_3/L_2$ ohne wesentlichen Einfluß

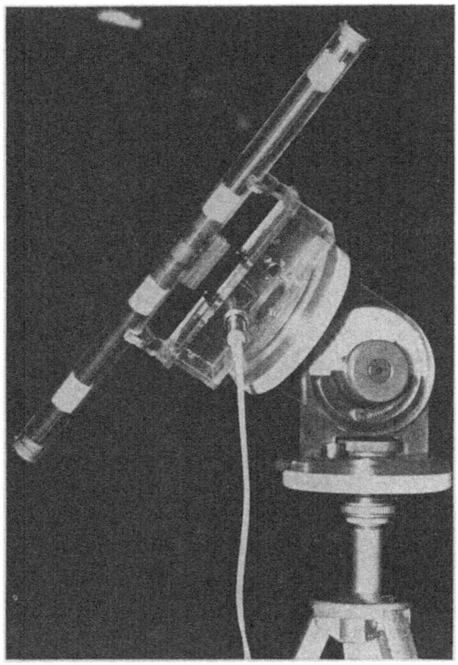

Abb. 4.26. Peilantenne für höhere Frequenzen

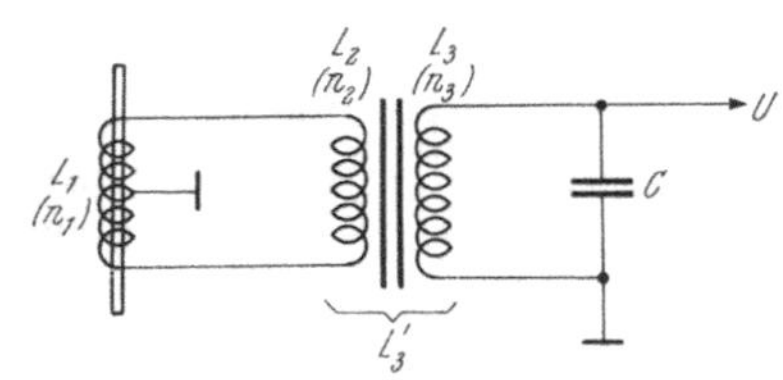

Abb. 4.27. Elektrisch symmetrierte Antenne

auf die Bandbreite, den Rauschfaktor oder die Ausgangsspannung U_2 ist. Meßtechnisch konnte ein günstiges Anpassungsverhältnis bei $L_1 = L_2$ nachgewiesen werden. Bei einer gegebenen Feldstärke war die Bandbreite bei einem Übersetzungsverhältnis von $\ddot{u} \sim 2{,}5$ minimal.

Für die Berechnung der Induktivitäten L_1, L_2, L_3 bzw. deren Windungszahlen n_1, n_2, n_3 geht man vom Parallelresonanzkreis $L_3'C$ aus. Die frequenzbestimmende Induktivität L_3' ist durch f_0 und die gewünschte Bandbreite bzw.

Güte des Kreises gegeben. Wird für den Übertrager $\ddot{U}Tr$ ein hochwertiger Schalenkern verwendet, so können für eine überschlägige Berechnung die Gegeninduktivität M und der Kopplungsfaktor k vernachlässigt werden. Mit Hilfe einer Induktivitätstransformation wird das gesuchte L_3:

$$L_3' \approx u^2 L'^2 = \frac{L_3}{L_2} \cdot \frac{L_1 \cdot L_2}{L_1 + L_2}, \tag{4.36}$$

ist $L_1 = L_2 = L$, so wird $L_3 \leqslant 2L_3'$.

Das $<$ gilt, wenn die Gegeninduktivität $M = k\sqrt{L_1 L_2}$ mit berücksichtigt wird.

Abschirmung der Antenne

Das Einschalten eines Übertragers zur Symmetrierung der Antenne verursacht gegenüber einer direkt auf Resonanz abgestimmten Antenne einen Verlust an Ausgangsspannung und eine vergrößerte Bandbreite. Der Einfluß einer elektrostatischen Abschirmung über der Ferritantenne in Form eines geschlitzten Kupferzylinders wurde bei einer Frequenz von 15 kHz sowohl für die direkt abgestimmte, wie für die mit einem Übertrager symmetrierte Antenne untersucht. Das Ergebnis zeigt Abb. 4.28: Anordnung 1 mit Index 1: direkt ab-

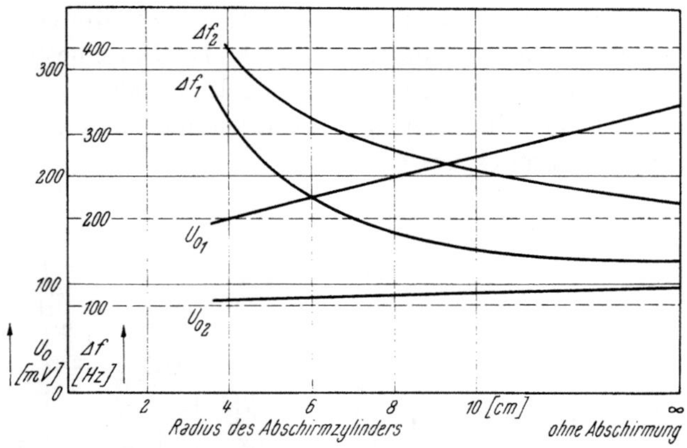

Abb. 4.28. Wirkung einer elektrostatischen Abschirmung auf die Bandbreite Δf und die Ausgangsspannung U des Antennenkreises einer unsymmetrischen und einer symmetrischen Ferritantenne

gestimmte Antenne, $L_1 = 400$ mH; Anordnung 2 mit Index 2: symmetrierte Antenne, $L_1 = 40$ mH, $L_3' = 400$ mH. Die Antennenstablänge betrug in beiden Fällen 980 mm, der Abschirmzylinder wurde geerdet. Aus Abb. 4.28 ist zu sehen, daß eine direkt abgestimmte und abgeschirmte Antenne eine höhere Ausgangsspannung liefert als eine symmetrierte Antenne ohne oder mit Abschirmung. Auch die Bandbreite ist bis zu einem Radius des Abschirmzylinders von 3 mal dem Ferritkerndurchmesser noch besser als die ungeschirmte symmetrierte Antenne.

B. Feldstärkemeßgeräte

Diese Meßgeräte sind selektive, d. h. auf eine wählbare Frequenz abgestimmte Voltmeter mit einer hohen Empfindlichkeit (mV bis μV), kleiner Bandbreite (einige Hz), großem Frequenzumfang und hoher mechanischer Stabilität. Ein Selbstbau der Geräte wäre unwirtschaftlich, da ein reichhaltiges Industrieangebot vorhanden ist. Bei der Durchführung der in diesem Buch beschriebenen Arbeiten über Wellenausbreitung haben sich in jahrelangem Bergwerkseinsatz die selektiven Voltmeter TF 2330 von Marconi (GB), Frequenzbereich 20 Hz bis 50 kHz, Bandbreite 3,5 Hz und SPM 2 von Wandel-Goltermann (BRD), Frequenzbereich 4 bis 600 kHz, Bandbreite 200 Hz, besonders gut bewährt.

Anpassung

In den seltensten Fällen wird die Ausgangsimpedanz der Antenne mit der Eingangsimpedanz des Feldstärkemeßgerätes oder eines Vorverstärkers übereinstimmen. Zumeist wird eine Impedanztransformation notwendig sein, wobei man zwei Fälle unterscheidet:

a) der Antennenkreis ist abgestimmt,

b) der Antennenkreis ist aperiodisch. Mit diesem weit selteneren Fall wollen wir uns nicht beschäftigen. Kräftige Störfelder, z. B. Fremdsender, oder im Längstwellenbereich bereits das Kraftstromnetz, können zu Übersteuerungen der ersten Verstärkerstufen führen und Anlaß zu Verzerrungen und zur Bildung von Oberwellen geben. Eine ausführliche Besprechung der aperiodischen Anpassung findet sich in [4.14].

Wird der Antennenkreis abgestimmt, so können zwei weitere Möglichkeiten unterschieden werden: die Antenneninduktivität ist Teil eines Schwingkreises, an den die erste Verstärkerstufe direkt angekoppelt ist, oder es liegt die Antenne an der Primärseite eines Übertragers, dessen Sekundärinduktivität Teil eines abstimmbaren Schwingkreises ist.

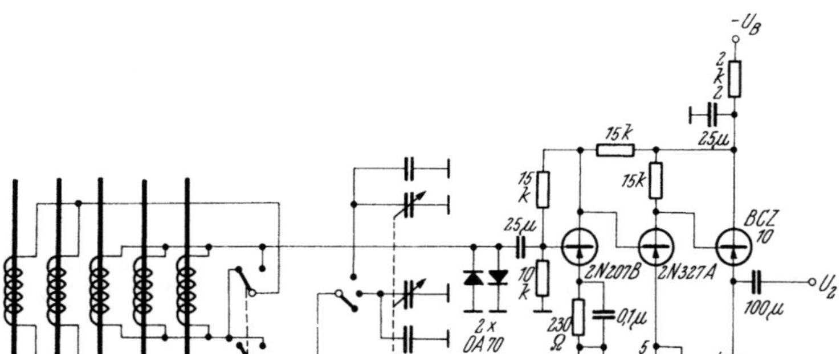

Abb. 4.29. Längstwellenantenne mit Serienresonanzabstimmung und Transistorvorverstärker

Die direkt abgestimmte Antenne vermeidet die Verluste des Übertragers, muß aber gegen elektrische Störfelder durch ein geschlitztes Metallrohr abgeschirmt werden. Die Antenneninduktivität kann gemäß Abb. 4.27 mit einer Kapazität zu einem Serienresonanzkreis zusammengeschaltet sein. Vorteilhaft ist die leichte Anpaßbarkeit an den niedrigen Eingangswiderstand R_e einer Transistorverstärkerstufe (mit $R_e = 3\,R_v$, wobei die Kreisverluste R_v aus einer Gütefaktormessung ermittelt werden [4.33]), das hohe Weitabstörverhältnis und das geringe Eingangsrauschen. Dafür muß bei dieser Schaltung auf den Spannungsgewinn durch Resonanzüberhöhung verzichtet werden. Die Induktivität der Antenne kann aber auch mit einer Kapazität zu einem Parallelresonanzkreis nach Abb. **4.30** vereinigt werden. Der erreichbare Gütefaktor und die damit verbundene Spannungsüberhöhung sind groß, die Bandbreite klein. Diese Antennen haben eine sehr große Empfindlichkeit und sind vor allem für Ausbreitungsmessungen über große Entfernungen geeignet. Die Abstimmkondensatoren und der Vorverstärker müssen mit der Antenne zu einer Einheit zusammengebaut sein.

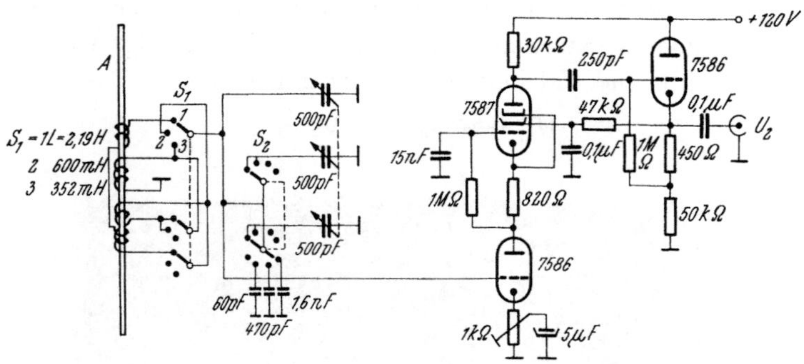

Abb. **4.30.** Längstwellenvorsatz mit Nuvistor-Cascode

Wird, wie bereits besprochen, ein Übertrager verwendet, so läßt sich die Antenne symmetrieren (Abb. **4.31**), auf eine Abschirmung kann verzichtet und der Vorverstärker mit der Abstimmeinheit von der Antenne getrennt werden. Wegen des hohen Resonanzwiderstandes eines Parallelschwingkreises muß der Eingangswiderstand der ersten Verstärkerstufe hochohmig sein. Es kommen nur Röhren, Feldeffekttransistoren oder Darlingtonschaltungen in Frage.

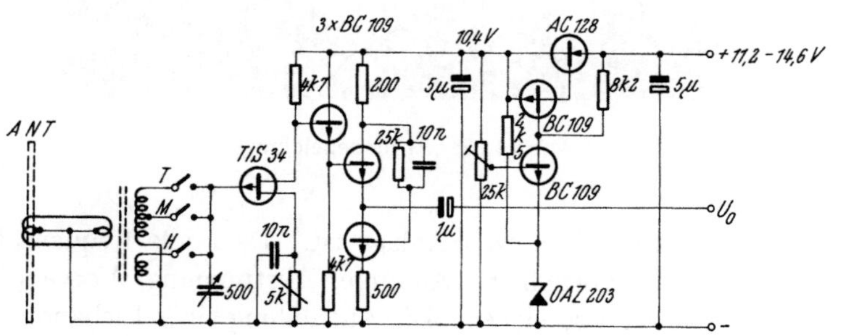

Abb. **4.31.** Vorsatz für höhere Frequenzen mit Feldeffekttransistor

Die Aufgabe des Vorverstärkers ist es, einerseits die Impedanz des Antennenkreises an die des Feldstärkemeßgerätes anzupassen, andererseits durch seinen Verstärkungsfaktor die Gesamtempfindlichkeit der Anlage zu vergrößern. Von den zahlreichen Schaltungsmöglichkeiten wurden drei zur Besprechung ausgewählt. Abb. **4.29** zeigt den Antennenkreis (Serienresonanz [**4.33**]) eines Längstwellenempfängers. Der dreistufige gleichspannungsgekoppelte Verstärker, vor dessen Eingang zwei Begrenzerdioden geschaltet sind, beginnt mit einem Kollektorfolger und endet mit der niedrigen Ausgangsimpedanz eines Emitterfolgers. Die zweite Schaltung, Abb. 4.30, zeigt einen mit Nuvistoren (E 25) aufgebauten Längstwellenvorsatz. An die besonders rauscharme Cascodestufe (E 280) ist zur Impedanztransformation ein Katodenfolger angekoppelt. Die dritte Schaltung, Abb. 4.31, für den Frequenzbereich von 0,1—1 MHz ausgelegt, eignet sich besonders für Diagrammessungen bei höheren Frequenzen und für Prospektionsaufgaben. Die erste Verstärkerstufe ist mit einem Feldeffekttransistor bestückt.

C. Eichung der Empfangsantenne

Ein magnetisches Wechselfeld induziert in der Antenne eine Spannung, die nach entsprechender Verstärkung als Spannung $|U|$ angezeigt wird. Zwischen der Kraftflußdichte und $|U|$ besteht der Zusammenhang

$$|B| = z \cdot |U| \qquad |\mathrm{Vs/m^2}|, \tag{4.37}$$

Abb. 4.32. Antenneneichung

wobei z der Eichfaktor der ganzen Anlage ist. Da z alle frequenzabhängigen Glieder enthält, ist es vorteilhaft, Antenne, Abstimmung, Vorverstärker und Millivoltmeter gemeinsam zu eichen. Die Aufstellung einer Eichanordnung zeigt Abb. 4.32. In einem homogenen metallfreien Raum wird eine Eich-Senderspule aufgestellt und von einem dekadisch einstellbaren RC-Generator (Levell TG 66 A) angespeist — im Bildhintergrund. Die Eichspule mit $n = 10$ und $r_1 = 0{,}204$ m ist mit einem ohmschen Widerstand in Serie geschaltet, dessen Wert 10 mal so groß sein soll wie der induktive Widerstand der Spule bei der höchsten Eichfrequenz. Der so über den ganzen Meßbereich konstant gehaltene Strom I wird mit einer Stromzange (Hewlett Packart 456A) gemessen, die zu eichende Empfangsantenne bzw. Empfangsanlage wird, um gegenseitige Beeinflussungen zu vermeiden, in einer Mindestentfernung d von 3 m, besser 6 m, achsial zur Eichspule aufgestellt — Bildvordergrund. Bei langen Ferritkernen wird die Entfernung d von der Mitte der Eichspule nicht zur Mitte der Empfangsspule gemessen, sondern zu einem Punkt auf dem Stab, der von dem senderseitigen Stabende ein Drittel der Gesamtstablänge zurück liegt.

Die magnetische Induktion B der Eichspule in der Empfangsspule ist nach dem von F. M. GREENE [4.59] erweiterten Gesetz von Biot-Savart gegeben durch:

$$|B| = \frac{\mu_0 \cdot n \cdot I \cdot r_1^2}{2D_0^3} (1 + a_0^2 D_0^2)^{1/2} \qquad \left| \frac{\mathrm{Vs}}{\mathrm{m}^2} \right| \tag{4.38}$$

I = Strom in der Eichspule [A], n = Windungszahl der Eichspule

r_1 = Radius der Eichspule [m], r_2 = Radius der Empfängerspule [m]

d = Abstand [m], λ_0 = Vakuumwellenlänge [m]

$a_0 = \frac{2\pi}{\lambda_0}$ [m^{-1}] $D_0 = (d^2 + r_1^2 + r_2^2)^{1/2}$.

4.6 Wendelförmige Antennen

Wenn sich elektromagnetische Wellen durch verlustbehaftete Medien, wie z. B. die äußerste Erdkruste, ausbreiten, tritt neben einer Verkürzung der Wellenlänge auch eine exponentielle Dämpfung auf, die mit der Entfernung von der Strahlungsquelle wächst. Beide Effekte führen zu einer Feldstärkeverminderung bei größerer Entfernung und machen — wie Theorie und Praxis zeigen — die Verwendung niederer Frequenzen notwendig, wenn größere Distanzen überwunden werden sollen. Da im Bergbau der vorhandene Raum zur Aufstellung von Sende- bzw. Empfangsantennen sehr beschränkt ist, können im allgemeinen nur kurze elektrische oder kleine magnetische Dipole zur Anwendung gelangen. Wendelantennen, die klein im Vergleich zu Wellenlänge sind und eine Vielzahl von Windungen aufweisen, stellen eine Kombination dieser zwei Antennentypen dar. (BITTERLICH [4.53].)

Die Verwendung niederfrequenter elektromagnetischer Wellen bietet folgende Schwierigkeiten: Die Fremdeinstreuung elektromagnetischer Störfelder von der Sonne und von technischen Maschinen wächst mit abnehmender Frequenz stark an. „Andererseits werden bei niederen Frequenzen die Wellenlängen relativ groß (z. B. 300 km bei 1 kHz), praktisch realisierbare Antennen sind somit immer klein gegenüber der Wellenlänge und haben bereits in Luft einen geringen Wirkungsgrad. Dazu kommt, daß sich ihre Eingangsimpedanz schlecht an eine Speiseleitung oder an einen Senderausgang anpassen läßt, weil die Eigenresonanzfrequenz solcher Antennen im allgemeinen weit über der Betriebsfrequenz liegt.“ (LUKAVEC [4.66].)

BITTERLICH hatte schon 1964 Versuche mit kleinen, langgestreckten Wendelantennen vorgenommen, wobei Eigenresonanzen im kHz-Bereich festgestellt wurden. Es zeigte sich, daß sowohl die Geometrie der Antennenwicklungen, das Isoliermaterial und die Drahtdicke, als auch das umgebende Medium wesentlich die Eingangsimpedanz und die Eigenresonanz beeinflussen. Die Abb. 4.33 gibt die geometrischen Verhältnisse für eine Wendelantenne wieder.

Die Antenne ist eine mehr oder weniger langgestreckte Luftspule mit offenen Enden. Die Anspeisung erfolgt symmetrisch in der Mitte.

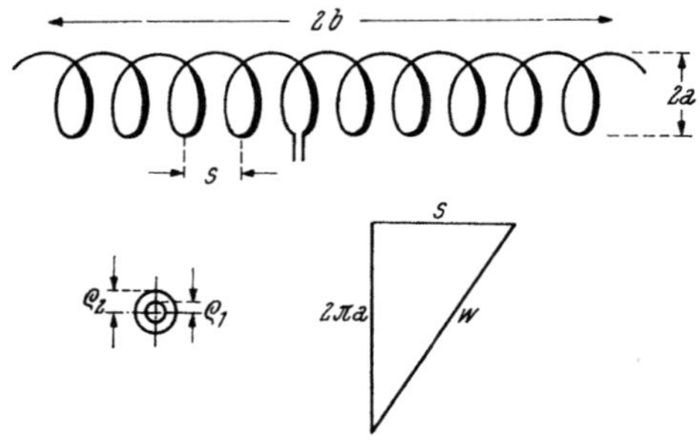

Abb. 4.33. Geometrische Verhältnisse an einer Wendelantenne. $2b$ = Axiale Gesamtlänge der Antenne [m], $2a$ = Antennendurchmesser (Drahtmitte zu Drahtmitte) [m], s = Steigung (Drahtmitte zu Drahtmitte) [m], ψ = Steigungswinkel (Grad), w = Länge einer Windung [m], n = Gesamtzahl der Windungen, ρ_1 = Drahtradius ohne Isolierung, ρ_2 = Drahtradius mit Isolierung

4.6.1 Resonanzfrequenz und Wellenwiderstand von Wendelantennen

Nach der Leitungstheorie errechnet sich die niederste Resonanzfrequenz zu

$$f_1 = \frac{v_a}{\lambda} = \frac{1}{4b\sqrt{l_1 c_1}} \tag{4.39}$$

l_1, c_1 ist Induktivität bzw. Kapazität pro Längeneinheit, v_a ist die axiale Phasengeschwindigkeit, b ist die halbe axiale Länge der Spule. Der Wellenwiderstand ist gegeben durch

$$Z = \sqrt{l_1/c_1}. \tag{4.40}$$

Das Problem lautet nun, die mittlere Induktivität l_1 und die mittlere Kapazität c_1 aus der Antennengeometrie zu berechnen. Für die Praxis hat sich für l_1 die Formel für die Induktivität einer langen Luftspule bewährt, für die nach HEYNISCH [4.60] gilt:

$$l_1 = \frac{\mu_0 \cdot \cot^2\psi}{4\pi} \tag{4.41}$$

ψ = Steigungswinkel, μ_0 = magnetische Permeabilität des Vakuums ($= 4\pi \cdot 10^{-7}$ H/m). Schwieriger ist die Berechnung der Kapazität c_1; diese Größe ist von der Achsenlänge der Antenne, der Drahtdicke, der Isolation und dem Stützgerüst wesentlich abhängig. Man hat versucht, c_1 mit Hilfe der modifizierten Formeln für eine Zylinderantenne (ZUHRT [4.70]) zu berechnen, hat jedoch die Erfahrung machen müssen, daß der so berechnete Wert c_1 zu klein war. Einen bedeutenden Einfluß scheint die Eingangszone der Antenne, nämlich die mittleren zwei Windungen, zu nehmen. Die Kapazität dieser Windungen kann 30% und mehr der Gesamtkapazität betragen. Diese Kapazität C_E läßt sich in guter Näherung als Kapazität zweier paralleler Drähte der Länge einer Windung und dem Abstand s (Steigung) berechnen, wobei nach OBERDORFER [4.67] gilt:

$$C_E = \frac{\pi \cdot \varepsilon_E \varepsilon_0 \cdot 2\pi a}{\cos \psi \ln \eta} \quad [\mathrm{F}] \tag{4.42}$$

$$\eta = \frac{s}{2\rho_1} + \sqrt{(s/2\rho_1)^2 - 1}. \tag{4.43}$$

ε_E kann nur experimentell ermittelt werden. Für die Kapazität c_1 pro Längeneinheit ergibt sich somit

$$c_1 = \frac{\pi \varepsilon_0 \rho_1 \cdot \cot \psi}{a[\ln(b/a) - 0{,}55]} + \frac{2\pi^2 \varepsilon_E \varepsilon_0 \cdot a}{b \cdot \cos \psi [\ln((s/2\rho_1) + \sqrt{(s/2\rho_1)^2 - 1})]} \quad [\mathrm{F}]. \tag{4.44}$$

Für die erste Resonanzfrequenz f_1 in Luft erhält man:

$$f_1 = \frac{c_0 \cdot \tan \psi}{2b} \left(\frac{\rho_1 \cdot \cot \psi}{a[\ln(a/b) - 0{,}55]} + \frac{\varepsilon_E \cdot 2\pi a}{b \cdot \cos \psi \ln \eta} \right)^{1/2} \quad [\mathrm{Hz}] \tag{4.45}$$

c_0 = Vakuumlichtgeschwindigkeit. Der mittlere Wellenwiderstand Z in Luft ist gegeben zu

$$Z = \frac{Z_0 \cdot \cot \psi}{2\pi} \left(\frac{\rho_1 \cdot \cot \psi}{a[\ln(b/a) - 0{,}55]} + \frac{\varepsilon_E \cdot 2\pi a}{b \cdot \cos \psi \ln \eta} \right)^{-1/2} \quad [\Omega] \tag{4.46}$$

$$Z_0 = \sqrt{\mu_0/\varepsilon_0} \approx 377\,\Omega. \tag{4.47}$$

In einem luftgefüllten Stollenhohlraum werden diese Größen weitgehend erhalten bleiben. Zur Erzielung einer niederen Resonanzfrequenz ergeben sich folgende Bedingungen: große Antennenlänge $2b$, kleiner Durchmesser a, geringer Steigungsgrad ψ. Die Bedingungen für einen möglichst niederen Wellenwiderstand lauten: großer Steigungswinkel ψ und geringe Antennenlänge b. Die Forderungen laufen einander entgegen, so daß man gezwungen ist, Kompromisse zwischen den miteinander konkurrierenden Einflüssen zu schließen.

Bringt man eine Wendelantenne in einem wassergefüllten Hohlraum unter, ergeben sich einige Änderungen maßgeblicher Parameter, speziell der Kapazität; diese wird um ein bis zwei Zehnerpotenzen hinaufgesetzt, während die Induktivität l_1 etwa konstant bleibt. Auswirkung: Resonanzfrequenz und auch Wellenwiderstand werden zu niedrigeren Werten verschoben.

4.6.2 Strom- und Spannungsverteilung an Wendelantennen nach der Leitungstheorie

Die Strom- und Spannungsverteilung längs der Wendelantenne ergibt sich aus der Überlagerung gedämpfter hin (h)- und rück (r)-laufender Strom- und Spannungswellen. Strom $I(x)$ (projiziert auf die x-Achse) und Spannung $U(x)$ sind aus den Speisepunktwerten $I(o)$ und $U(o)$ zu berechnen. Für den Strom $I(x)$ gilt z. B.:

$$I(x) = I_h \exp[\gamma(b - x)] - I_r \exp[-\gamma(b - x)] \tag{4.48}$$

$$\gamma = \beta + i\alpha \quad (= \text{komplexe Fortpflanzungskonstante in der Leitungstheorie}) \tag{4.49}$$

$$\beta = \frac{r_1}{2Z} + \frac{g_1 \cdot Z}{2} \quad (= \text{Dämpfungskonstante}) \tag{4.50}$$

r_1 ist Widerstand pro axialer Längeneinheit in Serie mit l_1, Z ist mittlerer Wellenwiderstand in Ohm, g_1 ist mittlerer axialer Leitwert pro axialer Längeneinheit parallel zu c_1,

$$\alpha = \sqrt{\omega^2 l_1 c_1} = \text{Phasenkonstante.} \tag{4.51}$$

Mit

$$I_0 = I_h[\exp(\gamma b) - k_2' \exp(-\gamma b)] \tag{4.52}$$

$$k_2' = \text{Reflexionskoeffizient am Leitungsende}$$

und $\beta \cdot b \ll 1$ (für Luft als umgebendes Medium), sowie $\alpha \cdot b = \pi/2$ ($b = \lambda/2$), ergibt sich:

$$I(x) \approx I(0) \cdot \cos(\alpha \cdot x). \tag{4.53}$$

Für die Spannungsverteilung erhält man mit

$$U(x=0) = U_0 \tag{4.54}$$

$$U(b) \approx \frac{-iU}{\beta \cdot b} \qquad (\text{für } \beta b \ll 1), \tag{4.55}$$

d. h., das Potential an den Antennenenden ist um $-90°$ phasenverschoben relativ zu dem Potential in der Antennenmitte.

Die Stromverteilung bestimmt die Höhe des effektiven magnetischen Momentes der Antenne.

4.6.3 Das Feld von Wendelantennen in verlustbehafteten Medien

Wendelantennen stellen nach WHEELER [4.69] eine Kombination eines elektrischen und eines magnetischen Dipols dar, beide in Richtung der Wendelachse liegend. Man erhält auf diese Weise drei magnetische Komponenten B_r, B_ϑ und B_φ und drei elektrische Komponenten, die nicht weiter betrachtet werden sollen. Dabei sind B_r und B_φ in Phase mit einer Phasendifferenz relativ zu B_ϑ, die von der Frequenz, der Entfernung und den Mediumseigenschaften abhängig ist. Im einzelnen gelten folgende Gleichungen:

$$B_r = \frac{1}{2\pi} \mu_0 (I \cdot n \cdot F)_{\text{eff}} \cdot \cos\vartheta \, \frac{\exp[i(\omega t - Kr)]}{r^3} (1 + iKr) \tag{4.56}$$

$$B_\vartheta = \frac{1}{4\pi} \mu_0 (I \cdot n \cdot F)_{\text{eff}} \cdot \sin\vartheta \, \frac{\exp[i(\omega t - Kr)]}{r^3} (1 - K^2 r^2 + iKr) \tag{4.57}$$

$$B_\varphi = \frac{1}{4\pi} \mu_0 (I \cdot 1)_{\text{eff}} \cdot \sin\vartheta \, \frac{\exp[i(\omega t - Kr)]}{r^2} (1 + iKr) \tag{4.58}$$

B in [Vs/m²]
μ_0 = $4\pi \cdot 10^{-7}$ [H/m]
I = Strom [A]
n = Anzahl der Windungen
F = Querschnittsfläche [m²]
ϑ = Winkel zwischen Antennenachse und Radiusvektor von der Antenne zum Aufpunkt
r = Entfernung zwischen Sender und Empfänger

K = komplexe Ausbreitungskonstante
$K = K_1 - iK_2$
K_1 = Phasenkonstante
K_2 = Dämpfungskonstante

$$K_1 = \frac{2\pi}{\lambda} = \frac{\omega}{c_0}\sqrt{\frac{\varepsilon_r\mu_r}{2}}\sqrt{1+\sqrt{1+\left(\frac{\sigma}{\omega\varepsilon\varepsilon_0}\right)^2}} \quad [\mathrm{m}^{-1}] \tag{4.59}$$

$$K_2 = \frac{\omega}{c_0}\sqrt{\frac{\varepsilon_r\mu_r}{2}}\sqrt{-1+\sqrt{1+\left(\frac{\sigma}{\omega\varepsilon\varepsilon_0}\right)^2}} \quad [\mathrm{m}^{-1}] \tag{4.60}$$

ω = $2\pi f$ = Kreisfrequenz
c_0 = Vakuumlichtgeschwindigkeit
ε_r, μ_r = relative Dielektrizitätskonstante, relative magnetische Permeabilität des Mediums ($\mu_r = 1$ in unserem Fall, außer für Ferritstabantennen)
σ = elektrische Leitfähigkeit in [S/m]
ε_0 = Dielektrizitätskonstante des Vakuums = $8{,}86 \cdot 10^{-12}$ [F/m].

Für die Phasenkonstante erhält man

$$\tan\delta = \frac{K_1}{K_2} = \sqrt{\frac{1+\sqrt{1+(\sigma/\omega\varepsilon\varepsilon_0)^2}}{-1+\sqrt{1+(\sigma/\omega\varepsilon\varepsilon_0)^2}}} \tag{4.61}$$

d. h., δ liegt zwischen 45° (Idealleiter) und 90° (idealer Isolator). Befindet sich die Antenne in Wasser, so variieren folgende Größen: Strom I, Kreisfrequenz ω und K_1.

4.6.4 Experimentelle Daten

Es sollen einige Meßdaten für spezielle Antennen angegeben werden.

a) Mit Hilfe einer komplexen Wechselstrombrücke wurde an einer Antenne der Realteil und der Imaginärteil von Z als Funktion der Frequenz gemessen (siehe Abb. **4.34**).

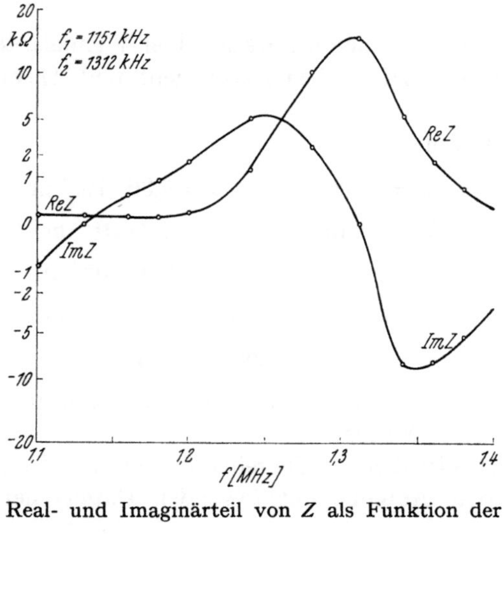

Abb. 4.34. Real- und Imaginärteil von Z als Funktion der Frequenz

Antennengeometrie: Drahtdicke 1,5 mm, $2b = 2$ m, Länge einer Windung = 1 m, $n = 200$, Steigung = 1 cm.

Messung in Luft: Die erste Resonanzfrequenz bei 1,151 MHz ist eine Serienresonanz mit 66 Ω Eingangswiderstand, die zweite Resonanzfrequenz liegt bei $f_2 = 1{,}312$ MHz und ist eine nichtharmonische Parallelresonanz mit 15 kΩ Eingangswiderstand.

Elektrische Daten der Antenne: $l_1 = 10^{-3}$ H/m, $c_1 = 4{,}8 \cdot 10^{-11}$ F/m, $\cot \psi = 100$. In Abb. 4.35 ist die in Wasser erhaltene Impedanz gezeichnet. Die Ordinate ist der Realteil, die Abszisse der Imaginärteil der Eingangsimpedanz. Parameter: Frequenz f.

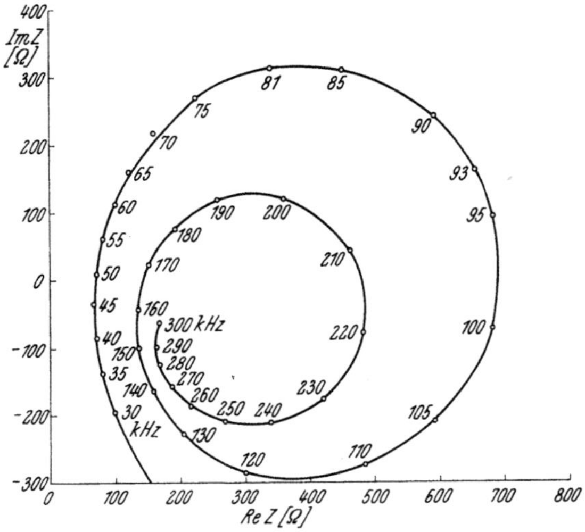

Abb. 4.35. Impedanz einer Wendelantenne in Wasser. Parameter: Frequenz in kHz

Die erste Resonanz ist auf 49 kHz abgestimmt, der Eingangswiderstand ist trotz der relativ hohen Leitfähigkeit von Wasser ($\sigma \approx 3{,}3 \cdot 10^{-2}\,\Omega^{-1}\,\mathrm{m}^{-1}$) auf 71 Ω gestiegen.

b) Als zweites Beispiel seien die Daten einer Wendelantenne mit sehr vielen Windungen angegeben. Hier sollen Experiment und Theorie miteinander verglichen werden.

Geometrische Daten:

$$n = 1362, \qquad a = 6{,}36 \cdot 10^{-2}\,\mathrm{m}$$
$$b = 1{,}5\,\mathrm{m}, \qquad s = 2{,}2 \cdot 10^{-3}\,\mathrm{m}$$
$$\rho_1 = 5{,}0 \cdot 10^{-4}\,\mathrm{m}$$
$$\rho_2 = 1{,}1 \cdot 10^{-3}\,\mathrm{m}$$
$$\cot \psi = 1832.$$

In Tabelle 4.2 werden die gemessenen elektrischen Daten verglichen mit den theoretisch erwarteten Werten.

Man erkennt die befriedigende Übereinstimmung von Theorie und Experiment.

c) Für eine dritte Antenne mit folgenden Daten (siehe LUKAVEC [4.65])

$$b = 1\,\text{m}, \qquad n = 600$$
$$\varepsilon_E = 1{,}32$$
$$a = 1/2\pi$$

Tabelle 4.2. *Vergleich der theoretisch erwarteten mit den experimentell erhaltenen elektrischen Parametern der unter b) beschriebenen Wendelantenne*

Parameter	theoretischer Wert	experimenteller Wert
l_1 mH/m	3,31	3,50
c_1 pF/m	24,2	26,0
f_r kHz	575	533

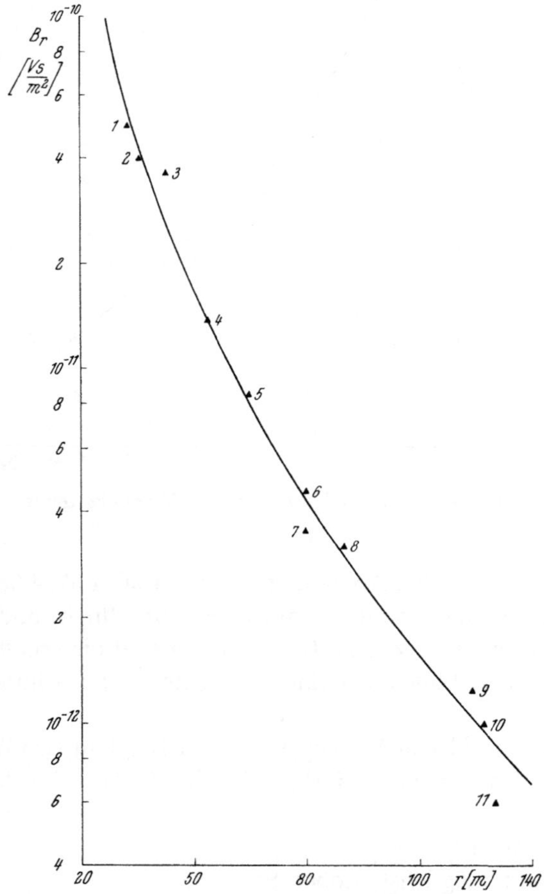

Abb. 4.36. $B_r = B_r(r)$ für eine Wendelantenne

und den elektrischen Parametern:

	theoretisch	experimentell	
l_1	9,0	8,86	mH/m

c_1	49,3	62,0	pF/m
Z	13,5	11,95	kΩ
f_r	416	383	kHz

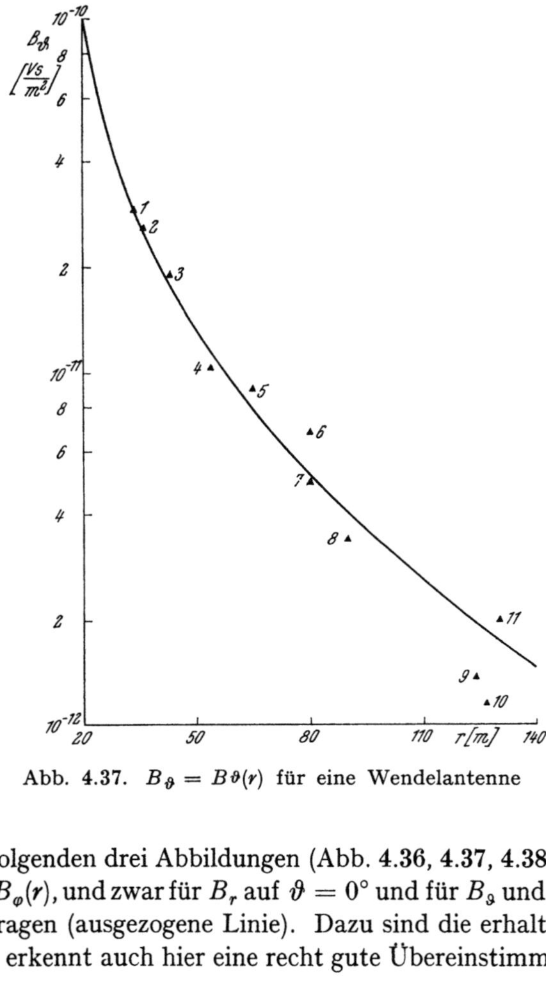

Abb. 4.37. $B_\vartheta = B\vartheta(r)$ für eine Wendelantenne

sind die in den folgenden drei Abbildungen (Abb. 4.36, 4.37, 4.38) die Funktionen $B_r(r)$, $B_\vartheta(r)$ und $B_\varphi(r)$, und zwar für B_r auf $\vartheta = 0°$ und für B_ϑ und B_φ, auf $\vartheta = 90°$ normiert, aufgetragen (ausgezogene Linie). Dazu sind die erhaltenen Meßpunkte gezeichnet. Man erkennt auch hier eine recht gute Übereinstimmung von Theorie und Experiment.

d) Eine große Anzahl von Messungen, die im Bergbau Großkogl bei Brixlegg durchgeführt wurden ([4.50], [4.51], [4.53], [4.54], [4.64], [4.65]), haben ergeben, daß

1. schlanke Antennen,
2. Antennen mit möglichst großer Steigung

vom Standpunkt eines möglichst geringen Eingangswiderstandes vorzuziehen sind. Beide Forderungen widersprechen jedoch — bei gegebener Hohlraumgröße — dem Wunsch nach einer möglichst niedrigen Resonanzfrequenz, so daß in der Praxis ein entsprechender Kompromiß notwendig ist.

Die Vorausberechenbarkeit der Resonanzfrequenz und die Qualität der Antennen hängen wesentlich ab

3. von der elektrischen Qualität der Drahtisolierung sowie von der tragenden Konstruktion.

Wenn man nur eine begrenzte Hohlraumgröße für die Aufstellung der Antenne zur Verfügung hat, was sehr oft der Fall ist, und trotzdem keine Veränderung der Resonanzfrequenz und des Eingangswiderstandes in Kauf nehmen möchte, ist zu beachten, daß

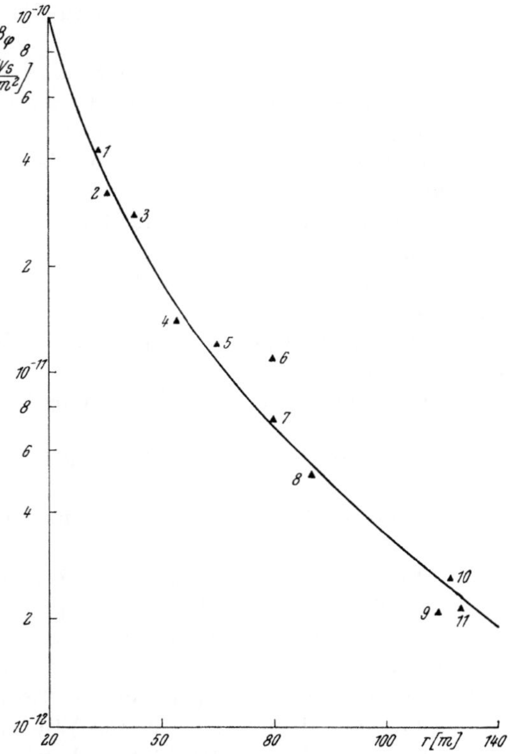

Abb. 4.38. $B_\varphi = B_\varphi(r)$ für eine Wendelantenne

4. *die Gesamtlänge* $2l$ sowie der *Durchmesser* $2a$ der Antenne kleiner oder gleich sind wie der *Radius* eines als Kugel gedachten Hohlraumes.

Andere Hohlraumformen bieten keine besonderen Vorteile, sie führen bei höheren Frequenzen zunehmend zu Verzerrungen des elektrischen oder magnetischen Feldes im Außenraum.

Die in Luft gemessene Stromverteilung stimmt sehr gut (besser 10%) mit der aus der Theorie geforderten cosinusförmigen überein.

Literatur

Abschnitt 4.1 — 4.5

[4.1] Ames, L. A. et al., Geological and geophysical considerations in radio propagation through the earth's crust. IEEE Trans. AP-11, 369—371 (1963).

[4.2] Bettencourt, J. T., Studies in deep strata communication. Norwood: 1962.

[4.3] BITTERLICH, W., Einführung in die Elektronik. Wien-New York: Springer. **1967.**

[4.4] BITTERLICH, W., Magnetische Dipolantennen für Feldstärkemessungen im LF- und im VLF-Bereich. Int. Elektr. Rdsch. *21*, **225–228** (**1967**).

[4.5] BITTERLICH, W., Die Ausbreitung von VLF-Wellen durch das Erdinnere. Acta Phys. Austr. *26* (**1967**).

[4.6]–[4.15] BITTERLICH, W., Ausbreitung von VLF-Wellen in Festkörpern. Innsbruck, Jahresberichte **1961** bis **1970**.

[4.16] BITTERLICH, W., US-Kontrakt No. **61(052)-490**, Innsbruck.

[4.17] BITTERLICH, W., Technical Note No. **1**: Propagation of VLF waves in liquid and solid media. Modeling studies. **1963.**

[4.18] BITTERLICH, W., Technical Note No. **2**: Propagation of VLF waves in liquid and solid media. Attenuation in subsurface signal transmission. **1963.**

[4.19] BITTERLICH, W., Technical Note No. **4**: Horizontal magnetic dipole at the depth *h* under the earth's surface—calculation of the radiation field by the integral method. **1963.**

[4.20] BITTERLICH, W., Technical Note No. **5**: Calculation of the dipole field using the VLF approximation. **1963.**

[4.21] BITTERLICH, W., Technical Note No. **6**: Horizontal magnetic dipole in a conducting earth. **1963.**

[4.22] BITTERLICH, W., Technical Note No. **7**: Propagation of VLF waves in a highly conducting medium. **1963.**

[4.23] BITTERLICH, W., Scientific Report No. **8**: Field strength meter for VLF waves. **1964.**

[4.24] BITTERLICH, W., Scientific Report No. **10**: Magnetic dipole antennas for receivers. **1964.**

[4.25] BITTERLICH, W., Scientific Report No. **11**: VLF measurements in the mine of Bleiberg. **1964.**

[4.26] BITTERLICH, W., Interim Scientific Report No. **14**: Measuring device for recording the field strength of VLF signals over long periods of time. **1965.**

[4.27] BITTERLICH, W., Interim Scientific Report No. **15**: On the frequency dependence of the electric parameters of rock. **1965.**

[4.28] BITTERLICH, W., Interim Scientific Report No. **16**: Bearing technique in the near field of a magnetic transmitting dipole in the VLF region. **1965.**

[4.29] BITTERLICH, W., US-Kontrakt Nr. **61(052)-902**, Innsbruck.

[4.30] BITTERLICH, W., Scientific Report No. **2**: Propagation of long electromagnetic waves through rock. **1967.**

[4.31] BITTERLICH, W., Scientific Report No. **5**: Frequency dependence of the field strength components of a dipole embedded in a conducting medium. **1967.**

[4.32] FRÄNZ, K. et al., Antennen und Ausbreitung. Berlin: **1956.**

[4.33] GRÖBNER, O., Über die Ausbreitung sehr langer elektromagnetischer Wellen im Gestein. Dissertation Innsbruck (**1964**).

[4.34] KELLNER, A. W., Die Bestimmung elektrischer Parameter aus der Feldstruktur eines magnetischen Dipols. Dissertation Innsbruck (**1969**).

[4.35] KING, R. W. P. et al., The complete electromagnetic field of a half wave dipole in a dissipative medium. IEEE Trans. AP-**11**, **275–285** (**1963**).

[4.36] MARQUANT, C. L., The near electromagnetic field. El. Tech. *61* (**1964**).

[4.37] MOORE, R. K., Effects of a surrounding conducting medium on antenna analysis. IEEE Trans. AP-**3** (**1963**).

[4.38] NESSLER, N., Die Ausbreitung langer elektromagnetischer Wellen durch homogene und inhomogene feste Medien. Dissertation Innsbruck (**1967**).

[4.39] PAGE, L., The magnetic antenna. Phys. Rev. *69*, **645**ff. (**1946**).

[4.40] RAMO, S. et al., Felder und Wellen in der modernen Funktechnik. Berlin: 1960.

[4.41] SCHELKUNKOFF, S. A. et al., Antennas, theory and practice. New York: 1952.

[4.42] SCHUMANN, O., Ausbreitung von VLF-Wellen. J. angew. Physik *4*, 474ff. (1952).

[4.43] Siemens Datenblätter: Siferrit und Sirufer Material. Nr. 60000f.

[4.44] STRATTON, I. A., Electromagnetic theory. New York: 1941.

[4.45] TSAO, C. H. K. et al., Measurement of the phase constant of rock propagated signals. IEEE Trans. COM-15, 592—597 (1967).

[4.46] VAN SUCHTELEN, H., Ferroxcube Aerial Rod. Electronic Appl. Bull. *13* (1952).

[4.47] VILBIG, F., Hochfrequenzmeßtechnik. München: 1953.

[4.48] WAIT, J. R., The magnetic dipole antenna immersed in a conducting medium. Proc. I.R.E. *40*, 1244—1245 (1952).

[4.49] WAIT, J. R., Electromagnetic waves in stratified media. Pergamon Press. 1962.

Abschnitt 4.6

[4.50] BITTERLICH, W., Jahresbericht 1966 des VLF-Projektes Innsbruck, U.S. contract 61(052)-902.

[4.51] BITTERLICH, W., The helical antenna and its problems. Scientific Report No. 1. VLF-Projekt Innsbruck, U.S. contract 61(052)-902, 1. 3. 1967.

[4.52] BITTERLICH, W., Jahresbericht 1967 des VLF-Projektes. U.S. contract 61(052)-902, Innsbruck, Nov. 1967.

[4.53] BITTERLICH, W., Endbericht des VLF-Forschungsprojektes. U.S. contract 61(052)-902, Innsbruck, Dez. 1968.

[4.54] BITTERLICH, W., Jahresbericht 1969 des VLF-Forschungsprojektes. U.S. contract F 61052-65-C-0007.

[4.55] BITTERLICH, W., Progress Report No. 8: VLF/LF antennas and waves in liquid and solid media. VLF-Projekt Innsbruck. U.S. contract F 61052-69-C-0007, 31. 12. 1970.

[4.56] BLUME, S. et al., Untersuchungen über Wendelantennen. Z. angew. Phys. *20* (1965).

[4.57] CHATTERJEE, J. S., Radiation field of a conical helix. J. Appl. Phys. *24* (1953).

[4.58] GLASER, O. J. et al., Measured impedances of helical beam antennas. J. Appl. Phys. *19*, 193ff. (1948).

[4.59] GREENE, F. M., The near-zone magnetic field of a small circular loop antenna. J. Research NBS *71C*, 329—336.

[4.60] HEYNISCH, H., Die Ausbreitung von Mikrowellen und langen Wellen auf einer Wendelleitung mit Dielektrikum und koaxialem Außenleiter. A.E.Ü. *17* (1963).

[4.61] KRAUS, J. D., Characteristics of helical antennas radiating in the axial mode. J. Appl. Phys. *19* (1948).

[4.62] KRAUS, J. D., The helical antenna. Proc. IRE, März 1949.

[4.63] KORNHAUSER, E. T., Radiatic field of helical antennas with sinusoidal current. J. Appl. Phys. *22* (1951).

[4.64] LUKAVEC, R. et al., Some properties of helical antennas at low frequencies. Sc. Rep. Nr. 6. VLF-Projekt Dr. BITTERLICH, Innsbruck. U.S. contract 61(052)-902, 20. 4. 1968.

[4.65] LUKAVEC, R. et al., Measured properties of small self-resonant helical antennas at low frequencies for application in dissipative media. Sc. Rep. Nr. 8, VLF-Projekt Dr. BITTERLICH, Innsbruck, U.S. contract 61(052)-902, 1968.

[4.66] LUKAVEC, R. et al., Über die Eigenschaften kleiner, eigenresonanter Wendelantennen bei niedrigen Frequenzen und ihre Felder in dissipativen Medien. Dissertation Innsbruck (1969).

[4.67] Oberdorfer, G., Lehrbuch der Elektronik. 1944.
[4.68] Wait, I. R., Insulated loop antenna immersed in a conducting medium. J. Research NBS *59*, 133–137 (1957).
[4.69] Wheeler, H. A., A helical antenna for circular polarization. Proc. I.R.E. *1947*, 1484–1488.
[4.70] Zuhrt, H., Elektromagnetische Strahlungsfelder. Berlin: 1953.

5. Gleichstrommessungen am anstehenden Gestein

5.1 Die Vierpunktmethoden

Bei diesen Methoden bedient man sich künstlicher elektrischer Felder, die zwischen zwei Elektroden erzeugt werden. Die Gleichstrommethode — auch Widerstandsmethode genannt, obwohl eigentlich die elektrische Leitfähigkeit bzw. ihr Kehrwert, der spezifische Widerstand, gemessen wird — ermöglicht es, Aussagen über einen geschichteten Untergrund zu machen bis hinab zu Teufen von ca. 1000 m. Diese Verfahren finden auch im Vollraum Verwendung sowie bei der Beprobung von Bohrlöchern.

5.1.1 Theorie der gebräuchlichsten Methoden

Es wird an zwei Stromelektroden, die in einem bestimmten Abstand mit der Erdoberfläche kontaktiert werden, eine so hohe Gleichspannung angelegt, daß im Gestein ein merklicher Strom von einigen mA fließt. Die Stärke dieses Stromes hängt von der angelegten Spannung, von der Güte des Kontaktes, vom Übergangswiderstand Elektrode/Gestein und von der elektrischen Gesteinsleitfähigkeit ab.

Im Gestein selbst existiert bei Stromfluß eine charakteristische Potentialverteilung.

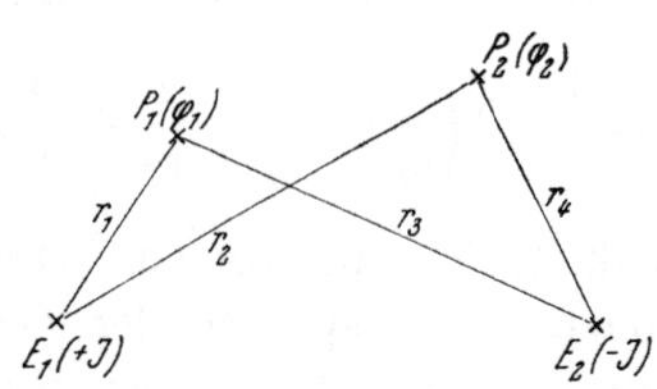

Abb. 5.1. 4-Punkt-Meßanordnung. Allgemeinste Lage der Strom- und Spannungselektroden

Betrachtet man eine der Stromelektroden an der Erdoberfläche als punktförmige Quelle, die den konstanten Strom I aussendet, so gilt für das Potential φ_{P_1} in einem Punkte P_1, dessen Abstand von der Quelle r_1 sein möge (siehe Abb. 5.1):

$$\varphi_{P_1} = \frac{I \cdot \rho_G}{2\pi r_1} + C, \tag{5.1}$$

soweit das Gestein homogen ist und den spezifischen Widerstand ρ_G aufweist.

An einem Punkt P_2, der von der Quelle die Entfernung r_2 hat, gilt:

$$\varphi_{P_2} = \frac{I \cdot \rho_G}{2\pi r_2} + C. \tag{5.2}$$

Die Gegenelektrode, durch die der Strom $-I$ fließt, erzeugt im Punkte P_1, der von der Senke den Abstand r_3 haben möge, das Potential $-\varphi_{P_1}'$:

$$-\varphi_{P_1}' = \frac{I \cdot \rho_G}{2\pi r_3} + c' \tag{5.3}$$

und in P_2 (Abstand r_4) das Potential $-\varphi_{P_2}'$:

$$-\varphi_{P_2}' = \frac{I \cdot \rho_G}{2\pi r_4} + c'. \tag{5.4}$$

Das Gesamtpotential in P_1 ergibt sich als Summe von φ_{P_1} und φ_{P_1}'

$$\varphi_1 = \frac{I \cdot \rho_G}{2\pi}\left(\frac{1}{r_1} - \frac{1}{r_3}\right). \tag{5.5}$$

Für den Punkt P_2 erhält man:

$$\varphi_2 = \frac{I \cdot \rho_G}{2\pi}\left(\frac{1}{r_2} - \frac{1}{r_4}\right). \tag{5.6}$$

Mißt man die Spannung U zwischen P_1 und P_2 (siehe Abb. 5.1), so ergibt sich:

$$U = \varphi_1 - \varphi_2 = \frac{I \cdot \rho_G}{2\pi}\left(\frac{1}{r_1} - \frac{1}{r_3} - \frac{1}{r_2} + \frac{1}{r_4}\right). \tag{5.7}$$

Betrachtet man statt des Halbraumes einen Vollraum, so lautet Gleichung (5.7):

$$U = \frac{I \cdot \rho_G}{4\pi}\left(\frac{1}{r_1} - \frac{1}{r_3} - \frac{1}{r_2} + \frac{1}{r_4}\right). \tag{5.8}$$

Hier bietet sich die Möglichkeit, den spezifischen Widerstand eines Gesteins, ρ_G, zu bestimmen: man hat dazu am entsprechenden Gestein eine 4-Punkte-Kontaktierung vorzunehmen, die Spannung U und den Strom I zu messen und nach Gleichung (5.7) bzw. (5.8) ρ_G auszurechnen.

Bedingung:

1. Die Spannung U muß mit einem hochohmigen Voltmeter gemessen werden, damit die Spannungssonden an den Punkten P_1 und P_2 keinen Strom ziehen — was zu einer Verzerrung des Feldes führen würde.

2. Die Entfernungen r_1, r_2, r_3 und r_4 müssen groß genug sein, damit die in der Praxis verwendeten Stahlstifte, Nägel oder Erdspieße noch als punktförmige Quellen bzw. Senken betrachtet werden können.

3. Man erhält nur dann den wirklichen spezifischen Widerstand des Gesteins, wenn es als homogener geologischer Körper vorliegt; ansonsten wird man einen Mittelwert — den scheinbaren spezifischen Widerstand — messen.

Die Eindringtiefe des Stromes und damit der eigentliche Prospektionsraum wird durch die Anordnung (Geometrie) der Stromelektroden E_1 und E_2 bestimmt. Größenordnungsmäßig ist die Eindringtiefe des Stromes gegeben durch den Abstand der Stromelektroden. Je größer dieser Abstand wird, umso größere Tiefen lassen sich erfassen.

Der Aussagewert derartiger Gleichstrommessungen für die Geologie liegt darin begründet, daß gutleitende Inhomogenitäten eine Verdichtung der Stromlinien, schlechtleitende hingegen eine Verdünnung derselben bewirken. Da die Potentiallinien stets senkrecht auf den Stromlinien stehen, gibt das Potentialfeld Aufschluß über die „elektrisch wirksamen" Inhomogenitäten — somit über die geologischen Gegebenheiten im Mutungsgebiet.

Die Vierpunktmethoden bestehen aus einer Strom- und Spannungsmessung. Es sind außer den stromzuführenden Elektroden, die üblicherweise mit A und B bezeichnet werden, zwei Spannungselektroden, M und N, notwendig. Im allgemeinen befinden sich die Spannungssonden M und N zwischen A und B (symmetrisch zur Mitte) und teilen die Strecke AB in einem bestimmten Verhältnis. A, B, M und N liegen bei derartigen Messungen auf einer Geraden. Mit Hilfe von Vierpunktanordnungen lassen sich verschiedene geologisch-montanistische Probleme bearbeiten, von denen genannt seien:

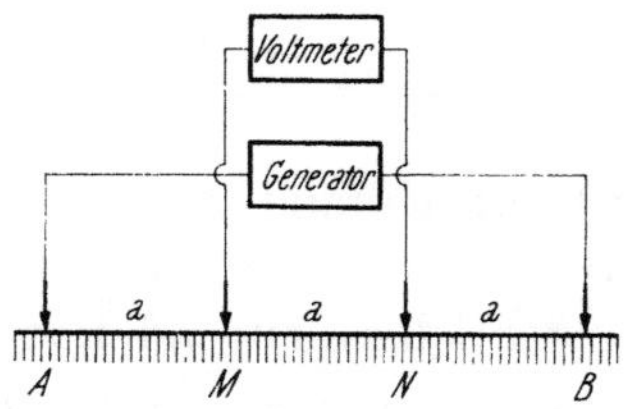

Abb. 5.2. 4-Punkt-Anordnung nach WENNER

a) Inhomogenitäten des Gesteins längs eines Profils bzw. über einer vorgegebenen Fläche erfaßt man mit der Methode der Elektroprofilierung bzw. der Widerstandskartierung. Dabei wird das Vierpunktsystem horizontal an der Erdoberfläche verschoben.

b) Um quantitative Vorstellungen über die Teufe einer Schicht zu erhalten, bedient man sich der Tiefen- oder Elektrosondierung. Dabei werden durch Vergrößern des Abstandes der Stromelektroden A und B Schichten in immer zunehmender Tiefe erfaßt.

c) Bewegt man eine 4-(3)-Punktanordnung im Bohrloch auf und ab, zur Erfassung der Leitfähigkeiten des durchbohrten Gesteins, spricht man von Bohrlochwiderstandsmessungen bzw. von Bohrlochkarottage.

d) Weniger verwendet wird die Drehsondierung, wobei eine Vierpunktanordnung um ihr Symmetriezentrum gedreht wird.

ad a): Beim Elektroprofilieren wird die Vierpunktanordnung in 4 Moden benutzt.

1. Die Wenner-Anordnung

Die Elektrodenanordnung ist völlig symmetrisch (siehe Abb. 5.2)

$$AM = MN = NB = a. \tag{5.9}$$

Der spezifische Gesteinswiderstand ρ_G errechnet sich zu

$$\rho_G = \frac{2\pi U \cdot a}{I} \tag{5.10}$$

I = Strom [Amperè] durch die Elektroden A und B, U = Spannung [V] an den Sonden M und N, a = Elektrodenabstand [m], ρ_G = spezifischer Widerstand des Gesteins [Ωm].

2. Die symmetrische Anlage (Schlumberger-Anordnung)

Bei dieser Anordnung ist der Abstand $AB = L$ groß gegen den Abstand $MN = l$. Alle Elektroden sind symmetrisch zur Mitte der Meßstrecke angeordnet. Für den spezifischen Widerstand des erfaßten Untergrundes gilt:

$$\rho_G = \frac{\pi \cdot UL^2}{4I \cdot l}. \tag{5.11}$$

3. Zwei- und Dreipunktanordnungen

Bei der Zweipunktanordnung sind die Erdelektroden N und B sehr weit voneinander und von A und M entfernt. Das Potential in M entspricht nun in etwa der Potentialdifferenz an M und N. Bezeichnet man den Abstand AM mit p, so gilt:

$$\rho_G = \frac{2\pi Up}{I}. \tag{5.12}$$

Bei der Dreipunktanlage ist der Abstand $AM = L'$ groß gegen die Entfernung $MN = l'$. Die Elektrode B liegt im Unendlichen, so daß allein die Elektrode A und die Lage von M, N potentialbestimmend sind. Wenn gilt:

$$MN = l' \ll AM \approx AN \approx L', \tag{5.13}$$

ergibt sich für den spezifischen Gesteinswiderstand ρ_G:

$$\rho_G = \frac{2\pi UL'^2}{I \cdot l'}. \tag{5.14}$$

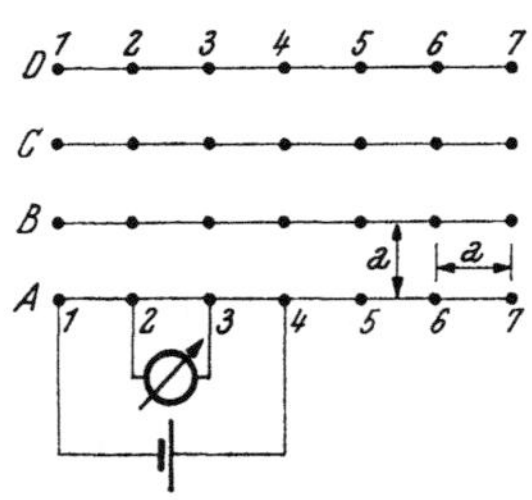

Abb. 5.3. Arbeitsvorgang bei der Widerstandskartierung (nach Fa. Siemens)

Zur Kontrolle der Messungen macht man Gebrauch von der Vertauschbarkeit der Strom- und Spannungselektroden für den Fall, daß die elektrischen Eigenschaften des Untergrundes konstant sind. Vertauscht man nämlich die Spannungs- mit den Stromelektroden, so ergibt sich bei gleichem Strom (wie im ursprünglichen Fall) an den ehemaligen Stromelektroden die gleiche Spannung.

Zur Bedeutung der gemessenen Größe ρ_G: Wenn ein homogener, isotroper, quasi unendlich ausgedehnter Untergrund vorliegt, entspricht der gemessene Wert ρ_G dem wirklich vorhandenen Gesteinswiderstand, der natürlich unabhängig von der Elektrodenkonfiguration ist.

Bei anisotropen und inhomogenen Gesteinen — dies ist der Normalfall — ist ρ_G immer eine Funktion der Elektrodenanordnung. Der durch die obigen Gleichungen definierte spezifische Gesteinswiderstand wird dann zu einem Mittelwert, der nach HUMMEL [5.38] als scheinbarer Widerstand (apparent resistivity) bezeichnet wird.

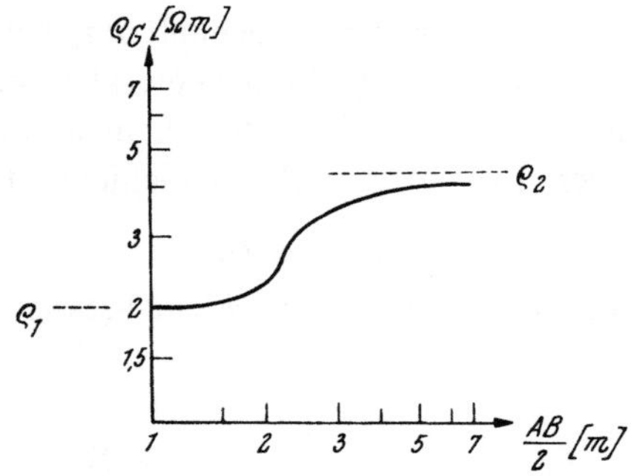

Abb. 5.4. Spezifischer Gesteinswiderstand als Funktion von $AB/2$ (GORELIK und SACHAROWA). Beispiel für einen ansteigenden Kurventyp

Meßvorgang und Auswertung. Werden die Messungen längs eines Profils ausgeführt, so wird eine Vierpunktanordnung mit konstanten Elektrodenabständen entlang einer geraden Linie verschoben. Wenn die jeweiligen Verrückungen in geringen Abständen vorgenommen werden, lassen sich auch sehr kleine Inhomogenitäten erfassen, wobei die Teufe des beprobten Gesteins durch den Abstand der Stromelektroden vorgegeben ist.

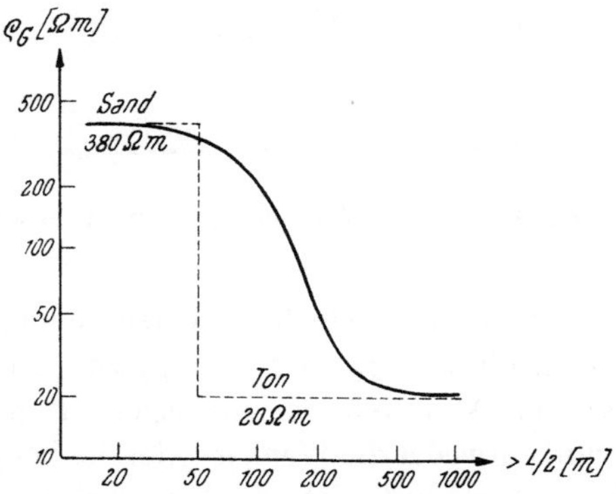

Abb. 5.5. Beispiel für einen absteigenden Kurventyp (FLATHE)

Bei der Widerstandskartierung geht man so vor, daß zunächst durch Probemessungen der günstigste Elektrodenabstand *a* bestimmt wird. Zur eigentlichen Messung bringt man die Elektroden entsprechend der Abb. 5.3 im Gelände an. Zunächst werden die Elektroden 1, 2, 3 und 4 des Profils *A*, dann 2, 3, 4 und 5 von *A* angeschlossen, dann werden der Reihe nach die Profile *B*, *C*, *D* usw. durchgemessen. Auf einer Karte verbindet man die Punkte gleichen spezifischen Widerstandes miteinander. Die Isoohmen geben dann ein Bild der Inhomogenitäten im Untergrund.

ad b): Während man beim Profilieren und Kartieren keine Aussage machen kann (und will) über die Mächtigkeit von Schichten oder etwaigen Inhomogenitäten, werden bei der Tiefen- oder Elektrosondierung gerade diese Parameter erfaßt. Wie schon erwähnt wurde, ist die elektrisch zu bestimmende Teufe etwa gleich groß wie der Abstand der Stromelektroden. Durch Vergrößerung dieses Abstandes werden sich für den errechneten spezifischen Widerstand ρ_G immer mehr die ρ-Werte tieferer Schichten bemerkbar machen. Sind die Abgrenzungen zweier Schichten mit stark verschiedenem spezifischem Widerstand sehr scharf gegeneinander, so werden sich die Schichtenfolgen in der Funktion

$$\rho_G = \rho_G(a),$$

ρ_G = gemessener spezifischer Widerstand, a = Abstand der Stromelektroden, widerspiegeln.

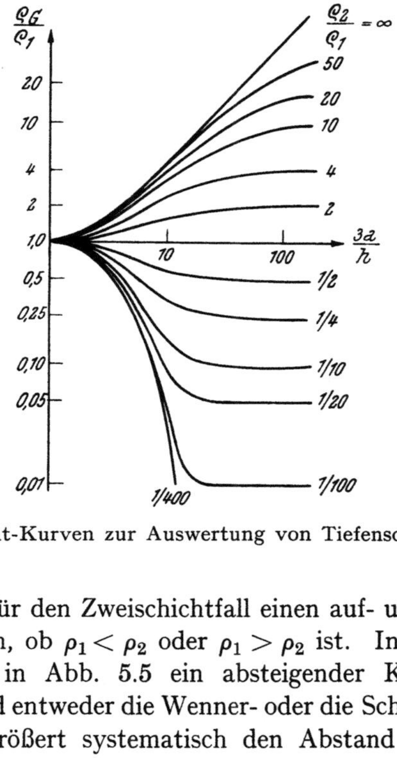

Abb. 5.6. Zwei-Schicht-Kurven zur Auswertung von Tiefensondierungen (Huber)

Man unterscheidet für den Zweischichtfall einen auf- und einen absteigenden Kurventyp, je nachdem, ob $\rho_1 < \rho_2$ oder $\rho_1 > \rho_2$ ist. In Abb. 5.4 ist ein aufsteigender Kurventyp, in Abb. 5.5 ein absteigender Kurventyp gezeichnet.

Bei der Messung wird entweder die Wenner- oder die Schlumberger-Anordnung verwendet. Man vergrößert systematisch den Abstand der Stromelektroden (bei der Wenneranordnung damit auch den Abstand der Spannungselektroden) und berechnet für jeden Abstand aus den gemessenen Werten I, U, L, l oder a den spezifischen Widerstand des Gesteins.

Bei der Auswertung geht man so vor, daß man die Meßkurven

$$\rho_G = \rho_G\left(\frac{a}{3}\right), \quad \rho_G = \rho_G\left(\frac{L}{2}\right) \quad \text{oder} \quad \rho_G = \rho_G(L)$$

— je nachdem, welche Anordnung bei der Messung benutzt wurde — mit theoretischen Kurven (master curves) zur Deckung zu bringen sucht.

Man unterscheidet mehrere Fälle:

1. Für die Wenner-Anordnung zeigt Abb. 5.6 eine Kurvenschar, wobei $\rho_G : \rho_1$ als Funktion von $3a/h$ aufgetragen ist. a = Elektrodenabstand, ρ_G =

gemessener spezifischer Gesteinswiderstand, h = Teufe der Schicht 1, ρ_1 = spezifischer Widerstand der Schicht 1, ρ_2 = spezifischer Widerstand der Schicht 2. Als Parameter dient das Verhältnis $\rho_2 : \rho_1$. Die Kurven werden im logarithmischen Maßstab dargestellt, um die Auswertung zu erleichtern (siehe hierzu DEPPERMANN [5.12]). Im gleichen Maßstab hat man die gemessenen Kurven $\rho_G = \rho_G(a)$ zu zeichnen und mit einer der theoretischen Kurven zur Deckung zu bringen. Aus dem a-Wert, der dem Punkt (1, 1) entspricht, ergibt sich h zu $3a$, der zugehörige ρ_G-Wert entspricht ρ_1. Das Verhältnis ρ_2: ρ_1 erhält man aus dem Kurvenverlauf (im Vergleich zu einer theoretischen Kurve).

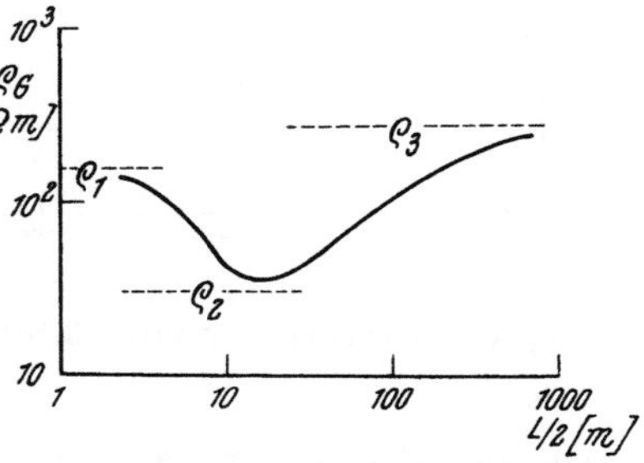

Abb. 5.7. Minimumtyp einer 3-Schicht-Kurve

2. Für die Schlumberger-Anordnung wird im allgemeinen ρ_G als Funktion von $L/2$ gezeichnet. Das Verfahren zur Auswertung entspricht dem unter 1) angegebenen. Siehe hierzu HAALCK [5.30], GORELIK [5.27] und FLATHE [5.20].

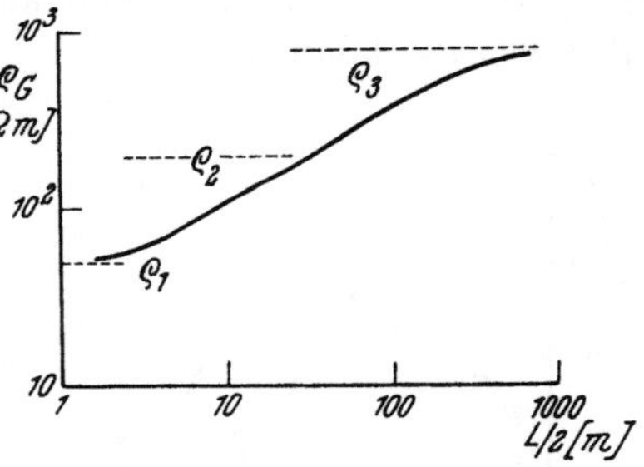

Abb. 5.8. Doppelansteigender Typ einer 3-Schicht-Kurve

Wesentlich komplizierter liegen die Dinge für den Dreischichtenfall. Vier Kurven sind nach DEPPERMANN charakteristisch für dieses Problem:

Der Minimumtyp, siehe Abb. 5.7, wenn eine gut leitende Schicht in schlecht leitenden Schichten eingebettet ist, wobei gelten möge:

$$\rho_1 > \rho_2 < \rho_3.$$

Der doppelaufsteigende Typ, siehe Abb. 5.8, wobei gilt:

$$\rho_1 > \rho_2 > \rho_3.$$

Der doppelabsteigende Typ, siehe Abb. 5.9, mit $\rho_1 < \rho_2 < \rho_3$.

Der Maximumtyp mit $\rho_1 < \rho_2 > \rho_3$, siehe Abb. 5.10.

Die Auswertung der Meßkurven

$$\rho_G = \rho_G(a), \qquad \rho_G = \rho_G\left(\frac{a}{3}\right) \quad \text{oder} \quad \rho_G = \rho_G\left(\frac{L}{2}\right)$$

erfolgt wiederum — nach einem wesentlich komplizierteren Verfahren als im Zweischichtfall — mit Hilfe von Modellkurven (HAALCK, FLATHE, HUMMEL).

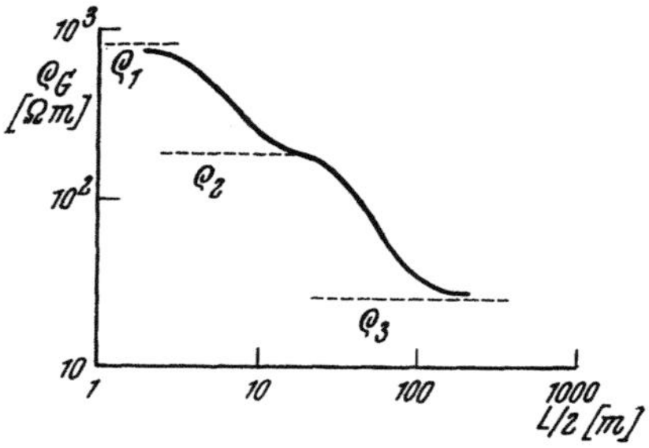

Abb. 5.9. Doppelabsteigender Typ einer 3-Schicht-Kurve

Schwierigkeiten können bei der Tiefensondierung insofern auftreten, als Schichtneigungen, Verwerfungen, Formationswechsel etc., Erscheinungen, die als Lateraleffekte bezeichnet werden, zur Verfälschung des Meßergebnisses führen. Derartige Effekte kann man meistens mit dem sogenannten Halbwertverfahren erfassen. Dabei wird eine zusätzliche Spannungssonde in der Mitte der Strecke *MN* angebracht. Man kann nun die gesamte Meßstrecke, die linke oder die rechte Hälfte einzeln abtasten. Der Erdungsmesser der Firma Siemens besitzt zu diesem Zweck einen speziellen Schalter, so daß auch derartige Messungen relativ rasch durchgeführt werden können.

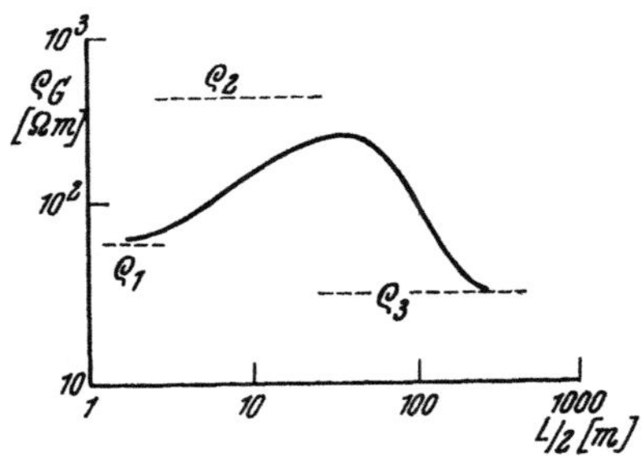

Abb. 5.10. Maximumtyp einer 3-Schicht-Kurve

Abb. 5.11 zeigt die entsprechende Schaltung. Sind die Meßwerte der linken und der rechten Halbstrecke gleich, deutet dieses auf gleiche Untergrundbeschaffenheit auf beiden Seiten hin. Unterschiedliche Werte lassen unter Umständen Rückschlüsse auf das entsprechende geologische Vorkommen zu.

ad c): Beim elektrischen Kernen wird eine besondere Form der Dreipunktanordnung benutzt. Die Abb. 5.12 zeigt die Meßanordnung: Die Entfernungen $AM = l_1$, $AN = l_2$ und MN werden während der Verschiebung des Systems im Bohrloch konstant gehalten. Die Entfernung BA ist sehr groß relativ zu l_1 und l_2, so daß Elektrode B kaum Einfluß auf die Potentialverteilung nimmt. Der spezifische Widerstand errechnet sich zu

$$\rho_G = \frac{2\pi U}{I} \cdot \frac{l_1 \cdot l_2}{l_2 - l_1}. \tag{5.15}$$

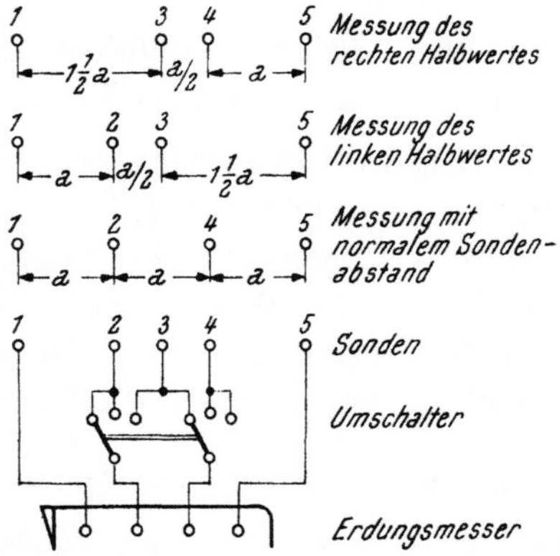

Abb. 5.11. Schaltung für schnell aufeinander folgende Normal- und Halbwertsmessungen (Fa. Siemens)

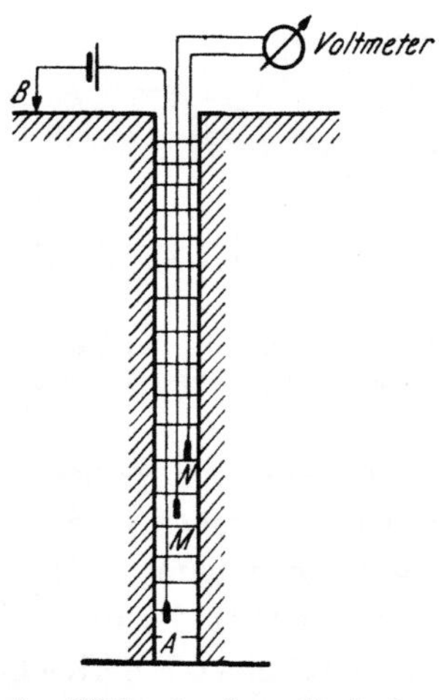

Abb. 5.12. Prinzipdarstellung der Widerstandsmethode im Bohrloch (elektrisches Kernen) nach MATHIEU

Da bei derartigen Messungen im allgemeinen das Bohrloch mit einer Spülung versetzt ist, ist für die Abstände l_1 und l_2 eine Mindestgröße einzuhalten, damit der Hauptteil der Stromlinien im Gestein selbst verläuft. Um aber eine sehr hohe Auflösung zu erreichen, müßten die Abstände l_1 und l_2 sehr klein gewählt werden. Den störenden Einfluß der Spülung beseitigt man, indem die Elektroden durch Gummimanschetten vor direkter Berührung mit der Spülflüssigkeit geschützt werden. Mit diesem sogenannten Mikrolog kann man feinste Schichtungen erfassen. Beim sogenannten Laterolog wird durch eine spezielle Anordnung vieler Elektroden, die auf gleichem Potential liegen, eine scheibenförmige Stromverteilung erreicht, die es besser als die übliche radiale Verteilung gestattet, horizontale Schichten zu vermessen.

Von BITTERLICH und WÖRZ [5.4] wurde eine Sonde konstruiert, wobei alle vier Elektroden im Bohrloch hin und her bewegt werden können. Die Auswertung erfolgt wie bei obertägigen Messungen unter Berücksichtigung der Vollraumgeometrie (siehe Abschnitt 5.1.2).

Man kann selbstverständlich auch vom Bohrloch aus „Tiefensondierungen" ausführen, allerdings ist es relativ kompliziert, den Elektrodenabstand zu variieren.

ad d): Die Drehsondierung wird dann verwendet, wenn Abweichungen von der Horizontalschichtung oder wenn steilstehende Verwerfungen vorliegen können. Bei diesem Verfahren wird eine symmetrische Vierpunktanordnung um den Mittelpunkt gedreht; der spezifische Widerstand wird bei fixem Elektrodenabstand als Funktion das Drehwinkels gemessen. Diese Methode ist eine wertvolle Ergänzung zu dem erwähnten Halbwertverfahren.

5.1.2 Anwendung der Vierpunktmethoden im Vollraum

Die Verwendung des Vierpunktverfahrens im Vollraum bildet grundsätzlich nichts Neues. In den bisher angegebenen Formeln ist jeweils „2π" durch „4π" zu ersetzen. Schwierigkeiten treten insofern auf, als derartige Messungen nie

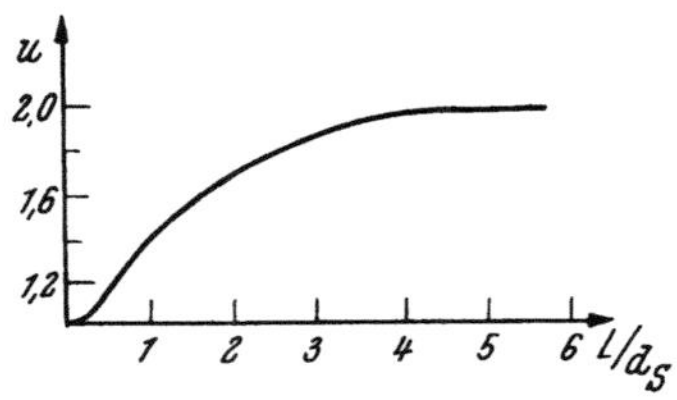

Abb. 5.13. Korrekturkoeffizient u als Funktion des Verhältnisses Elektrodenabstand L zu Streckendurchmesser d_S (GORELIK und SACHAROWA)

in einem idealen Vollraum vorgenommen werden können. Stets ist man gezwungen, die Kontaktierung der Elektroden in Strecken, Bohrlöchern, Schrämläufen oder sonstigen Höhlungen vorzunehmen. Das elektrische Feld wird durch diese Hohlräume gestört. Mathematisch ist diese Störung oft sehr schwer zu erfassen, weil z. B. das Potentialfeld einer Punktelektrode kugelsymmetrisch ist, wohingegen eine Strecke mit Zylinderkoordinaten zu beschreiben wäre. Ein derartiges Problem wurde von TINHOFER [5.103] gelöst. Die Übereinstimmung zwischen Theorie und Experiment war hinreichend gut.

Allgemein läßt sich von folgenden Erwägungen ausgehen: Kontaktiert man eine Vierpunktanlage mit sehr kleinem Elektrodenabstand an einer Stollenwand, so liegt quasi eine Halbraumbedingung vor. Kleiner Elektrodenabstand bedeutet z. B. für den Fall der Wenner-Anordnung $3 \cdot a \ll$ Stollendurchmesser.

Sind die Elektrodenabstände der Anordnung sehr groß relativ zum Stollendurchmesser, — WÖRZ [5.114] gibt den 7—8fachen Wert an —, so liegt Vollraumbedingung vor.

Für die zwischen diesen beiden Extrema liegenden Verhältnisse hat man in Gleichung (5.11) einen Koeffizienten u einzuführen,

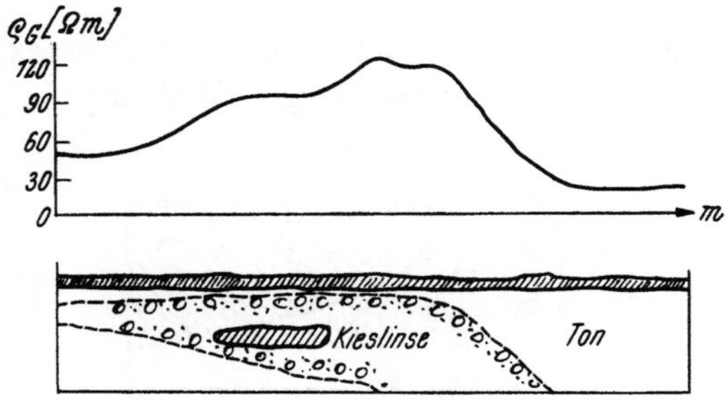

Abb. 5.14. Widerstandsprofil über einer Kieslinse (GORELIK und SACHAROWA)

$$\rho_G = u \cdot \frac{\pi \cdot U \cdot L^2}{4 \cdot Il}, \tag{5.16}$$

wobei u abhängig ist vom Verhältnis L/d_S, L = Abstand der Elektroden A, B, d_S = Stollendurchmesser.

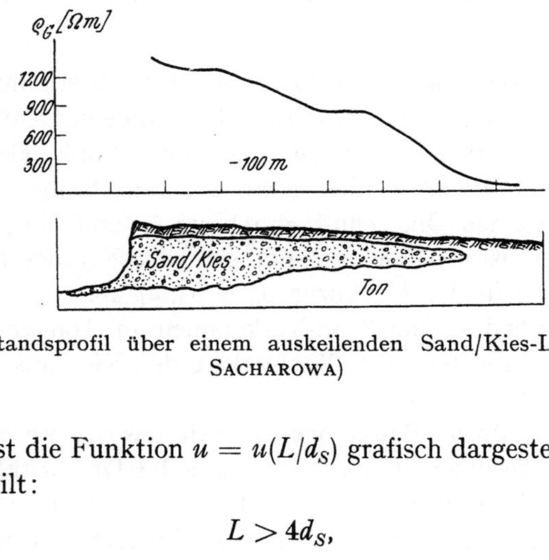

Abb. 5.15. Widerstandsprofil über einem auskeilenden Sand/Kies-Lager (GORELIK und SACHAROWA)

In Abb. 5.13 ist die Funktion $u = u(L/d_S)$ grafisch dargestellt (nach GORELIK [5.26]). Wenn gilt:

$$L > 4d_S, \tag{5.17}$$

liegen Vollraumverhältnisse vor, bei

$$L \leqslant \frac{d_S}{7} \tag{5.18}$$

hat man die Formeln für den Halbraum zu verwenden. Ähnliche Betrachtungen gelten für das elektrische Kernen. Allerdings werden hier die Abstände der Elektroden so groß gewählt, daß immer Vollraumbedingungen vorliegen, d. h., der Einfluß des Bohrloches auf das elektrische Feld ist zu vernachlässigen.

Wird eine gesamte Vierpunktanordnung im Bohrloch verschoben, so sind die Einflüsse des Bohrlochdurchmessers auf das Meßergebnis zu berücksichtigen — es sei denn, man verzichtet auf die Messung absoluter Werte und begnügt sich mit relativen spezifischen Widerständen, wobei allerdings ein konstanter Bohrlochdurchmesser Voraussetzung ist.

5.1.3 Aussagewert für die Prospektion

In diesem Kapitel sollen kurz noch einmal die Prospektionsmöglichkeiten mit Vierpunktanordnungen an Hand einiger Meßbeispiele dargelegt werden.

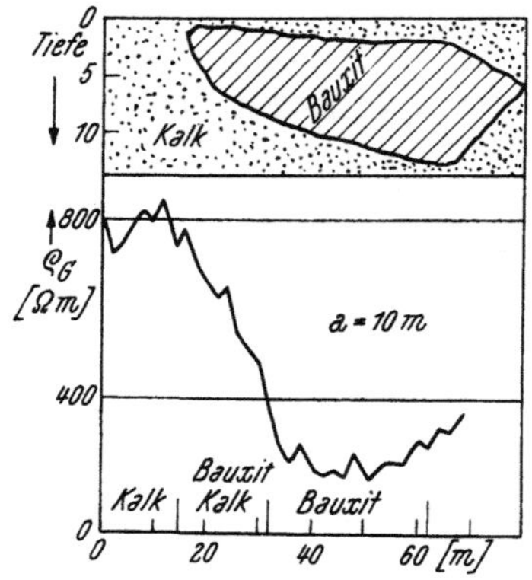

Abb. 5.16. Widerstandsprofil über einer Bauxit-Linse (MOSETTI)

a) *Elektroprofilieren und Elektrokartieren.* Eine bestimmte Elektrodenkonfiguration wird als ganzes längs eines Profils bzw. auf einer Meßfläche verschoben. Man erhält Auskunft über Anomalien längs eines Profils oder für eine Fläche, wobei die Teufe, die erfaßt werden kann, konstant bleibt.

Abb. 5.14 stellt einen Querschnitt durch ein Gelände dar, in dem eine Kieslinse eingeschlossen ist. Diese zeichnet sich durch ihren hohen spezifischen Widerstand deutlich in der Meßkurve $\rho_G = \rho_G(m)$ ab.

Für ein auskeilendes Sand/Kies-Vorkommen in Ton zeigt Abb. 5.15 ein Elektroprofil. Mit abnehmender Mächtigkeit der Kiesbank nehmen auch die bemessenen ρ_G-Werte ab.

In Abb. 5.16 ist für ein Bauxitlager in Kalk das entsprechende Elektroprofil (nach MOSETTI) gezeichnet. Bauxit mit $\rho_B \approx 100\,\Omega\text{m}$ wirkt im umgebenden Kalk ($\rho_K \approx 800\,\text{m}\Omega$) wie ein guter Leiter. Die Messung wurde mit einer Wenner-Anordnung ausgeführt, a wurde zu zehn Metern gewählt. Der Ausbiß tritt im Elektroprofil sehr deutlich hervor.

b) Bei der *Tiefensondierung* wird der Abstand der Stromelektroden stetig oder diskontinuierlich erhöht, wobei immer größere Tiefen erfaßt werden. Abb. 5.17 zeigt eine Schotterrinne, die in Lehm- und Tonschichten eingebettet ist. Der spezifische Widerstand der Kiessande betrug 250—300 Ωm, für die Ton/Lehm-Schichten wurde erhalten $\rho_L \approx 25$—$30\,\Omega\text{m}$. Man erkennt im Elektroprofil deutlich die Schotterrinne. Der relative Fehler bei dieser Messung betrug bis zu 20%.

c) *Widerstandskarottage.* Mit Hilfe einer Vierpunktmeßanordnung wird der spezifische Widerstand der von einem Bohrloch durchteuften Schichten gemessen. Abb. 5.18 zeigt ein Bohrlochprofil. Deutlich heben sich der schlecht leitende Kalkstein und der Ölsand vom Ton und Wassersand ab.

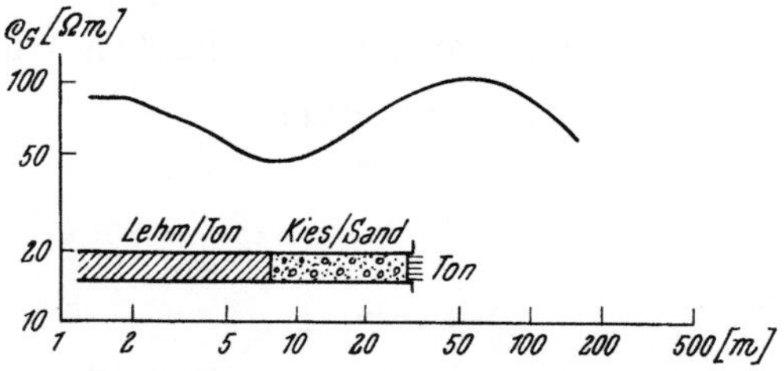

Abb. 5.17. Sondierungskurven über einer Schotterrinne (DEPPERMANN)

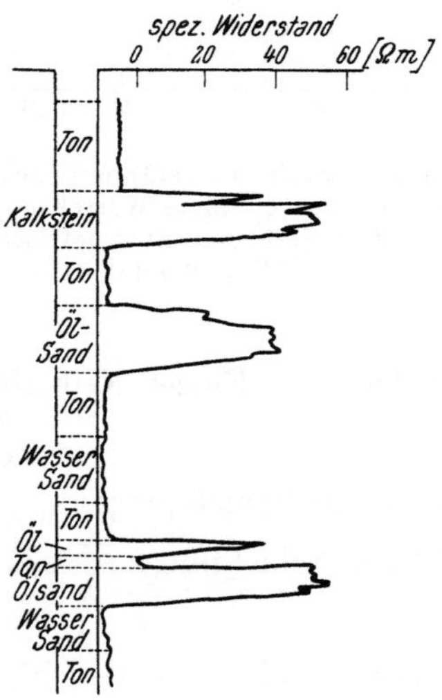

Abb. 5.18. Widerstandsmessung im Bohrloch (PAUL)

d) *Untertägige Messungen.* Mit Vierpunktanlagen wird der spezifische Widerstand des Gesteins gemessen. Zu beachten ist der Einfluß von Hohlräumen auf das Meßergebnis. In Abb. 5.19 ist die Veränderung des Elektroprofils mit wachsendem Querschnitt der Strecke dargestellt — bei konstanter Elektrodenkonfiguration (symmetrische Meßanlage, $AB = 5$ Meter, $MN = 0{,}5$ Meter). Die durchgezogene Kurve gibt das Elektroprofil ohne Stollenkorrektur wieder, die korrigierte Kurve ist gestrichelt dargestellt (nach GORELIK).

Im folgenden seien noch einige Messungen, die untertags von WÖRZ [5.114] und WÖBKING durchgeführt wurden, wiedergegeben:

Bleiberg: Schacht Rudolf (WÖRZ)

taubes Gestein: $\rho_G = 9{,}1 - 11 \cdot 10^5\,\Omega\text{m}$

Zinkblende: $\rho_Z = 1{,}0 - 1{,}65 \cdot 10^3\,\Omega\text{m}$.

Hier hebt sich das Erz (Zinkblende) deutlich vom tauben Gestein (Kalkschiefer) ab.

Heerlen: Kohlengrube Oranje-Nassau III (WÖRZ)

Kohle in Flözrichtung: $\rho_K = 1{,}25 \cdot 10^7\,\Omega\text{m}$

Kohle senkrecht zur Flözrichtung: $\rho_K = 6{,}6 \cdot 10^6\,\Omega\text{m}$.

Die Schieferzone über der Kohle hat einen spezifischen Widerstand von

$$\rho_S = 2 \cdot 10^2\,\Omega\text{m}.$$

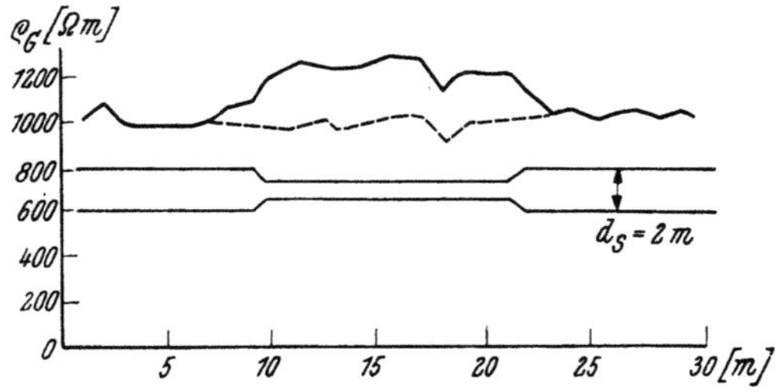

Abb. 5.19. Veränderung des Elektroprofils mit veränderlichem Stollendurchmesser (GORELIK und SACHAROWA). Durchgezogene Kurve: ohne Korrektur für wechselnden Stollendurchmesser. Gestrichelte Kurve: mit Korrektur. Symmetrische Meßanordnung, $AB = 5$ m, $MN = 0{,}5$ m

Stadtschlaining: Antimonitbergbau, Revier Neustift (WÖBKING)

Antimonit: $\rho_A = 1{,}2\text{–}5{,}2 \cdot 10^5\,\Omega\text{m}$

Kalkschiefer senkrecht zur Schieferung: $\rho_K = 8{,}3 \cdot 10^5\,\Omega\text{m}$

Kalkschiefer parallel zur Schichtung: $\rho_{Ka} = 1{,}2 \cdot 10^7\,\Omega\text{m}$

Chloritschiefer: $\rho_C = 3{,}5 \cdot 10^5\,\Omega\text{m}$.

Man erkennt, daß sich in diesem Fall das Erz nicht vom tauben Gestein durch seine elektrische Leitfähigkeit unterscheiden läßt. Wie das Beispiel Kalkschiefer zeigt, kann man mit elektrischen Widerstandsmessungen sehr gut die Schichtrichtung von der Richtung senkrecht dazu trennen.

Die Vierpunktmethoden sind sowohl für den Geologen als auch für den Prospekteur mit Erfolg anzuwenden, wenn es gilt, Tiefenlage, Mächtigkeit und Inhomogenitäten horizontal gelagerter Schichten zu bestimmen. Flachliegende Erzlagerstätten mit deutlich hervortretender Leitfähigkeit gegenüber dem tauben Gestein, Sand- und Kiesbänke in toniger Umgebung, Grundwasserhorizonte usw. lassen sich mittels der Widerstandsmethoden relativ leicht erfassen. Hinzu kommt, daß die Meßausrüstung, die im nächsten Abschnitt beschrieben wird, nicht allzu umfangreich ist und bei Verwendung moderner Techniken sehr klein gehalten werden kann, so daß ein Transport untertags, auch unter beengten Verhältnissen, gut möglich ist.

5.1.4 Meßgeräte zur Leitfähigkeitsbestimmung mit Gleichstrom

Wie schon in Abschnitt 4.4 ausführlich beschrieben, werden auch an diese Meßgeräte folgende mechanische Bedingungen gestellt: klein, geringes Gewicht, stoßfest und feuchtigkeitsunempfindlich. In 5.1.1 wurde erklärt, daß zur Leitfähigkeitsmessung zwei elektrische Kreise benötigt werden. Die Abb. 5.20 zeigt das Schaltbild einer kleinen bewährten Anlage [5.114]. Im Strom- oder Elektrodenkreis E_1, E_2 liegt ein Einankerumformer, der aus einem 12 V Akkumulator gespeist wird. Die erzeugte Gleichspannung beträgt 250 V. Der Elektrodenstrom wird in zwei Bereichen, 10 und 100 mA, angezeigt.

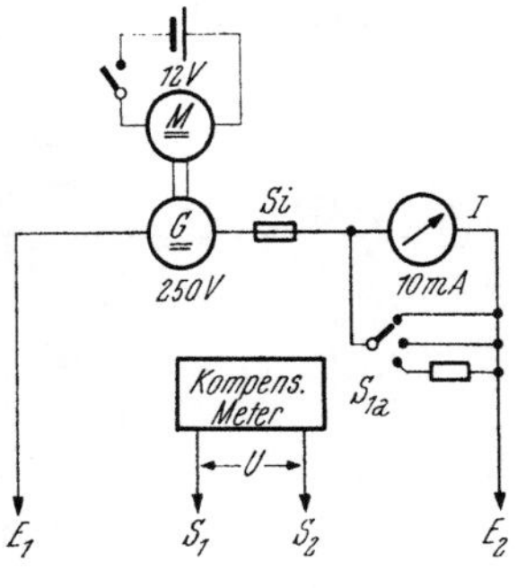

Abb. 5.20. Vierpunkt-Meßanordnung

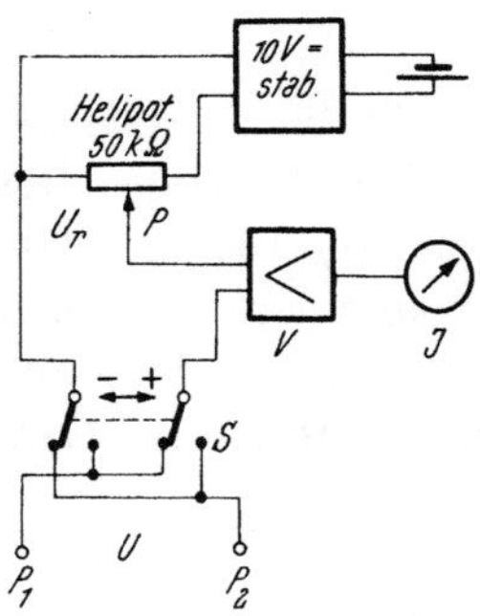

Abb. 5.21. Prinzip der Kompensations-Spannungsmessung

Im Sondenkreis S_1, S_2 wird die Spannung U gemessen, die wegen der hohen Widerstände zwischen den Sonden und wegen der Forderung, das elektrische Strömungsfeld im Gestein nicht durch zusätzliche Quellen oder Senken zu stören, stromlos erfolgen muß, also einer Potentialmessung gleich kommt. Man könnte vor das Voltmeter einen Impedanzwandler mit extrem hohem Eingangswiderstand schalten, z. B. Elektrometerröhren oder Mosfets. Einfacher ist jedoch die Anwendung des Kompensationsprinzips nach POGGENDORF. Abb. 5.21 zeigt das Prinzipschaltbild. Die Meßspannung wird mit der Spannung U_V verglichen, ihre Differenz im Verstärker V verstärkt und mit dem Instrument I zur Anzeige gebracht. Durch verändern des Schleiferabgriffes am Kompensationspotentiometer P kann $U = U_V$ eingestellt werden. Der Meßkreis ist stromlos. Am Zeiger des in Spannungswerten geeichten Potentiometers kann die Höhe der Meßspannung U abgelesen werden.

Abb. 5.22 zeigt die Schaltung eines Kompensations-Millivoltmeters, das mit dem Generatorteil, Abb. 5.24, zu einem Meßgerät vereinigt ist. Die Vergleichsspannung wird elektronisch stabilisiert. Mit dem Schalter S_{1b} werden 10 V oder 1 V an das zehngängige Präzisionspotentiometer (50 kΩ) gelegt. Mit dem zweiten Potentiometer (2 kΩ) kann die Nullspannung kompensiert werden. Der Gleichstromverstärker, mit Siliziumtransistoren bestückt, verstärkt 20-fach und ist in Differenzschaltung aufgebaut. Durch Drücken der Taste *T* können noch kleinste Zeigerbewegungen des Mikroamperemeters festgestellt und dadurch die Genauigkeit der Kompensationseinstellung vergrößert werden. Die beschriebene Anlage zeichnet sich durch Kleinheit und Leistungsfähigkeit aus.

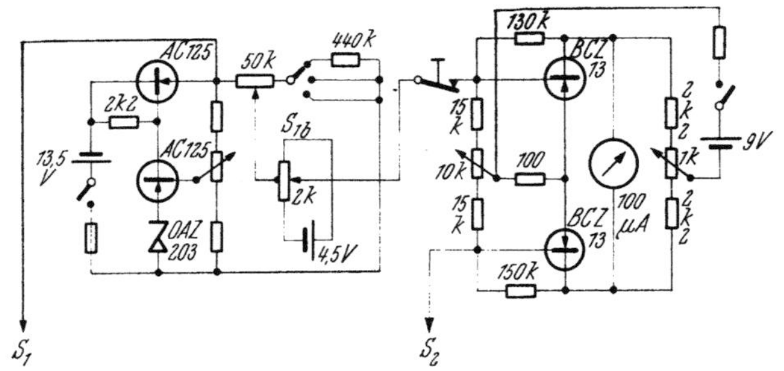

Abb. 5.22. Schaltbild des Kompensationsmillivoltmeters zu Abb. 5.24

Gleichstromwandler als Stromquelle für Leitfähigkeitsmessungen

Erfahrungsgemäß liegt die für derartige Messungen benötigte Elektrodenspannung in Größenordnungen von 100 bis 500 V. Die moderne Elektronik hat die früher üblichen, oft voluminösen Trockenbatteriekästen oder Dynamoaggregate durch kleine und leichte Gleichstromwandler (DC-Wandler) ersetzt. Abb. 7.8, Seite 286 zeigt ein selbstgebautes Gerät.

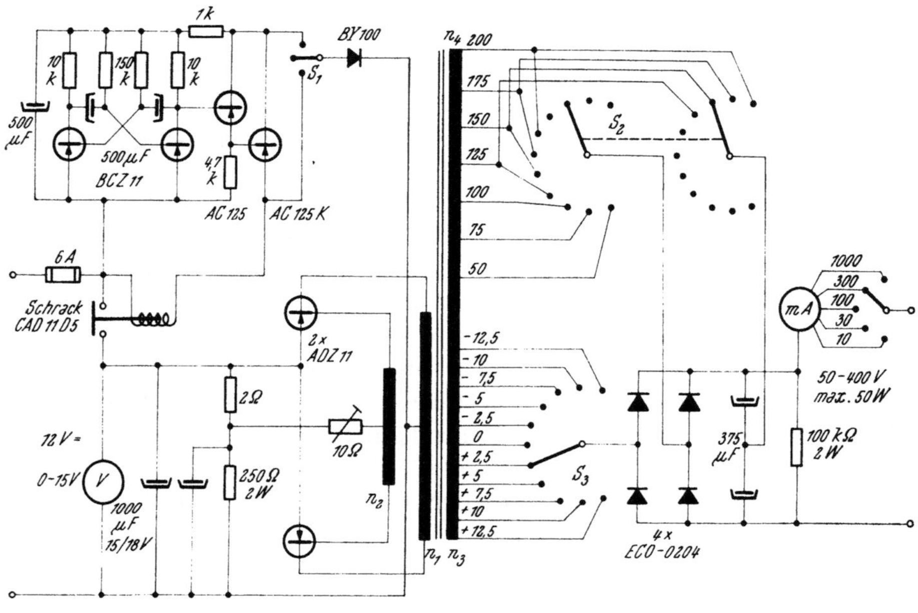

Abb. 5.23. Universell verwendbarer Gleichstromwandler

An Hand des Schaltbildes Abb. 5.23 soll die Funktion des DC-Wandlers erklärt werden. Die Transistoren ADZ 11 bilden mit dem Transformator einen Gegentaktoszillator. Um einen hohen Wirkungsgrad zu erreichen, werden die Transistoren stark übersteuert, wirken folglich wie Schalter, deren Funktion über die zu n_1 gegenphasige Wicklung n_2 und die beiden Basisstrecken gesteuert wird. Im Rhythmus der Schaltzustände fließt abwechselnd in einer der beiden Hälften der Wicklung n_1 ein kräftiger Strom, der dem Übersetzungsverhältnis entsprechend auf die Sekundärseite des Übertragers transformiert wird. Die Sekundärseite trägt eine niedervoltige Wicklung n_3. Mit dem Schalter S_3 kann die Ausgangsspannung des Gerätes in 2,5 V-Schritten verändert werden. Dies ist besonders dann wichtig, wenn der Ausgangsstrom über eine längere Meßzeit konstant gehalten werden soll. Stromschwankungen können einerseits durch eine schwankende Ausgangsspannung, hervorgerufen durch einen geänderten Ladezustand des Akkumulators, andererseits durch einen geänderten Lastwiderstand, z. B. durch Elektrodenpolarisation, verursacht werden.

Die zweite hochvoltige Wicklung n_4 ist zwischen 50 und 200 V in 25 V-Stufen angezapft, wobei die Drahtquerschnitte so gewählt wurden, daß bei jeder gewählten Spannung die maximale Leistung von 50 Watt entnommen werden kann. Bis zu einer Spannung von 200 V arbeitet die Gleichrichterschaltung als Graetzgleichrichter, in den Stellungen 8 bis 11 des Schalters S_3 als Greinacher-Spannungsverdopplerschaltung.

Die Betriebsspannung liefert ein 12 V-Bleiakkumulator mit mindestens 50 Amperestunden. Der Hauptschalter des Gerätes hat drei Stellungen. In der oberen Einstellung fließt der Strom von — nach + über eine Halbleiterdiode und ein Relais. Bei falschem, polverkehrtem Anschluß an den Akkumulator ist die Diode gesperrt, das Relais und damit das Gerät stromlos. In der unteren Stellung des Hauptschalters fließt der Relaisstrom zusätzlich über einen Transistor, der im Takt eines astabilen Multivibrators geöffnet und gesperrt wird. Die Kippzeit des Vibrators ist ca. eine Minute, d. h. der Wandler ist eine Minute ein- und eine Minute ausgeschaltet. Dieser intermittierende Betrieb ist zur Ermittlung der Nullpotentiale der Spannungssonden notwendig und verdoppelt außerdem die Betriebsstundenkapazität.

Das elektronische Voltmeter

Die Nachteile der besprochenen Voltmeterschaltung, zu viele unabhängige Batterien, keine Batterieprüfmöglichkeit und zu geringe Verstärkung des Gleichstromverstärkers, werden in der folgenden Konstruktion vermieden. Das Gerät besitzt nur eine Batterieeinheit, die mit einer durch die Zenerdioden $Z_{1a/b}$ stark gedehnten Anzeige überprüfbar ist. Als Gleichstromverstärker wurde ein Zerhackerverstärker der Firma Knick, Berlin, mit einem Verstärkungsfaktor von 1000 verwendet.

Abb. 5.24 zeigt den Schaltplan und die Abb. 7.9, S. 287 die Ausführung eines Eigenbaugerätes. Die Schaltung erscheint deswegen etwas aufwendig, weil die Versorgungsspannungen des Gleichstromverstärkers von der des Kompensationskreises galvanisch getrennt werden mußten. Diese Trennung erfolgt mittels eines Gleichstromwandlers (Tr_4, Tr_5). Der zerhackte Batteriestrom wird hochtransformiert, in einer Brückenschaltung gleichgerichtet und einer elektronischen

Stabilisierungsschaltung zugeführt. An dieser Konstantspannungsquelle liegt ein mehrgängiges Präzisionswendelpotentiometer P_1. Der im nichtkompensierten Zustand im Meßkreis fließende Strom verursacht am Widerstand *ll* einen Spannungsabfall, der im Gleichspannungsverstärker *GV* verstärkt mit dem Instrument

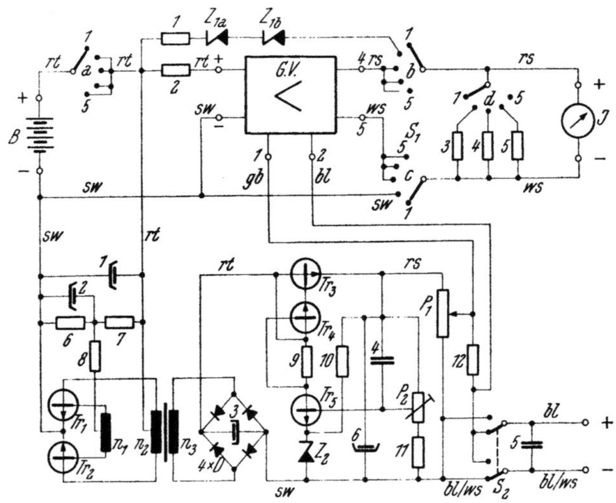

Abb. 5.24. Kompensations-Millivoltmeter

Widerstände		Kondensatoren		Transistoren	
1	1,5 kΩ	1	100 µF	$Tr_1 - Tr_5$	2 N 2926
2	330 Ω	2	25 µF		
3	12 Ω	3	50 µF	Dioden	
4	33 Ω	4	0,1 µF	Z_{1a}	OAZ 207
5	220 Ω	5	0,5 µF	Z_{1b}	OAZ 202
6	450 Ω	6	50 µF	Z_2	OAZ 204
7	5 k			4 × D,	4 × OA 70
8	30 Ω				
9	10 kΩ	I	50—0—50 µA		
10	1 kΩ	G.V.	MV-Knick		
11	3 kΩ	P_1	50 kΩ Helipot		
12	470 Ω	P_2	2 kΩ		

I zur Anzeige gebracht wird. Der Schalter S_2 ist ein Polwender, S_1 der Hauptschalter mit Batterieprüf- und drei Empfindlichkeitsstellungen. Gespeist wird das Gerät aus vier Taschenlampenbatterien mit zusammen 18 V.

5.2 Prospektion mit der Eigenpotentialmethode

In Abschnitt 3.2.1 wurde bereits die Entstehung dieser Potentiale erklärt. Die Messung der Eigenpotentiale und ein Beispiel dazu wurden in Abschnitt 3.2.2 besprochen. In diesem Abschnitt (5.2) sollen einige weitere Meßbeispiele gebracht werden; eine Anwendung der Eigenpotentialmethode (SP-Methode) zur Porositätsmessung wird angegeben. Die SP-Methode wird meistens dort angewandt, wo gut leitende sulfidische Erze oder Graphitvorkommen erfaßt werden sollen. In Abb. 5.25 sind die Potentiallinien um einen Pyritgang, der in Grauwacke eingebettet ist, im Seigerriß wiedergegeben (Messung von Noske im Ramberger Erzbezirk, Harz). Man erkennt den Verlauf der Potentialkurven, die zwar infolge von Leitfähigkeitsinhomogenitäten im Tauben asymmetrisch aufscheinen, sonst aber die von der Theorie geforderte Potentialverteilung in geradezu idealer Weise wiedergeben.

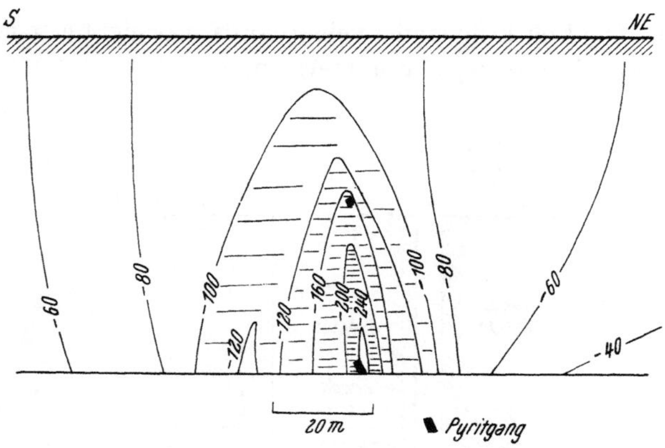

Abb. 5.25. Eigenpotentiallinien über einem Pyritgang des Ramberger Erzbezirkes (NOSKE)

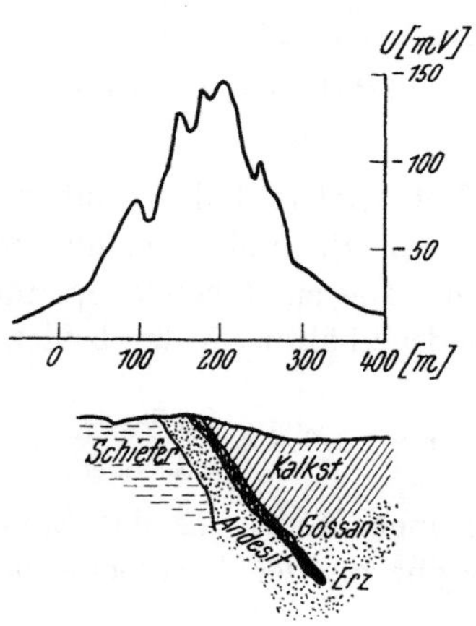

Abb. 5.26. *SP*-Kartierung bei Nova Brdo/Serbien. Geologisches Profil und Potentialverlauf (MEISSER)

Abb. 5.26 gibt die SP-Kurve über einer Blei-Zink-Eisen-Sulfid-Lagerstätte (Messung von MEISSER bei Nova Brdo/Serbien) wieder. Die Asymmetrie der Potentialkurve wird durch das Einfallen des Erzlagers hervorgerufen.

Zu den Eigenpotentialmethoden werden auch Potentialmessungen im unverrohrten Bohrloch gezählt, Messungen, die zur Porositätsbestimmung der vom Bohrloch durchteuften Schichten dienen. Dazu wird eine Elektrode in ein Bohrloch herabgelassen, das mit einer Spülflüssigkeit versetzt ist. Die Abb. 5.27 zeigt eine Meßanordnung mit dem dazugehörigen Potential (nach PAUL). Diese Eigenpotentiale setzen sich zusammen aus Filterpotentialen und elektroosmotischen Potentialen: Die Filterpotentiale kommen zustande, wenn die Spülflüssigkeit in eine poröse Schicht eindringt. In Strömungsrichtung entsteht eine

EMK (U_F), die abhängig ist vom spezifischen Widerstand ρ, dem Druck p und von der Viskosität η der Flüssigkeit:

$$U_F = c' \cdot \frac{\rho \cdot p}{\eta} \tag{5.19}$$

c' = Konstante. Die Bohrlochwand an einer porösen Schicht erscheint gegenüber einer nicht porösen Wand negativ aufgeladen.

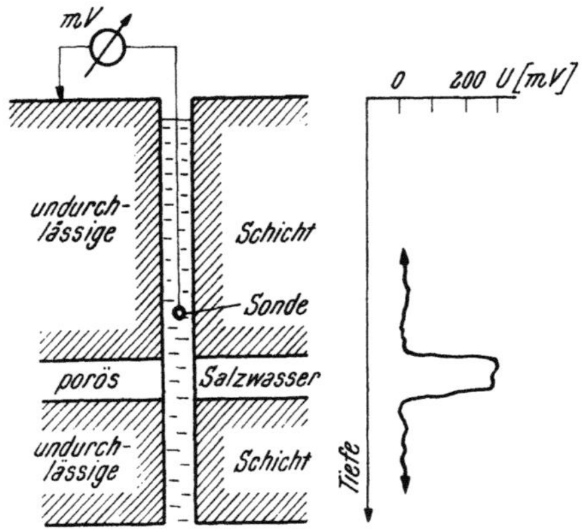

Abb. 5.27. *SP*-Messung im Bohrloch (Paul)

Das elektroosmotische Potential tritt dann auf, wenn zwei Elektrolyte mit verschiedener Leitfähigkeit – z. B. Spülwasser und Salzwasser – im Bohrloch miteinander Kontakt haben. Die entstehende Spannung ist proportional dem Logarithmus des Widerstandsverhältnisses der beiden Lösungen.

$$U_E = -c'' \log \frac{\rho_{\text{Spülwasser}}}{\rho_{\text{Salzwasser}}}. \tag{5.20}$$

Enthält das Schichtwasser mehr Ionen als das Spülwasser, fließt der Strom in Schichtrichtung und ergibt an der Bohrlochwand ebenfalls ein negatives Potential.

Beide Potentiale sind (in noch nicht völlig geklärter Weise) abhängig von der Porosität der Schichten, daher wird diese Messung auch als Porositätsmessung bezeichnet.

Diese Methode wird zur Trennung von öl- und salzwasserführenden Schichten benutzt. Die Kombination von Widerstandsmessung (siehe Abschnitt 5.1.1) und SP-Untersuchung ergibt die gewünschte Differenzierung:

Ölführende poröse Schichten: hoher Widerstand, hohes Eigenpotential.

Salzwasserführende poröse Schichten: geringer Widerstand, hohes Eigenpotential.

Porenfreie Schichten: hoher Widerstand, geringes Eigenpotential.

Als Beispiel einer derartigen SP-Kurve (und Widerstandskurve) sei eine Messung von Hallenbach angegeben (siehe Abb. 5.28).

Unter gewissen Bedingungen kann man durch Potentialmessungen auch den spezifischen Widerstand des Porenwassers größenordnungsmäßig bestimmen. Man benutzt dazu die Gleichung (5.20) – es muß allerdings $\rho_{\text{Spülwasser}}$ und c'' bekannt sein. Als letztes Beispiel sei eine Kombination von SP- und Widerstandsmessung angegeben, mit der von FUCHS auf Uran prospektiert wurde (siehe Abb. 5.29).

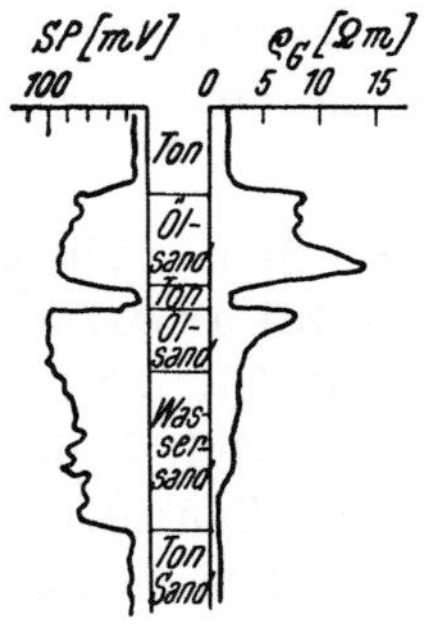

Abb. 5.28. Widerstands- und *SP*-Messung an Öl- und Wassersanden (HALLENBACH)

Deutlich hebt sich der uranhaltige Sandstein durch ein geringes Eigenpotential und einen geringen spezifischen Widerstand vom übrigen nicht erzhaltigen Sandstein ab.

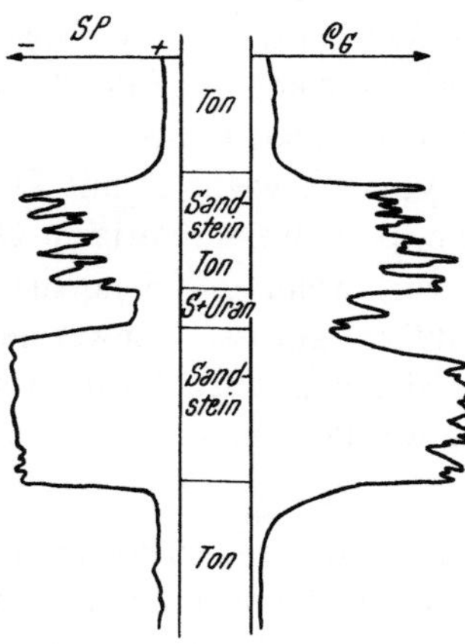

Abb. 5.29. Prospektion auf Uran: *SP*- und Widerstandsmessungen im Bohrloch (FUCHS, HAMPEL und SIEGERS)

Zusammenfassend ist zu sagen, daß der SP-Messung in der Geoelektrik große Bedeutung zukommt, vor allem wegen der leicht durchzuführenden Messungen (man benötigt keine Generatoren, wie z. B. bei der Widerstandsmessung). Für die Erkennung von sulfidischen Vererzungen, Graphitlagern, zur Porositätsmessung und zur Trennung von öl- und salzwasserhaltigen Schichten leistet diese Methode beste Dienste.

5.3 Erzprospektion mit der Galvanipotentialmethode

Wenn im Erzbergbau seismische, gravimetrische oder sonst übliche geophysikalische Methoden versagen, wenn auch auf Grund moderner tektonischer Analysen keine Auskunft über die Lage einer vermuteten Vererzung möglich ist, bleiben als probates Mittel nur Versuchsbohrungen zur Prospektion übrig. Dazu führte man bisher zwei Arten von Bohrungen aus:

a) *Kernbohrungen,* wobei der erhaltene Kern auf Erzspuren, Klüfte, usw. untersucht wurde. Der Vorteil liegt auf der Hand: etwaige Vererzungen können bezüglich ihrer Lage relativ genau ermittelt werden. Nachteil: diese Bohrungen sind kostspielig; die Kerne werden öfters fein zermahlen, so daß eine Konnektierung unmöglich wird.

b) *Schlag- oder Vollbohrungen*: Man erhält zur Analyse den aus dem Bohrloch fließenden Schlamm oder — bei Trockenbohrungen — den ausgeblasenen Staub. Die Analysenergebnisse sind Mittelwerte über einige Meter Bohrlochtiefe. Eine genaue Lokalisierung einer Erzkluft kann nicht erfolgen. Hinzu kommt eine „menschliche" Komponente: die Bohristen müssen sehr genau aufpassen, um nicht wichtige Veränderungen im Bohrschlamm zu übersehen. Vorteil: die Bohrkosten sind geringer als beim Kernen.

In diesem Kapitel soll eine Bohrlochprospektionsmethode beschrieben werden, die die Vorteile der unter a) und b) geschilderten Verfahren in sich vereint: hohe Auflösung bei der Lokalisierung von Erzvorkommen und relativ niedere Kosten.

Mit Hilfe von Vollbohrungen wird ein Bohrloch in eine vermutete Erzzone vorangetrieben. Dieses Bohrloch wird nach der sogenannten Galvanipotentialmethode beprobt. Diese Methode basiert auf der Bestimmung der Art des Kontaktes zwischen den Elektroden einer Bohrlochsonde und der Bohrlochwand. Dieser Kontakt ist „elektrolytisch", wenn er mit Dolomit, Kalk, Sandstein — allgemein mit nicht leitendem, porenwasserhaltigem Gestein — erfolgt; ein quasi metallischer Kontakt liegt vor, wenn die Sondenelektroden ein gut leitendes Erz (Pyrit, Kupferkies, Fahlerz, gewisse Schwermetalloxide, usw.) berühren. Das Problem bei derartigen Messungen ist darin zu suchen, daß die erwähnten Kontaktarten unterschieden werden müssen.

Anmerkung:

1. Dieses Verfahren ist streng zu unterscheiden von der SP-Methode. Während dort Potentiale gemessen werden, die von Erzgängen mit Grundwasserkontakt erzeugt werden, werden hier galvanische Spannungen in direktem Kontakt mit dem Erzaggregat erfaßt. So dient diese Methode weniger zur großräumigen Prospektion als vielmehr zur Mikroprospektion in Bohrlöchern.

2. Voraussetzung für das Funktionieren dieses Verfahrens sind Bohrlöcher ohne Spülversatz.

3. Im folgenden wird als natürliches Potential U_N eine Spannung bezeichnet, die hervorgerufen wird durch osmotische Vorgänge an Berührungsstellen von verschiedenen Elektrolyten, durch Elektrofiltration oder durch Kontakte geologischer Schichtungen, wovon wegen des nicht vorhandenen Spülversatzes die elektroosmotische Spannung und das Filterpotential zu vernachlässigen sind.

5.3.1 Unterscheidungsmöglichkeit zwischen metallischer und elektrolytischer Kontaktart

Im Abschnitt 3.1 wurde bereits ausgeführt, daß es möglich ist, gut leitenden Erzen ein für sie charakteristisches Galvanipotential relativ zu einer Bezugselektrode zuzuordnen. Die dort aufgeführten Potentiale wurden im Labor ermittelt. Ähnliche Messungen wurden am Anstehenden im Bergbau Großkogl bei Brixlegg ausgeführt. Solange das kontaktierte Erzaggregat und die Referenzelektrode nahe beieinander lagen (Abstand ca. 0,5 Meter), wurden etwa die gleichen ($\pm$ 2%) galvanischen Potentiale erhalten wie im Labor, wenn Bergwasser als Elektrolyt verwendet wurde. Bei größeren Abständen zwischen Meßelektrode und Referenzelektrode wurden Potentiale gemessen, die von den Laborwerten völlig verschieden waren. Hier zeichnet sich bereits ab, daß ein Erzaggregat nicht einfach durch *eine* Potentialmessung qualitativ festgelegt werden kann. Offensichtlich sind dem das Erz charakterisierenden Galvanipotential andere Potentiale überlagert, die mit U_N (= natürliches Potential) bezeichnet werden sollen. Diese Größe U_N muß von einem gemessenen Gesamtpotential separiert werden, so daß die Höhe des Galvanipotentials berechnet und damit das Erz bestimmt werden kann.

An Hand einer theoretischen Betrachtung soll ein Weg aufgezeigt werden, galvanische Potentiale von natürlichen Potentialen am Anstehenden zu trennen.

Als Bezugselektrode diene ein Eisennagel im Stollenwasser. Man mißt das Potential zwischen diesem Nagel und einer Meßelektrode aus Eisen und die Spannung zwischen der Bezugselektrode und einer Meßelektrode aus Kupfer, und zwar sollen die Messungen so ausgeführt werden, daß die Meßelektroden M_{Cu} und M_{Fe} nacheinander dieselbe Kontaktstelle am anstehenden Gestein berühren. Man erhält ein Potential $U_{M_{\mathrm{Fe}}-\mathrm{Fe}}$, wenn die Meßelektrode M_{Fe} benutzt wird; im anderen Falle ergibt sich $U_{M_{\mathrm{Cu}}-\mathrm{Fe}}$. Zwei Möglichkeiten der Kontaktierung können auftreten.

a) *Elektrolytischer Kontakt.* Die gemessenen Spannungen $U_{M_{\mathrm{Fe}}-\mathrm{Fe}}$ und $U_{M_{\mathrm{Cu}}-\mathrm{Fe}}$ setzen sich zusammen aus den Galvanispannungen und dem natürlichen Potential U_N, das für beide Meßelektroden gleich hoch ist. Für die gemessenen Potentiale gilt:

$$U_{M_{\mathrm{Fe}}-\mathrm{Fe}} = U_{\mathrm{Fe-Fe}} + U_N \quad = A \qquad [\mathrm{mV}] \tag{5.21}$$

$$U_{M_{\mathrm{Cu}}-\mathrm{Fe}} = U_{\mathrm{Cu-Fe}} + U_N \quad = B \qquad [\mathrm{mV}] \tag{5.22}$$

$$(5.21)-(5.22) = U_{\mathrm{Fe-Fe}} - U_{\mathrm{Cu-Fe}} = 0 - U_{\mathrm{Cu-Fe}}$$

$$\text{d. h.,}\ U_{\mathrm{Cu-Fe}} = B - A. \tag{5.23}$$

b) *Erzkontakt.* Die gemessenen Potentiale sind zusammengesetzt aus dem galvanischen Potential Erz-Eisen ($U_{\mathrm{ERZ-Fe}}$) und dem natürlichen Potential U_N, unabhängig davon, ob das Erz mit einer eisernen oder einer kupfernen Meßelektrode kontaktiert wird. Folgende Gleichungen gelten:

$$U_{M_{\mathrm{Fe}}-\mathrm{Fe}} = U_{\mathrm{ERZ-Fe}} + U_N = A' \qquad [\mathrm{mV}] \tag{5.24}$$

$$U_{M_{\mathrm{Cu}}-\mathrm{Fe}} = U_{\mathrm{ERZ-Fe}} + U_N = B' \qquad [\mathrm{mV}] \tag{5.25}$$

$$(5.24)-(5.25) = 0 = A' - B', \ \text{d. h.,}\ A' = B'. \tag{5.26}$$

Hier bietet sich offensichtlich eine Möglichkeit, die Kontaktart anzugeben. Bei Erzkontakt sind die beiden mit M_{Cu} und M_{Fe} gemessenen Potentiale gleich

($A' = B'$), bei elektrolytischem Kontakt ist die Differenz der gemessenen Potentiale gleich dem Galvanipotential Eisen gegen Kupfer, das vorher in einem Versuch (mit Bergwasser als Elektrolyt) bestimmt werden kann. In beiden Fällen a) und b) läßt sich U_N errechnen. Um in der Wand eines Bohrloches mit der oben beschriebenen Methode potentialbestimmende Erze feststellen zu können, müssen an die Bohrlochsonde gewisse Anforderungen gestellt werden.

1. Das Auflösungsvermögen sollte möglichst groß sein, d. h., der Abstand zwischen zwei noch getrennt erfaßbaren Erzkörnern sollte ein Minimum sein.
2. Es sollte (muß) möglich sein, die Art der Meßelektrode zu wechseln, um Potentialmessungen einmal mit einer Cu-, einmal mit einer Fe-Elektrode an der gleichen Stelle der Bohrlochwand durchführen zu können.

Zu diesem Zweck wurde eine spezielle Sonde konstruiert (siehe Abschnitt 6.1.2). Als Grundkörper der Sonde diente ein zylindrisches Plastikrohr mit einem Durchmesser von 40 mm (bei einem Bohrlochdurchmesser von 48 mm) und einer Länge von 3,50 Meter. Als Elektroden wurden drei Cu- und drei Fe-Kugeln mit einem Durchmesser von 1 cm in einer Ebene senkrecht zur Rohrachse federnd angebracht.

Das Potential zwischen jeder der sechs Kugelelektroden und einer Referenzelektrode am Bohrlocheingang konnte mittels eines Schalters abgefragt werden.

Um beispielsweise eine Cu-Elektrode an dieselbe Stelle der Bohrlochwand zu bringen, wo vorher die Messung mit einer Fe-Elektrode durchgeführt wurde, mußte eine Vorkehrung getroffen werden, die Lage der Sondenelektroden genauestens feststellen zu können. Dazu wurde in den Sondenkörper ein Quecksilberschalter eingebaut. Entsprechend der Anordnung der sechs Kugelelektroden sind in einer Dose, in der ein Hg-Tropfen umlaufen kann, sechs Innenelektroden angebracht. Je nach Lage der Sonde schließt der Tropfen einen Stromkreis über eine Mittelelektrode und eine der sechs Innenelektroden (siehe Abb. 6.3 auf S. 228). Dieses Ereignis wird am Meßplatz vor dem Bohrloch durch Aufleuchten eines entsprechenden Lämpchens signalisiert. Durch Verwendung von sechs Kugelelektroden wurde eine Winkelauflösung von 30 Grad und eine Längsauflösung von ≈ 1 cm erreicht.

Man kann auf die Quecksilberanzeige verzichten, wenn es sich um die Untersuchung von Erzgängen handelt, bei denen das Erz einen zusammenhängenden Leiter bildet. Wird ein solcher Gang von einem Bohrloch durchörtert, wird beim Einschieben der Sonde bei Erzkontakt einer Elektrode plötzlich ein Potentialsprung auftreten. Liegt das Bohrloch senkrecht zur Erzkluft, tritt diese Spannung an allen Elektroden auf, die Art des kontaktierten Erzes ist dann nicht mehr zu bestimmen. Ist die Kluft schräg angeschnitten, wird der Potentialsprung beim Einschieben der Sonde jeweils an der gerade kontaktierenden Elektrode auftreten; aus den Potentialen der übrigen Elektroden läßt sich U_N und damit das galvanische Potential Erz-Bezugselektrode ermitteln. Dabei wird von der Annahme ausgegangen, daß sich U_N über eine Distanz von ca. 5 cm (maximale Entfernung der Sondenelektroden voneinander) nicht sehr stark — höchstens um einige mV — ändert.

Ordnet man die kupfernen und eisernen Kugelelektroden in zwei Ebenen hintereinander auf dem Sondenkörper an, läßt sich durch einfache Translation der Sonde die gleiche Stelle einer Bohrlochwand nacheinander mit einer Cu-

bzw. Fe-Elektrode kontaktieren. Man kann dann auf das oben beschriebene „Verdrehen“ der Sonde verzichten.

5.3.2 Prospektionsbeispiele

1. Im *Fahlerz-Schwerspatbergbau Großkogl bei Brixlegg* wurden einige Bohrlöcher für Probemessungen angebracht. Mittels der Galvanimethode sollten Erzvorkommen (Körner) in der Bohrlochwand geortet werden.

Bohrloch Nr. 5

Es wurden 5 Erzvorkommen entdeckt. Für eine bestimmte Stellung der Sonde sei das Meßverfahren erläutert. Referenzelektrode: Cu. Für die 6 Elektroden M_1 bis M_6 der Sonde werden folgende Potentiale gemessen:

M_1	M_2	M_3	M_4	M_5	M_6	
Fe	Cu	Fe	Cu	Fe	Cu	
-440	-50	-450	-60	-450	$+100$	[mV].

Die Galvanispannung $U_{\text{Cu}-\text{Fe}}$ wurde zu Beginn der Untersuchung zu $+ 390$ mV ermittelt. Daraus ergibt sich eine mittlere natürliche Spannung von $U_N \approx - 53$ mV. Die Elektrode M_6 hat Erzkontakt. Ohne U_N würde sie eine Spannung von $+ 153$ mV haben. Der Laborwert liegt bei $+ 180$ mV. Die Abweichung ist in Temperaturunterschieden, Änderungen im Ionengehalt des Porenwassers und hauptsächlich im wechselnden Chemismus der Fahlerze zu suchen.

Bohrloch Nr. 6

Tiefe 3,05 m, Referenzelektrode: Cu. Folgende Potentiale wurden gemessen:

M_1	M_2	M_3	M_4	M_5	M_6	
Fe	Cu	Fe	Cu	Fe	Cu	
-340	$+35$	-350	$+23$	-390	$+21$	[mV]

Zur Bestimmung der vorliegenden Kontaktarten sei die Messung an M_1 und M_2 herausgegriffen. Gemessen wurde:

$$U_{M_{\text{Fe}}-\text{Cu}} = -340\,\text{mV}; \qquad U_{M_{\text{Cu}}-\text{Cu}} = +35\,\text{mV}.$$

3 Möglichkeiten sind für die Kontaktart offen:

a) *Elektrolytischer Kontakt für beide Elektroden.* Das Potential $U_{M_{\text{Cu}}-\text{Cu}}$ setzt sich zusammen aus U_N, das für alle Elektroden etwa gleich sein sollte, und aus dem Galvanipotential $U_{\text{Cu}-\text{Cu}} = 0$

$$U_{M_{\text{Cu}}-\text{Cu}} = U_{\text{Cu}-\text{Cu}} + U_N = 0 + U_N = 35\,\text{mV}. \tag{5.27}$$

Aus (5.27) ergibt sich U_N zu $+ 35$ mV.

Das Potential $U_{M_{\text{Fe}}-\text{Cu}}$ kann ausgedrückt werden als die Summe aus U_N und $U_{\text{Fe}-\text{Cu}}$.

$$\begin{aligned} U_{M_{\text{Fe}}-\text{Cu}} &= U_{\text{Fe}-\text{Cu}} + U_N \\ -340 &\approx -390 + 35 \quad [\text{mV}]. \end{aligned} \tag{5.28}$$

Diese Gleichung ist näherungsweise erfüllt.

b) *Erzkontakt für beide Elektroden.* Folgende Gleichung würde für $U_{M_{\mathrm{Cu}}-\mathrm{Cu}}$ gelten:

$$U_{M_{\mathrm{Cu}}-\mathrm{Cu}} = U_{\mathrm{ERZ-Cu}} + U_N$$
$$+35 = \quad +180 + U_N \qquad [\mathrm{mV}]. \tag{5.29a}$$

Für $U_{M_{\mathrm{Fe}}-\mathrm{Cu}}$ ergäbe sich:

$$U_{M_{\mathrm{Fe}}-\mathrm{Cu}} = U_{\mathrm{ERZ-Cu}} + U_{N'}$$
$$-340 = \quad +180 + U_N \qquad [\mathrm{mV}]. \tag{5.29b}$$

Für U_N erhält man aus (5.29b): $U_N = -520$ mV, im Gegensatz zu dem Wert von U_N aus Gleichung (5.29a), nämlich $U_N = -145$ mV.

c) *Eine der Eisen- oder eine der Kupferkugeln hat Erzkontakt.* Dann müßte sich für diese Elektrode ein Potentialwert einstellen, der um ca. 180 mV über dem der anderen gleichartigen Elektroden läge.

Ergebnis: Die theoretischen Potentialgleichungen können nur erfüllt werden, wenn für beide Elektroden elektrolytischer Kontakt angenommen wird. Analoge Betrachtungen gelten für die restlichen Elektroden.

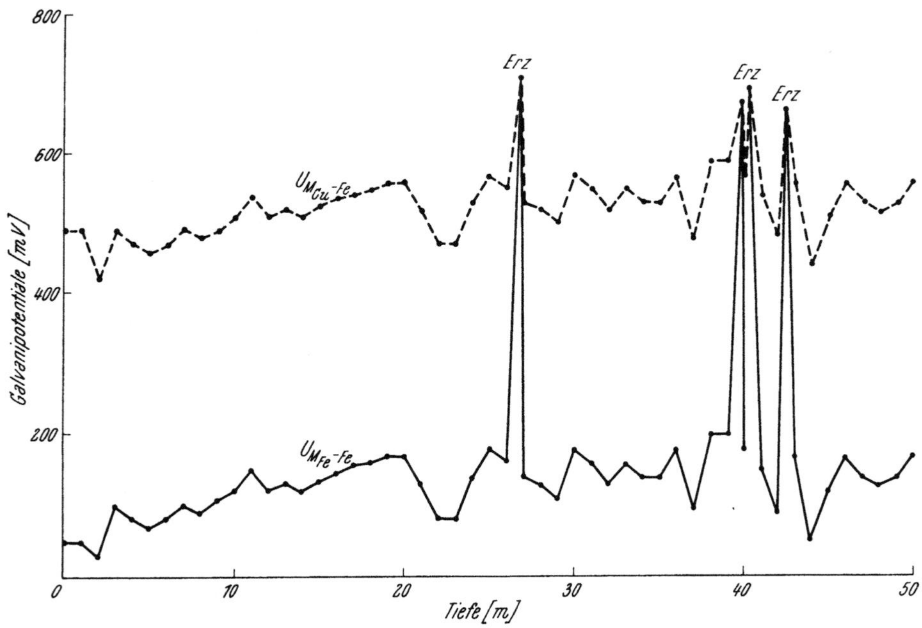

Abb. 5.30. $U_{M_{\mathrm{Fe}}-\mathrm{Fe}}$ (durchgezogene Kurve) und $U_{M_{\mathrm{Cu}}-\mathrm{Fe}}$ (gestrichelte Kurve) gegen Entfernung. Baryt-Fahlerz-Lagerstätte Großkogl bei Brixlegg in Tirol

Bohrloch Nr. 7

Erzkontakt lag an 20 Punkten der Bohrlochwand vor. Die interessantesten Ergebnisse wurden in einer Tiefe von 15,64 m bis 15,66 m gefunden. Bei 15,64 m hatte die Elektrode M_5 Erzkontakt, bei 15,65 m M_4 und bei 15,66 m M_3. Da während der Messung die Sonde nicht verdreht wurde, konnte ermittelt werden, daß in dieser Tiefe entweder in bestimmter Richtung angeordnete Erzkörner liegen oder daß eine Erzkluft mit einem Streichen von N 35° W und einem Fallen von 50° W angeschnitten wurde. Die georteten Erze konnten an den erhaltenen Bohrlochkernen und mit einer Widerstandsmethode nachgewiesen werden.

SE-Schlag

Im SE-Schlag wurde ein Galvanipotentialprofil längs eines Ulms über eine Vererzung hinweg vermessen. Als Bezugselektrode diente ein Eisenstab, die Meßelektroden bestanden aus Kupfer und Eisen. In Abb. 5.30 sind für die vollen Meter und für die Erzvorkommen die Potentiale $U_{M_{\mathrm{Fe}}-\mathrm{Fe}}$ und $U_{M_{\mathrm{Cu}}-\mathrm{Fe}}$ als Funktion der Entfernung von einem willkürlich gewählten Punkt Null aus aufgezeichnet. Man erkennt, daß diese Potentiale an den Erzvorkommen den gleichen Wert annehmen. Ansonsten spiegelt das Potential $U_{M_{\mathrm{Fe}}-\mathrm{Fe}}$, für das nach Gleichung (5.21) gilt:

$$U_{M_{\mathrm{Fe}}-\mathrm{Fe}} = U_N + U_{\mathrm{Fe}-\mathrm{Fe}} = U_N + 0 = U_N, \qquad (5.30)$$

den Verlauf des natürlichen Potentials wieder. Auf relativ kurzen Entfernungen treten erhebliche Schwankungen auf, die auf den Wechsel von Lehmblättern, Dolomitschichten und Erzvorkommen zurückzuführen sein dürften.

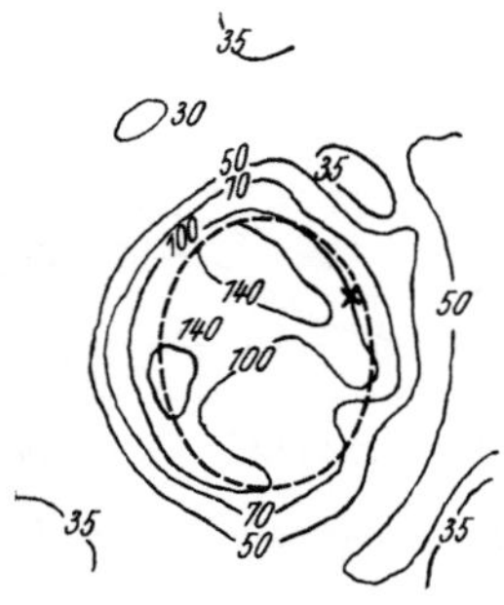

Abb. 5.31. Tellurische Kartierung eines Salzstockes in Texas. (BOISONNAS und LEONARDON): ——— Linien gleicher Ellipsenfläche, ------- Salzdom nach geologischen Daten

2. Im *Kupferbergbau Mitterberg* wurden einige Kernbohrlöcher mit der Potentialsonde beprobt. Es konnten Vererzungen in denselben Bereichen festgestellt werden, wo auch die Kerne Erzvorkommen zeigten. Das Auflösungsvermögen betrug nach der neuen Methode ca. 1 cm, beim Kernen erreichte es Werte von 1–2,5 m.

5.4 Aussagewert tellurischer Strommessungen für die lokale Prospektion

In Abschnitt 3.3 wurde bereits das Meßverfahren für die Erfassung tellurischer Ströme erläutert. Im allgemeinen konstruiert man die zu den Feldstationen gehörigen Ellipsen und verbindet auf einer Karte die Punkte gleichen Ellipseninhaltes miteinander, bzw. man zeichnet ein Profil. Für den Fall, daß über einem hochohmigen Untergrund gutleitende Sedimente liegen, z. B. für eine

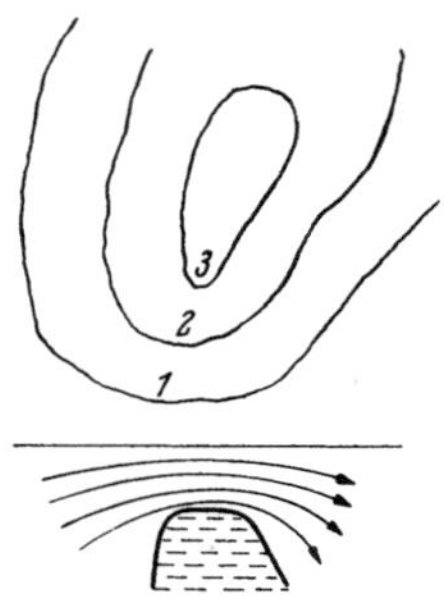

Abb. 5.32. Stromverteilung und Linien gleicher Ellipsenfläche über einem schlecht leitenden geologischen Körper (Paul)

Aufhorstung von Salz, geben die Kurven gleicher Ellipsenfläche direkt das Relief wieder. In Abb. 5.31 ist eine tellurische Kartierung eines Salzdomes (nach Boisonnas und Leonardon) wiedergegeben. Man erkennt eine gute Übereinstimmung zwischen den tellurischen Kartierungslinien und den aus geologischen Daten gewonnenen Begrenzungen des Salzdomes.

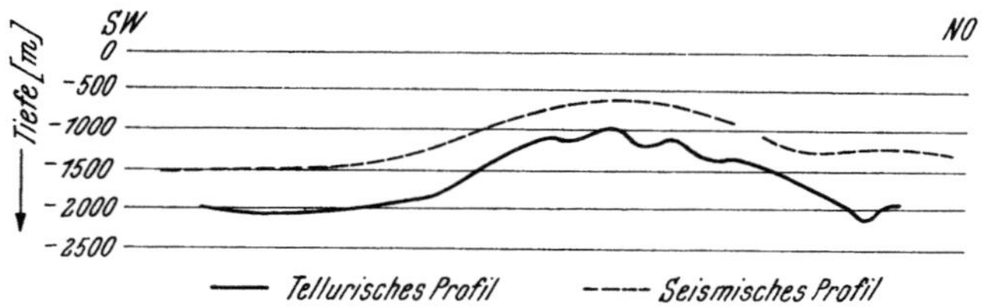

Abb. 5.33. Tellurisches und reflexionsseismisches Profil über einer Antiklinale (Paul)

Die Abb. 5.32 zeigt die Stromverteilung in einem relativ gut leitenden Sediment über einem Stock eines schlecht leitenden geologischen Körpers (nach Paul). Die Stromlinien sind stark verdichtet, die Ellipsenflächen über den hochohmigen Gesteinstöcken sind größer als die Ellipsenflächen außerhalb der Aufhorstung. In derartigen Fällen sind die Ellipseninhalte etwa umgekehrt proportional zur Mächtigkeit der Überdeckung.

Die tellurischen Methoden eignen sich fernerhin zur Erfassung des Verlaufes von Antiklinalen. Als Beispiel ist in Abb. 5.33 eine Messung von Paul angeführt, wobei zum Vergleich das Ergebnis einer reflexionsseismischen Untersuchung wiedergegeben ist. Das tellurische Profil folgt recht genau dem seismischen. Diese wenigen Meßbeispiele illustrieren bereits, wo eine tellurische Messung sinnvoll verwendet werden kann; bei der Erkundung von Sedimentbecken, zur Bestimmung von Antiklinalen und Salzdomen. Ideale Verhältnisse liegen vor, wenn ein hochohmiger Untergrund von gut leitenden Schichten überdeckt wird.

Schwierig oder überhaupt unmöglich wird die Auswertung tellurischer Messungen, wenn in einem gut leitenden Untergrund größere schlecht leitende Massen eingebettet sind.

Im allgemeinen dient die Tellurik der Untersuchung der obersten Erdrinde bis hinab zu einigen 100 km. Für die lokale oder gar für die Mikroprospektion hat die Tellurik kaum Bedeutung, da das Auflösungsvermögen mindestens einige 100 m beträgt.

Literatur

Abschnitt 5.1

[5.1] ALGER, R. P., Interpretation of electric logs in fresh water wells in unconsolidated formations. Schlumberger Well Surveying Corp. Houston: **1966**.

[5.2] ARGELO, S. M., Two computer programs for the calculation of standard graphs for resistivity. Geoph. Prosp. *15*, 71ff. (1967).

[5.3] BIBIKOW, N. S., Ein Versuch der Anwendung der Elektroschürfung zur Bestimmung von Klüften im Gestein. Z. techn. Physik *10* (1940).

[5.4] BITTERLICH, W., und WÖRZ, O., Geoelektrische Untersuchungen in Bohrlöchern im Grubenrevier Kreuth der Bleiberger Bergwerks-Union. Erzmetall *20*, 161–165 (1967).

[5.5] CAGNIARD, L., La prospection géophysique des aux sous-terraines. Congrés sur l'hydrologie des zones arides. UNESCO. Ankara: **1952**.

[5.6] CARPENTER, E. W., Some notes concerning the Wenner configuration. Geoph. Prosp. *3*, 38ff. (1955).

[5.7] CARPENTER, E. W., A tri-potential method of resistivity prospecting. Geophysics *21*, 455–469 (1956).

[5.8] Compagnie Générale de Géophysique: Abaques de sondage électrique. Geophys. Prosp. III, Suppl. 3. Den Haag: **1955**.

[5.9] COOK, K. L. et al., Interpretation of resistivity data over filled suiks. Geophysics *97*, 423ff. (1954).

[5.10] DACHNOW, W. N., Industrielle Geophysik. Verlag Gostoptechnisdat. **1947**.

[5.11] DEPPERMANN, K., Abhängigkeit des scheinbaren Widerstandes vom Sondenabstand bei der Vierpunkt-Methode. Geoph. Prosp. *2*, 262ff. (1954).

[5.12] DEPPERMANN, K., In: BENTZ, A., Lehrbuch der angewandten Geologie, Bd. 1. Stuttgart: **1961**.

[5.13] DEPPERMANN, K., Interpretation geoelektrischer Sondierungskurven bei tiefliegender Grundwasseroberfläche. Geol. Jb. *83*, 563–574 (1965).

[5.14] DOLL, H. G., The micrologist. AJME *189* (1950).

[5.15] DOLL, H. G., The laterolog. AJME *192* (1951).

[5.16] DOLL, H. G., The laterolog. Nouvelle méthode d'enregistrement de la résistivité au moyen d'électrodes utilisant une focalisation automatique. Congrés annual de l'aime à St. Louis **1951**.

[5.17] DOLL, H. G., The micralaterolog. Petrol. Techn. *1953*.

[5.18] EBERT, A., Grundlagen zur Auswertung geoelektrischer Tiefenmessungen. Beitr. angew. Geoph. *10*, 1–17 (1942).

[5.19] FLATHE, H., A practical method of calculating geoelectrical model graphs. Geophys. Prosp. *3*, 268–294 (1955).

[5.20] FLATHE, H., Die Widerstandsmethode. In: BENTZ, A., Lehrbuch der angewandten Geologie, Bd. 1. Stuttgart: **1961**.

[5.21] FLATHE, H., Five layer master curves for the hydrological interpretation of

geoelectrical resistivity measurements above a two storey aquifer. Geoph. Prosp. *11*, 471–508 (1963).
[5.22] Fritsch, V., Grundzüge der angewandten Geoelektrik. Wien: 1949.
[5.23] Fritsch, V. et al., Geoelektrische Untersuchungen mit Mehrpunktverfahren. Geofisica et Meteorologia *16*, 19–23 (1967).
[5.24] Golowzyn, W. N., Die Anwendung der Elektrometrie bei der Erschürfung von Marmorlagerstätten. Veröffentl. u. Unterlagen d. Swerdlowsker Bergbauinstitutes, Heft 2 (1937).
[5.25] Golowzyn, W. N., Über die Möglichkeit der Anwendung elektrometrischer Methoden zum Studium der Karsterscheinungen. Verlag der Akademie der Wissenschaften in der UdSSR, 1935.
[5.26] Gorelik, A. M. et al., Ingenieur-geologische Untersuchungen von Brückenübergängen. Veröffentl. des wissenschaftlichen Forschungsinstitutes der UdSSR (1949).
[5.27] Gorelik, A. M. et al., Die Elektroschürfung bei ingenieur-geologischen Untersuchungen. Berlin: 1952.
[5.28] Gupta, R. et al., Unipole method of electrical profiling. Geophysics *28*, 608–616 (1963).
[5.29] Guyod, H. et al., Analysis charts for the determination of true resistivity. Houston: 1959.
[5.30] Haalck, H., Lehrbuch der angewandten Geophysik, Teil II. Berlin: 1958.
[5.31] Haberjam, G. M. et al., The reduction of lateral effects in resistivity probing. Geophysical Prospecting *15*, 221ff. (1967).
[5.32] Heine, W., Elektrische Bodenforschung. Berlin: 1928.
[5.33] Helfer, A. A., Elektroschürfarbeiten am Flusse Swirj. Sammelwerk Swirjstroi. 1935.
[5.34] Homilius, J., Über die Auswertung geoelektrischer Sondierungskurven im Falle eines vielfach geschichteten Untergrundes. Z. Geophys. *27*, 282–300 (1961).
[5.35] Homilius, J., Geoelectrical investigations in East Afghanistan. Geoph. Prosp. *17*, 468ff. (1969).
[5.36] Homilius, J., Geoelektrische Untersuchungen im Goldseifenvorkommen Zarkasan, Afghanistan. Geol. Jb. *88*, 113–126 (1969).
[5.37] Huber, A., Einige neuere Fortschritte der geoelektrischen Widerstandsmethoden. Elektrotechn. u. Maschinenbau *69*, 1–10 (1952).
[5.38] Hummel, J. N., Der scheinbare elektrische Widerstand. Z. Geoph. *5*, 89–104 (1929).
[5.39] Hummel, J. N., Der scheinbare Widerstand bei 4 planparallelen Schichten. Z. Geoph. *5*, 228–238 (1929).
[5.40] Hummel, J. N., Unterlagen der geoelektrischen Aufschließungsmethoden. Beitr. angew. Geoph. *5*, 32–132 (1936).
[5.41] Jakosky, J. J., Exploration geophysics XI: borehole investigations. Los Angeles: 1950.
[5.42] Jones, P. H. et al., Electrical logging applied to ground water exploration. Geophysics *16*, 115–139 (1951).
[5.43] Kalenow, E. N., Praktische Verfahren der Interpretierung vertikal-elektrischer Sondierungen. Geol. Abt. Wiss. Forschungsinstituts der UdSSR. 1941.
[5.44] Kamarow, S. G., Der Carottagefachmann. Verlagsabteilung des wiss. techn. Institutes der UdSSR. 1936.
[5.45] Kampfhenkel, H. et al., Neuberechnete und überarbeitete Zweischicht- und Hilfspunktekurven zur Auswertung geoelektrischer Sondierungen. Energietechnik *18*, 18–22 (1968).

[5.46] KELLY, S. F., Geophysical delineation of structure in mining exploration (1947). Reprinted from Trans. Am. Geoph. Un. **1939**, **245–269**.

[5.47] KOEFOED, O., A generalized Cagniard graph for the interpretation of geoelectrical grounding data. Geoph. Prosp. *3*, **459–469** (**1960**).

[5.48] KOEFOED, O., Direct methods of interpreting resistivity observations. Geoph. Prosp. *13*, **568–591** (**1965**).

[5.49] KOEFOED, O., A semi-direct method of interpreting resistivity observations. Geoph. Prosp. *13*, 259–282 (1965).

[5.50] KOEFOED, O., The direct interpretation of resistivity observations made with a Wenner electrode configuration. Geoph. Prosp. *14*, 71ff. (1966).

[5.51] KRAJEW, A. P., Grundlagen der Geoelektrik. Berlin: **1957**.

[5.52] KUNETZ, G., Principles of direct current resistivity prospecting. Berlin: **1966**.

[5.53] KUNZ, B., Die Auswertung geoelektrischer Tiefenmessungen. Bohrtechn. Ztg. *1947*.

[5.54] LASFARGUES, P., Prospection électrique par courants continus. Paris: **1957**.

[5.55] LITWINOW, S. J., Marine Elektroschürfung. Staatl. Techn. Verlag. **1941**.

[5.56] LÖGN, Ö., Mapping nearly vertical discontinuities by earth resistivity. Geophysics *19*, **739–760** (**1954**).

[5.57] LUNDBERG, H., Practical experience in electrical prospecting. Swed. Geol. Unders. Arsbok **16**, Nr. **319**. Stockholm: **1923**.

[5.58] MAHBOUB AL-CHALABI, Theoretical resistivity anomalies across a single vertical discontinuity. Geoph. Prosp. *17*, **63ff.** (**1969**).

[5.59] MAILLET, R., The fundamental equations of electrical prospecting. Geophysics *12*, **529–556** (**1947**).

[5.60] MALLICK, K. et al., Resistivity sounding on a two-layer earth with transitional boundary. Geoph. Prosp. *16*, **436ff.** (**1968**).

[5.61] MATHIEU, J. L., Quelques applications nouvelles des méthodes Schlumberger. Atti del VII Convegno nazionale del metano e del petrolio, Taormina, Aprile **1952**, I.R.E.S. Palermo.

[5.62] MEIER, A. A., Potential of a point source of current in a semi-infinite inhomogeneous medium. Bull. Ac. Sci. U.S.S.R. English edition: March **1964**, **235–236**.

[5.63] MOONEY, H. M. et al., Master resistivity curves for a two, three and four layer earth. University of Minnesota Press. **1956**.

[5.64] MÜLLER, M., Die physikalisch-technischen Fortschritte der Geoelektrik. Inst. Geofisico Italiana. Milano: **1952**.

[5.65] NAIDU, P., Theoretical analysis of apparent resistivity over a dyke of arbitrary shape. Geoph. Prosp. *14*, **168ff.** (**1966**).

[5.66] NAIDU, P., Apparent resistivity over a thin dipping dyke. Geoexploration *3* (**1966**).

[5.67] NESTEROW, L. J., Lehrbuch der Elektroschürfung. Geol. Abt. Wiss. Tech. Inst. der UdSSR. **1938**.

[5.68] NESTEROW, L. J., Kurzes Lehrbuch der Schürfgeophysik für Geologen. Geol. Abt. Wiss. Inst. der UdSSR. **1938**.

[5.69] OBPACHER, H., Erfahrungen mit dem Siemens Erdungsmesser für Bodenuntersuchungen. Siemens-Zeitschrift *27*, **281–287** (**1953**).

[5.70] ORELLANA, E. et al., Master tables and curves for vertical electrical sounding over layered structures. Madrid: Inter Cienca. **1966**.

[5.71] PARASNIS, D. S., Theory and practice of electric potential and resistivity prospecting using linear current electrodes. Geoexploration *3*, **2–69** (**1965**).

[5.72] PATTEN, E. P., Application of electrical and radio-active well logging to ground water hydrology. U.S. Geol. Surv. Water Supp. Pap. *1963*, **1544** D.

[5.73] PAUL, M. K., A note on the direct interpretation of resistivity profiles for Wenner electrode configuration. Geoph. Prosp. *16*, **159ff. (1968)**.

[5.74] PEKERSIS, C. L., Direct method of interpretation in resistivity prospecting. Geophysics *5*, **31–42 (1940)**.

[5.75] PETROWSKI, A. A. et al., Instruktion für die Anwendung der Elektroschürfung mit Gleichstrom in Gebieten mit stets gefrorenem Boden. Instruktionssammelwerk Akad. Wiss. UdSSR. **1938**.

[5.76] PETSCHERNIKOW, W. F., Der Fachmann für feldmäßige Elektroschürfung. Verlagsabt. Wiss. Tech. Inst. UdSSR. **1936**.

[5.77] POLDINI, E., La prospection électrique du sous-sol. Lausanne: **1941**.

[5.78] REICH, H., Grundlagen der angewandten Geophysik für Geologen. Leipzig: **1960**.

[5.79] RÜLKE, O., Die Schlumberger-Verfahren bei Bohrungen zu Untersuchungen von Kohlefeldern. Geol. Jb. *71*, **221–243 (1956)**.

[5.80] SABOROWSKI, A. I., Die Elektroschürfung. Verlag Gostoptechisdat. **1943**.

[5.81] SAKOVTSEV, G. P., Experience of geophysical investigation for exploration of sulphide deposits in the Urals. Moscow Inst. Geol. Prosp. *32* (in Russisch).

[5.82] SCHLUMBERGER, C., Etudes sur la prospection électrique du sous-sol. Paris: **1920**.

[5.83] SCHLUMBERGER, C., Communication sur la carottage electrique. II. Congr. Int. de Torage. Paris: **1929**.

[5.84] SCHLUMBERGER, C., La méthode de la carte des résistivités et ses applications pratiques. Annal. des Mines. **1930**.

[5.85] SCHLUMBERGER, C., Electrical loring, a method of determining bottom-hole data by electrical measurements. Techn. Pub. Nr. **462 (1932)**.

[5.86] SCHLUMBERGER, C., A new contribution to subsurface studies by means of the electrical measurements in drill holes. AJME Geophysical Prospecting *110* **(1934)**.

[5.87] Schlumberger Well Surv. Corp., Introduction to Schlumberger well logging. Schlumberger Docum. (Paris) *3* **(1949)**; *8* **(1958)**.

[5.88] Schlumberger Well Surv. Corp., Log interpretation charts. Paris: **1959**.

[5.89] SERRES, Y. F., Resistivity prospecting in a united nations groundwater project of Western Argentinia. Geoph. Prosp. *17*, **449ff. (1969)**.

[5.90] SLICHTER, L. B., The interpretation of the resistivity prospecting method for horizontal structures. Physics *4*, **307–322 (1933)**.

[5.91] SSAWARENSKI, F. P., Ingenieur-Geologie. Verl. Abt. Wiss. Tech. Inst. der UdSSR. **1937**.

[5.92] SSEMJONOW, A. S., Elektroschürfarbeiten an den Flüssen Wolga und Jenissej. Unterlagen auf dem Gebiet der Hydrologie, Hydrographie und der Wasserkräfte der UdSSR. Heft 28. Verl. Abt. Wiss. Tech. Inst. der UdSSR. **1935**.

[5.93] SSEMJONOW, A. S., Methodik der Elektroschürfarbeiten für die Fundamentierung von Wasserkraft-Bauwerken. Verl. Abt. Wiss. Tech. Inst. der UdSSR. **1936**.

[5.94] SSEMJONOW, A. S., Seitliche Einflüsse. In: Sammelwerk Unterlagen des Zentralen Wissenschaftlichen Forschungsinstitutes für Geologische Schürfung. UdSSR. **1938**.

[5.95] STEFANESCU, S. S. et al., Sur la distribution électrique potentielle autour d'une prise ponctuelle dans un terrain à conches horizontals homogénes et isotropes. Journal de Phys. et du Radium 7, **132ff. (1930)**.

[5.96] STEFANESCU, S. S. et al., Etudes théorique sur la prospection électrique du sous-sol. Inst. Geol. al Romanici *14*, **2ff. (1932)**.

[5.97] STERN, W., Das Widerstandsverfahren zur Untersuchung von Tektonik und Hydrologie des Untergrundes. Beitr. angew. Geoph. *3*, **408–462 (1933)**.

[5.98] SUNDBERG, K. et al., Electrical prospecting in Sweden. Swed. Geol. Unders. Arsbok **17**, Nr. **8**. Stockholm: **1925**.

[5.99] SUNDBERG, K. et al., Swedish geoelectrical methods. Stockholm: **1930**.

[5.100] SUNDBERG, K. et al., Principles of Swedish geoelectrical methods. Gerl. Beitr. angew. Geoph. *1931*, **296–361** (Erg. H. **1**).

[5.101] SUNDE, E. D., Earth conduction effects in transmission systems, **58**. New York: **1949**.

[5.102] TARKHOV, A. G., On electrical geophysical exploration methods of a pure anomaly. Bull. Acad. U.S.S.R. Geoph. Ser. *8*, **11–22** (**1957**).

[5.103] TINHOFER, G., Determination of rock conductivity in a mine gallery. Solution of the respective boundary problem. Scientific Report No. **13**. VLF-Projekt Dr. W. BITTERLICH, Contract **61(052)-490**, Innsbruck: **1965**.

[5.104] UNZ, M., Linear approximation of apparent resistivity functions. Geophysics *27*, **100–108** (**1962**).

[5.105] UNZ, M., Superposition in resistivity prospecting. Geoph. Prosp. *12*, **1–48** (**1964**).

[5.106] UNZ, M., Vertical profiling over a medium of continuously varying resistivity. Geoph. Prosp. *16*, **427ff.** (**1968**).

[5.107] VAN DAM, J. C., A simple method for the calculation of standard graphs to be used in geo-electrical prospecting. Geoph. Prosp. *13*, **37–65** (**1965**).

[5.108] VAN DAM, J. C., Mathematical denotation of standard graphs for resistivity prospecting in view of their calculation by means of a digital computer. Geoph. Prosp. *15*, **57ff.** (**1967**).

[5.109] VAN DAM, J. C. et al., Some results of the geo-electrical resistivity method in ground water investigation in the Netherlands. Geoph. Prosp. *15*, **92ff.** (**1967**).

[5.110] VAN DER HOEVEN, F. G., Interpretation of geo-electric resistivity curves. Dissertation Delft (**1964**).

[5.111] WEBER, M., Ein direktes Verfahren zur Interpretation von geoelektrischen Messungen nach SCHLUMBERGER. Pure and Applied Geoph. *59*, **123–127** (**1964**).

[5.112] WENNER, F., A method of measuring earth resistivity. U.S. Bureau of Stand., Bull. *12*, **469–478** (**1916**).

[5.113] WETZEL, W. W. et al., A set of curves. The three layer resistivity problem. Geophysics *2*, **329–341** (**1937**).

[5.114] WÖRZ, O., Über die Dielektrizitätskonstante und die elektrische Leitfähigkeit von Gesteinen. Dissertation Innsbruck (**1965**).

[5.115] WYLLIE, M. R. J., The fundamentals of electric log interpretation. New York: **1957**.

[5.116] ZOHDY, A. R., The auxiliary point method of electrical sounding interpretation and its relationship to the Dar Zarrank parameters. Geophysics *30*, **644–660** (**1965**).

Abschnitt 5.2

[5.117] ARNAUD, J. et al., Die Entwicklung der Bohrlochmessungen und ihr heutiger Stand. Erdöl-Z. *1957*, **231–242**.

[5.118] DOLL, H. G., The *SP*-log, theoretical analysis and principles of interpretation. Petr. Techn. *11* (**1948**).

[5.119] FUCHS, H. D. et al., Prospektion von Uranlagerstätten. Metallgesellschaft, Mitt. aus dem Arbeitsb. *23*, **17ff.** (**1970**); Erzmetall *23*, **214ff.** (**1970**).

[5.120] HALLENBACH, F., In: BENTZ, A., Lehrbuch der angewandten Geologie, Bd. 1. Stuttgart: **1961**.

[5.121] MARTIENSSEN, O., Gebirgsschichtenbestimmung in Tiefbohrlöchern. Z. prakt. Geol. *48* (**1940**).

[5.122] PAUL, B. et al., Physikalische Messungen und Verfahren in Bohrlöchern. Beitr. angew. Geoph. *9*, 1—39 (1942).

Abschnitt 5.3

[5.123] BITTERLICH, W., und WÖBKING, H., Geoelektrische Untersuchungen in Bohrlöchern. Erzmetall *23*, 120ff. (1970).

[5.124] BITTERLICH, W., und WÖBKING, H., Elektrische Potentiale natürlich vorkommender Sulfide und verwandter Verbindungen. Der Aufschluß *21*, 267—272 (1970).

[5.125] WÖBKING, H., Bericht über die Bohrlochuntersuchungen im Mitterberger Kupferbergbau (nicht veröffentlicht).

6. Wechselstrommessungen am anstehenden Gestein

Die Verwendung von Wechselströmen und Spannungen in der Geoelektrik erschließt einige neue Methoden, die bei der Prospektion auf Erze wirkungsvoll eingesetzt werden können. Im Gegensatz zu den Gleichstrommethoden treten nun induktive und kapazitive Effekte auf, die man ausnutzen kann, andererseits werden typische Gleichstromeffekte, wie z. B. Überspannungen, vermieden. Die zuletzt erwähnte Wirkung der Wechselströme macht man sich bei den Zweipunkt-Methoden zunutze.

6.1 Zweipunkt-Übergangswiderstand-Methode

6.1.1 Meßprinzip und Auswertung

Wie schon der Titel dieses Abschnitts zum Ausdruck bringt, werden die Ströme dem Gestein über zwei Elektroden zugeführt. Benutzt man Wechselströme mit technischen Frequenzen, so ergibt sich in diesem elektrostationären Fall für das Potential φ einer Punktelektrode mit dem Strom I:

$$\varphi = \frac{I}{4\pi\sigma r} \tag{6.1}$$

σ = Leitfähigkeit des Mediums.

Bedingung: 1. unendlich ausgedehnter Vollraum; 2. die zweite Elektrode, die zum Aufrechterhalten des Stromflusses I immer notwendig ist, muß soweit von der ersten Elektrode entfernt sein, daß das Strömungsfeld in der Umgebung der Stromquelle nicht beeinflußt wird.

Die Stromquelle $+I$ stellt nach Wörz [6.8] eine kinetische Ladung Q_K dar, deren Größe gegeben ist durch die Gleichung:

$$Q_K = \frac{I \cdot \varepsilon}{4\pi\sigma} \quad \text{(cgs)} \tag{6.2}$$

I = Strom, ε = Dielektrizitätskonstante des Mediums (Gestein), σ = Leitfähigkeit des Mediums. Das Verhältnis von Potential φ zu Strom I soll in diesem Fall als Gesamtwiderstand R bezeichnet werden

$$R = \frac{\varphi}{I}. \tag{6.3}$$

Für Äquipotentialelektroden gelten folgende Beziehungen: Setzt man I aus Gleichung (6.2) in (6.3) ein, so erhält man

$$R = \frac{\varphi \cdot \varepsilon}{4\pi\sigma Q_K}. \tag{6.4}$$

Für kugelförmige Elektroden gilt

$$\frac{Q_K}{\varepsilon\varphi} = C = r \qquad \text{(cgs)} \tag{6.5}$$

C = Kapazität, r = Radius der Kugel. Durch Einsetzen von (6.1) in (6.4) ergibt sich

$$R = \frac{1}{4\pi\sigma r}. \tag{6.6}$$

Die Größe R, der Gesamtwiderstand, setzt sich zusammen aus dem eigentlichen Gesteinswiderstand R_G und dem sogenannten Übergangswiderstand $R_Ü$

$$R = R_G + R_Ü. \tag{6.7}$$

Bringt man eine Elektrode in einem Medium (Gestein) an, so entsteht zwischen dem Elektrodenmaterial und dem Medium eine Grenzschicht mit einer elektrischen Leitfähigkeit, die von der des Mediums verschieden ist. Der Grund für die Ausbildung dieser Schicht geringer Leitfähigkeit ist darin zu suchen, daß die Elektroden niemals satt anliegen, sondern das Medium in höchstens drei Punkten kontaktieren. Andere Effekte, die zu einer scheinbaren Erniedrigung der Leitfähigkeit in der Grenzschicht führen, wie z. B. Überspannungen, können durch Verwendung von Wechselströmen weitgehenst ausgeschaltet werden.

Rein mathematisch lassen sich die Potentialverhältnisse für eine Kugelelektrode mit dem Radius a, die umgeben sei von einer Kugel mit dem Radius a_1 und der Lf σ_1 und einer zweiten Kugel mit a_2 und σ_2, darstellen durch die Gleichung (Wörz [6.8]):

$$\varphi = \int_a^{a_1} \frac{j_r}{\sigma_1}\,dr + \int_{a_1}^{a_2} \frac{j_r}{\sigma_2}\,dr \tag{6.8}$$

$$j_r = \text{Radiale Stromdichte} = \frac{I}{4\pi a^2} \tag{6.9}$$

$$\varphi = \frac{I}{4\pi\sigma_1}\left(\frac{1}{a} - \frac{1}{a_1}\right) + \frac{I}{4\pi\sigma_2}\left(\frac{1}{a_1} - \frac{1}{a_2}\right). \tag{6.10}$$

Für den Fall: $a_1 = a + \Delta a$ und $a_2 = \infty$ erhält man mit

$$a + \Delta a \approx a$$

$$\varphi = \frac{I}{4\pi\sigma_1}\frac{\Delta a}{a^2} + \frac{I}{4\pi\sigma_2}\frac{1}{a}. \tag{6.11}$$

Führt man den Gesamtwiderstand ein, so ergibt sich mit den Gleichungen (6.3 und 6.7):

$$R = R_Ü + R_G = \frac{1}{4\pi\sigma_1}\frac{\Delta a}{a^2} + \frac{1}{4\pi\sigma_2}\frac{1}{a}. \tag{6.12}$$

Von den in die Gleichung (6.12) eingehenden Größen lassen sich meßtechnisch die Werte σ_1 und Δa nicht bestimmen, somit läßt sich grundsätzlich auch $R_Ü$ nicht von R_G trennen, d. h., durch die Bestimmung des Widerstandes R zwischen

2 Elektroden im Gestein kann die Gesteinsleitfähigkeit (hier mit σ_2 bezeichnet) nicht ermittelt werden.

Als weitere Schwierigkeit kommt hinzu, daß im allgemeinen keine kugelförmigen Elektroden sondern Stifte oder Platten zur Kontaktierung benutzt werden. Man hätte somit obige Betrachtungen auf beliebige Elektrodenformen zu erweitern.

Es bietet sich ein Weg an über den sogenannten äquivalenten Elektrodenradius a^*, der die Kapazität der betreffenden Elektrode darstellt und berechnet werden kann, wenn man die Ladungsverteilung und das Potential auf den Elektrodenflächen kennt (siehe WÖRZ).

Bei den Zweipunktanordnungen wird an zwei, das Gestein kontaktierenden Elektroden eine konstante Wechselspannung angelegt; der fließende Strom wird gemessen. Der gesamte Widerstand R setzt sich aus den beiden Übergangswiderständen $R_{Ü1}$ und $R_{Ü2}$ an den jeweiligen Elektroden und dem reinen Gesteinswiderstand R_G zusammen.

$$R = R_G + R_{Ü1} + R_{Ü2}. \tag{6.13}$$

Um mit Hilfe einer derartigen Widerstandsmessung Auskünfte über die elektrischen Eigenschaften eines Gesteins zu erhalten, d. h. über die Größe R_G, müßte man die Werte von $R_{Ü1}$ und $R_{Ü2}$ konstant halten.

Solche Messungen sind nur in Ausnahmefällen (siehe z. B. Abschnitt 7.3) möglich. So wird man sich bei diesen Messungen darauf beschränken, einen Übergangswiderstand, z. B. $R_{Ü1}$, konstant zu halten, d. h., man benutzt eine fixe Bezugselektrode und kontaktiert eine zweite Elektrode längs eines Profils oder längs eines Bohrloches. Bei der Bewegung der zweiten Elektrode (Sonde) werden $R_{Ü2}$ und R_G ständig variiert. Für diesen Fall sind mit Hilfe dieser Methoden keinerlei Aussagen über das Gestein möglich.

Liegt der Fall vor, daß $R_{Ü2}$ maßgebend die relative Höhe des Gesamtwiderstandes (bei konstantem $R_{Ü1}$) bestimmt — sei es, daß R_G etwa konstant bleibt, sei es, daß gilt: $R_{Ü2} \gg R_G$ — so läßt sich durch die beschriebene Widerstandsmessung Auskunft über $R_{Ü2}$, den Übergangswiderstand zwischen Sonde und beispielsweise einer Bohrlochwand erhalten, wobei betont werden soll, daß nur relative Werte für $R_{Ü2}$, erwartet werden können.

Bemerkung über den Übergangswiderstand Gestein — Metallsonde: Dieser Übergangswiderstand kann von dreifacher Art sein.

1. Die Sonde kontaktiert ein gut leitendes Erzaggregat, dann wird $R_{Ü2} \approx 0$, d. h., das Erz selbst wirkt wie eine Vergrößerung der Sondenelektrode.

2. Die Sonde kontaktiert wasserführende Formationen: auch hier bewirkt das Bergwasser eine besonders gute Kontaktierung, $R_{Ü2}$ sinkt, gleichzeitig wird R_G herabgesetzt.

3. Es wird taubes, relativ trockenes oder nieder poröses Gestein kontaktiert, dann wird der Übergangswiderstand einen sehr hohen Wert annehmen.

Bei der Prospektion mittels dieser Methode wird man sicher den dritten Fall von den beiden anderen trennen können, zur Unterscheidung der Möglichkeiten 1 und 2 wird man zu anderen Methoden — beispielsweise den Potentialmessungen — greifen müssen. Zur Frequenz der zu benutzenden Ströme ist zu sagen, daß sie nicht zu niedrig gewählt werden darf, um den Einflüssen der induzierten Polarisation auszuweichen. Sehr hohe Frequenzen führen zu elektromagnetischen Effekten, die ebenfalls vermieden werden sollten. Als günstig erweist sich ein Frequenzbereich zwischen ca. 50 und 500 Hz.

Man benutzt diese Methode hauptsächlich zu informativen Messungen in Bohrlöchern ohne Wasserversatz.

6.1.2 Meßausrüstung

a) Einfache Bohrlochsonde

Als Sondenkörper benutzt man ein nicht leitendes Material, z. B. ein zylindrisches Plastikrohr, auf das die Elektroden in Form von elastischen Stahlbügeln montiert werden. Das Auflösungsvermögen einer derartigen Sonde beträgt je nach Länge der Stahlbügel 5—10 cm. Die Stromversorgung erfolgt über einen Wechselstromgenerator, Strom und Spannung werden mit handelsüblichen Geräten gemessen.

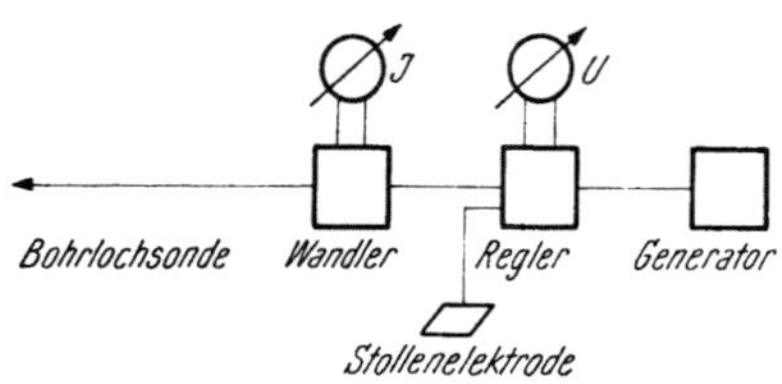

Abb. 6.1. Blockschaltbild zur Bestimmung des Gesamtwiderstandes zwischen Bohrlochsonde und Stollenelektrode

Bei der in Abb. 6.1 gezeigten Meßanordnung fließt der Strom vom NF-Generator über einen elektronischen Regler zur Bohrlochelektrode und von dort durch das Gestein über die Stollenelektrode zurück zum Generator.

Der Strom wird über einen Stromwandler, die Spannung an einem hochohmigen Millivoltmeter gemessen.

b) Vielelektrodensonde

Die Meßapparatur und ihre Funktion soll an Hand der Abb. 6.2 beschrieben werden. Von einem Bleiakkumulator A (12 V, 60 Ah) wird ein transistorisierter NF-Generator G gespeist. Die abgegebene Wechselspannung kann zwischen 25 und 200 V variiert werden. Spannung und Frequenz (300 Hz) werden durch eine elektronische Anordnung konstant gehalten (siehe auch Abb. 7.14 in Abschnitt 7.2).

Die in das Bohrloch BL eingeschobene Sonde SO trägt vier bis sechs Kugelelektroden. Jede einzelne Elektrode steht über das Kabel Ka mit einem Kontakt des Schalters S_1 in Verbindung. Die im Stollen verteilten Elektroden (SE) lassen sich mit Hilfe des Schalters S_2 wählen. Als Elektroden haben sich Kupferplatten $100 \times 100 \times 10$ mm³ bewährt, die in das Grundwasser des Stollens gelegt wurden. Die Ströme werden mit einem Wechselstrommilliamperemeter J gemessen. Bei starken Einstreuungen empfiehlt sich eine selektive Strommessung auf der Generatorfrequenz.

Nach Abb. 6.2 lautet der Stromweg:

$$G - S_1 - Ka - BE4 - V - F - SE1 - S_2 - J - G.$$

Solange sich die Sonde im tauben Gestein befindet, wird der Strom durch alle Bohrlochelektroden $BE1$ bis $BE6$ etwa gleich hoch sein. Die Elektrode $SE2$ in Abb. 6.2 liegt auf einem gut leitenden Erzgang, der eine Steigerung des Stromes

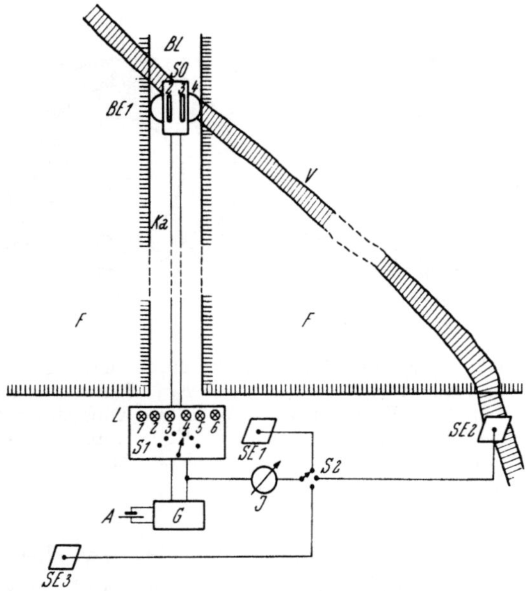

Abb. 6.2. Meßanordnung zur Bohrlochprospektion

BL	Bohrloch	*S*1	Wahlschalter für *BE*
SO	Bohrlochsonde	*A*	Akkumulator
BE	1–6 Bohrlochelektroden	*G*	Generator
Ka	Kabel	*J*	Strommesser
V	Vererzung	*S*2	Wahlschalter für *SE*
F	Fels	*SE*	1–3 Stollenelektroden
L	Anzeigelampen		

verursacht. Wird die Sonde bis zur Vererzung im Bohrloch geschoben, so ergibt sich für die einzelnen Bohrlochelektroden folgendes Strombild

$BE1 \approx BE2 \approx BE6$	geringer Strom
$BE3 \approx BE5$	höherer Strom
$BE4$	starker Strom.

Dieses Ergebnis wird bedeuten, daß $BE4$ eine Erz- oder Wasserkluft angeschnitten hat, die schräg zur Achse des Bohrloches verläuft.

Über eine mutmaßliche Ausdehnung des Erzlagers kann der Stromverlauf durch die an charakteristische Orte gelegten Stollenelektroden Auskunft geben. Tritt Erz an einer Stelle zu Tage, so kann man unter Umständen feststellen, ob diese Stelle mit der Bohrlochvererzung in Zusammenhang steht. Liegt dieser Fall vor (siehe Abb. 6.2), so ist der Strom durch diese Stollenelektrode ($SE2$) vielmals größer als der durch die anderen Stollenelektroden.

Beim Einschieben der Sonde in das Bohrloch läßt sich ein Verdrehen des Sondenkörpers kaum vermeiden. Die so wertvolle Richtungsbestimmung einer angebohrten Erzkluft ist dann nicht mehr möglich. Dieser Nachteil kann durch einen Quecksilberschalter, der in den Sondenkörper eingebaut wird, beseitigt werden. Abb. 6.3 zeigt einen Schnitt durch einen solchen Schalter. Der elektrische

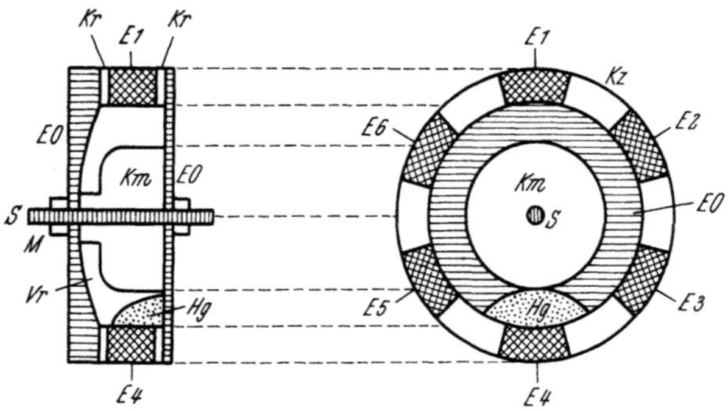

Abb. 6.3. Quer- und Längsschnitt durch den Hg-Schalter

*E*0	schaltende Elektroden	*Kr*	Kunststoffring
*E*1—6	geschaltene Elektroden	*Km*	Kunststoffmittelteil
Hg	Quecksilbertropfen	*Kz*	Kunststoffzwischenteil
S	Schraube	*Vr*	Kammer
M	Mutter		

Kontakt wird durch den Quecksilbertropfen Hg zwischen einer der beiden scheibenförmigen Elektroden *E0* und einer der sechs Sektorelektroden *E*1—6 hergestellt. Da der Tropfen immer am tiefsten Punkt sein wird, ist die durch die leuchtende Lampe *L* (Abb. 6.2) angezeigte Elektrode immer die unterste. Somit ist die Lage aller Bohrlochelektroden ständig angezeigt. Mit einer bestimmten Füllmenge an Quecksilber ist eine Winkelauflösung von 30° möglich.

Um eine undefinierte Anzeige bei senkrecht nach abwärts gerichteter Sonde zu vermeiden, rinnt das Quecksilber in die Kammer *Vr*, so daß keine der Sektorelektroden kontaktiert werden kann.

6.1.3 Prospektionsbeispiele

a) Geoelektrische Untersuchungen in der Blei-Zink-Lagerstätte Kreuth (Kärnten)

Die Messungen wurden von Bitterlich und Wörz [6.5] durchgeführt. Die Bohrlochsonde wurde mit Hilfe eines Plastikschlauches in das Bohrloch eingeschoben. Von einem Niederfrequenzgenerator mit 500 Hz wurde eine konstante Spannung von 200 V_{SS} erzeugt. Der durch die Bohrlochelektrode fließende Strom wurde als Funktion der Tiefe gemessen. Die Abstände der Meßpunkte betrugen 10 cm. In Abb. 6.4 sind für ein Bohrloch die Stromwerte [mA] gegen die Bohrlochtiefe aufgetragen. Zum Vergleich wurden die Ergebnisse der chemischen Analyse auf Blei — gemittelt über jeweils 2 m Bohrlochtiefe — dazu gezeichnet. Man erkennt, daß sich die Bereiche hohen Metallgehaltes mit jenen Gebieten decken, wo die Stromaufnahme der Sonde sehr hoch war. Unregelmäßigkeiten im Gestein verursachen einen gewissen Störpegel, über den die Stromspitzen erheblich herausragen müssen, damit man Aussagen über Erzvorkommen machen kann. Das Auflösungsvermögen war durch die Sondenkonstruktion auf etwa 1 cm herabgesetzt.

b) Untersuchung an einer künstlich hergestellten Vererzung im Großkogl bei Brixlegg

Im Fahlerz-Schwerspatbergbau Großkogl wurde der Versuch unternommen, eine Vererzung künstlich nachzubilden. Vor den gewachsenen Felsen wurde eine 1 m dicke Betonwand errichtet, in welche eine 5—6 cm breite Erzzone aus flotiertem Mitterberger Kupferkies eingebaut wurde. Durch die Betonwand

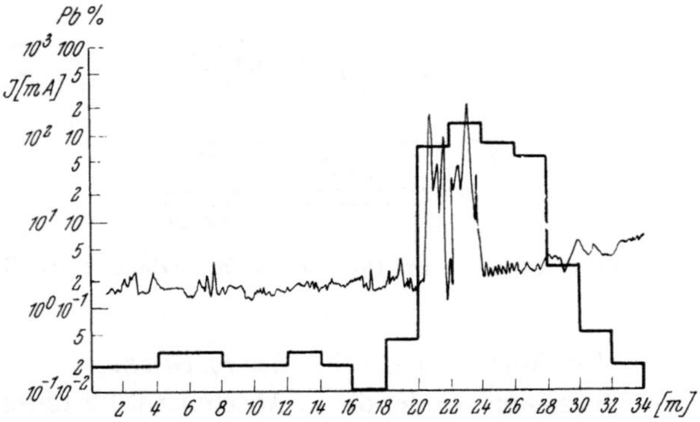

Abb. 6.4. Widerstandsbestimmung im Bohrloch. Blei-Zink-Lagerstätte Kreuth (BITTERLICH und WÖRZ)

wurde ein Bohrloch getrieben, das bis in das anstehende Gestein hinein führte. Es wurde die Stromaufnahme als Funktion der Bohrlochtiefe gemessen. Als Stollenelektrode diente eine Kupferplatte in ca. 20 m Entfernung vom Bohrlochanfang. Die Meßergebnisse für den Beton, für die künstliche Vererzung und für das anstehende Gestein sind in den Abb. 6.5 und 6.6 wiedergegeben.

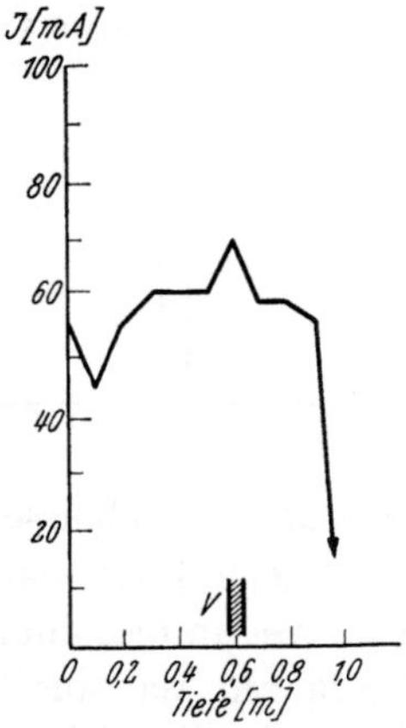

Abb. 6.5. Stromaufnahme im Beton in Abhängigkeit von der Bohrlochtiefe. V = Bereich der künstlichen Vererzung

Die künstliche Vererzung macht sich durch eine deutliche Stromspitze bemerkbar, die darauf zurückzuführen sein wird, daß Kupferkies als guter Leiter wie eine Vergrößerung der Elektrodenfläche wirkt. Der Vergleich mit Abb. 6.6 zeigt weiterhin, daß die Stromaufnahme in Beton wegen seiner hohen Feuchtigkeit 10 bis 15 mal höher ist als im natürlichen Gestein. Im Anstehenden traten an alle Stellen, wo Erze ermittelt wurden, Stromspitzen auf; hohe Ströme flossen auch dort, wo die Sonde poröses, wasserführendes Gestein kontaktierte.

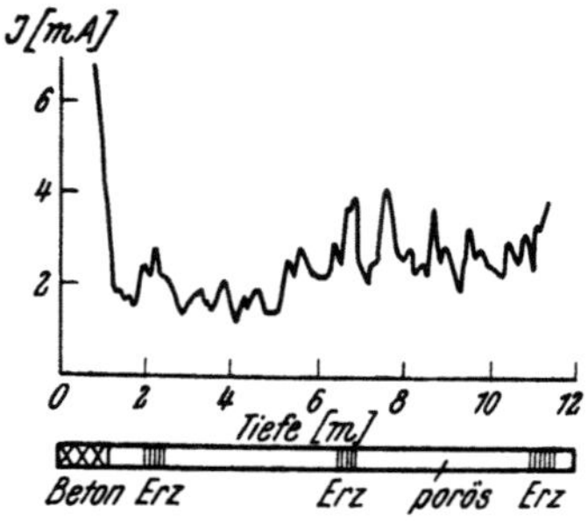

Abb. 6.6. Stromaufnahme im Bohrloch. Fahlerzlagerstätte Großkogl

c) Bestimmung von Erzklüften mit der Vielelektrodensonde

Mit Hilfe dieser speziellen Sonde, die in Abschnitt 6.1.2 unter b) beschrieben ist, wurde im Bergbau Großkogl das Bohrloch Nr. 7 beprobt. In einer Tiefe zwischen 15,64 m und 15,66 m wurden folgende Stromwerte für die Bohrlochelektroden gemessen: siehe Tabelle 6.1. Die hohen Stromspitzen sind auf Erzkontakte zurückzuführen — wie mit Hilfe einer Potentialmethode nachgewiesen werden konnte. Da die Lage der Sonde in allen Meßpunkten genauestens bekannt war, konnte für die Erzkluft bzw. die entsprechende Anordnung von Erzkörnern ein Streichen von N 35° W und ein Fallen von 50° W ermittelt werden.

Tabelle 6.1. *Verlauf der Ströme durch die einzelnen Bohrlochelektroden der Sonde (Bohrloch Nr. 7, Schwerspat-Fahlerzlagerstätte Großkogl/Brixlegg)*

Tiefe m	Elektrode mit max. Strom	Strom mA	unterste Elektrode
15,64	*BE*5	48	*BE*3
15,65	*BE*4	55	*BE*3
15,66	*BE*3	45	*BE*3

Die bisher vorliegenden Prospektionsergebnisse zeigen, daß sich in allen Fällen Erzkontakte durch Stromspitzen bemerkbar machen. Um Angaben über den prozentuellen Anteil des Erzes am Gesamtgestein machen zu können, müßte man Eichkurven aufnehmen, ein Verfahren, das aus technischen Gründen nur sehr schwer realisierbar ist: der Andruck der Elektroden müßte konstant gehalten werden, es müßten Analysen über sehr schmale Bereiche vorliegen und es müßte gewährleistet sein, daß das von den Stromlinien erfaßte Gestein elektrisch isotrop und homogen ist. Angesichts dieser Schwierigkeiten wird man sich auf Relativangaben beschränken müssen.

Die Vorteile dieser Methode sind: Hohes Auflösungsvermögen (mit Kugelelektroden bis zu 0,5 cm), einfachste Handhabung und die Möglichkeit einer schnellen Auswertung vor Ort.

6.2 Messung der Dielektrizitätskonstante (DK) am anstehenden Gestein

Die Messung der DK am anstehenden Gestein kann erfolgen, indem man die Kapazität zwischen zwei Elektroden bestimmter geometrischer Konfiguration mißt, wobei das Gestein als Dielektrikum fungiert; oder man bestimmt die DK über die Ausbreitung elektromagnetischer Wellen. In diesem Abschnitt soll nur die erste Methode besprochen werden.

6.2.1 Messung der DK mit Hilfe zylindrischer Parallelleiter

Die Hauptschwierigkeit bei derartigen Messungen ist darin zu suchen, daß es fast unmöglich ist, am anstehenden Gestein zwei Elektroden so zu kontaktieren, daß zwischen ihnen eine genaue Leerkapazität C_0 errechnet werden kann. Im Bergbau Großkogl wurde folgende Methode angewandt: in Abständen von 0,5 bis 1 cm wurden Bohrungen mit einem Durchmesser von 6 mm angebracht. In diese Bohrlöcher wurden zylinderförmige Bleielektroden (5 cm lang) hineingesteckt und mittels eines Nagels, der in das Blei hineingetrieben wurde, mit dem Gestein fest kontaktiert. Die Leerkapazität C_0 für eine derartige Anordnung von Parallelleitern errechnet sich folgendermaßen:

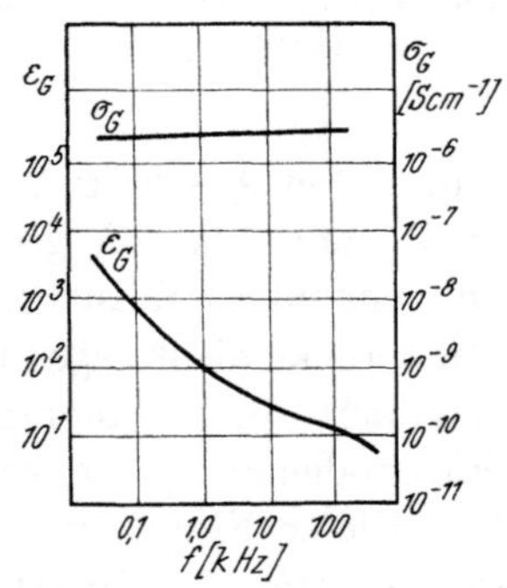

Abb. 6.7. Dolomit. Dielektrizitätskonstante und Leitfähigkeit als Funktion der Frequenz. Messung am Anstehenden. Großkogl (Brixlegg)

$$C_0 = \frac{0{,}12L}{\log(e/g)[1 + \sqrt{1 - (g/e)^2}]} \tag{6.14}$$

L = Länge der Elektroden [cm],
g = Elektrodendurchmesser [cm],
e = Achsenabstand der Elektroden [cm] und
C_0 = Kapazität der Anordnung [pF].

Mit Hilfe einer Brückenanordnung kann die Kapazität und der Leitwert als Funktion der Frequenz gemessen werden. Wenn die Geometrie der Elektroden bekannt ist, können die Kurven $\varepsilon_G = \varepsilon_G(f)$ und $\sigma_G = \sigma_G(f)$ bestimmt werden.

Bei der Messung müssen als Spannungsquelle und als Anzeigegeräte für den Brückenabgleich batteriebetriebene Geräte verwendet werden. Da eine Elektrode mit der Brückenabschirmung verbunden ist, ergibt sich bei Verwendung netzbetriebener Geräte eine Veränderung des Widerstandes, da der Erdungspunkt des Netzes parallel zu dieser Elektrode geschaltet ist.

Meßergebnisse für Dolomit und Baryt im Bergbau Großkogl bei Brixlegg: Die Abb. 6.7 zeigt die Meßergebnisse für Dolomit, in Abb. 6.8 sind die Ergebnisse für Baryt dargestellt. Man erkennt, daß für den Dolomit die Dispersionskurven übereinstimmen mit den im Labor gemessenen (siehe Abb. 2.38) — für Baryt liegt keine Labormessung zum Vergleich vor.

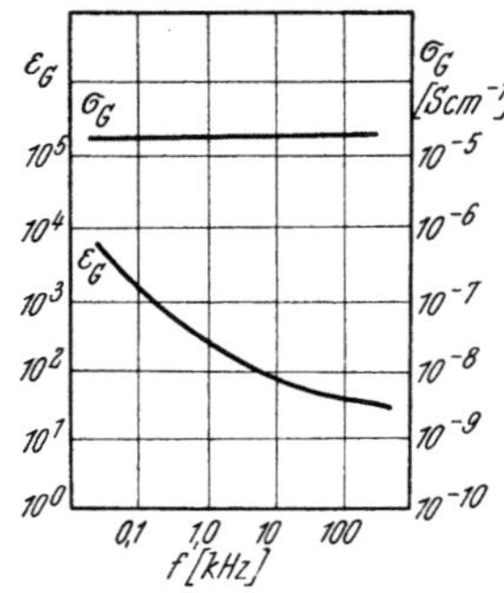

Abb. 6.8. Baryt. DK und LF als Funktion der Frequenz. Messung am Anstehenden. Großkogl (Brixlegg)

Bei diesen Messungen wurde die in Abschnitt 2.23 erwähnte General-Radio-Brücke benutzt; dabei ist zu beachten, daß die geometrischen Kapazitäten C_G (siehe S. 54ff) bei den oben genannten Messungen nicht exakt beschrieben werden konnten, da sich die Meßbrücke nicht gegenüber einer Wand mit überall gleichem Potential befindet (Wörz). Diese Potentialunterschiede machen sich bemerkbar, wenn man die Elektrodenanschlüsse vertauscht, man erhält dann eine Änderung der Kapazität. Dieser Effekt tritt allerdings nur bei geringen Kapazitäten, d. h. bei hohen Frequenzen ($f > 10$ kHz) auf. So können derartige ε-Messungen nur Näherungswerte für die DK des beprobten Gesteins liefern. Gegen diese Methode ist fernerhin einzuwenden, daß durch das Bohren Gefüge und Wassergehalt des Gesteins verändert werden. Dieser Fehler wurde insofern etwas korrigiert, als nach Anbringen der Bohrungen ca. vier Wochen mit der Kontaktierung der Elektroden gewartet wurde, in der Hoffnung, daß sich der Wasserhaushalt im Gestein wieder normalisieren würde. Bezüglich des Gefüges muß eine Veränderung an der Bohrfläche zugestanden werden.

6.2.2 Messungen im Bohrloch mit der Hochfrequenzsonde

Zur DK-Messung des von einem Bohrloch durchörterten Gesteins wird ein aus 3 Metallzylindern aufgebauter Kondensator (siehe Abb. 6.9) in das Bohrloch eingeschoben. In seinem äußeren Feld liegt das Gestein als Dielektrikum. Dieser Kondensator ist Teil des Schwingkreises eines Oszillators. Ändert sich das Dielektrikum, so ändert sich auch die Frequenz. Da die zu erwartenden Kapazitätsänderungen sehr klein sind, wurde die Meßfrequenz hoch gewählt und das Schwebungsprinzip angewendet. Die Schwebungsfrequenz wird von der Sonde mit einem Kabel zum Bohrlochanfang übertragen und dort digital angezeigt.

Das Schaltbild der Sonde wird an Hand von Abb. 6.10 erklärt. Die gesamte Elektronik ist in Miniaturbauweise auf vier Scheiben (*P*1—*P*4) in Form von geätzten Schaltungen aufgebaut und im Inneren des zylindrischen Kondensatorkörpers untergebracht. Die Platine *P*4 trägt den variablen LC-Oszillator, an

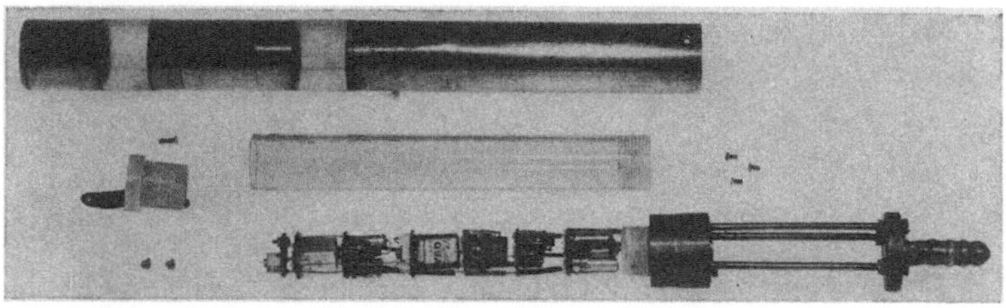

Abb. 6.9. Sonde zur Bestimmung der DK in Bohrlöchern

dessen Schwingkreis über den Kondensator **43** der äußere Meßkondensator angeschlossen ist. Gegenkopplungen bewirken, daß die Amplitude der Schwingung nicht bei niedrigen Gesteinswiderständen zusammenbricht. Die Hochfrequenz

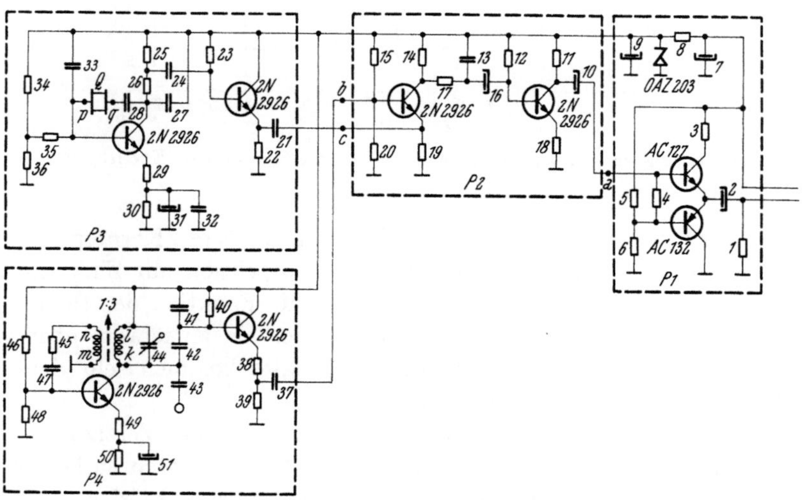

Abb. 6.10. Schaltbild des Schwebungsoszillators der DK-Sonde

wird über einen Emitterfolger ausgekoppelt. Auf der Platine *P*3 ist ein Quarzoszillator mit ebenfalls einem Emitterfolger zur Trennung aufgebaut. Die erzeugte Frequenz beträgt 450 kHz. Die stabile und variable Frequenz wird auf der Platine *P*2 einer Überlagerungsstufe zugeführt. Die niederfrequente Schwebung gelangt über einen Tiefpaßverstärker zum Kabelendverstärker (Platine 1), dessen Aufgabe vor allem in einer Impedanztransformation besteht. Über ein zweipoliges, abgeschirmtes Kabel von 50 m Länge wird die Schwebungsfrequenz (0—50 kHz) einem dekadisch anzeigenden Frequenzmesser am Bohrlochbeginn zugeführt. Gespeist wird die Sonde aus zwei Taschenlampenbatterien.

Abb. 6.9 zeigt die auseinandergenommene Sonde: Oben der Sondenkörper = Meßkondensator. Die sogenannte „heiße" Elektrode ist der mittlere Ring. Durchmesser des Sondenkörpers 40 mm, Länge 380 mm. Im Teilbild unten ist der herausgezogene elektronische Aufbau mit den vier Schaltplatinen zu sehen. Die Sonde wird mit einem Plastikschlauch in das Bohrloch geschoben.

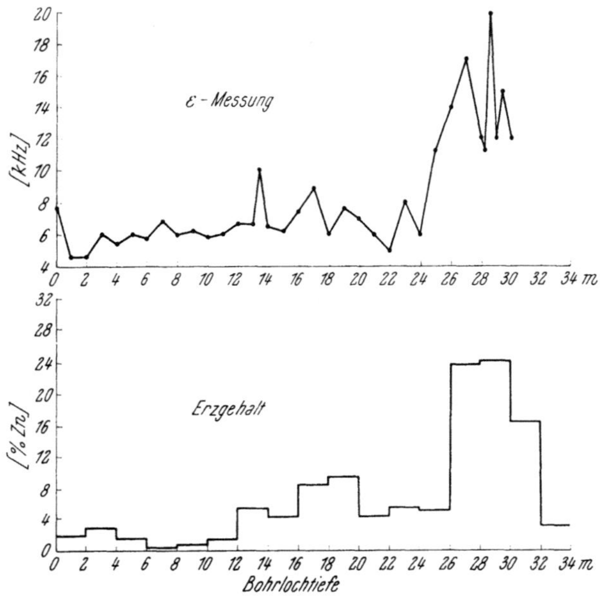

Abb. 6.11. ε-Messung im Bohrloch 660. Blei-Zink-Lagerstätte Kreuth in Kärnten

Prospektionsbeispiel: Im Blei-Zink Bergbau Bleiberg (Kärnten) wurde die oben beschriebene Sonde zum erstenmal zur Prospektion auf Zink eingesetzt. In Abb. 6.11 ist oben die gemessene Frequenz als Funktion der Bohrlochtiefe gezeichnet, unten findet man den Zn-Gehalt, der als Mittelwert über jeweils 2 m Tiefe erhalten wurde. Die hohen Zn-Gehalte kommen sehr deutlich in hohen Schwebungsfrequenzen zum Ausdruck.

Bei weiteren Beprobungen wurde festgestellt, daß starke Vererzungen Änderungen in der Schwebungsfrequenz von mehr als 4 Zehnerpotenzen hervorriefen. So darf in diese Methode einige Hoffnung für die künftige Bohrlochprospektion gesetzt werden.

6.2.3 Die Zweifrequenzsonde

Die im vorangegangenen Abschnitt besprochene Hochfrequenzsonde arbeitet mit *einer* Meßfrequenz, wobei die dieser Frequenz zuzuordnenden Polarisationserscheinungen bzw. Dielektrizitätskonstanten zur Anzeige gelangen. Über die Art der gemessenen Polarisationserscheinungen kann man keine Aussage machen. Verwendet man zur Messung der DK des durchörterten Gesteins zwei verschiedene Frequenzen (ca. 3000 Hz und 100—200 kHz), so lassen sich gewisse Erkenntnisse über das Gestein gewinnen: Ist die DK frequenzunabhängig, d. h. ε_G (3000) $\approx$ ε_G (100 000) liegt sicher trockenes Gestein vor. Wenn gilt ε_G (3000) $\gg$

ε_G (100 000) werden Polarisationserscheinungen, die bei $f = 3000$ Hz auf Raumladungs- oder Zwischenwandpolarisation zurückzuführen sind, erfaßt, d. h., das Gestein wird stark wasserhaltig sein.

Man erhält somit die Möglichkeit, im Bohrloch Zonen mit hohem Wassergehalt zu ermitteln. In Kombination mit einer Widerstandsmethode, wo bekanntlich wasser- und erzführende Zonen nicht unterschieden werden können, wird man die Formationen mit hoher Bergfeuchte sehr gut erkennen können.

Diese Untersuchungen zeigen, daß es für eine erfolgreiche Prospektion mit einer DK-Sonde notwendig ist, die DK-Werte jeweils für eine hohe und eine niedrige Frequenz zu bestimmen. Der Einsatz von zwei verschiedenen Sonden scheint damit notwendig geworden zu sein. Das bedeutet pro Bohrloch den doppelten Zeitaufwand und bringt die große Meßunsicherheit mit sich, für genau die gleiche Bohrlochstelle die beiden DK-Werte zu bestimmen.

Wesentlich besser ist es daher, eine Sonde für zwei Frequenzen zu bauen. Der erforderliche Materialaufwand wird ebenfalls viel geringer. Im folgenden wird ein Vorschlag für eine derartige Sonde gebracht.

Die in 6.2.2 schon beschriebene hochfrequente Schaltung besteht aus einem 300 kHz Quarzoszillator (1), einem mit dem Meßkondensator verbundenen variablen Oszillator (2), dem hochfrequenten Mischteil (3) und dem Kabelverstärker (4).

Für den niederfrequenten Sondenteil können die Schaltungsgruppen (1, 2, 4) mit verwendet werden. Hinzu kommt ein Untersetzer, ein Verdoppler und ein Mischteil.

Theoretische Betrachtungen: Zwangsläufig muß bei einem niederfrequenten Oszillator das dem L parallel liegende C größer sein. Da der Meßkondensator nicht vergrößert werden kann, wird das Verhältnis des festen zum variablen Kondensator immer ungünstiger. Dieser Nachteil wird aber dadurch etwas ausgeglichen, daß die DK-Werte bei niederen Frequenzen höher sind.

Nehmen wir folgende Schwingkreisdaten an: $L = 2{,}8$ mH, $C = 1000$ pF, daraus $f = 3000$ Hz. Ändert sich C auf 1020 pF ($dC = 20$ pF), was erreichbar sein dürfte, so ändert sich f um $df = 29$ Hz oder 1%. Das ist wenig für eine genaue Meßanzeige, besonders dann, wenn dC als ein maximaler Wert angenommen wird. Deshalb wird die Frequenz verachtfacht.

$$f(8) = 24\,000 \text{ Hz, bei } dC = 20 \text{ pF}; \; f(8)_1 = 23\,768 \text{ Hz, } df = 232 \text{ Hz.}$$

Wenn der hochfrequente Quarzoszillator auf 200 kHz schwingt, was wegen des Dispersionsgebietes günstiger ist, so kann man diese Frequenz achteln, das heißt auf 25 kHz untersetzen. Diese Frequenz wird mit $f(8)$ zur Schwebung gebracht. Es entsteht $fz = 1000$ Hz und bei $dC = 20$ pF; $fz_1 = 1232$ Hz, $dfz = 232$ Hz oder 7,7% von f (früher 1%). Damit ist eine beträchtliche Steigerung der Anzeigeempfindlichkeit erreicht. Mit dem dekadischen Zähler müßte auch bei 3 kHz eine ausreichende Auflösung erreichbar sein.

Praktische Ausführung: Die an den äußeren Elektroden liegende Gesteinsstrecke kann in Näherung als eine Parallelschaltung eines veränderlichen R und veränderlichen C angesehen werden. Das R ist der dem Schwingkreis parallel liegende Verlustwiderstand, der kleinste Werte von 500—1000 Ohm annehmen kann. Das variable C soll in eine Frequenzänderung transformiert werden.

Die Sonde besteht aus einem gemeinsamen Quarzoszillator (1) und umschaltbarem variablen Oszillator (2), je einem nieder- und hochfrequenten Mischkanal (3, 8) und einem gemeinsamen Kabelverstärker (4) mit Begrenzer (9). (Siehe Blockschaltbild Abb. 6.12.)

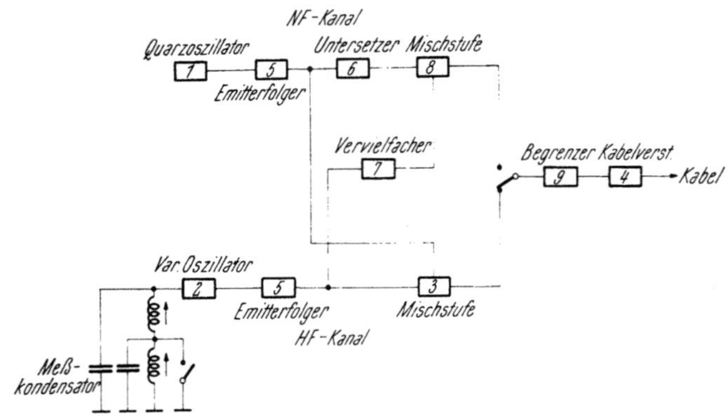

Abb. 6.12. Blockschaltbild der Zwei-Frequenzen-Sonde

Bedingt durch die großen Dämpfungsunterschiede muß der Oszillator eine wirksame Amplitudenbegrenzung und dementsprechend eine hohe Verstärkungsreserve haben. Das ist nur mit einem zweistufigen Verstärker möglich. Die erste Stufe ist ein *RC*-Verstärker als Kollektorfolger. Vor dem Emitter liegen zwei gegeneinander geschaltete Germaniumdioden, die als zweiseitige Amplitudenbegrenzer wirken. Wenn infolge großer Gesteinsdämpfung die Oszillatoramplitude klein ist, ist auch die Diodendämpfung klein und umgekehrt. Die zweite Stufe, ebenfalls ein Kollektorfolger, hat im Kollektorkreis die Schwingkreise und den Meßkondensator. Die hoch- und niederfrequenten Mischkanäle sind durch Emitterfolger (5) an die Oszillatoren angekoppelt. Eine gute Trennung ist wegen der nahe liegenden Mischfrequenzen und der Stabilität der Oszillatoren gegenüber Mitzieheffekten ratsam.

Der HF-Kanal wurde schon bei der Einfrequenzsonde beschrieben. Beim NF-Kanal folgt nach dem Quarzoszillator und der Trennstufe ein Untersetzer (6), der als integrierter Baustein ausgeführt ist. Zur Frequenzverdopplung wird eine Vollwegdiodenschaltung (7) verwendet. Die übrigen Bausteine sind schon besprochen worden.

6.2.4 Vorteile der Prospektion über die DK-Messung

Die Bestimmung der DK von Gesteinen ist, wie in Abschnitt 2.2.3 beschrieben wurde, relativ einfach mit Hilfe eines Meßkondensators und einer Kapazitätsmeßbrücke durchzuführen. Die so erhaltenen Ergebnisse sind nur bedingt brauchbar, denn sie geben den DK-Wert der Proben, nicht aber den des anstehenden Gesteins, aus dem sie entnommen sind. Durch die Preparation der Proben geht ein Teil der natürlichen Bergfeuchte verloren, Schleifpulver kann die Porenkanälchen verlegen. Dazu kommt, daß der DK-Wert einer Probe sicher wenig signifikant für eine ganze Formation ist, auch wenn eine scheinbare äußere

Homogenität vorliegt; Schichtungen, Verwerfungen und gefügekundliche Einflüsse tragen maßgeblich zur Höhe der DK bei.

Die Bestimmung von ε_G über elektromagnetische Wellenausbreitung bewährt sich bei großräumiger Prospektion. Der apparative Aufwand ist erheblich; als Meßbedingung muß gefordert werden: Meßstrecke im Vollraum, großräumige Homogenität, Meßgebiet frei von Eisenteilen und elektrischen Leitungen.

Die angeführten Nachteile werden bei Verwendung der ε-Sonde vermieden. Für die Erzprospektion ergeben sich weiterhin einige Vorteile:

1. Nach dem Zweipunkt-Übergangswiderstand-Verfahren konnte ein leitendes Erz nicht von einer gut leitenden, stark wasserhaltigen, tauben Formation unterschieden werden. Dieser Nachteil tritt bei Verwendung der ε-Sonde nicht auf. Im Gegenteil, Zonen mit hohem Wassergehalt werden durch ein hohes ε_G, das auf das Wasser zurückzuführen ist, auffallen; so daß mit dieser Methode eine Trennung von Erzvorkommen und wasserführenden Schichten möglich ist.

2. Mit dieser Methode können auch Erze erfaßt werden, die sich in Bezug auf ihre elektrische LF nicht vom tauben Gestein unterscheiden (z. B. Zinkblende im Kalkschiefer), wenn nur das Erz eine vom tauben Gestein verschiedene DK besitzt.

3. Wenn im elektronischen Aufbau auf einige der Gegenkopplungen verzichtet wird, kann man mit Hilfe der Sonde auch metallisch leitende Erze anzeigen. Diese rufen bei Kontaktierung einen Kurzschluß der Elektroden des Sondenkörpers hervor, d. h., die Amplitude der Schwebungsspannung wird Null — der digitale Frequenzanzeiger geht ebenfalls auf Null zurück.

Als Nachteil dieser Methode soll angeführt werden, daß die Zylinderelektroden der ε-Sonde immer „gut" dem Bohrloch angepaßt sein sollten, d. h., der Luftspalt zwischen Sonde und Bohrlochwand sollte nicht allzu groß sein (höchstens 1—2 mm). Man muß somit für alle Bohrlochdurchmesser speziell angepaßte Sonden konstruieren, was einen erheblichen Arbeitsaufwand erfordert, wenn man bedenkt, daß die gesamte Elektronik im Inneren der Sonde selbst untergebracht ist und mit dem Elektrodenteil genauestens abgestimmt sein muß.

6.3 Prospektion mit elektromagnetischer Wellenausbreitung

Von Dr. N. Nessler, Innsbruck

6.3.1 Entfernungs- und Frequenzgrenzen

In Kapitel 4 werden die Gleichungen für die Feldstärkekomponenten eines magnetischen Dipols in homogenem, dissipativem, unbegrenztem Medium hergeleitet. Als Ausgangspunkt für die weiteren Betrachtungen seien diese hier nochmals angeführt (Herleitung vgl. auch [6.15]):

$$\mathbf{H}_r = m\,\frac{\exp(-ikr)}{2\pi r^3}\cdot\cos\theta\cdot(1+ikr) \tag{6.15}$$

$$\mathbf{H}_\theta = m\,\frac{\exp(-ikr)}{4\pi r^3}\cdot\sin\theta\cdot(1+ikr-k^2r^2) \tag{6.16}$$

$$\mathbf{H}_\phi = 0, \tag{6.17}$$

wobei m das magnetische Moment der Sendeantenne darstellt

$$m = n \cdot I \cdot F \tag{6.18}$$

und k die komplexe Wellenzahl, welche die zu bestimmenden Parameter ε und σ enthält. Der Zeitfaktor $\exp(i\omega t)$ ist hier bereits berücksichtigt und in den Formeln nicht mehr explizit angeschrieben.

$$k = k_1 - ik_2 = \sqrt{\omega^2 \varepsilon\varepsilon_0 \mu_0} \sqrt{1 - \frac{i\sigma}{\omega\varepsilon\varepsilon_0}}. \tag{6.19}$$

Durch Trennung von Real- und Imaginärteil gewinnt man

$$k_1 = \sqrt{\frac{\omega^2 \varepsilon\varepsilon_0 \mu_0}{2}} \sqrt{1 + \sqrt{1 + \left(\frac{\sigma}{\omega\varepsilon\varepsilon_0}\right)^2}} \tag{6.20}$$

und

$$k_2 = \sqrt{\frac{\omega^2 \varepsilon\varepsilon_0 \mu_0}{2}} \sqrt{-1 + \sqrt{1 + \left(\frac{\sigma}{\omega\varepsilon\varepsilon_0}\right)^2}}. \tag{6.21}$$

Die am Empfangsort meßbare Feldstärke $\mathbf{H}$ setzt sich vektoriell aus den Komponenten $\mathbf{H}_r$ und $\mathbf{H}_\theta$ zusammen.

Die zu messenden Mediumsparameter ε und σ beeinflussen die Wellenausbreitung in zweifacher Hinsicht: der Anteil k_2 bewirkt im wesentlichen eine Dämpfung, k_1 ist für die Phasenverschiebung bzw. für die kürzere Wellenlänge im Medium verantwortlich. Die schwierig zu messende Phasenverschiebung wird am Ende des Kapitels kurz behandelt; in diesem Teil wird die Dämpfung betrachtet.

Verschiebungsstrom vernachlässigt

Zunächst soll der Einfluß von ε und σ auf k_1 und k_2 untersucht werden. Für

$$\frac{\sigma}{\omega\varepsilon\varepsilon_0} \gg 1 \tag{6.22}$$

läßt sich der Wurzelausdruck für k_1 und k_2 wesentlich vereinfachen

$$k_1 \doteq k_2 \doteq \sqrt{\frac{\omega^2 \varepsilon\varepsilon_0 \mu_0}{2}} \sqrt{\frac{\sigma}{\omega\varepsilon\varepsilon_0}} = \sqrt{\frac{\omega\sigma\mu_0}{2}} = k_3. \tag{6.23}$$

Ergebnis: ε beeinflußt die Wellenausbreitung überhaupt nicht, folglich ist aus einer solchen Messung auch kein Aufschluß über die Größe von ε zu erwarten. Im Gültigkeitsbereich von (6.22) überwiegt der Leitungsstrom, der Verschiebungsstrom ist vernachlässigbar (Lit. [6.15], [6.16]).

Zur Verdeutlichung sollen zahlenmäßige Grenzen für diesen Bereich angegeben werden. ε liegt zumeist innerhalb der Größenordnung $5 < \varepsilon < 20$, so daß sich für eine Genauigkeit von 1% die Grenzen für die Vernachlässigung des Verschiebungsstromes wie folgt abschätzen lassen ($\omega = 2\pi f$; $\varepsilon_0 = 8{,}859 \cdot 10^{-12}$ F/m):

$$\sigma\,|\mathrm{S/m}| > 5{,}5 \cdot 10^{-9}\,\varepsilon \cdot f\,|\mathrm{Hz}| \tag{6.24}$$

$$\text{oder für } \sigma > 10^{-4}\,\text{S/m} \quad \text{soll} \quad f < 1\,\text{kHz}$$
$$> 10^{-3}\,\text{S/m} \qquad < 10\,\text{kHz}$$
$$> 10^{-2}\,\text{S/m} \qquad < 100\,\text{kHz}$$
$$> 10^{-1}\,\text{S/m} \qquad < 1\,\text{MHz}.$$

Innerhalb der angegebenen Grenzen ist aus der Dämpfung nur die Bestimmung von σ möglich, wozu (theoretisch) ein einziger Meßwert von $\mathbf{H}$ ausreicht.

Daß hier jedoch eine gewisse Mindestentfernung zwischen Sender und Empfänger einzuhalten ist, zeigt eine nähere Betrachtung der Gleichungen (6.15) und (6.16). k ist darin gemäß Gl. (6.19) und (6.23) zu ersetzen durch

$$k \doteq k_3(1 - i). \tag{6.25}$$

Vorausgesetzt, daß $k_3 r \ll 1$ gilt, bleibt im Klammerausdruck von $\mathbf{H}_r$ und $\mathbf{H}_\theta$ nur mehr das erste (konstante) Glied übrig, außerdem wird die e-Potenz ≈ 1.

Ergebnis: Die gemessene Feldstärke variiert nur mehr mit $1/r^3$, Mediumeigenschaften sind in der Formel überhaupt nicht mehr enthalten. Für diesen, aus anderen Gründen (vgl. Kapitel 4) quasistationär benannten Bereich ist keinerlei Aufschluß über die Gesteinsparameter zu erhalten, weshalb er für unsere Zwecke ohne Bedeutung ist. Eine zweckmäßige σ-Bestimmung setzt also eine Messung bei $k_3 r \simeq 1$ (Übergangszone Nahfeld-Fernfeld, vgl. Kapitel 4) oder $k_3 r \gg 1$ (Fernfeld) voraus.

Einige Zahlenangaben sollen dies näher erläutern. (Diese Zahlenwerte und alle weiteren wurden mit Hilfe eines umfangreichen Tabellenwerkes ermittelt, welches am Rechenzentrum der Universität Innsbruck nach den Formeln (6.15) und (6.16) mit einem großen Variationsbereich aller Parameter gerechnet wurde. Näheres siehe Lit. [6.19].) Voraussetzung dieser Überlegungen ist eine Meßgenauigkeit von 5%, welche für Feldstärkemessungen bei vernünftigem Aufwand erreichbar ist (vgl. Kapitel 4). In Tabelle 6.2 ist die Mindestentfernung angegeben, für welche eine σ-Änderung um $+$ 50% eine Dämpfungsänderung ergibt, welche gerade über der Meßgenauigkeit liegt. Unterhalb der strichlierten Linie gilt die eingangs getroffene Vereinbarung (Gl. (6.22), Verschiebungsstrom vernachlässigbar) nicht mehr, so daß auch bereits eine kleine Abhängigkeit von ε zu berücksichtigen ist.

Tabelle 6.2

Meßfrequenz	Minimale Meßentfernung in |m|				
	$\sigma = 10^{-1}$	10^{-2}	10^{-3}	10^{-4}	10^{-5} S/m
1 kHz	100	300	1000	3000	10000
3 kHz	30	100	300	1000	3000
10 kHz	12	30	100	300	900
30 kHz	8	20	80	200	500
100 kHz	3	10	30	100	300
300 kHz	2	5	20	50	200
1 MHz	1	3	10	30	150

Bei verminderten Auflösungsanforderungen werden die Minimalentfernungen entsprechend geringer. Aus der Tabelle 6.2 wäre zu vermuten, daß die optimale Auflösung bei hoher Frequenz und großer Entfernung erreicht würde; dies stimmt aber selbst abgesehen von der dann nicht mehr gültigen Vernachlässigung des Verschiebungsstromes nicht. Die Auflösung verschiedener σ-Werte heißt ja, daß in Gl. (6.15) und (6.16) kr gegen 1 nicht mehr verschwindet. Dies bedeutet aber gleichzeitig, daß neben der Entfernungsabhängigkeit $1/r^3$ zusätzlich der viel stärkere Einfluß der exponentiellen Dämpfung wirksam wird. Damit tritt sehr bald der Fall ein, daß das Nutzsignal S in die Größenordnung des Störsignals N (Rauschen des Empfängers, atmosphärische Störungen) absinkt und das fallende Signal-Stör-Verhältnis S/N die Meßgenauigkeit verschlechtert bzw. die Messung überhaupt unmöglich macht. Eine zahlenmäßige Abschätzung dieser Entfernungsgrenze ist innerhalb weitester Grenzen von der Art der Meßapparatur abhängig (vgl. Kapitel 4).

Leitungsstrom vernachlässigt

Entgegengesetzt zur Forderung Gl. (6.22) — Verschiebungsstrom vernachlässigbar — liegt die vereinfachende Bedingung

$$\frac{\sigma}{\omega\varepsilon\varepsilon_0} \ll 1 \tag{6.26}$$

vor, welche einer Vernachlässigung des Leitungsstromes entspricht. Unter dieser Voraussetzung wird

$$k_1 \doteq \sqrt{\omega^2\varepsilon\varepsilon_0\mu_0}, \tag{6.27}$$

und k_2 berechnet sich aus einer Reihenentwicklung, welche nach dem 2. Glied abgebrochen wird, zu

$$k_2 \doteq \frac{\sigma}{2}\sqrt{\frac{\mu_0}{\varepsilon\varepsilon_0}} \ll k_1. \tag{6.28}$$

In den vereinfachten Parametern k_1, k_2 sind wieder beide Ausgangsgrößen ε und σ enthalten, d. h., daß die erhoffte Methode zur Messung von ε allein damit nicht erreicht worden ist. Es ist zwar $k_1 \gg k_2$, jedoch geht k_2 in die exponentielle Dämpfung ein!

Gäbe es eine meßbare Größe, welche die Klammerausdrücke der Gl. (6.15) und (6.16) enthält, die exponentielle Dämpfung aber nicht, so könnte damit eine Messung von ε allein erfolgen. Diese von der exponentiellen Dämpfung unabhängige Größe ist das Verhältnis

$$G = \frac{|H_r|_{(\theta=0^\circ)}}{|H_\theta|_{(\theta=90^\circ)}}. \tag{6.29}$$

G ist unter der Voraussetzung (6.26) nur mehr von der Entfernung r und ε abhängig.

Die folgenden Zahlenangaben sollen eine Abschätzung des Gültigkeitsbereiches obiger Voraussetzungen geben (5% Genauigkeit).

Die Mindestfrequenz f in Abhängigkeit von der Leitfähigkeit σ muß der Forderung genügen

$$f > \sigma \cdot 2 \cdot 10^{10} \quad \text{bei} \quad \varepsilon = 5$$

und

$$f > \sigma \cdot 5 \cdot 10^9 \quad \text{bei} \quad \varepsilon = 20$$

oder explizit ausgedrückt: bei einer Leitfähigkeit σ muß die Mindestfrequenz f sein:

σ	$f\ (\varepsilon = 5)$	$f\ (\varepsilon = 20)$
10^{-2}	200 MHz	50 MHz
10^{-3}	20 MHz	5 MHz
10^{-4}	2 MHz	500 kHz
10^{-5}	200 kHz	50 kHz
10^{-6}	20 kHz	5 kHz

Oberhalb der strichlierten Grenze gelten sicher die zur Herleitung der Formeln (6.15, 6.16) vorausgesetzten Bedingungen ($\lambda \gg$ Lineardimensionen der Meßapparatur) nicht mehr, weshalb die Angaben nur mehr von theoretischem Interesse sind.

Die Einschränkung der Meßentfernung läßt sich nach denselben Gesichtspunkten wie für die σ-Messung bestimmen. Die kürzeste Meßentfernung ist von dem gewünschten Auflösungsvermögen abhängig. Die Tabelle **6.3** soll dazu einen kleinen Überblick vermitteln; die Parameteränderung wurde mit + 50% angenommen, die Meßgenauigkeit mit 5%.

Tabelle **6.3**. *Mindestentfernung in* [m] *zur Bestimmung von* ε

f	$\varepsilon = 5$	$\varepsilon = 20$
3 kHz	–	5000
30 kHz	300	400
300 kHz	50	40
1 MHz	15	8

Obige Tabelle gilt unter Berücksichtigung der Bedingung (6.26).

Eine Entfernungsgrenze nach großen Werten hin ist wiederum ausschließlich von der verwendeten Meßapparatur abhängig.

Leitungs- und Verschiebungsstrom berücksichtigt

Wird für die Messung der Gesteinsparameter ein Bereich verwendet, in welchem weder die Forderung (6.22) noch (6.26) gilt, so beeinflussen beide Parameter ε und σ die Ausbreitung und sind folglich beide einer Messung zugänglich. Dieser Bereich ist somit charakterisiert durch

$$\frac{\sigma}{\omega \varepsilon \varepsilon_0} \simeq 1, \tag{6.30}$$

d. h. es tritt sowohl Leitungs- als auch Verschiebungsstrom in Erscheinung.

Die Frequenzgrenzen für die Anwendbarkeit ergeben sich in entsprechend vertauschtem Sinn aus den zwei vorangegangenen Abschnitten, die zugehörigen

Mindestentfernungen entsprechen im wesentlichen den Angaben in den Tabellen 6.2 und 6.3. Für die Entfernungsgrenze nach oben ist wiederum die Meßapparatur maßgebend.

Neben diesen dem Meßprinzip an sich anhaftenden Einschränkungen sind noch zweckmäßige Grenzen entsprechend der Fragestellung zu beachten. Es werden gänzlich verschiedene Einrichtungen für kleinräumige bzw. großräumige Prospektion einzusetzen sein.

Entsprechende Voruntersuchungen sollen Klarheit darüber verschaffen, ob eine Messung von nur einer Komponente ε oder σ ausreichend signifikante Ergebnisse liefern kann oder ob beide Größen gemessen werden sollen. Schließlich ist bei der Wahl der Meßfrequenz noch die Frequenzabhängigkeit der Meßgrößen zu beachten (vgl. Kapitel 2).

6.3.2 Bestimmung von Leitfähigkeit und Dielektrizitätskonstante aus Feldstärkemessungen

Die Wellenausbreitung im homogenen Vollraum wird — soweit man von der Charakteristik der Sende- und Empfangsantenne absieht — von den Gesteinsparametern ε und σ beeinflußt, und zwar je nach der relativen Größe der beeinflussenden Parameter und der Meßfrequenz in verschiedener Weise. In Abschnitt 6.3.1 werden die erforderlichen Beziehungen aufgezeigt, welche eine Beeinflussung der Wellenausbreitung *nur* durch die Leitfähigkeit σ oder *nur* durch die Dielektrizitätskonstante ε oder durch *beide* Größen gemeinsam charakterisieren. Daraus lassen sich Methoden entwickeln, welche eine Messung von nur ε, nur σ oder beider Größen gemeinsam ermöglichen.

Messung der Leitfähigkeit

Zur Messung von nur einer Gesteinsgröße (unter Berücksichtigung geeigneter Bedingungen) genügt theoretisch die Messung eines einzigen Feldstärkewertes bzw. einer damit direkt in Zusammenhang stehenden Größe. Die Technik derartiger Messungen wird in Kapitel 4 beschrieben.

Eine (theoretisch) mögliche Methode zur Messung von σ wäre die folgende: Unter Berücksichtigung der Grenzen laut Abschnitt 6.3.1 wird innerhalb des Gebietes, von dem die Leitfähigkeit gemessen werden soll, *ein* Feldstärkewert $\mathbf{H}$ gemessen. Zur Vereinfachung der Auswertung wird die Messung bei $\theta = 0°$ ($\mathbf{H}_r$ gemäß Gl. (6.15)) oder bei $\theta = 90°$ ($\mathbf{H}_\theta$ gemäß Gl. (6.16)) durchgeführt. Damit kann Gl. (6.15) bzw. (6.16) nach der einzigen Unbekannten σ aufgelöst werden. Dies ist jedoch praktisch unmöglich, da die Unbekannte gleichermaßen in Exponential- wie in Potenzform auftritt.

Falls es sich nur um Einzelmessungen handelt, werden geeignete Näherungsverfahren (z. B. Newtonsches Verfahren, MANGOLDT-KNOPP, Einführung in die Höhere Mathematik, Bd. II, S. 104. Stuttgart: Hirzel Verlag. 1968) sinnvoll sein, für Messungen größeren Umfangs werden graphische Verfahren vorzuziehen sein. Diese Methode beinhaltet jedoch in der Praxis eine Reihe von Fehlerquellen, welche eine etwas modifizierte Methode vermeidet.

Die Fehlerquellen sind:

a) Gerätebedingter Meßfehler des Senderstromes (enthalten im magnetischen Moment m)

b) Gerätebedingter Meßfehler der Empfängerspannung

c) Fehler des Eichfaktors (Zusammenhang zwischen Feldstärke und gemessener Spannung am Empfänger)

d) Einstellfehler bei Resonanzempfängern

e) Einfluß atmosphärischer Störungen

f) Ablesefehler.

Besonders die ersten vier Fehlerquellen können sich addieren und die erreichbare Meßgenauigkeit wesentlich unter die erhofften 5% verschlechtern.

Eine Verbesserung der Meßgenauigkeit wird erreicht, wenn anstelle eines einzigen Meßwertes eine Meßreihe ausgewertet wird. Eine solche Meßreihe wird erzielt, indem man entweder den Winkel θ (Stellung der Sendeantenne) variiert (Antennendiagramm) oder die Feldstärke in Abhängigkeit von der Entfernung mißt (Profilmessung). In beiden Fällen empfiehlt sich die graphische Auswertung.

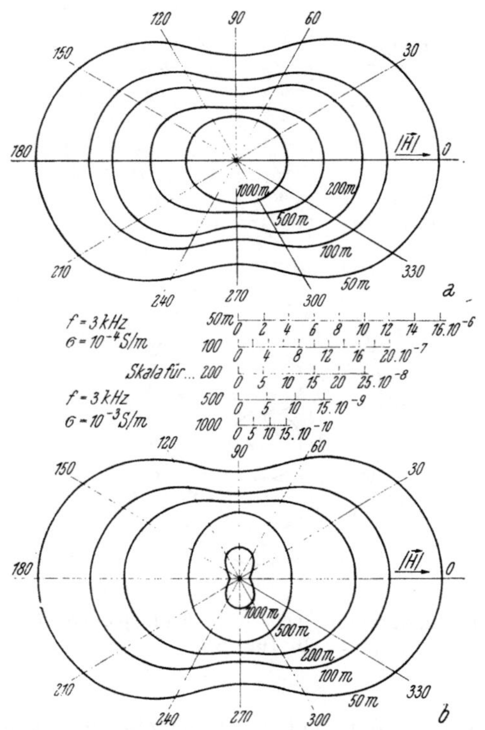

Abb. 6.13. Sendeantennendiagramme für 3 kHz, a) $\sigma = 10^{-4}$ S/m bzw. b) 10^{-3} S/m. Parameter ist die Entfernung. Da bei Kreisdiagrammen nur ein linearer Maßstab sinnvoll ist, mußte für jede Entfernung ein eigener Maßstab gewählt werden. Diese Maßstäbe sind neben den Diagrammen eingetragen

Grundlagen für eine graphische Auswertung sind Kurvenscharen, die für einen geeigneten Bereich der Parameter gezeichnet sind. Diese sind die graphische Darstellung der Funktionen (6.15) bzw. (6.16) und können entweder direkt durch einen Computer gezeichnet werden oder müssen zunächst aus von Computern berechneten Zahlenwerten auf Kurven umgezeichnet werden. Die hier wiedergegebenen Kurven wurden auf die letztere Art dargestellt. Da diese Kurven nur zweidimensional dargestellt werden können, ist die graphische Darstellung von mehr als einem variablen Parameter problematisch. Entsprechend den zwei angegebenen Methoden, Meßreihen durchzuführen, werden zur Auswertung zwei verschiedene Arten von Kurvenscharen herangezogen.

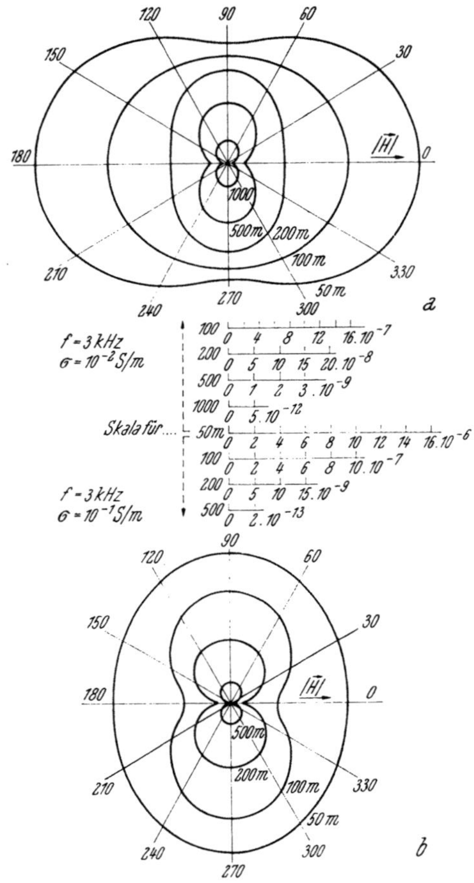

Abb. 6.14. Sendeantennendiagramme wie Abb. 6.13, jedoch für a) $\sigma = 10^{-2}$ S/m bzw. b) 10^{-1} S/m

Als Beispiel für die erste Art solcher Auswertekurven dienen die Abbildungen 6.13, 6.14, 6.15 und 6.16.

In Abb. 6.13 bzw. 6.14 sind je zwei Antennendiagramme für verschiedene Leitfähigkeit bei einer Frequenz von 3 kHz aufgetragen, wobei der Parameter die Entfernung r ist. Die Auswertung einer Antennendiagramm-Meßreihe erfolgt nun in der Weise, daß man die gemessenen Feldstärkewerte in geeignetem Maßstab in die Diagramme mit verschiedener Leitfähigkeit einträgt und feststellt, bei welchem Diagramm die Meßwerte bei passender Entfernung (gegebenenfalls interpolierte Kurven verwenden) am besten mit den theoretischen Werten übereinstimmen. Diese Methode gibt zwar nur einen rohen Überblick über die

Größe der Leitfähigkeit, hat aber den Vorteil, daß man die Meßentfernung den übrigen Gegebenheiten innerhalb weiter Grenzen anpassen und in der Auswertung im Diagramm entsprechend berücksichtigen kann.

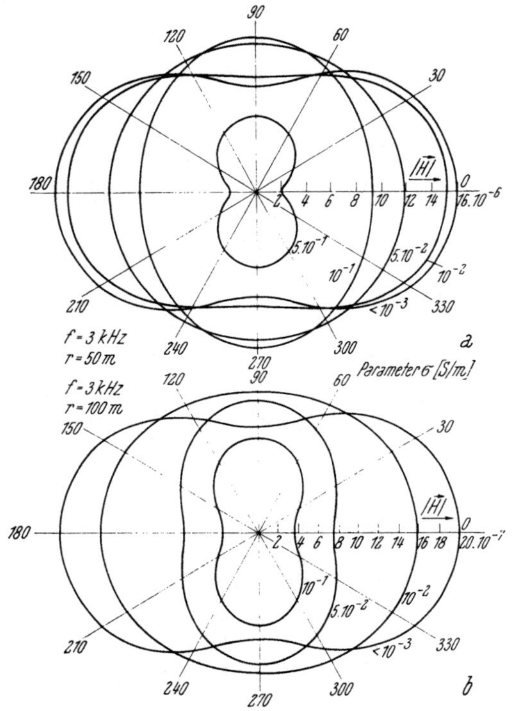

Abb. 6.15. Sendeantennendiagramme für 3 kHz, a) $r = 50$ m bzw. b) 100 m. Parameter ist die Leitfähigkeit. Der jeweils für eine Kurvenschar gemeinsame Maßstab ist direkt in das Diagramm eingetragen

Die Antennendiagramme Abb. 6.15 und 6.16 sind in ähnlicher Weise gezeichnet, nur ist hier der Parameter die Leitfähigkeit σ_0. Jedes der Diagramme gilt bei einer bestimmten Entfernung. Die Auswertarbeit mit Hilfe dieser Art Antennendiagramme setzt voraus, daß die Messung bereits bei Entfernungen durchgeführt wurde, für welche Antennendiagramme in dieser Form vorliegen. Die Auswertung erfolgt nun in der gleichen Weise wie oben, die Meßwerte werden in das Diagramm im entsprechenden Maßstab eingetragen und nun ergibt sich die Leitfähigkeit wiederum durch Vergleich der Meßwerte mit den theoretischen Kurven. Hierbei ist eine Interpolation für verschiedene Leitfähigkeitswerte möglich.

Aus den letztgenannten Kurvendarstellungen erkennt man wieder die Grenze für die Bestimmung der Leitfähigkeit im Hinblick auf zu kurze Meßentfernungen. So lassen sich z. B. Leitfähigkeiten $\sigma < 10^{-3}$ S/m in der Kurvendarstellung für 50 m überhaupt nicht mehr unterscheiden.

Die zweite Art der Diagramme entspricht den Profilmessungen. Profilmessungen werden mit Diagrammen gemäß Abb. 6.17 und 6.18 ausgewertet. Hierbei ist der Art der Funktion entsprechend sowohl die Feldstärke als auch die Entfernung im logarithmischen Maßstab aufgetragen. Die einzelnen Meßpunkte einer Profilmessung werden zur Auswertung im richtigen Maßstab in die Kurven eingetragen und werden im allgemeinen zwischen zwei Kurven für verschiedene Leitfähigkeiten liegen. Eine über die Meßpunkte gemittelte Kurve läßt eine Bestimmung der Leitfähigkeit mit zumeist befriedigender Genauigkeit zu.

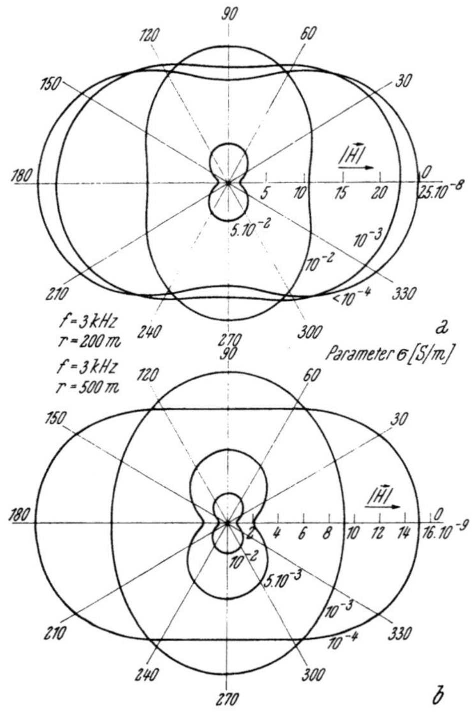

Abb. 6.16. Sendeantennendiagramme wie Abb. 6.15, jedoch Entfernung a) 200 m bzw. b) 500 m

Die Methode der Auswertung setzt voraus, daß für jede Meßfrequenz Diagrammgruppen vorliegen, was bei oberflächlicher Betrachtung eine praktische Anwendung unmöglich zu machen scheint. Es zeigt sich jedoch, daß in der Praxis nur wenige diskrete Frequenzen erforderlich sind, so daß die Anzahl der benötigten Diagramme durchaus in erträglichem Rahmen bleibt.

Eine Kompression mehrerer Frequenzen auf nur ein Diagramm zeigt die Abbildung 6.19; hier wurden für einige Frequenzen zwischen 3 kHz und 1 MHz Kurven gezeichnet, welche die Entfernungsabhängigkeit der Empfangsfeldstärke bei Leitfähigkeiten von 10^{-4} bzw. 10^{-2} S/m darstellen. Bei Auswertung mit Hilfe dieser Art von Diagrammen erkauft man sich jedoch eine Flexibilität im Hinblick auf die Frequenz mit einer wesentlich ungenaueren Abschätzung der Leitfähigkeit.

Den bisher besprochenen Auswerteverfahren mit Diagrammen ist gemeinsam, daß zumindest ein Teil der eingangs besprochenen Fehlereinflüsse durch Mittelwertbildung über mehrere Messungen vermindert wird.

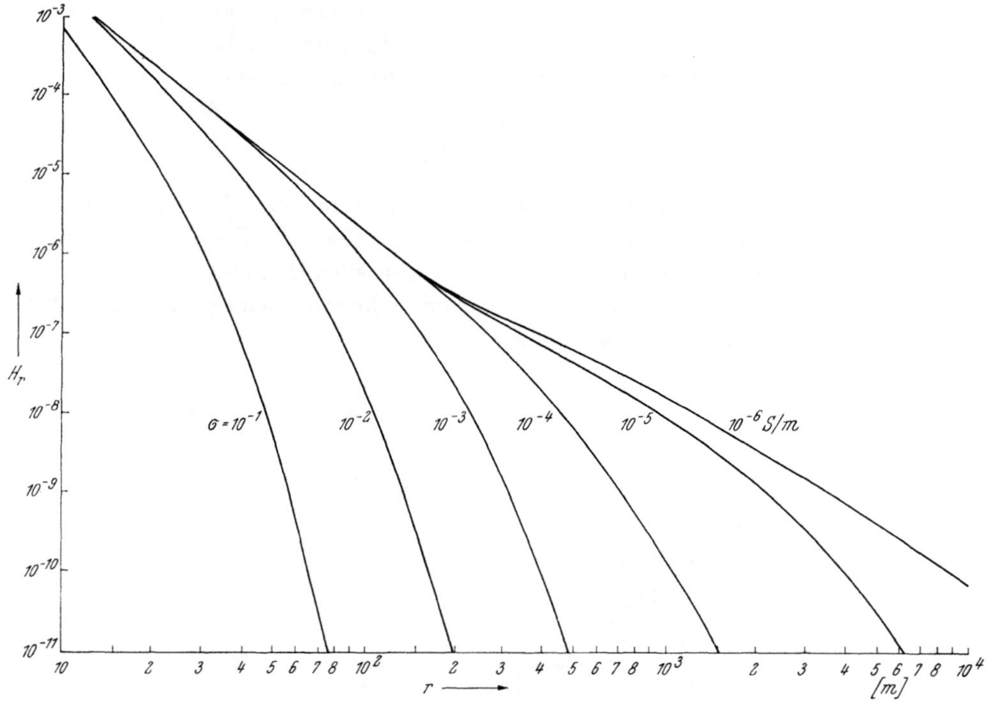

Abb. 6.17. Feldstärkeverlauf eines Einheitsdipols bezüglich Entfernung. Ordinate ist Radialkomponente der Feldstärke, Parameter ist die Leitfähigkeit

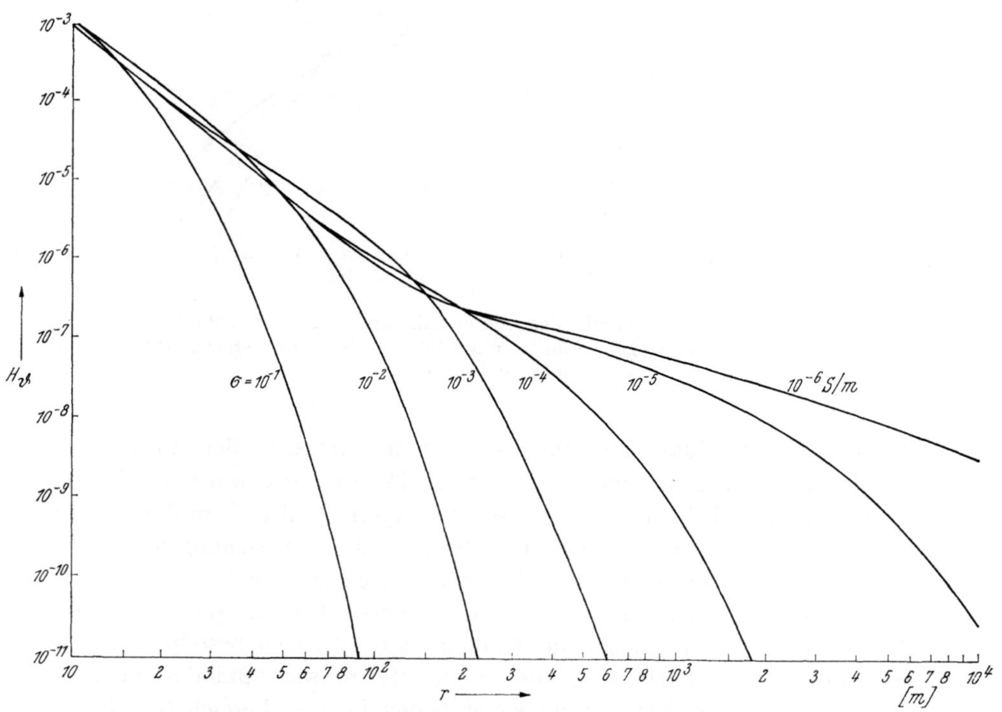

Abb. 6.18. Wie Abb. 6.17. Ordinate ist Azimutalkomponente der Feldstärke, Parameter ist die Leitfähigkeit

Eine weitere wesentliche Verbesserung in der Auswertgenauigkeit kann man erzielen, wenn man anstelle der absoluten Feldstärkewerte relative Feldstärkequotienten benützt. Der bereits erwähnte Feldstärkequotient

$$G = \frac{|H_r|_{(\theta=0^\circ)}}{|H_\theta|_{(\theta=90^\circ)}}$$

hat zwei wesentliche Vorteile: Erstens werden durch die Quotientenbildung sämtliche Eichfehler und beiden Feldstärken in gleicher Weise proportionale Fehler weggekürzt und zweitens fallen die exponentiellen Dämpfungsquotienten in diesem Fall heraus, so daß als Variable nur mehr der Klammerausdruck der Formeln (6.15) und (6.16) übrigbleibt.

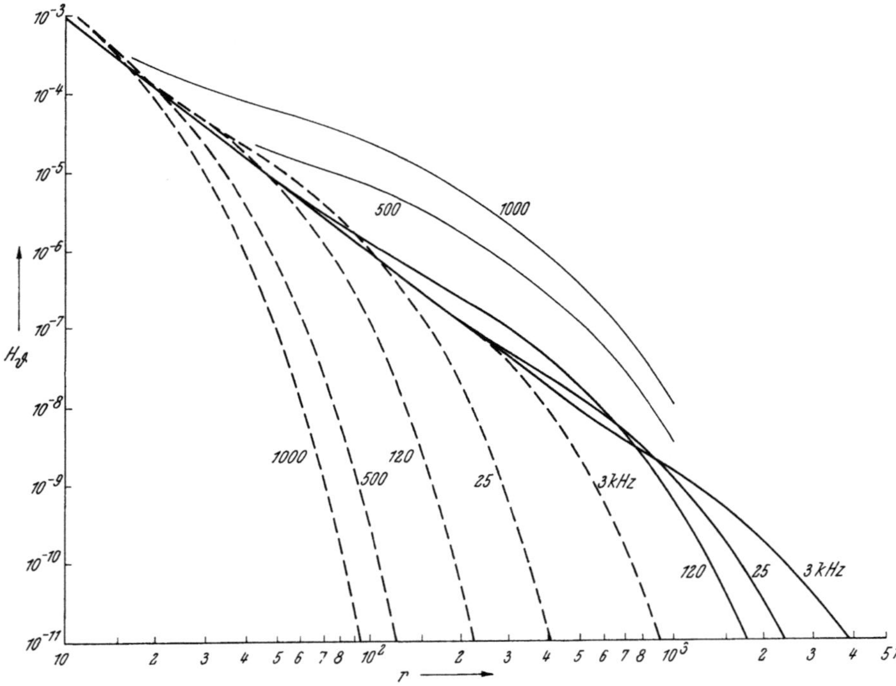

Abb. 6.19. Entfernungsabhängigkeit der Azimutalkomponente der Feldstärke für verschiedene Frequenzen. Ausgezogene Linien gelten für $\sigma = 10^{-4}$ S/m, strichlierte Linien für $\sigma = 10^{-2}$ S/m

Den graphischen Zusammenhang zwischen der Größe G, der Entfernung r und der Leitfähigkeit σ bei einer Frequenz von 120 kHz zeigen die Abbildungen 6.20 und 6.21. Das Fehlen des Einflusses des exponentiellen Dämpfungsfaktors zeigt sich in den Kurven als Linearität für wachsende Entfernungen. Dies ist besonders für die Interpolation von Zwischenwerten günstig.

Die Auswertung mit Hilfe dieser Diagramme erfolgt wieder durch Eintragen der Meßwerte in die entsprechende Kurvenschar. Hierbei besteht noch eine weitere Kontrollmöglichkeit, denn die Meßpunkte müssen zumindest innerhalb eines bestimmten Bereiches, der im wesentlichen in dem Bereich $G < 1$ liegt, auf einer Geraden liegen.

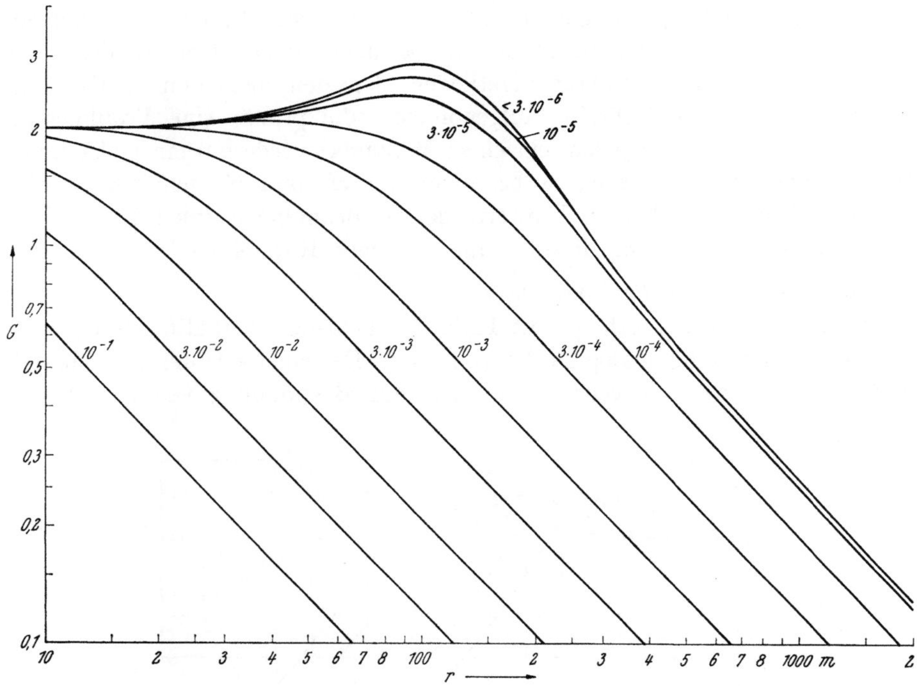

Abb. 6.20. Entfernungsabhängigkeit des Feldstärkeverhältnisses G für verschiedene Leitfähigkeitswerte σ

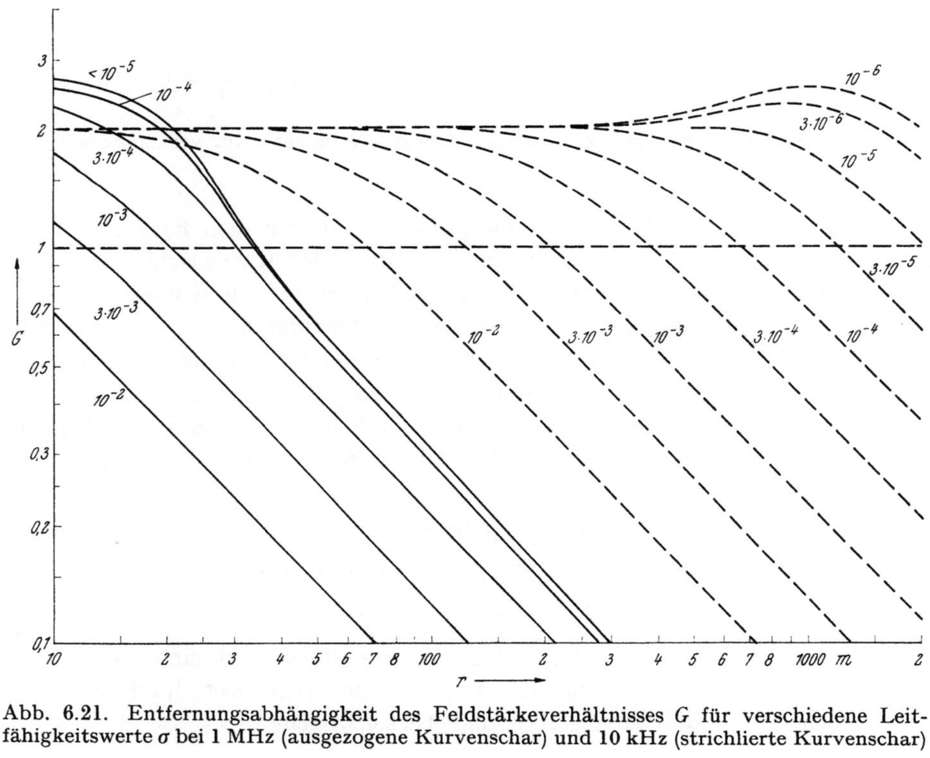

Abb. 6.21. Entfernungsabhängigkeit des Feldstärkeverhältnisses G für verschiedene Leitfähigkeitswerte σ bei 1 MHz (ausgezogene Kurvenschar) und 10 kHz (strichlierte Kurvenschar)

Werden an die Meßgenauigkeit höchste Ansprüche gestellt, so ist es empfehlenswert, bei der Auswertung nicht nur eine Methode zu benützen, sondern möglichst eine Kombination mehrerer Methoden. Um dem meßtechnisch Rechnung zu tragen, wird eine Meßreihe aufgenommen, die primär eine Profilmessung darstellt, jedoch wird in jedem einzelnen Meßpunkt wiederum ein vollständiges Antennendiagramm gemessen, wobei nicht nur H_r und H_θ gemessen werden, sondern möglichst auch Zwischenwerte der Sendeantennenwinkel θ. (Näheres über eine Automatisierung dieses Vorganges siehe Kapitel 4.)

Messung der Dielektrizitätskonstante ε

Die Messung von ε erfolgt mit Hilfe des Feldstärkeverhältnisses G, wobei die Auswertung völlig analog zu der von σ ist. Der einzige Unterschied besteht in den verwendeten Kurvenscharen. Ein zur Bestimmung von ε geeignetes

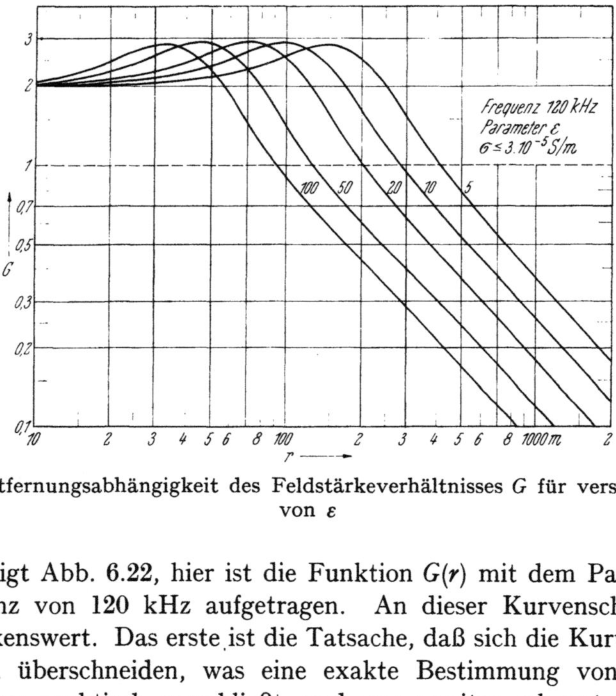

Abb. 6.22. Entfernungsabhängigkeit des Feldstärkeverhältnisses G für verschiedene Werte von ε

Diagramm zeigt Abb. 6.22, hier ist die Funktion $G(r)$ mit dem Parameter ε bei einer Frequenz von 120 kHz aufgetragen. An dieser Kurvenschar sind zwei Dinge bemerkenswert. Das erste ist die Tatsache, daß sich die Kurven für kleine Entfernungen überschneiden, was eine exakte Bestimmung von ε innerhalb dieses Bereiches praktisch ausschließt, und zum zweiten erkennt man, daß die Kurven in ihrer Form völlig identisch sind, lediglich in Abhängigkeit von ε nach links verschoben. Dies wird sofort verständlich, wenn man die Funktion G unter Berücksichtigung des Sonderfalles Gl. (6.26) berechnet. Es ergibt sich die Relation

$$G(r, \varepsilon) = G(n \cdot r, \varepsilon/n^2). \tag{6.31}$$

Wegen der Gültigkeit von Gl. (6.27) und (6.28) gilt ebenso

$$G(\omega, \varepsilon) = G(n \cdot \omega, \varepsilon/n). \tag{6.32}$$

Für die graphische Auswertung bedeuten diese Relationen eine wesentliche Vereinfachung. Es ist somit möglich, verschiedene Frequenzen durch einfaches Verschieben des Abszissenmaßstabes zu berücksichtigen.

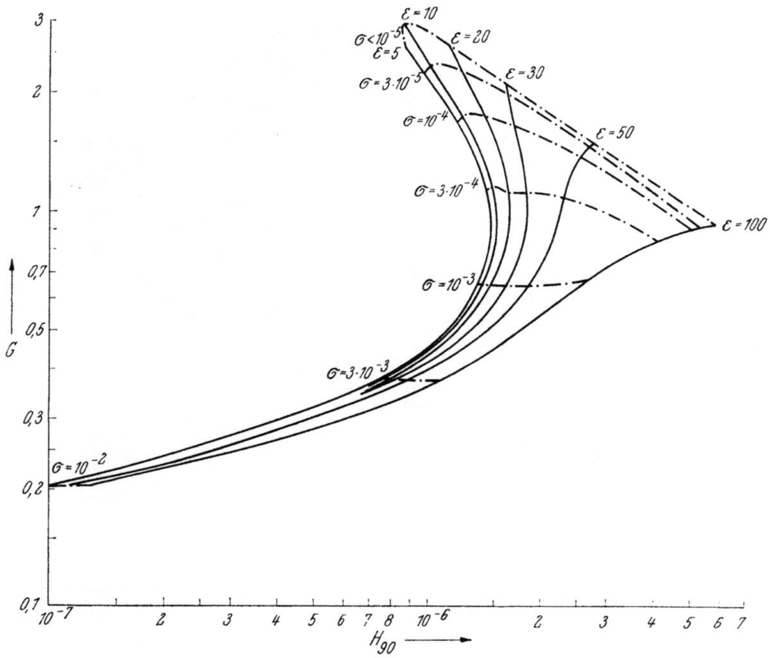

Abb. 6.23

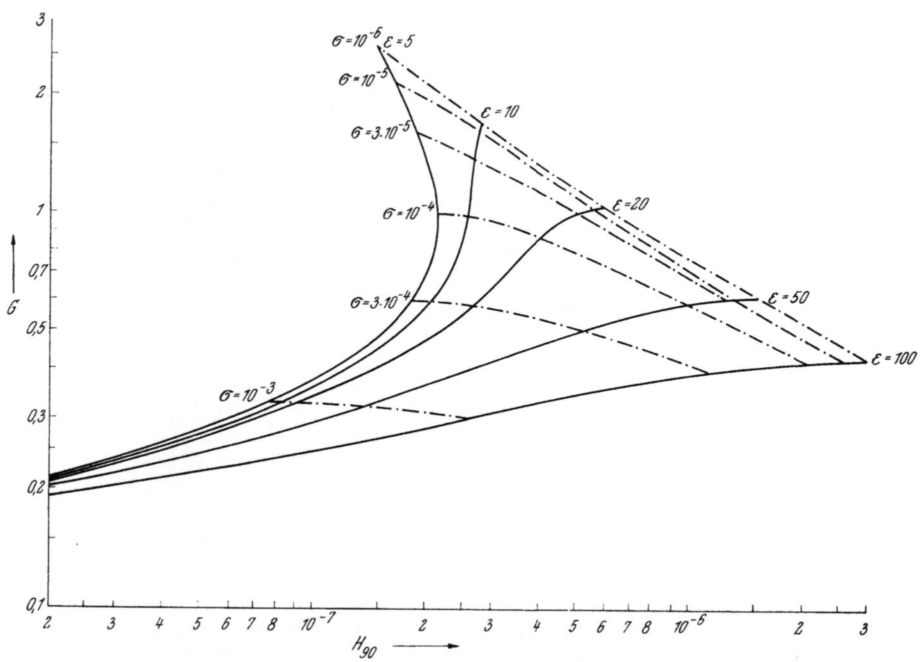

Abb. 6.24

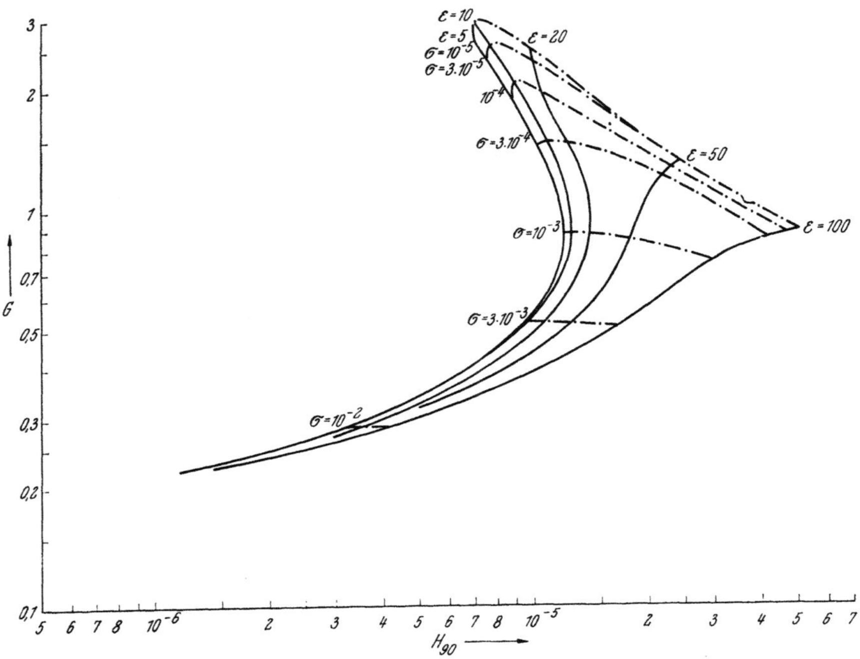

Abb. 6.25

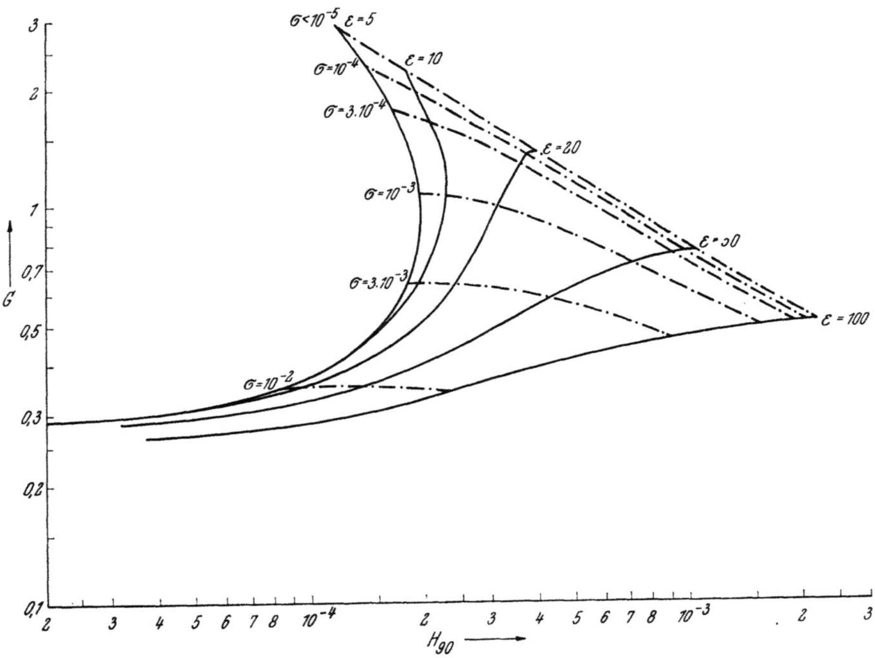

Abb. 6.26

Abb. 6.23, 6.24, 6.25 und 6.26. Diagramme zur Bestimmung von ε und σ aus gemessenen Feldstärkewerten für variable Parameter. Zur Bestimmung von ε und σ werden zusammengehörige Werte von G und H_{90} in das Diagramm eingetragen, der Koordinatenschnittpunkt dieser beiden Werte ergibt sofort die über das durchstrahlte Gebiet integrierte Leitfähigkeit σ und die Dielektrizitätskonstante ε

Gleichzeitige Messung von ε und σ

In einem Bereich, in dem $\sigma/\omega\varepsilon\varepsilon_0 \simeq 1$ gilt, ist die gleichzeitige Bestimmung von ε und σ möglich, d. h. der Verschiebungsstrom und der Leitungsstrom sind gleichermaßen an der Ausbreitung beteiligt. Mit Hilfe einer Auswertmethode von N. NESSLER ist es möglich, aus zwei gemessenen Größen (H_r und H_θ) die gesuchten Parameter ε und σ direkt zu bestimmen (Lit. [6.19]).

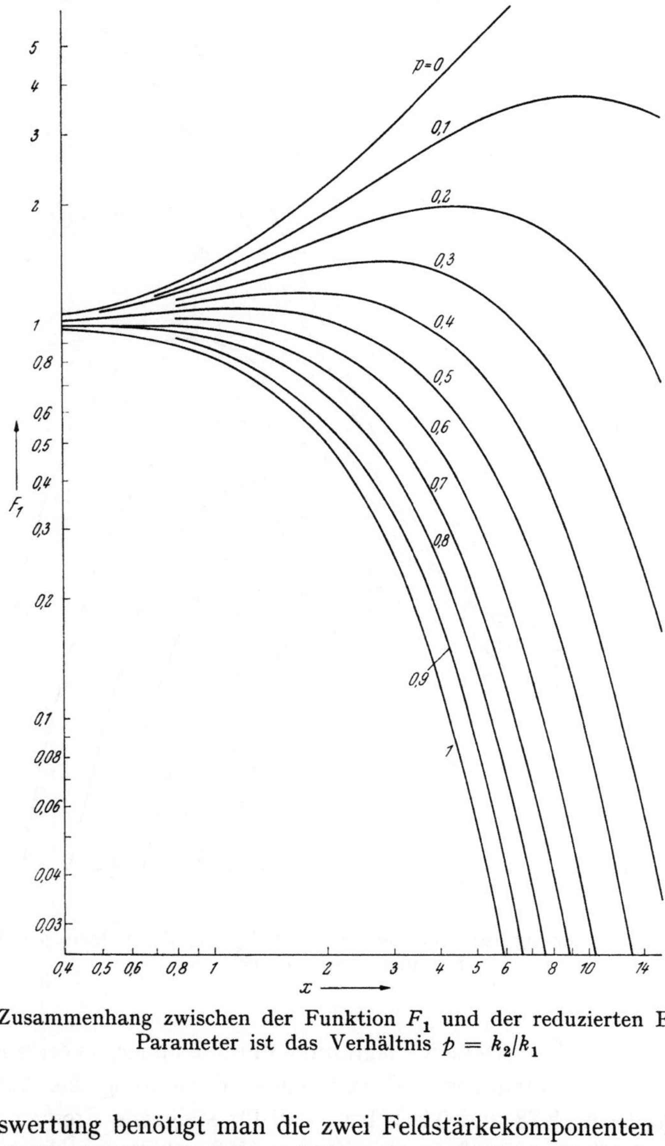

Abb. 6.27. Zusammenhang zwischen der Funktion F_1 und der reduzierten Entfernung x. Parameter ist das Verhältnis $p = k_2/k_1$

Zur Auswertung benötigt man die zwei Feldstärkekomponenten H_r und H_θ, bzw. G und H_θ für jeweils einen Meßpunkt, wobei empfehlenswert ist, die einzelnen Größen aus einer geeigneten Meßreihe zu mitteln. Die graphische Auswertung erfolgt mit Kurven von der Art Abb. 6.23 bis 6.26. Die einzelnen Diagramme sind jeweils für eine bestimmte Frequenz und eine Entfernung gezeichnet.

Die gemessenen bzw. berechneten Größen werden in das passende Diagramm maßstabgetreu eingetragen; aus dem Schnittpunkt der Koordinaten für G und H_θ läßt sich sofort das zugehörige ε und σ aus dem Diagramm ablesen.

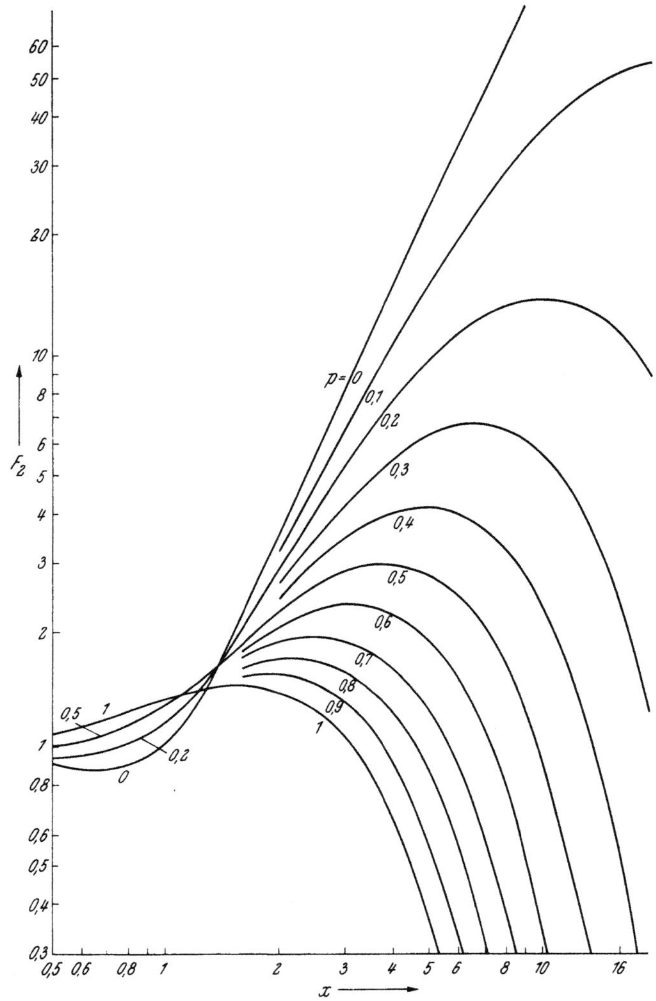

Abb. 6.28. Zusammenhang zwischen der Funktion F_2 und der reduzierten Entfernung x. Parameter ist wiederum p

Vergleicht man die einzelnen Diagramme untereinander, so erkennt man, daß bei gleichbleibender Frequenz und wachsender Entfernung das Auflösungsvermögen steigt (Abb. **6.23** und **6.24**), bzw. daß für steigende Frequenz bei gleichbleibendem Auflösungsvermögen eine kürzere Meßentfernung verwendet werden kann (vgl. Abb. **6.25** und **6.26**). In erster Näherung gilt etwa, daß das Produkt aus Frequenz mal Entfernung bei gleichbleibendem Auflösungsvermögen konstant ist. Dies ist allerdings nur so lange gültig, solange das Nutzsignal wesentlich größer als der Störpegel ist.

Dieses Verfahren hat zwar den Vorteil, aus den Meßgrößen direkt die gesuchten Gesteinsparameter ε und σ zu liefern, ist jedoch mit dem Nachteil verbunden, daß für jede Meßfrequenz und -entfernung ein eigenes Diagramm notwendig ist.

Diesen Nachteil vermeidet eine verbesserte Methode von W. KELLNER (Lit. [6.18]).

W. KELLNER verwendet anstelle der Dämpfungskonstanten k_1 und k_2 die relative Größe

$$p = k_2/k_1. \tag{6.33}$$

p ist eine Funktion von $\sigma/(\omega\varepsilon)$ gemäß

$$p = \frac{\sqrt{1 + \sigma^2/(\omega\varepsilon\varepsilon_0)^2} - 1}{\sigma/(\omega\varepsilon\varepsilon_0)}. \tag{6.34}$$

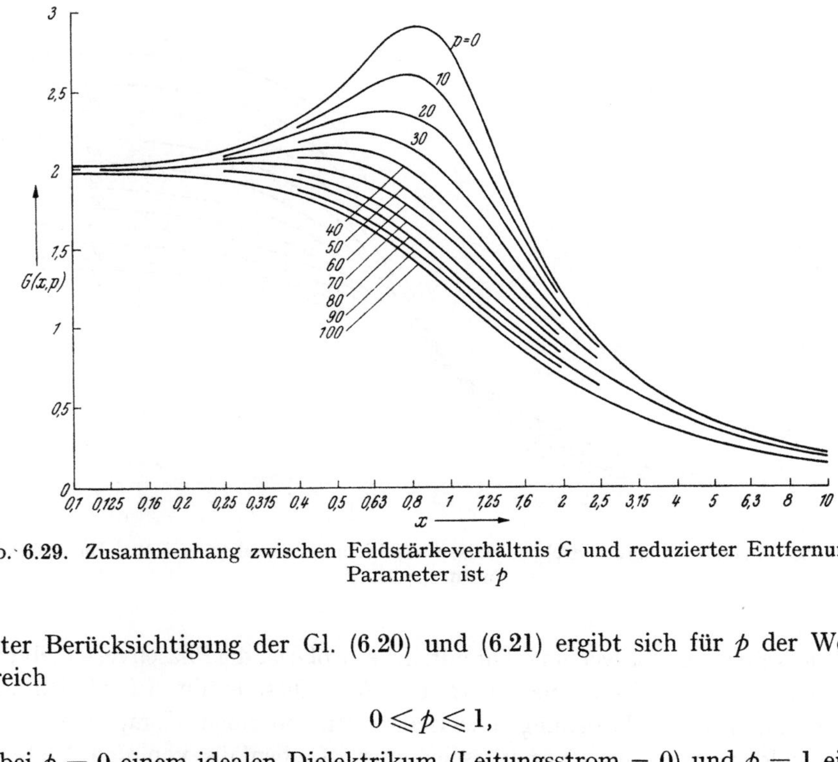

Abb. 6.29. Zusammenhang zwischen Feldstärkeverhältnis G und reduzierter Entfernung x, Parameter ist p

Unter Berücksichtigung der Gl. (6.20) und (6.21) ergibt sich für p der Wertebereich

$$0 \leqslant p \leqslant 1,$$

wobei $p = 0$ einem idealen Dielektrikum (Leitungsstrom = 0) und $p = 1$ einem idealen Leiter (Verschiebungsstrom = 0) entspricht.

Als zweite normierte Größe wird

$$x = k_1 r \tag{6.35}$$

verwendet.

Die Feldstärken H_r und H_θ berechnen sich als Funktion der neuen Variablen x und p gemäß

$$H_r = \frac{m}{2\pi r^3} \cos\delta\{(1 + x(i + p)) \cdot \exp(-px)\} \tag{6.36}$$

und

$$H_\theta = \frac{m}{4\pi r^3} \sin\delta\{(1 + x(i + p) - x^2(1 - ip)^2) \cdot \exp(-px)\}. \tag{6.37}$$

Die Beträge der in geschwungener Klammer zusammengefaßten Ausdrücke werden ihrer Bedeutung wegen mit den Größen F_1 bzw. F_2 abgekürzt.

Durch die neuen Variablen ausgedrückt ergibt sich das Feldstärkeverhältnis zu

$$G = 2\frac{F_1}{F_2} \doteq 2/(x\sqrt{1 + p^2}). \tag{6.38}$$

(Die Näherung gilt ab $x > 10$ mit 1% Genauigkeit.) Die Größen F_1, F_2 und G sind in Abhängigkeit vom Parameter x in den Kurven Abb. 6.27, 6.28 und 6.29 dargestellt.

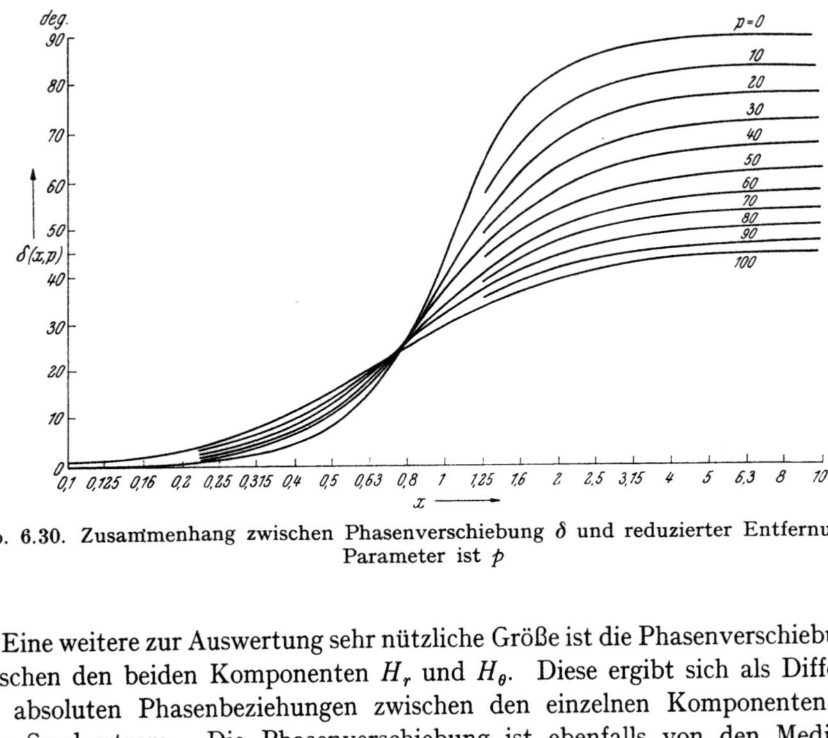

Abb. 6.30. Zusammenhang zwischen Phasenverschiebung δ und reduzierter Entfernung x. Parameter ist p

Eine weitere zur Auswertung sehr nützliche Größe ist die Phasenverschiebung δ zwischen den beiden Komponenten H_r und H_θ. Diese ergibt sich als Differenz der absoluten Phasenbeziehungen zwischen den einzelnen Komponenten und dem Senderstrom. Die Phasenverschiebung ist ebenfalls von den Mediumsparametern abhängig, was in einer zwar elementaren aber umständlichen Rechnung verifiziert werden kann. δ ist die Ursache für die elliptische Polarisation des Feldes am Empfangsort (näheres siehe Lit. [6.18]).

Als Funktion der neuen Variablen berechnet man

$$\tan\delta = \frac{x^2|2p + x(1 + p^2)|}{1 + 2px + 2p^2x^2 + px^3(1 + p^2)}. \tag{6.39}$$

In Abb. 6.30 ist der Zusammenhang zwischen δ und x mit dem Parameter p graphisch dargestellt.

Die Bestimmung von ε und σ ist nun auf eine Bestimmung von x und p transformiert worden, wobei vier Funktionen von x und p zur Verfügung stehen, nämlich F_1 (6.36), F_2 (6.37), G (6.38) und $\tan \delta$ (6.39). Von diesen vier Gleichungen sind drei voneinander unabhängig, so daß für die Bestimmung von zwei Endgrößen immer noch eine Gleichung zuviel vorhanden ist. Die Redundanz, die in diesem mathematisch überbestimmten System enthalten ist, wird nun bei der Auswertung dazu verwendet, um eine nachträgliche Fehlerkorrektur vornehmen zu können.

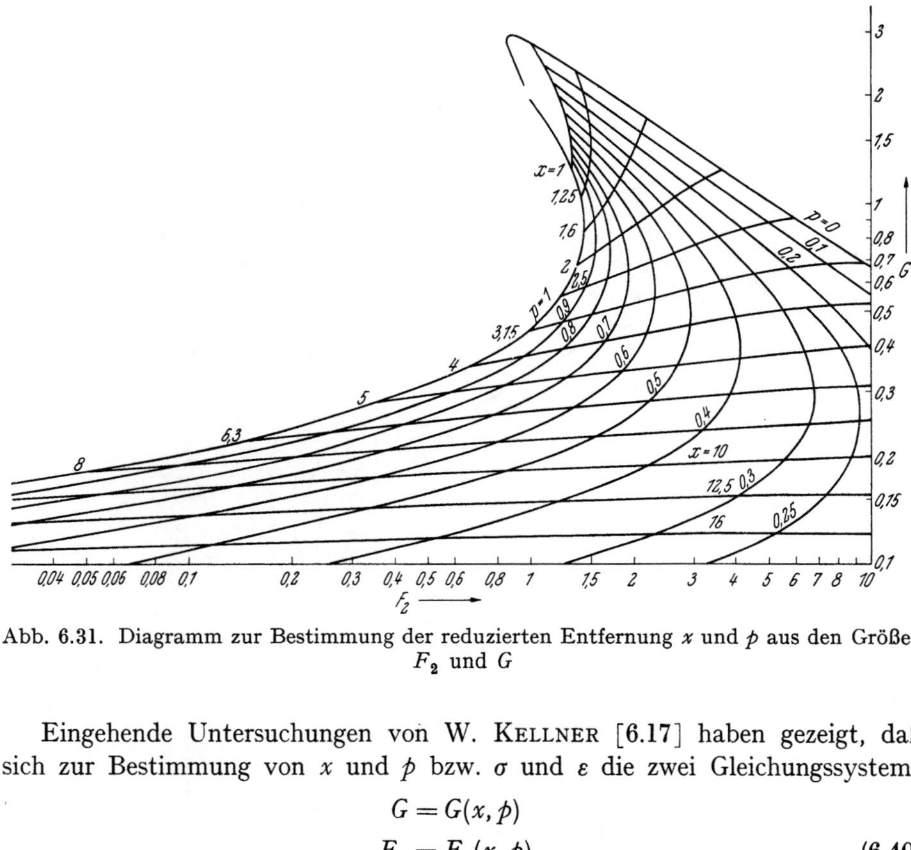

Abb. 6.31. Diagramm zur Bestimmung der reduzierten Entfernung x und p aus den Größen F_2 und G

Eingehende Untersuchungen von W. Kellner [6.17] haben gezeigt, daß sich zur Bestimmung von x und p bzw. σ und ε die zwei Gleichungssysteme

$$\begin{aligned} G &= G(x, p) \\ F_2 &= F_2(x, p) \end{aligned} \tag{6.40}$$

und das System

$$\begin{aligned} G &= G(x, p) \\ \delta &= \delta(x, p) \end{aligned} \tag{6.41}$$

besonders eignen.

Die Auswertung erfolgt hier wiederum graphisch in analoger Form wie bei der Methode nach N. Nessler. Die Auswertung mit dem System G-F_2, Gl. (6.40), erfolgt mit Hilfe der Abb. 6.31; zur Auswertung des Systems G-δ, Gl. (6.41), wird Abb. 6.32 herangezogen.

Der Schnittpunkt der gemessenen bzw. gerechneten Koordinaten von G, F_2 oder δ ergibt die Größen p und x.

Auswertschema nach Methode W. Kellner

Ausgangspunkt für die Auswertung sind die fünf unmittelbar meßbaren Größen U_1, U_2, U_r, U_θ, ψ. Aus diesen werden die Zwischengrößen W und V berechnet.

$$W = H_r/H_\theta \tag{6.42}$$

$$V = H_1/H_2. \tag{6.43}$$

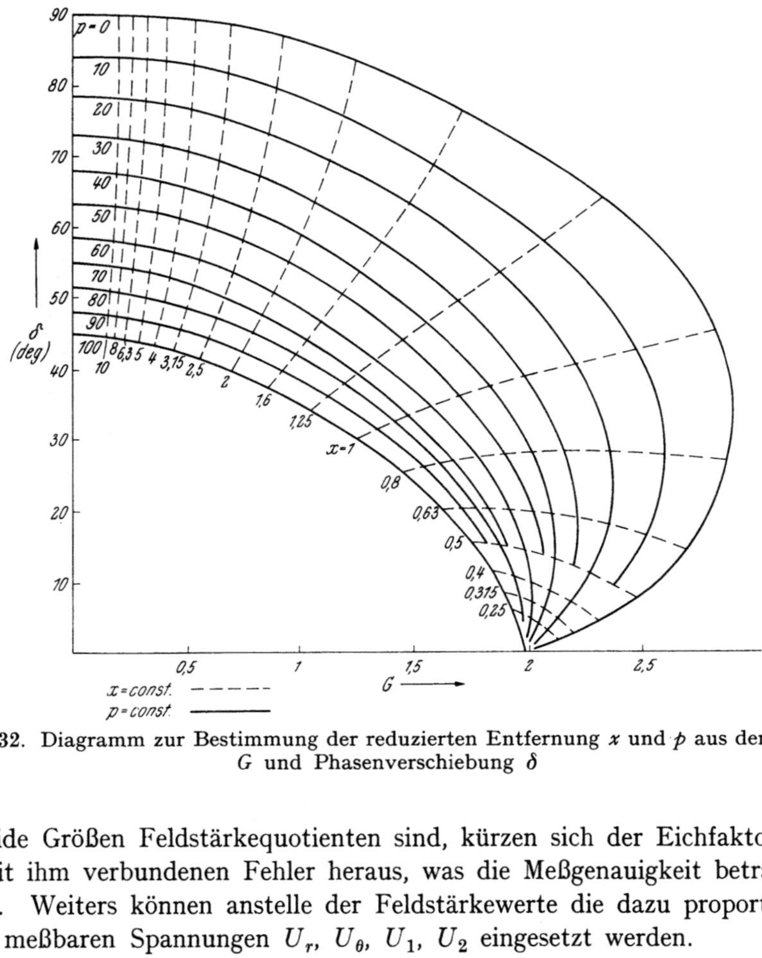

Abb. 6.32. Diagramm zur Bestimmung der reduzierten Entfernung x und p aus den Größen G und Phasenverschiebung δ

Da beide Größen Feldstärkequotienten sind, kürzen sich der Eichfaktor sowie alle mit ihm verbundenen Fehler heraus, was die Meßgenauigkeit beträchtlich erhöht. Weiters können anstelle der Feldstärkewerte die dazu proportionalen direkt meßbaren Spannungen U_r, U_θ, U_1, U_2 eingesetzt werden.

Es gilt ferner der Zusammenhang

$$G = W \cdot \tan\theta \tag{6.44}$$

sowie

$$\cos\delta = \frac{(V^2 - 1)\sin 2\psi}{((V^2-1)^2 \sin^2 2\psi + 4V^2)^{1/2}}. \tag{6.45}$$

Das folgende Auswertschema zeigt den Arbeitsvorgang von den gemessenen Eingangsgrößen mit allen Kontrollmöglichkeiten bis zu den gesuchten Ausgangsgrößen ε und σ. Die zu der Endgröße führenden Gleichungen sind

$$\sigma = (2k_1k_2)/(\mu_0\omega) = 2{,}533 \cdot 10^5 \cdot (k_1^2 p)/f \tag{6.46}$$

$$\varepsilon_r = (k_1^2 - k_2^2)/k_0^2 = 2{,}280 \cdot 10^{15} \cdot (1 - p^2) \cdot k_1^2/f^2. \tag{6.47}$$

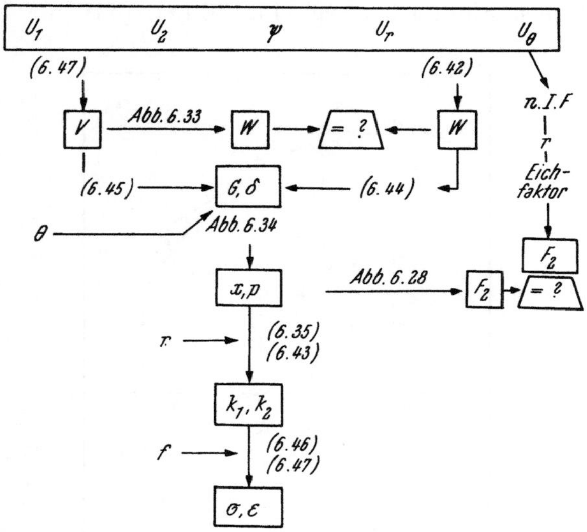

Die bisherigen Überlegungen gingen alle davon aus, daß die Wellenausbreitung in einem homogenen, unendlich ausgedehnten Vollraum erfolgt. Diese Forderung ist a priori schon deshalb nicht immer erfüllt, da die Meßgeräte in einem Stollenhohlraum aufgestellt werden müssen, welcher seinerseits wiederum die

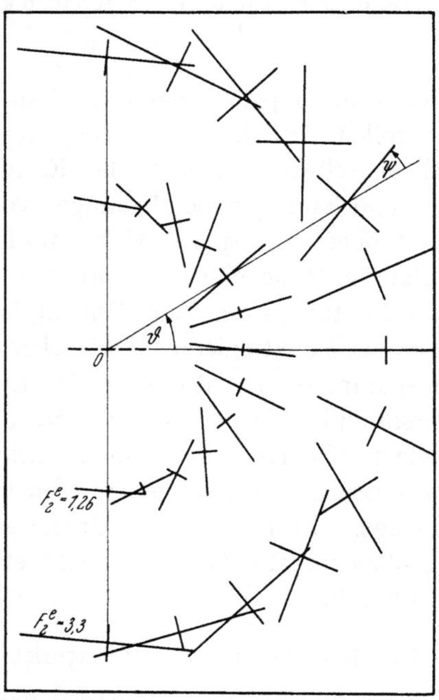

Abb. 6.33. Achsen der Polarisationsellipsen, Meßwerte für 218 kHz, Entfernung 51 m bzw. 103 m

Ausbreitungsform stören kann. In technischen Berichten des VLF-Projektes wurde aber nachgewiesen, daß bis zu einer bestimmten Grenzfrequenz, welche zumeist auch Grenze für die Meßbarkeit für ε und σ darstellt, der Stollenhohlraum an sich keinen Einfluß hat (vgl. Lit. [6.18], [6.20]).

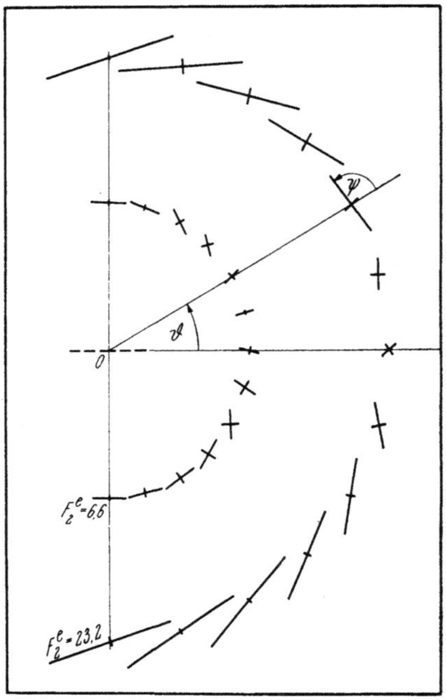

Abb. 6.34. Achsen der Polarisationsellipsen, Meßwerte für 1016 kHz, Entfernung 51 m bzw. 103 m

Einen sehr störenden Einfluß jedoch üben Geleisstränge oder gar ein metallischer Ausbau des Stollens auf die Ausbreitung aus. Eine längere Eisenschiene verursacht — da sie selbst als magnetischer Empfangsdipol wirkt — sehr starke Feldverzerrungen und kann genaue Messungen völlig unmöglich machen. Eine Eisenschalung des Stollens hingegen bewirkt sowohl bei der Sendeantenne als auch bei der Empfangsantenne eine Abschirmung, so daß im Extremfall überhaupt keine Feldausbreitung bzw. kein Feldempfang möglich ist. Eine Grundvoraussetzung für das Funktionieren aller bisher besprochenen Meßverfahren für die Gesteinsparameter ist also eine eisenfreie Umgebung für den Sender- und Empfängerstandplatz, wobei auch zwischen Sender und Empfänger kein eisenführendes Gebiet sein darf. Die Mindestentfernung, die von großen Eisenteilen bei solchen Messungen eingehalten werden muß, ist sehr stark von der Meßentfernung abhängig. Es kann als Faustregel gelten, daß der Abstand zum nächstgelegenen großen metallischen Störobjekt etwa die Größenordnung der Meßentfernung haben soll.

6.3.3 Kleinräumige Prospektion

Zur Untersuchung kleinräumiger Veränderungen der elektrischen Gesteinsparameter ε und σ verwendet man die sogenannte kleinräumige Prospektion, wobei zumindest theoretisch dieselben Geräte und Auswertverfahren verwendet werden können wie für die großräumige Prospektion. In der Praxis würde dies aber bedeuten, daß die Messung in das Gebiet der Mittel- und zum Teil bereits Kurzwelle verlegt wäre. Die gesamten Sende- und Empfangseinrichtungen sehen dann anders aus als die für den VLF-Bereich verwendeten. Weiters treten Schwierigkeiten bei der Interpretation der ursprünglich für den VLF-Bereich hergeleiteten Gleichungen auf, so daß man besser einen anderen Weg für die kleinräumige Prospektion wählen sollte.

Die Praxis zeigt, daß zur kleinräumigen Prospektion zumeist nur Bohrlöcher mit einem Durchmesser zwischen 3 und 8 cm zur Verfügung stehen, so daß es bedeutend vorteilhafter ist, Sonden zu konstruieren, welche direkt vom Bohrloch aus die Messung von ε und σ gestatten. Solche Sonden werden in den Abschnitten 6.6.2 und 5.1 besprochen.

6.3.4 Großräumige Prospektion

Unter dem Begriff großräumige Prospektion lassen sich alle Untersuchungen in einem Entfernungsbereich von einigen Metern bis zu Kilometern zusammenfassen. Wegen des weitgestreuten Entfernungsbereiches wird auch der zu verwendende Frequenzbereich in weiten Grenzen variieren. Geeignete Voruntersuchungen an lokalen Proben mit Hilfe der kleinräumigen Prospektion sollen vor Beginn einer großräumigen Prospektion klären, welche Art des Verfahrens voraussichtlich zum Ziele führen kann.

Ist die Auswahl des Verfahrens geklärt, also ob z. B. nur ε, nur σ oder beide Komponenten gemessen werden sollen, so ist aus den Ergebnissen des Abschnittes 6.3.1 zu ermitteln, mit Hilfe welcher Methode und mit welcher Frequenz die Messung zu erfolgen hat. Die eigentliche Messung soll — soweit sie nicht allein integrale Gesteinsparameter über den gesamten durchstrahlten Bereich bringen soll — an mehreren Stellen vorgenommen werden, so daß auf Grund der Unterschiede zwischen den einzelnen Messungen Rückschlüsse auf die Verschiedenartigkeit des durchstrahlten Gebietes gezogen werden können. Da es in diesem Rahmen unmöglich ist, sämtliche Verfahren aufzuzählen, sei nur an einem Beispiel die Technik solcher Messungen aufgezeigt.

Problemstellung

Entlang eines geraden, schienen- und ausbaufreien Stollens soll festgestellt werden, ob abbauwürdige Erzvorkommen durchstoßen wurden. Voruntersuchungen haben gezeigt, daß die elektrischen Gesteinsparameter des erzhaltigen Teiles nur wenig von den Gesteinsparametern des tauben Gesteins abweichen, so daß eine Methode vorzuziehen ist, welche beide Gesteinsparameter gleichzeitig mißt. Ferner ist zu erwarten, daß die erzhaltige Schicht eine nur geringe Ausdehnung aufweist, so daß mit verhältnismäßig kleinen Meßentfernungen gearbeitet werden muß. Damit liegt zwangsläufig die Meßfrequenz fest und damit die zu verwendende Meßapparatur.

Die praktische Lösung dieser Aufgabe wird nun so erfolgen, daß man in Abständen, bei denen integriert über die Gesteinsparameter des erzführenden Gesteins *und* der tauben Gesteinsschicht die Parameter des erzführenden Gesteins noch einen Ausschlag geben, Antennendiagrammessungen durchgeführt.

Die Meßstrecke wird entlang des Stollens in entsprechender Weise versetzt, so daß man im Endeffekt eine Reihe von Profilmessungen *und* Antennendiagramme zur Auswertung vorliegen hat. Die Auswertung wird nun entlang den tauben Teilen des Stollens eine annähernd gleiche Aufteilung der Gesteinsparameter ergeben, in den Gebieten der erzführenden Zone wird sich — so die ursprünglichen Voraussetzungen zutreffen — eine deutliche Veränderung der Gesteinsparameter einstellen.

Es gehört jedoch eine erhebliche praktische Erfahrung dazu, aus einer solchen Meßreihe sofort nähere Rückschlüsse auf z. B. Größe und Erzhaltigkeit einer solchen erzführenden Schicht ziehen zu können, weshalb in der Praxis meist erst aus dem Vergleich mehrerer grundsätzlich verschiedener Untersuchungen ein endgültiger Schluß über den geologischen Aufbau des untersuchten Gebietes gezogen wird.

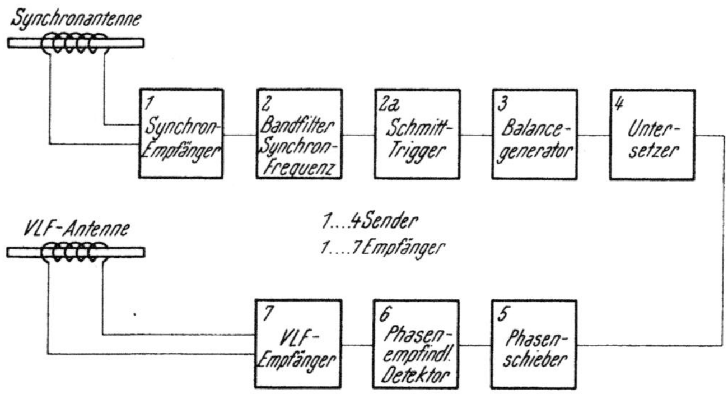

Abb. 6.35. Blockschaltbild einer Phasensynchron-Empfangsanlage. Funktionsgruppen 1 bis 4 sind für den Sender erforderlich, für die Messung von Phase und Amplitude dienen beim Empfänger die zusätzlichen Funktionsgruppen 5 bis 7

Zur Überbrückung großer Distanzen oder zur Durchstrahlung stark leitfähiger Strecken ist zur Überwindung des oft viele Zehnerpotenzen betragenden Dämpfungsfaktors entweder ein äußerst leistungsstarker Sender (im Bereich von kW) nötig oder eine entsprechend hochempfindliche Empfangsapparatur. Eine Steigerung der Senderleistung ist wohl technisch nicht allzu schwierig, stößt jedoch meist auf praktische Probleme, wobei die Kostenfrage und die Stromversorgung nur die wichtigsten sind. Hier soll noch kurz auf eine technisch sehr interessante Möglichkeit einer wesentlichen Empfindlichkeitssteigerung des Empfängers eingegangen werden.

Die Empfindlichkeit eines Empfängers hängt im wesentlichen von dem Signal-Stör-Verhältnis ab, mit welchem ein bestimmtes Eingangssignal gemessen werden kann. Dieses Signal-Stör-Verhältnis (S/N-ratio) ist wiederum im wesentlichen eine Funktion der Bandbreite des selektiven Empfängers. Diese Bandbreite ist von der Güte der verwendeten Filter abhängig und für den VLF-Bereich ist mit Hilfe hochqualifizierter Quarzfilter noch eine Bandbreite von etwa 7—10 Hz erreichbar (vgl. Marconi TF30/31, Wave Analyzer). Ein weiteres Verkleinern der Bandbreite auf diese Weise ist nicht mehr sinnvoll.

Mit Hilfe einer Phasensynchronanlage läßt sich jedoch ohne besondere Schwierigkeiten eine äquivalente Bandbreite von Zehntel Hertz erreichen. Das Prinzip dieser Anlage sei anhand von Abb. 6.35 kurz erläutert.

Das Wesen einer Phasensynchronanlage ist ein den Sender des Meßsignals und den Empfänger gleichzeitig synchronisierendes Fremdsignal. Dieses Fremd-Synchronisiersignal wird mit Hilfe der Synchronantenne und des Synchronempfängers (1) empfangen, im Bandfilter (2) wird die Synchronfrequenz aus der Reihe der übrigen störenden Senderfrequenzen herausgefiltert und im speziellen Schmitt-Trigger (2a) daraus ein geeignetes Triggersignal abgeleitet. (Bei einer im Rahmen des VLF-Projektes gebauten Anlage diente der Nachrichtensender GBR (England) mit einer Sendefrequenz von genau 16,000 kHz als Referenzsignal.)

Der auf genau 16 kHz schwingende Balancegenerator (3) wird durch das vom Schmitt-Trigger kommende Signal synchronisiert, so daß die Genauigkeit des Balancegenerators auf die um Zehnerpotenzen bessere Frequenzgenauigkeit des Synchronsenders angehoben wird.

Aus technischen Gründen wird diese äußerst stabile Frequenz in einem bestimmten Verhältnis untersetzt und dient beim Sender direkt als Speisesignal für den Leistungsverstärker.

Räumlich und elektrisch von Sender vollkommen getrennt, hat der Empfänger genau dieselbe Empfangseinrichtung für die Synchronimpulse, so daß aus dem Balancegenerator von Sender und Empfänger vollkommen phasenstarr, d. h. mit einer tatsächlichen Frequenzgenauigkeit ∞, gleichlaufende Signale herauskommen.

Im Empfänger werden diese Signale im gleichen Untersetzungsverhältnis wie im Sender untersetzt, dienen aber hier nach einem Phasenschieberglied als Referenzsignal für einen phasenempfindlichen Detektor (6).

Mit dieser Empfangseinrichtung ist es somit möglich, die von der VLF-Antenne und dem VLF-Empfänger (7) gelieferten Eingangssignale sowohl in Phase als auch in Amplitude zu messen. Es werden nämlich im Empfänger nur solche Signale, über einen bestimmten Zeitraum integriert, einen Ausschlag ergeben, welche exakt synchron zu der vom Sender ausgesandten Frequenz eintreffen. Damit kann eine nur von der Integrationszeit des Anzeigeinstruments abhängige Bandbreite erreicht werden, welche die durch äußere Einflüsse (atmosphärische Störungen, Rauschen des Empfängers) begrenzte Empfindlichkeit um Zehnerpotenzen verbessert.

Mit Hilfe dieser Methode ist es auch möglich, außer der Amplitude noch die absolute Phasenlage des ankommenden Signals bezüglich des Sendersignals zu bestimmen, was eine weitere auswertbare Größe darstellt. Da sich diese Methode noch im Versuchsstadium befindet, soll diese weitere Möglichkeit zur Prospektion hier nur kurz angedeutet werden.

6.4 Andere Wechselstromverfahren

6.4.1 Spezielle elektromagnetische Methoden

Bei den Gleichstrommethoden wird dem zu untersuchenden Gestein über zwei Elektroden ein Strom zugeführt. Das entstehende elektrische Feld wird untersucht. Bei den elektromagnetischen Verfahren interessiert allein das magnetische Feld, das von Wechselströmen im Gestein hervorgerufen wird. Dabei ist es völlig gleichgültig, wie diese Ströme erzeugt werden: Sie können dem Boden durch direkten galvanischen Kontakt zugeführt werden, oder man erzeugt sie durch Induktion. Die Ausmessung des magnetischen Feldes erfolgt mit einer Meßspule (Rahmen).

Führt man die Ströme durch Erdelektroden zu, so ist die elektrische Feldverteilung etwa gleich wie bei der Verwendung von Gleichstrom, nur treten infolge des Skineffektes und durch Wirbelströme Störungen des elektrischen Feldes in Bezug auf ein Gleichstromfeld auf.

Bei den induktiven Verfahren spielt der Skineffekt eine große Rolle, er begrenzt die Tiefenwirkung, die man mathematisch durch die Formel

$$d' = \frac{504\sqrt{\rho_G}}{\sqrt{\mu f \varepsilon_G}} \tag{6.48}$$

festlegen kann. Dabei ist d' [m] die Eindringtiefe. Längs dieser Strecke wird eine elektromagnetische Welle auf den $e$ten Teil geschwächt; ρ_G [Ωm] ist der spezifische Widerstand, μ ist die Permeabilität, f [Hz] = Frequenz und ε_G die DK des Gesteins.

In Tabelle 6.4 sind für zwei Frequenzen (180 Hz und 18 kHz) die Eindringtiefen für verschiedene ε_G und ρ_G wiedergegeben. Man erkennt, daß es günstig ist, möglichst tiefe Frequenzen (ELF) zu verwenden, um tiefliegende Schichten noch erfassen zu können. Anderseits ist die induktive Wirkung bei niederen

Tabelle 6.4. *Eindringtiefe elektromagnetischer Wellen in Metern. Parameter: Frequenz, Dielektrizitätskonstante* ε_G *und spezifischer Widerstand* ρ_G [Ωm] *des Gesteins* (BARRINGER)

180 Hz

ρ_G	ε_G		
	5	15	80
10^4	3760	3760	3760
10^3	1187	1187	1187
10^2	376	376	376
10	119	119	119
1	37,6	37,6	37,6

18 kHz

ρ_G	ε_G		
	5	15	80
10^4	383	400	542
10^3	119	120	124
10^2	37,6	37,6	37,6
10	11,9	11,9	11,9
1	3,75	3,75	3,75

Frequenzen nur sehr schwach ausgeprägt, so daß man von der Meßtechnik her gezwungen wird, gewisse Frequenzen nicht zu unterschreiten. Wie man aus Tabelle 6.4 weiter entnehmen kann, wird die induktive Methode dann sehr wirkungsvoll sein, wenn ein gut leitender geologischer Körper von einem Material mit hohem spezifischen Widerstand überdeckt ist.

Die Theorie der elektromagnetischen Vorgänge ist in Abschnitt 6.3 dargestellt. Die angewandten Verfahren unterscheiden sich hauptsächlich durch die Art der Stromerzeugung und der Aufnahme des sekundären magnetischen Feldes. Das Prinzipielle der gängigsten Methoden soll kurz beschrieben werden — es sei auch auf die entsprechende Literatur verwiesen.

a) Das Kippwinkelverfahren

Durch Drehung einer Rahmenantenne um zwei vorgegebene Achsen wird der maximale und minimale Induktionsfluß, d. h. die Hauptachsenrichtung der Drehfeldellipsen — somit auch ihre Ebene — bestimmt.

Die Theorie zeigt, daß über einem homogenen isotropen Untergrund die Neigung der Ellipsenebenen relativ zur Horizontalen mit zunehmendem Abstand Sender/Empfänger immer geringer wird. Abweichungen von diesem Verhalten deuten auf Inhomogenitäten hin. Der Einfluß von Geländekuppen oder von Taleinschnitten läßt sich rechnerisch korrigieren.

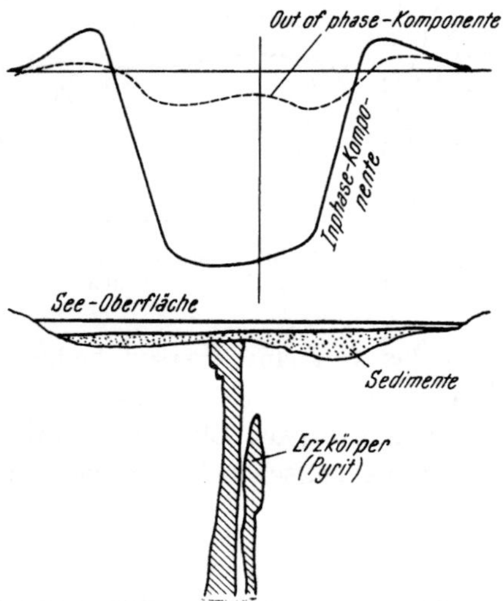

Abb. 6.36. Meßergebnisse der Slingram-Methode über einer Pyritlagerstätte (Moreau)

b) Das Slingram-Verfahren

Bei dieser Methode werden zwei horizontal orientierte Induktionsrahmen durch das Mutungsgebiet getragen. Einer der Rahmen dient als Sendeantenne, mittels des zweiten Rahmens wird das Sekundärfeld aufgenommen, und zwar die Komponente des sekundären Magnetfeldes, die mit dem Primärstrom in Phase ist, und die Komponente, die um 90° phasenverschoben liegt. Die im Empfängerrahmen induzierten Spannungen werden an einer Wechselstrommeßbrücke kompensiert, als Vergleichsspannung dient eine am Senderrahmen ausgekoppelte Spannung.

Beim Überqueren einer gut leitenden Inhomogenität (Erz) wird der Empfangsrahmen von einem Sekundärfeld durchsetzt, wobei je nach geometrischer Anordnung von Sendeantenne, Empfängerrahmen und Störkörper das Primärfeld gleichsinnig oder ungleichsinnig überlagert wird. In Abb. **6.36** sind die Ergebnisse nach der Slingram-Methode über einem Pyritlager nach MOREAU wiedergegeben, und zwar ist die „inphase" und die „out-of-phase" Komponente gezeichnet. Man sieht, daß im Bereich der Lagerstätte das Primärfeld ungleichsinnig überlagert wurde. Die hohe Inphase-Komponente deutet auf Erze mit guter elektrischer LF hin. Bei der Slingram-Methode läßt sich die geometrische Eindringtiefe durch den Abstand Senderrahmen-Empfängerrahmen variieren.

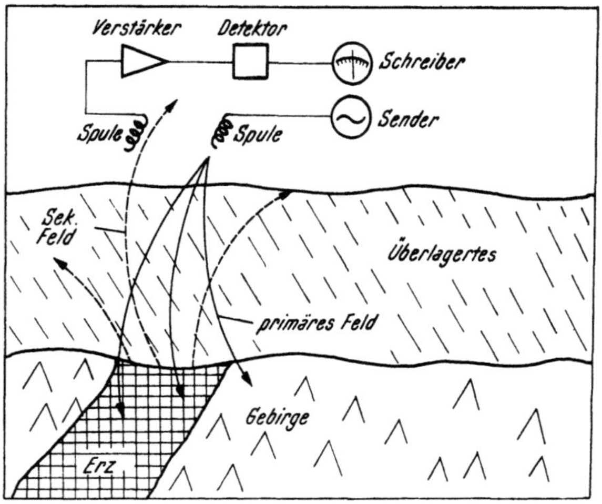

Abb. **6.37.** Meßprinzip der „Direct-Reading Compact Electromagnetic Unit" EM 15 der Fa. Geonics Ltd., Toronto

Ein handliches Gerät, das von einer Person bedient werden kann, bietet die Firma Geonics Ltd. an. In Abb. **6.37** ist das Meßprinzip für ein derartiges Gerät (EM15, Direct-Reading Compact Electromagnetic Unit) wiedergegeben. Die Eindringtiefe der elektromagnetischen Wellen beträgt 10 m. Meßfrequenz: 16 kHz.

c) Das Turamverfahren

Bei diesem Verfahren werden die Ströme galvanisch dem Gestein zugeführt. Zwei horizontal liegende Rahmenantennen werden im Gelände verschoben (siehe Abb. **6.38**). Man vergleicht die in den Rahmen vom sekundären Magnetfeld induzierten Spannungen nach Amplitude und Phase unter Verwendung eines Wechselstromkompensators miteinander. In Abb. **6.39** ist das Verhältnis der Amplituden und die Phasendifferenz über einem Magnetkieskörper nach KOLLERT dargestellt.

d) Airborne-System

In unzugänglichem Gelände oder bei Messungen über sehr große Entfernungen hinweg werden seit Jahren elektromagnetische Untersuchungen von der Luft aus durchgeführt. Dabei wird sowohl nach dem Slingramverfahren gearbeitet, wobei Sende- und Empfangsantenne am Flugzeug selbst angebracht werden (siehe beispielsweise Abb. 6.40: VLF-airborne-unit, EM 18 der Fa. Geonics), als auch nach dem Turam-Verfahren (Turair, Firma Scintrex), wobei auf dem Erdboden eine Induktionsschleife von ca. 3×3 km² Abmessung ausgelegt wird.

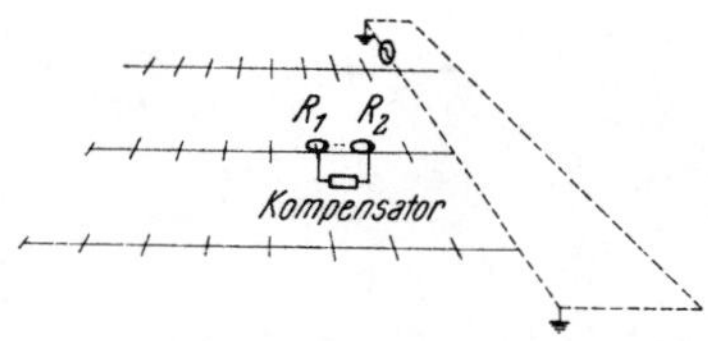

Abb. 6.38. Prinzip der Turam-Methode

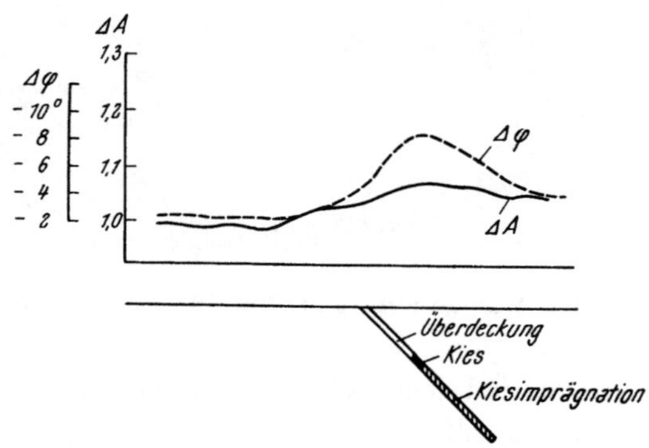

Abb. 6.39. Turamindikation über einem Magnetkieskörper (KOLLERT). $\Delta\varphi$ = Phasendifferenz, A = Amplitudenverhältnis

An dieser Stelle soll einiges über Wechselstromkompensatoren gesagt werden, die bei den drei zuletzt erwähnten Verfahren benutzt werden.

Eine unbekannte Wechselspannung U_U wird über einen Nullindikator mit einer Vergleichsspannung U_V verglichen. Bei Gleichheit von Frequenz, Betrag und Phasenlage der Spannungen zeigt der Indikator den Wert Null an.

Je nachdem, welches Verfahren angewandt wird, um die Spannung U_V der zu untersuchenden Spannung U_U gleichzumachen, unterscheidet man den Phasenschieberkompensator und den komplexen Kompensator. Die beiden Methoden seien kurz nach STEIN [6.79] beschrieben.

Beim *Phasenschieberkompensator nach* KRUKOWSKI wird die Phasenlage der Vergleichsspannung mit Hilfe einer Induktivität, der Betrag durch einen ohmschen Teiler variiert. Als Nullindikator dient ein Vibrationsgalvanometer. Abb. 6.41 zeigt die Prinzipschaltung.

Komplexer Kompensator nach GEYGER. Die Abb. 6.42 zeigt das Schaltbild. Der Meßdraht I/II wird von dem Strom I_1' gespeist, durch den Draht II/IV fließt der Strom I_2, der über eine eisenfreie Induktivität M relativ zu I_1' um 90° phasenverschoben ist. Voraussetzung ist $I_1 \gg I_2$, damit die Gegeninduktivität M sekundärseitig wenig belastet wird. Der Widerstand R_2 muß genau einstellbar sein. Mit den Schleifern S_1 und S_2 kann auf den Meßdrähten eine beliebige Spannung abgegriffen werden, die sich aus den Komponenten U_{V1}

Abb. 6.40. VLF-airborne-unit, EM 18, der Fa. Geonics

und U_{V2} zusammensetzt und jede beliebige Phasenlage erhalten kann. Für den Absolutbetrag von U_V gilt:

$$U_V = \sqrt{U_{V1}^2 + U_{V2}^2}. \tag{6.49}$$

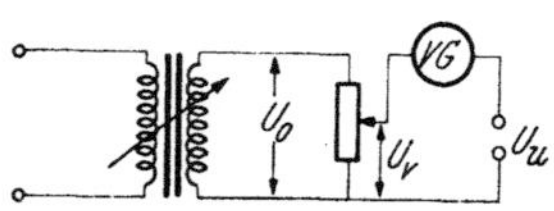

Abb. 6.41. Wechselstromkompensator nach Krukowski (Stein)

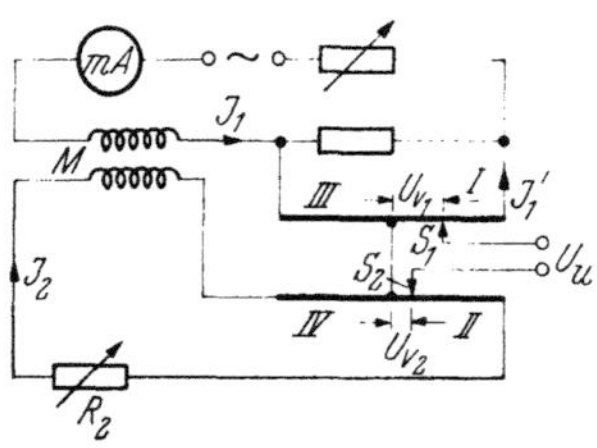

Abb. 6.42. Wechselstromkompensator nach Geyger (Stein)

6.4.2 Methode der induzierten Polarisation (IP)

Wenn man durch die Stromelektroden A und B einer Vierpunktanordnung einen Gleichstrom während der Zeit T fließen läßt, kann man an den Spannungselektroden M und N eine Spannung V_N messen; beim Abschalten des Stromes geht diese Spannung nicht plötzlich auf den Wert Null zurück, sondern sie nimmt langsam mit der Zeit ab und erreicht erst nach einigen Sekunden bzw. Minuten den Nullwert. Dieses Phänomen wird auf die sogenannte induzierte Polarisation zurückgeführt.

In der Literatur wird unterschieden zwischen: a) der galvanisch induzierten Polarisation und b) der Membranpolarisation.

ad a): Die galvanisch induzierte Polarisation tritt dann auf, wenn metallisch leitende Erzaggregate in Kontakt stehen mit dem in den Poren des Gesteins vorhandenen Elektrolyten. Im stromlosen Zustand besteht an den Kontaktflächen Erz-Elektrolyt ein elektrochemisches Potential, das bei Anlegen eines elektrischen Feldes verschoben wird. Erfolgt die Änderung an den Stromeintritts- und Stromaustrittsflächen im entgegengesetzten Sinn, werden die Erzpartikel polarisiert. Die Zeitkonstanten dieser Vorgänge liegen größenordnungsmäßig im Sekundenbereich, da die elektrochemischen Vorgänge erfahrungsgemäß langsam ablaufen. Der Polarisationseffekt ist abhängig von der Korngröße der leitenden Partikel, von der Art des Elektrolyten und von der Stromdichte. Theoretisch sind diese Dinge noch nicht bis ins einzelne geklärt.

ad b): Die Membranpolarisation — auch nichtmetallische, induzierte Polarisation genannt — ist in solchen Gesteinen zu finden, in denen Zonen mit verschiedenen mittleren Transportzahlen für Kationen und Anionen aneinander grenzen. Derartige Bedingungen werden hervorgerufen durch semipermeable Wände (z. B. Lehm, Ton), die nur Ionen bestimmter Polarität passieren lassen, oder durch die Absorption negativer Ionen durch das Gestein. Den Polarisationseffekt wird man allerdings nur dann messen können, wenn Zonen mit Ladungsüberschuß mit neutralen Zonen abwechseln.

Die induzierte Polarisation läßt sich meßtechnisch auf verschiedene Art erfassen:

a) Transientverfahren (Messung mit Hilfe pulsierender Gleichströme bzw. rechteckiger Wechselströme)

Man legt an die Elektroden A und B während der Zeit T einen kräftigen Strom an (0,5 bis 2 A). An MN wird die Spannung V_N gemessen. Beim Abschalten des Stromes mißt man zwischen den Spannungselektroden eine mit der Zeit abnehmende Spannung $V_{IP} = f(t)$ (siehe Abb. 6.43). Das Verhältnis $V_{IP,t} : V_N$ zu einem bestimmten t (nach Abschalten des Stromes) bezeichnet man als die scheinbare Polarisierbarkeit, die mit der Zeit t korrespondiert.

$$P_t = \frac{100\, V_{IP,t}}{V_N} \quad [\%]. \tag{6.50}$$

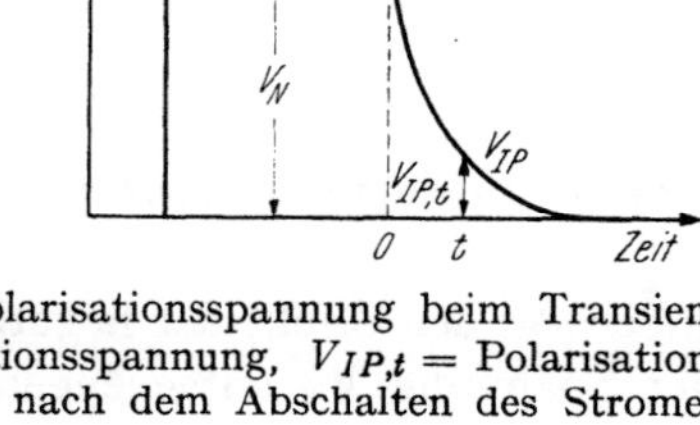

Abb. 6.43. Verlauf der Polarisationsspannung beim Transient-Verfahren. V_N = Normalspannung, V_{IP} = Polarisationsspannung, $V_{IP,t}$ = Polarisationsspannung zum Zeitpunkt t nach dem Abschalten des Stromes

Meßvorgang: Im allgemeinen wird die Spannung V_{IP} und ihr Zeitverhalten verglichen mit der Spannung V_N. Dabei muß V_{IP} meistens sehr stark verstärkt werden, um überhaupt eine auswertbare Anzeige zu erhalten.

1. Man benutzt zwei Meßkanäle: einmal wird ständig die Spannung an M und N registriert, der andere Kanal wird nur dann geöffnet, wenn der Strom durch AB abgeschaltet wird, es werden allein die Spannungseffekte der induzierten Polarisation aufgezeichnet.

2. Ein-Kanalsystem: Es wird wiederum permanent die Spannung an M und N registriert, allerdings wird bei Abschalten des Stromes automatisch eine höhere Verstärkung zur Erfassung von V_{IP} eingeschaltet.

Der Polarisationseffekt wird nach Gl. (6.50) errechnet. Bei modernen Meßeinrichtungen wird $V_{IP}(t)$ über eine bestimmte Zeit θ integriert. Als Polarisierbarkeit bezeichnet man dann den Ausdruck

$$P' = \frac{\int_0^\theta V_{IP}(t)\,dt}{V_N}. \tag{6.51}$$

b) Wechselstrommessungen

Schickt man durch die Stromelektroden A und B einen Wechselstrom I mit Frequenzen zwischen 0,1 und 10 Hz, so läßt sich aus der Spannung an MN, der geometrischen Anordnung der Elektroden A, B, M und N und aus dem Strom I der spezifische Wechselstromwiderstand $\rho_\sim$ des Gesteins messen. Man vergleicht diesen Wert, $\rho_\sim$, mit dem Gleichstromwert $\rho_=$ und bezeichnet den Ausdruck

$$\frac{(\rho_= - \rho_\sim)\cdot 100}{\rho_=} = F \qquad [\%] \tag{6.52}$$

als Frequenzeffekt F.

In der amerikanischen Literatur werden Methoden beschrieben, wobei auf eine Gleichstrommessung verzichtet wird; es wird der spezifische Widerstand für eine hohe und eine niedere Frequenz bestimmt, z. B. für 0,6 Hz und 9 Hz. Als Frequenzeffekt wird dann eingeführt:

$${}_{0,6}F_9 = \frac{(\rho_{0,6} - \rho_9)\cdot 100}{\rho_9}. \tag{6.53}$$

Die Höhe der scheinbaren Polarisierbarkeit bzw. des Frequenzeffektes ist ein Maß für die Stärke der induzierten Polarisation.

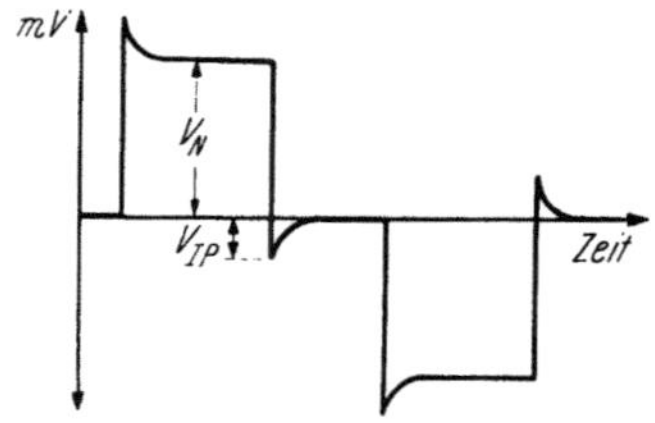

Abb. 6.44. Erscheinungsweise der negativen induzierten Polarisation (Bertin)

Der Vollständigkeit halber soll der Effekt der negativen IP erwähnt werden. In diesem Fall ist V_{IP} der Spannung V_N entgegengerichtet (siehe Abb. 6.44).

Diese Erscheinung tritt dann auf, wenn der der Spannung V_{IP} zugeordnete Entladestrom in entgegengesetzter Richtung zum primären Ladestrom fließt. Das ist immer dann der Fall, wenn die Elektroden M, N in das die Polarisation erzeugende Erz selbst hineinragen, d. h., wenn die Überdeckung zu gering ist, oder wenn die Erzaggregate sehr stark geneigt sind.

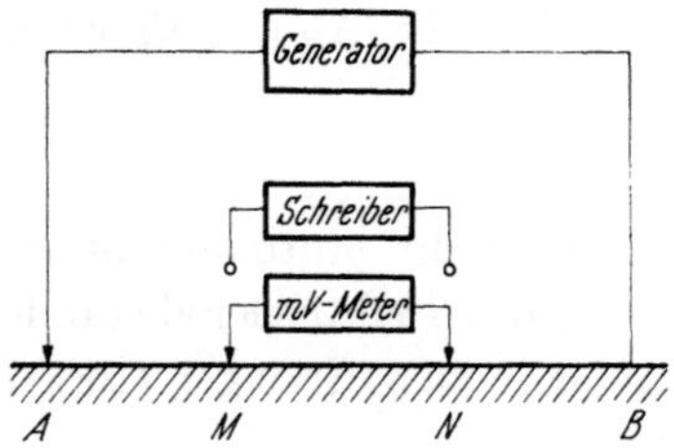

Abb. 6.45. Elektrodenanordnung zur Bestimmung des Effektes der Induzierten Polarisation

Anwendung der induzierten Polarisation

Die angegebenen Verfahren lassen sich für die Erzsuche dann verwenden, wenn auf quasi metallisch leitende Erze in gut durchfeuchtetem, tauben Gestein oder wenn auf Formationen, die den Effekt der Membranpolarisation zeigen (z. B. Kaolin), prospektiert wird.

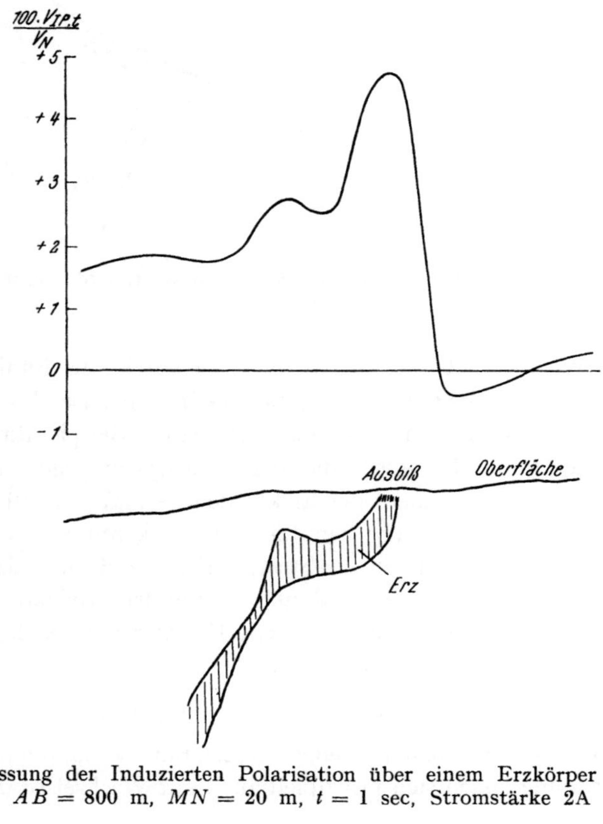

Abb. 6.46. Messung der Induzierten Polarisation über einem Erzkörper (BERTIN/LOEB). $AB = 800$ m, $MN = 20$ m, $t = 1$ sec, Stromstärke 2A

Geräteaufwand

Transientverfahren: Ein Generator für die Erzeugung von Gleichstromimpulsen, ein Zweikanalschreiber, wobei ein Kanal eine hohe Verstärkung aufzeigen sollte.

Wechselstromverfahren: Ein Wechselstromgenerator mit variablen Frequenzen im 1-Hz-Bereich, ein selektives mV-Meter bzw. μV-Meter zur Erfassung der induzierten Spannung an MN. In Abb. 6.45 ist die Meßanordnung wiedergegeben.

Prospektionsbeispiele

Meistens werden Profile über die Mutungsgebiete gelegt. Die Eindringtiefe läßt sich durch Vergrößerung des Elektrodenabstandes variieren. Die Abb. 6.46 zeigt ein Profil über einem leitenden Erzlager (BERTIN, LOEB). Aufgenommen

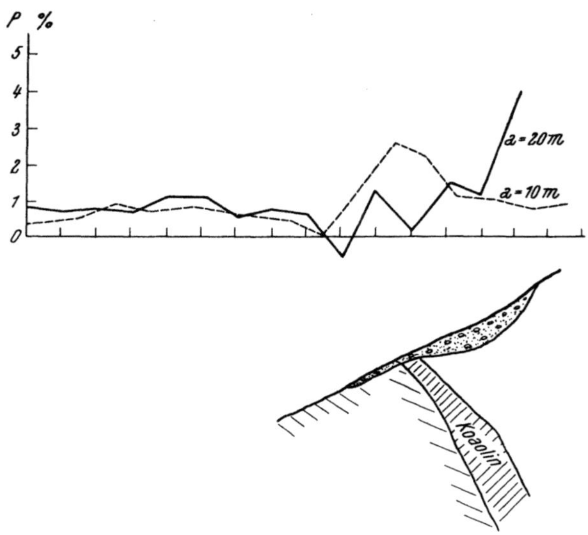

Abb. 6.47. IP-Profil über einem Kaolinlager (SUMI). Wenneranordnung mit $a = 10$ m und $a = 20$ m

wurde die Polarisierbarkeit P_t [%], für $t = 1$ Sekunde, als Funktion der Entfernung. Der Erzausbiß hebt sich deutlich heraus, ebenso das in nicht allzu großer Tiefe liegende Vorkommen. In Abb. 6.47 ist ein Beispiel für die Membranpolarisation dargestellt. Es wurde die Polarisierbarkeit gegen die Entfernung aufgetragen. Als Parameter dient der Elektrodenabstand ($a = 10$ m bzw. 20 m). Es wurde eine Wenneranordnung benutzt. Man erkennt eine außerordentlich gute Anzeige des Kaolinlagers (nach SUMI). Hier zeigt sich, daß immer eine gewisse Polarisierbarkeit gemessen wird, und zwar in der Größenordnung von 1%. Die Meßwerte müssen deutlich über diesem Hintergrund (background) liegen, um Aussagen für die Prospektion zuzulassen.

6.4.3 Widerstandsmethoden

Die in Abschnitt 5.1 beschriebenen Widerstandsverfahren mit der Vierelektrodenanordnung lassen sich prinzipiell auch mit Wechselstrom durchführen.

Schwierigkeiten ergeben sich bei der Interpretation der Meßergebnisse: werden relativ hohe Frequenzen verwendet (1 kHz), so hat man bereits elektromagnetische Effekte zu beachten. Bei sehr niederen Frequenzen (ca. 1 Hz) treten die Effekte der induzierten Polarisation auf. Es erweisen sich Frequenzen zwischen 50 Hz und 500 Hz am günstigsten — wenn aus irgendeinem Grund auf die Verwendung von Gleichstrom verzichtet werden muß.

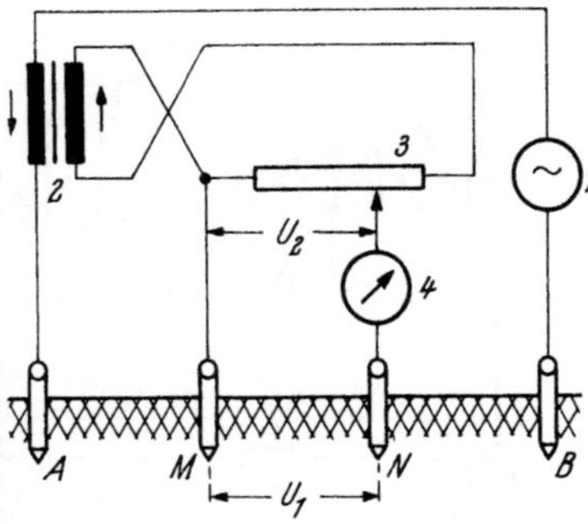

Abb. 6.48. Grundschaltung des Erdungsmessers der Fa. Siemens. 1 Wechselstromquelle (Induktor), 2 Transformator, 3 Abgleichwiderstand, 4 Nullinstrument, *A*, *B* Stromelektroden, *M*, *N* Spannungssonden

Für Wechselstrommessungen benutzt man — wegen der leichten Handhabung — sehr oft Erdungsmesser mit Kurbelinduktoren, von denen als Beispiel ein Gerät der Firma Siemens in seiner Funktionsweise beschrieben werden soll. Der Erdungsmesser arbeitet nach dem Verfahren der Spannungskompensation. Der durch einen bestimmten Strom am Erdungswiderstand hervorgerufene Spannungsabfall wird mit dem Spannungsabfall an einem einstellbaren Widerstand verglichen. Abb. 6.48 zeigt die Grundschaltung des Meßgerätes. Der vom Kurbelinduktor (1) erzeugte Wechselstrom fließt über die Primärwicklung des Transformators (2) zur Stromelektrode *A*, von da über die Erde zur zweiten Stromelektrode *B* und zum Induktor zurück. Zwischen den Spannungssonden *M* und *N* entsteht ein Spannungsabfall U_1, dem die Spannung U_2 entgegengeschaltet wird, die ein von der Sekundärwicklung des Transformators ausgehender Strom am Abgleichwiderstand (3) hervorruft. Sind beide Spannungen gleich groß, so fließt über das Nullinstrument (4) kein Strom. Bei Bodenuntersuchungen werden vier Elektroden in die Erde eingeschlagen. Der zwischen *M* und *N* entstandene Spannungsabfall U_1 ist ein Maß für den spezifischen Widerstand des Erdreiches in der Umgebung der Meßstrecke.

Der eingebaute Induktor 1 in Abb. 6.49 hat bei kleinem Gewicht eine große Leistung. Er ist mit einem mechanischen Drehzahlregler, und zwar einer servogesteuerten Schlupfkupplung mit Verstärkerwirkung ausgerüstet, der die Drehzahl und damit die Meßfrequenz (ca. 85 Hz) konstant hält, ohne dem Induktor für die Regelung Energie zu entziehen. Dadurch ist eine hohe Unabhängigkeit von Störspannungen im Erdreich erzielt, denn die Meßfrequenz bei Normal-Drehzahl wurde so gewählt, daß sie außerhalb der üblichen Netzfrequenzen $16\frac{2}{3}$, 50 oder 60 Hz oder einem Vielfachen dieser Werte liegt. Mit den Anpassungswiderständen 7, die sich mit dem Umschalten der Meßbereiche selbsttätig einstellen, werden Strom und Spannung den Meßverhältnissen angepaßt, d. h. bei kleinem Erderwiderstand und damit höherem Spannungsabfall wird der Strom vergrößert und die Meßempfindlichkeit erhöht. Mit den Meßbereichwiderständen 8 wird erreicht, daß der Transformator in allen Bereichen gleich günstig arbeitet, indem seine maximale Induktion ungefähr gleich bleibt. Mit dem den Sekundärkreis des Transformators schließenden Potentiometer 3 wird

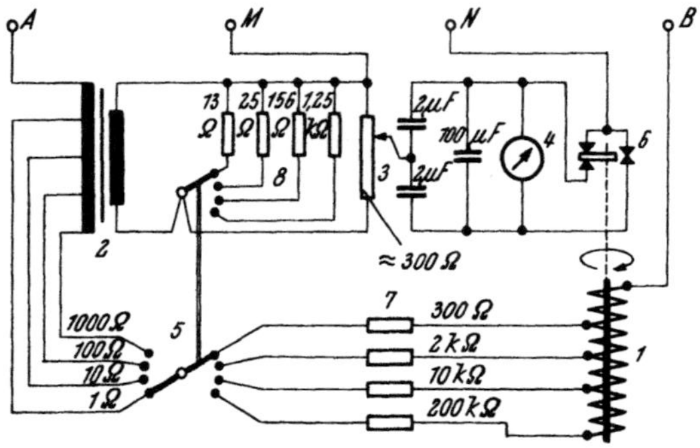

Abb. 6.49. Innenschaltung des Erdungsmessers der Fa. Siemens. 1 Induktor, 2 Transformator, 3 Abgleichwiderstand, 4 Nullinstrument, 5 Meßbereichumschalter, 6 Kontaktgleichrichter, 7 Anpassungswiderstände, 8 Meßbereichwiderstände

die Kompensationsspannung eingestellt. Das Nullinstrument 4 ist ein hochempfindliches Gleichstrominstrument, das über den vom Induktor gesteuerten Kontaktgleichrichter 6 in den Vergleichskreis eingeschaltet ist. Die Gleichrichtung in Spannungsverdopplungsschaltung ergibt hohe Empfindlichkeit und riegelt Gleichströme ab. Fremde Wechselströme von 50 oder $16\frac{2}{3}$ Hz, die zwar wegen der erheblich abseits liegenden Meßfrequenz die Genauigkeit der Anzeige nicht beeinflussen, bei entsprechender Größe jedoch den Zeiger zum Vibrieren bringen könnten, werden durch den parallel zu den kleinen Ladekondensatoren liegenden 100-μF-Kondensator abgeleitet. Damit ist eine ruhige Zeigereinstellung gesichert. Nach den in Abschnitt 5.1.1 angegebenen Formeln wird der scheinbare spezifische Widerstand des untersuchten Gebietes bestimmt.

Ein von Bitterlich gebautes Gerät (siehe Abschnitt 7.2, S. 293) läßt Messungen mit Frequenzen von ca. 290 Hz zu. Auf die Angabe von Meßbeispielen wird verzichtet, da sich im Prinzip keine Besonderheiten gegenüber den in Abschnitt 5.1 beschriebenen Verfahren ergeben.

Literatur

Abschnitt 6.1

[6.1] Bitterlich, W., Vierter Technischer Jahresbericht. Die Fortpflanzung von VLF-Wellen in Festkörpern. VLF-Projekt Innsbruck, U.S. Contract **61(052)-490**, Innsbruck, **1964**.

[6.2] Bitterlich, W., Jahresbericht **1969** des VLF-Projektes. Innsbruck: **1970**.

[6.3] Bitterlich, W., und Wöbking, H., Geoelektrische Untersuchungen in Bohrlöchern. Erzmetall *23*, **120—123** (**1970**).

[6.4] BITTERLICH, W., und WÖBKING, H., Geoelectric prospecting methods. Mining Magazine *123*, 516–521 (1970).

[6.5] BITTERLICH, W., und WÖRZ, O., Geoelektrische Untersuchungen von Bohrlöchern im Grubenrevier Kreuth der Bleiberger Bergwerks Union. Erzmetall *20*, 161–165 (1967).

[6.6] TINHOFER, G., Current distribution of hemispherical electrodes in a homogeneous semi-space. Scientific Report No. 9. VLF-Projekt Dr. W. BITTERLICH, contract No. 61(052)-490, Innsbruck, 1964.

[6.7] WÖBKING, H., Bericht über die Bohrlochuntersuchungen im Mitterberger Kupferbergbau. 1970 (unveröffentlicht).

[6.8] WÖRZ, O., Über die Dielektrizitätskonstante ε und die elektrische Leitfähigkeit σ von Gesteinen. Dissertation Innsbruck (1965).

Abschnitt 6.2

[6.9] BITTERLICH, W., Wissenschaftlicher Endbericht. Die Fortpflanzung von VLF-Wellen in Festkörpern. U.S. Contract 61(052)-490, Innsbruck, 1965.

[6.10] BITTERLICH, W., und WÖBKING, H., Geoelektrische Prospektion — Messung der Dielektrizitätskonstante. Erzmetall *23*, 84ff. (1970).

[6.11] RICHTER, W., Untersuchungen zum Auffinden von Kohlensäurenestern im Kalibergbau mit geoelektrischen Methoden. Freiberger Forschungshefte *C7*, 87ff. (1953).

[6.12] WINTER, U., Die Anwendung geophysikalischer Verfahren zur Bekämpfung der Gasgefahr im Kalibergbau der DDR. Bergakademie *16*, 138ff. (1964).

[6.13] WINTER, U., Beiträge zur Untersuchung über die Dielektrizitätskonstante von Salzgesteinen. Bergakademie *18*, 727–731 (1966).

[6.14] WÖBKING, H., Bericht über geoelektrische Untersuchungen bei der Bleiberger Bergwerksunion in Bleiberg, Kärnten. 1967 (unveröffentlicht).

Abschnitt 6.3

[6.15] BITTERLICH, W., 2. Jahresbericht des VLF-Forschungsprojektes: Die Fortpflanzung von VLF-Wellen in Festkörpern. Contract Nr. 61(052)-490, 1962.

[6.16] HOMMEL, R., Technical Note Nr. 3 des VLF-Forschungsprojektes: Determination of rock conductivity from VLF-propagation measurements. Contract No. 61(052)-490, 1963.

[6.17] KELLNER, W., Die Bestimmung elektrischer Gesteinsparameter aus der Feldstruktur eines magnetischen Dipols. Dissertation Innsbruck (1969).

[6.18] KELLNER, W., Scientific Report No. 4, Propagation of VLF-waves in solids; Determination of the mean values of conductivity and dielectric constant from the field structure of a magnetic dipole. Contract No. 61(052)-902, 1967.

[6.19] NESSLER, N., Die Ausbreitung langer elektromagnetischer Wellen durch homogene und inhomogene feste Medien. Dissertation Innsbruck (1967).

[6.20] TINHOFER, G., Scientific Report No. 5, Frequency dependence of the field strength components of a dipole embedded in a conducting medium. Contract No. 61(052)-902, 1967.

Abschnitt 6.4

Abschnitt 6.4.1

[6.21] BARRINGER, A. R., The input airborne electromagnetic prospecting system. AIME Annual Meeting, New York, Februar 1962.

[6.22] BARRINGER, A. R., Radiophase—a new system of conductivity mapping. Proc. 5th Symp. Remote Sens. Environm. (Univ. Michigan) *1968*, 157–167.

[6.23] BARRINGER, A. R., Remote sensing techniques for mineral discovery. 9th Commonwealth Mining and Metallurgical Congress (1969).

[6.24] Barringer Research, Helicopter electromagnetics by W. J. G. Cox. Metropolitan, Canada.

[6.25] BONIWELL, J. B. et al., Discovery and exploration of the Poirer-Ore deposit. C.I.M.M., Bull. Sept. 1964.

[6.26] BOSSCHART, R. A., On the occurrence of low resistivity geological conductors. Geoph. Prosp. *9* (1961).

[6.27] BOSSCHART, R. A., Analytical interpretation of fixed source electromagnetic prospecting data. Delft: 1964.

[6.28] BOSSCHART, R. A., Some aspects of the Turam electromagnetic methods. Transactions *69*, 156–161 (1966). (Reprinted from the Can. Min. Metall. Bull., April 1966.)

[6.29] BOSSCHART, R. A., Ground *EM* prospecting, selection and adaptation of methods. Mining in Canada 1968.

[6.30] BRANT, A. A., The role of geophysical methods in modern exploration programs. Eng. Min. J., März 1955.

[6.31] BRUBAKER, D. G., Apparatus and procedure for electromagnetic prospecting. AIME Trans. *208*, 777–780 (1967).

[6.32] BURROWS, K., An investigation into the interpretation of airborne electromagnetic data by means of scale model experiments. M. Sc. Thesis. Manchester (1957).

[6.33] CARTIER, W. O. et al., System of airborne conductor measurements. U.S. Patent 2623924 (1952).

[6.34] CARTIER, W. O. et al., Method and apparatus for non-destructive investigation of magnetostrictive solids. U.S. Patent 2656714 (1953).

[6.35] DELLWIG, L. F. et al., The potential of low-resolution radar imagery in regional geological studies. J. Geophys. Res. *71*, 4995–4998 (1966).

[6.36] DELLWIG, L. F. et al., The potential of radar in geological exploration. Proc. 5th Symp. Remote Sens. Environm. (Univ. Michigan) *1968*, 747–763.

[6.37] DEPPERMANN, K., Wechselstrommethoden. In: BENTZ, A., Lehrbuch der angewandten Geologie, Bd. 1. Stuttgart: 1961.

[6.38] DOULOFF, A. A., The response of a conducting disk in a dipolar magnetic field. M.A. Thesis. Toronto (1960).

[6.39] ELLERMEIER, R. D. et al., The use of multi-parameter radar imagery for the discrimination of terrain characteristics. IEEE International Convention Record, Part 2, 127–135 (1967).

[6.40] ENSLIN, J. F., A new electromagnetic field technique. Geophysics *20*, 318–334 (1955).

[6.41] FLEMING, H. W. et al., Geophysical case history of the clearwater deposit, Northumberland County, New Brunswick, Canada. AIME Trans. *217* (1960).

[6.42] GAELCKE, R., A geophysical prospecting instrument using alternating current of audio frequency. J. Sci. Inst. *22* (1945).

[6.43] GELEYNSE, M. et al., Recent progress in remote sensing with audio and radio frequency pulses. Proc. 3rd Symp. Remote Sens. Environm. (Univ. Michigan). 2nd ed. *1965*, 469–494.

[6.44] GRANT, F. S. et al., Interpretation theory in applied geophysics, 482–484. New York: 1965.

[6.45] HAALCK, H., Lehrbuch der angewandten Geophysik, II. Berlin: 1958.

[6.46] HEDSTRÖM, E. H., Phase measurement in electrical prospecting. Geophysics *5*, 235–245 (1940).

[6.47] HEDSTRÖM, E. H. et al., Malmleting steknikens Nuvarande Standpunkt. Uppsala: 1945.

[6.48] HEDSTRÖM, E. H. et al., Some model experiments relating to electromagnetic prospecting with special reference to airborne work. Geoph. Prosp. *6* (1958).

[6.49] HEILAND, C. A., Geophysical exploration, 816–818. New York: 1946.

[6.50] INNES, R. B., An interpreter's perspective on modern airborne-radar imagery. Proc. 5th Symp. Remote Sens. Environm. (Univ. Michigan). *1968*, 107–122.

[6.51] ISACKS, B. et al., Seismology and the new global tectonics. J. Geoph. Res. *73*, 5855–5899 (1968).

[6.52] JOKLIK, G. F., The discovery of a copper-zinc deposit at Garon Lake, Quebec. Econ. Geol. *55*, 338–353 (1960).

[6.53] KELLOG, G. W. C., A report on airborne AFMAG, the theory, equipment and operation in Western United States. Soc. Min. Eng. AIME reprint No. 60L113.

[6.54] KOVER, A. N., Sidelooking radar imagery. Proc. 5th Symp. Remote Sens. Environm. (Univ. Michigan). *1968*, 781–786.

[6.55] MACKOWIECKI, L. Z. et al., A comparison of selected geophysical methods in mineral exploration. Occ. Paper #2 Geophysical Division, Overseas Geological Survey.

[6.56] MOORE, R. K. et al., Potential research and earth resource studies with orbiting radar: Results of recent studies. Pap. Am. Inst. Aeronaut. Astron. No. 67–767 (1967).

[6.57] MOORE, R. K. et al., Radar scatterometer data analysis techniques. Proc. 5th Symp. Remote Sens. Environm. (Univ. Michigan). *1968*, 765–780.

[6.58] MORRISON, H. F. et al., Quantitative interpretation of transient electromagnetic fields over a layered half space. Geoph. Prosp. *27*, 82ff. (1969).

[6.59] NORTON, K. A., The propagation of radio waves over the surface of the earth and in the upper atmosphere. Proc. I.R.E. *25*, 1203ff. (1937).

[6.60] PAAL, G., Ore prospecting based on VLF-radio signals. Geoexploration *3*, 139–147 (1965).

[6.61] PAMENTER, B., Geophysics to fore at Wollaston. Oilweek. 1969.

[6.62] PATERSON, N. R., Application of airborne geophysical surveys in montainous areas. (Nicht veröffentlicht.)

[6.63] PATERSON, N. R., Comments on paper entitled: Some model experiments relating to electromagnetic prospecting with special reference to airborne work. Geophysical Prosp. *7*, 435–447 (1959).

[6.64] PATERSON, N. R., Experimental and field data for dual-frequency phase-shift method of airborne electromagnetic prospecting. Geophysics *26*, 601–617 (1961).

[6.65] PATERSON, N. R. et al., Geophysical discourses in the Mattagami District, Quebec. Can. Inst. Min. Met. Bull. *53* (1960).

[6.66] PEMBERTON, R. H., Combined geophysical prospecting system by helicopter. AIME Trans. 1961.

[6.67] PEMBERTON, R. H., Target Mattagami. Can. Inst. Min. Met. Bull. 1961.

[6.68] PEMBERTON, R. H., Airborne electromagnetics in review. Geophysics *27*, 695–713 (1962).

[6.69] POPOV, A. A. et al., Subsurface exploration with radio waves. U.N.D. Interregional Seminar on New Methods for Mining Exploration. Moscow: 1967.

[6.70] RATTEW, A. R., Helicopter-borne, electromagnetic, magnetic and radiometric survey, Coronation Mine, Saskatchewan. Can. Inst. Min. Met. Bull. *55* (1961).

[6.71] ROGERS, G. R., Electromagnetic prospecting methods. The Mine's Magazine *47*, 26–30 (1957).

[6.72] Scintrex Ltd., Airborne electromagnetic systems. Concord, Ontario, Canada.

[6.73] SEIGEL, H. O., Theoretical treatment of selected topics in electromagnetic prospecting. National Res. Council of Canada (1958).
[6.74] SEIGEL, H. O., Orebody size determination in electrical prospecting. Geophysics *17*, 907—914 (1952).
[6.75] SHAW, W. W., Regional Af-Mag fields and their effects. SEG Annual Meeting, Denver: 1961.
[6.76] SHAW, W. W., The use of airborne Af-Mag to map shears and faults. AIME Annual Meeting, New York: 1962.
[6.77] SLICHTER, L. B., Observed and theoretical electromagnetic model response of conducting spheres. AIME Trans. *97*, 443—459 (1932).
[6.78] SLICHTER, L. B., Geophysics applied to prospecting for ores. Ec. Geol., 50th Anniversary Volume *1955*, 885—969.
[6.79] STEIN, J., Wechselstromkompensator. In: LUEGER, Lexikon der Technik, Bd. 2. Stuttgart: 1960.
[6.80] STRATTON, J. A., Electromagnetic theory. New York: 1941.
[6.81] SUNDBERG, K. et al., Structural investigations by electromagnetic methods. World Petroleum Congress (1933).
[6.82] TÖRNQUIST, G., Some practical results of airborne electromagnetic prospecting in Sweden. Geoph. Prosp. *6*, 112—126 (1958).
[6.83] WAIT, J. R., A conducting sphere in a time varying magnetic field. Geophysics *16*, 666—672 (1951).
[6.84] WAIT, J. R., Oscillating magnetic dipole over a horizontally stratified earth. Can. J. Phys. *29*, 577—592 (1951).
[6.85] WAIT, J. R., The fields of line source of current over a stratified conductor. Appl. Sci. Res. *B3* (1953).
[6.86] WAIT, J. R., Induction by a horizontal oscillating magnetic dipole over a conducting homogeneous earth. Trans. Am. Geoph. Union *34*, 185—188 (1953).
[6.87] WAIT, J. R., Mutual coupling of wire loops lying on a homogeneous ground. Geophysics *19*, 290—296 (1954).
[6.88] WAIT, J. R., Mutual electromagnetic coupling of loops over a homogeneous ground. Geophysics *20*, 630—637 (1955).
[6.89] WAIT, J. R., Loops over homogeneous ground II. Geophysics *21*, 479—484 (1956).
[6.90] WAIT, J. R., On the mode theory of VLF propagation. NBS, Report No. 5022 (1956).
[6.91] WAIT, J. R. et al., Fields of a magnetic dipole immersed in a semi-infinite conducting medium. J. Geoph. Res. *58* (1953).
[6.92] WAIT, J. R., Introduction to the theory of VLF propagation. Proc. Inst. Radio Engrs. *50*, 1624—1647 (1962).
[6.93] WARD, S. H. et al., Prospecting by use of natural alternating magnetic fields of audio and sub-audio frequencies. Trans. Can. Inst. Min. Metall *61*, 261—268 (1958).
[6.94] WARD, S. H., AFMAG-airborne and ground. Geophysics *24*, 761—789 (1959).
[6.95] WARD, S. H., Unique determination of conductivity susceptibility, size and depth in multifrequency electromagnetic exploration. Geophysics *14*, 531—546 (1959).
[6.96] WARD, S. H., The electromagnetic method. Mining Geophysics *2*, 224 bis 372 (1967).
[6.97] WARD, S. H., Electromagnetic theory for geophysical applications. Min. Geoph. *2*, 10—196 (1967).
[6.98] WARD, S. H., AFMAG-interpretation. Geophysics *33*, 621—644 (1968).

[6.99] WATT, A. D., VLF. Radio Engineering *1967*, 701ff.
[6.100] WESLEY, J. P., Response of dike to oscillating dipole. Geophysics *23*, 129–133 (1958).
[6.101] WEST, G. F., Quantitative interpretation of electromagnetic measurements. Ph. D. Thesis. Toronto (1960).

Abschnitt 6.4.2

[6.102] ANDERS, W., Beiträge zur Methodik der geologischen Erkundung mit induzierter Polarisation unter Verwendung von Wechselströmen. Dissertation Freiberg.
[6.103] ANDERS, W., Zur scheinbaren induzierten Polarisation im 2-Schichtfall bei Anwendung von Wechselströmen variabler Frequenz. Geophysik und Geologie *5*, 17–21 (1963).
[6.104] ANDERS, W., Zur Entwicklung eines komplexen Erdungsmessers. Geophysical Prospecting *13*, 592 (1965).
[6.105] BERTIN, J., Some aspects of induced polarization (time domain). Geophys. Prosp. *16*, 401ff. (1968).
[6.106] BERTIN, J. et al., Transients and field behaviour in induced polarization. Geophys. Prosp. *17*, 488ff. (1969).
[6.107] BITTERLICH, W., Endbericht des VLF-Forschungsprojektes Innsbruck. U.S. contract 61(052)-902, Innsbruck, 1968.
[6.108] BITTERLICH, W., Jahresbericht des VLF-Projektes Innsbruck. U.S. contract 61(052)-902, Innsbruck, 1969.
[6.109] BLEIL, D. F., Induced polarization: A method of geophysical prospecting. Geophysics *18*, 636–661 (1953).
[6.110] BUCHHEIM, W., Zur Theorie der induzierten galvanischen Polarisation elektrisch aktiver Imprägnationserze. Freib. Forschh. *C28*, 5–14 (1956).
[6.111] BUCHHEIM, W., Theoretische Betrachtungen und Versuche zur Unterscheidung elektrolytischer und metallischer Stromleitung im Boden beim Schürfen auf Sulfiderze. Geologie *3* (1954).
[6.112] GEORGEL, J. M., Polarisation provoquée et recherche minière. Bulletin BRGM *5* (1967).
[6.113] Geoscience Incorporated, Theoretical two-dimensional resistivity and induced polarization profiles. Techn. Bull. 12. Cambridge, Massachusetts: 1965.
[6.114] GRIM, R. E., Clay mineralogy. New York: 1953.
[6.115] HALLOF, P. G., On the interpretation of resistivity and induced polarization results. Doctoral Thesis (1957).
[6.116] HALLOF, P. G., The uses of induced polarization in mining exploration. Trans. AIME *217*, 319–327 (1960).
[6.117] HALLOF, P. G., A comparison of the various parameters employed in the variable frequency induced polarization method. Geophysics *24*, 425–434 (1964).
[6.118] HALLOF, P. G., The proper choice of frequencies for induced polarization measurements. Meeting SEG, Dallas: 1965.
[6.119] HALLOF, P. G., An appraisal of the variable frequency *IP* method after twelve years of application. Symp. on IP, Univ. of California (1967).
[6.120] HALLOF, P. G., The use of geophysics to locate sulphide mineralization at depth. Meeting KEGS, Toronto: 1969.
[6.121] HALLOF, P. G., A geophysical case history of the Lakeshore Orebody. Meeting SEG, New Orleans: 1970.
[6.122] HEUKEL, R. E. et al., Experiments in induced polarization. Min. Eng. Trans. AIME *9* (1957).

[6.123] Komarov, V. A., Prospection of ore deposits by induced polarization method (in Russisch). Moskau: Nedra Publisher. **1964**.

[6.124] Loeb, J. et al., Induced polarization transients and geometrical field behaviour. Archives CGG, September **1966**.

[6.125] Loeb, J. et al., Induced polarization. Lumped circuit parameters, analog models and equations of *EM* fields. Geoexploration (**1970**).

[6.126] Madden, T. R. et al., Induced polarization. A review. MIT Report (**1963**).

[6.127] Marshall, D. J. et al., Induced polarization, a study of its causes. Geophysics *24* (**1959**).

[6.128] Nosske, G., Eine neue leichte Feldausrüstung für die induzierte Polarisation mit Gleichstromimpulsen. Z. angew. Geol. *5*, 528ff. (**1959**).

[6.129] Polyakov, A. C., Sur la question des potentiels électriques provoqués dans les minerais. Edition Scientifique de l'Institut de Recherches Géophysiques. Moscou: **1951**.

[6.130] Roussel, J., Etude sur modèles réduits des phénomènes de polarisation provoquée. Ann. de Géophysique *18* (**1962**).

[6.131] Roussel, J., Application de la technique transitoire de polarisation provoquée à la recherche de gites métalliferes à faible teneur. Ann. de Géophysique *23* (**1967**).

[6.132] Sakovtsev, G. P., De l'emploi de la méthode des potentiels provoqués lors des recherches de gisements de sulfures. Inst. Min. Sverdlovsk. Ed. Techn. Scientif. de l'Etat, Geologie et Prospection des Gisements. Moscou: **1955**.

[6.133] Schrage, J., Experimentelle Untersuchungen zur induzierten galvanischen Polarisation an Sulfiderzen. Freib. Forschh. *C28* (**1956**).

[6.134] Seigel, H. O., Induced polarization and its role in mineral exploration. The Canadian Mining and Metallurgical Bulletin, April **1962**.

[6.135] Seigel, H. O., Three recent Irish discovery—case histories using pulse type induced polarisation. Can. Min. Metall. Bull. November **1965**.

[6.136] Seigel, H. O. et al., Discovery case history of the pyramide ore bodies pine point, Northwest Territories, Canada. Geophysics *33*, 645—656 (**1968**).

[6.137] Sumi, F., Geophysical exploration in mining by induced polarization. Geoph. Prosp. *7* (**1959**).

[6.138] Sumi, F., The induced polarization method in ore investigation. Geoph. Prosp. *9* (**1961**).

[6.139] Sumi, F., Prospecting for non-metallic minerals by induced polarization. Geoph. Prosp. *13*, 592ff. (**1965**).

[6.140] Vogler, G., Die Grenzen der Anwendung von Erdungsmessern für Aufgaben in der angewandten Geophysik. Z. f. Geophysik *24*, 184—196 (**1958**).

[6.141] Wait, J. R., Overvoltage research and geophysical applications. Pergamon Press. **1959**.

7. Einsatz elektronischer Hilfsmittel bei Vermessungsarbeiten im Bergwerk

Es gibt zahlreiche Methoden zur Bestimmung der Koordinaten eines Punktes im Erdinneren. Am häufigsten wird ein Theodolit- oder Kompaßzug angewendet, bei dem mit Hilfe von Strecken- und Winkelmessungen die Lage dieses Punktes zu einer Basisstrecke, die sich zumeist außerhalb des Bergwerks befindet, bestimmt wird. Vermessungen mit dem Theodoliten zeichnen sich durch hohe Genauigkeit aus, sind aber sehr zeitaufwendig. Das Arbeiten mit dem Kompaß wird in der Nähe größerer Eisenmassen, wie Gleisen, Rohrleitungen oder Eisenschalungen, problematisch, in der Nähe von gleichstrombetriebenen Grubenbahnen sogar oftmals überhaupt unmöglich gemacht. Beide Methoden setzen ferner voraus, daß der zu lokalisierende Punkt für einen Menschen zugänglich ist.

Wo die konventionelle Vermessungstechnik zu zeitraubend oder aufwendig oder gar unmöglich ist und wo die Ansprüche auf die erreichbare Genauigkeit nicht zu hoch sind, werden elektronische Hilfsmittel die konventionelle Vermessungstechnik wertvoll ergänzen.

7.1 Bohrlochortung [7.1]

Eine im Bergbau oft gestellte Aufgabe ist es, von einem höher gelegenen Horizont eine Zielbohrung auf einen tiefer gelegenen Grubenort niederzubringen. Weist das durchbohrte Gestein unterschiedliche Härtegrade auf oder sind Klüfte und Verwerfungen vorhanden, so wird häufig der Zielort verfehlt. Bei Schrägbohrungen gibt das Gewicht des Bohrgestänges Anlaß zur Abweichung von der Bohrrichtung. Der Verlauf der Bohrung kann nun mit Hilfe eines Spezialgerätes ausgemessen und in die Grubenkarte eingetragen werden. Diese Methode ist aber zeitaufwendig, kostspielig und ungenau. In einem geologisch unruhigen Gebiet kann auch die trigonometrische Vermessung, gestützt auf eine weit entfernte Bezugsbasis, Anlaß zu Fehlern geben.

Die nachstehend beschriebenen elektronischen Methoden vermeiden diese Fehlerquellen und beanspruchen wenig Zeit. Dabei werden die Koordinaten des Bohrlochendpunktes in Bezug auf eine Hilfsbasis in der Nähe dieses Punktes auf elektrischem Wege bestimmt. Voraussetzung ist ein elektrisch homogenes Medium im Zielgebiet.

7.1.1 Grundlagen

Das Ortungsverfahren besteht in der Ausmessung eines elektrischen Strömungsfeldes, das von einer Gleichspannungsquelle zwischen zwei Elektroden erzeugt wird.

In einem homogenen leitenden Medium befinden sich in großer Entfernung voneinander die Elektroden E_1 und E_2, durch die der Strom I fließt. Die Stromdichte i im Abstand r ist

$$i = \frac{I}{4\pi r^2} \tag{7.1}$$

mit $i = \sigma \cdot E$ und $E = \nabla u$ wird das elektrische Potential im Punkt P:

$$u = \frac{I}{4\pi\sigma r}, \tag{7.2}$$

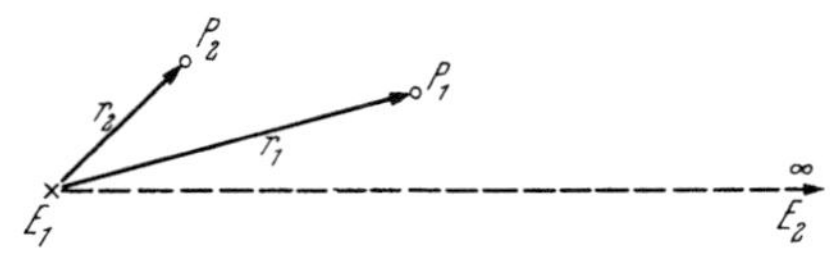

Abb. 7.1. Elektroden und Aufpunkte im Vollraum

σ ist die Leitfähigkeit des Mediums. Die Potentialdifferenz zwischen zwei Punkten P_1 und P_2 (= Meßspannung U), siehe Abb. 7.1, ist

$$U = U_1 - U_2 = \frac{I}{4\pi\sigma} \cdot \left(\frac{1}{r_2} - \frac{1}{r_1}\right) = \frac{1}{4\pi\sigma} k. \tag{7.3}$$

Diese Gleichung ist streng gültig in einem unendlich ausgedehnten homogenen Vollraum und bei unendlichem Abstand der Elektroden. Wenn die Störung der idealen Stromverteilung durch eine Begrenzungsfläche vernachlässigt werden kann, insbesondere also, wenn die Begrenzungsfläche einem kleinen Hohlraum im leitenden Medium angehört, so ist die Spannung zwischen zwei Meßpunkten außer von den meßbaren Größen σ und I nur von den geometrischen Abständen r_1 und r_2 zwischen den Aufpunkten und der Elektrode abhängig. Jede nach dem Verfahren vorgenommene Spannungsmessung liefert also eine geometrische Beziehung zwischen den Abständen zweier Aufpunkte von der Elektrode an dem zu ortenden Punkt, mittels weiterer geometrischer Beziehungen aus der bekannten gegenseitigen Lage der Auf(= Meß)-punkte läßt sich die Lage der Elektrode leicht bestimmen.

Ohne weitere Rechnung läßt sich aus Gl. (7.3) entnehmen, daß die Spannung relativ zu einem beliebigen festgehaltenen Punkt P_1 (mit Abstand r_1) für den Punkt P_2 ein Extremum annimmt, dessen Abstand r_2 zur Stromquelle einen Extremalwert hat.

Wird die Bedingung Entfernung E_1E_2 größer als 10 r_1 bzw. 10 r_2 und sind auch die Hohlräume nicht zu groß, so liegt der damit gemachte Fehler innerhalb der Meßgenauigkeit.

Sollte z. B. ein Bohrloch einen Stollen treffen und ist fehlgegangen, so ergibt sich folgende Geometrie (Abb. 7.2): Die Stromelektrode E_1 befindet sich am Ende des Bohrloches, E_2 an dessen Anfang, bzw. in einiger Entfernung von ihm. Die Punkte P_1 und P_2 liegen auf einer Begrenzungsfläche, die dem Stollenulm entspricht. Die x-Koordinate in Abb. 7.2 verläuft in Richtung der Begrenzungsfläche. Die y-Koordinate steht auf ihr senkrecht. In der vertikalen y-z-Ebene liegt der Punkt E_1. Die Hilfsgröße k ist folgendermaßen bestimmt:

$$k = \frac{1}{r_2} - \frac{1}{r_1} = \frac{1}{\sqrt{a^2 + d_2^2}} - \frac{1}{\sqrt{a^2 + d_1^2}}, \tag{7.4}$$

für $d_2 = 0$ wird k maximal:

$$\frac{\partial k}{\partial d_2} = \frac{2d_2}{(\sqrt{a^2 + d_2^2})^3} = 0. \tag{7.5}$$

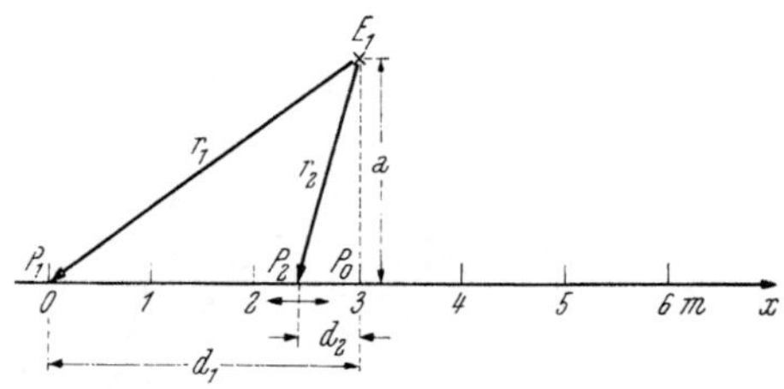

Abb. 7.2. Berechnung des Abstandes a

Das maximale k drückt sich gemäß Gl. (7.3) in einer maximalen Spannung U zwischen den Punkten P_1 und P_2 aus. Durch Spannungsmessung am Ulm des Stollens kann folglich die Koordinate x bestimmt werden. Für den Abstand a des Bohrlochendes vom Ulm ergibt sich aus

$$k_{\text{max}} = \frac{1}{a} - \frac{1}{\sqrt{a^2 + d_1^2}} = \frac{4\pi\sigma}{I} \cdot U \tag{7.6}$$

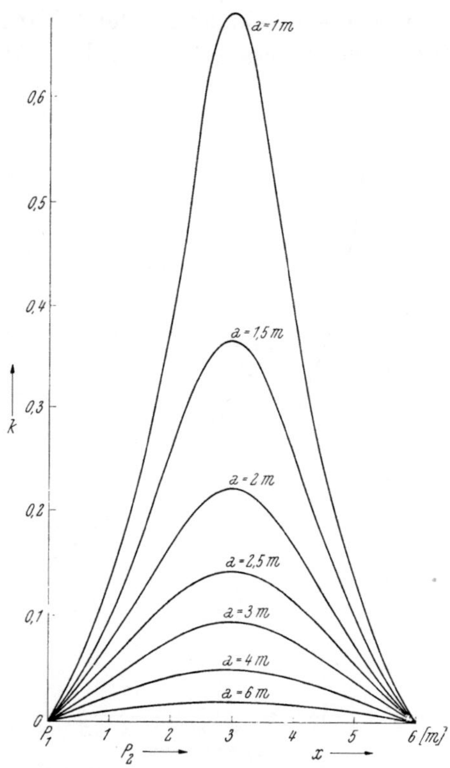

Abb. 7.3. Diagramm zur Ermittlung kleiner Abstände a

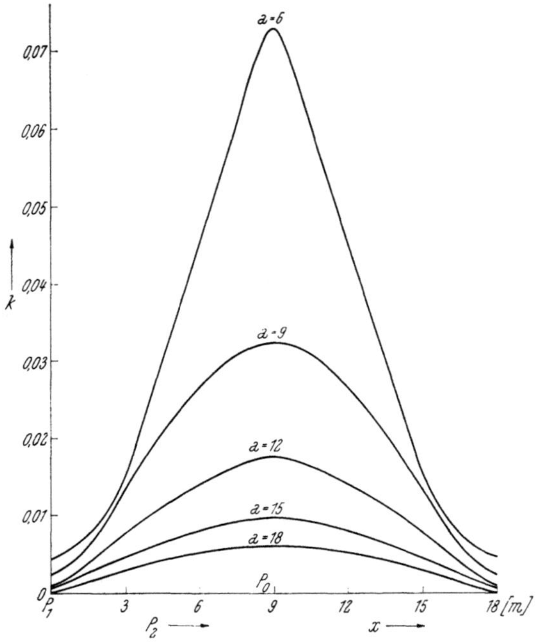

Abb. 7.4. Diagramm zur Ermittlung großer Abstände a

eine Gleichung vierten Grades. Für den praktischen Gebrauch ist eine graphische Methode zur Bestimmung von a zweckmäßig. Durch Variation von d_2 bei konstantem d_1 können Kurven für k ausgerechnet werden. Abb. 7.3 zeigt Kurven-

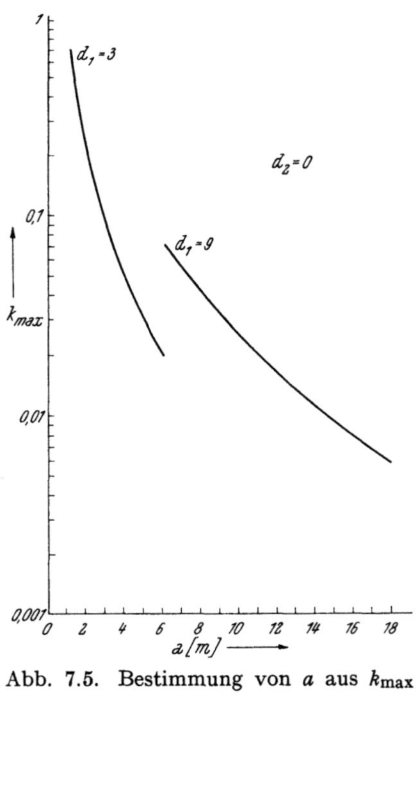

Abb. 7.5. Bestimmung von a aus k_{max}

scharen für geringe Distanzen von a, Abb. 7.4 für größere. Wie man aus den Diagrammen erkennt, muß bei größeren Werten von a, also bei einer größeren Fehlbohrung, die Strecke d_1 größer gewählt werden. Abb. 7.5 zeigt ein Diagramm für k_{max} nach Gl. (7.6). Als Parameter wurde für geringe Entfernungen zum Bohrlochende $d_1 = 3$ m, für größere $d_1 = 9$ m gewählt.

Mit Gl. (7.3) wird durch Spannungsmessung längs der Strecke x eine Kurve für k ermittelt, die durch Vergleich mit den Kurven in den Diagrammen den gesuchten Wert für a finden läßt.

7.1.2 Der Meßvorgang

An Hand eines Beispiels soll der Meßvorgang besprochen werden. Eine Bohrung hat einen Stollen verfehlt. Abb. 7.6 zeigt die Situation. Die Meß-

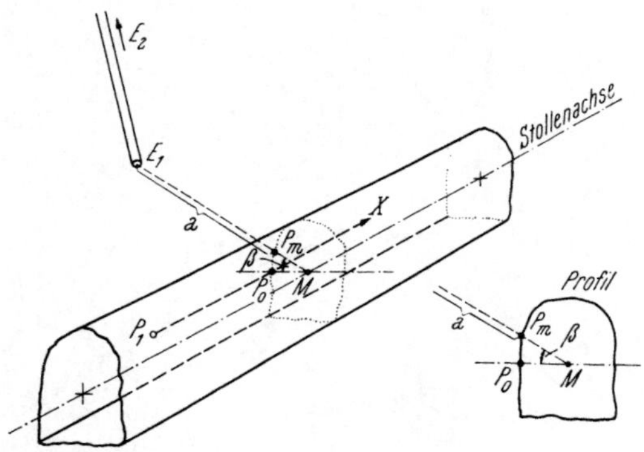

Abb. 7.6. Meßsituation bei der Bohrlochortung

ausrüstung besteht aus einer Gleichspannungsquelle, „Sender" genannt, und einem „Empfänger", ein Gleichspannungs-Kompensations-Millivoltmeter. Die Geräte wurden auf S. 202ff ausführlich beschrieben. Für die Bestimmung der Entfernung des Bohrlochendes vom Stollen wird die Gesteinsleitfähigkeit σ benötigt. Ist diese nicht bekannt, so kann sie mit einer Vierpunkt-Wenner-anordnung nach Abb. 7.7 mit $d = 0{,}5$ m bestimmt werden (siehe hiezu Abschnitt 5.1.1, S. 191).

$$\sigma = I/2\pi d \cdot U. \tag{7.7}$$

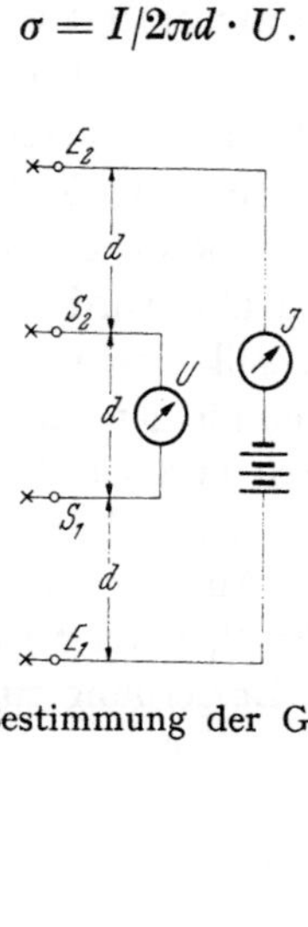

Abb. 7.7. Zur Bestimmung der Gesteinsleitfähigkeit

Wegen der meist vorhandenen Inhomogenität des Gesteins ist es günstig, mehrere Messungen durchzuführen, wobei die gesamte Meßanordnung jeweils um 0,5 m verschoben wird, und das aus den erhaltenen Werten gebildete arithmetische Mittel von σ zur Berechnung von k in Gl. (7.3) einzusetzen. Wie später erklärt wird, ist bei dieser Messung die Nullspannung zu berücksichtigen.

Abb. 7.8. Am Beginn des Bohrloches aufgestellter Gleichspannungswandler

Für die Ortung des Bohrloches wird der Sender am Bohrlochbeginn aufgestellt. Abb. 7.8 zeigt den DC-Wandler als „Sender" neben einem Bohrloch, das bereits mit einem dickwandigen Plastikschlauch verrohrt ist. Der Minuspol der Ausgangsgleichspannung wird mit einer Kupferblech- oder Geflechtelektrode verbunden, die im Boden verscharrt wird. Die zweite Elektrode wird an einem isolierten Kabel zum Bohrlochende hinabgelassen. Wichtig ist, daß die Elektrode (E_1) am Bohrlochende aufsitzt und Kontakt mit dem Gestein hat. Durch Nachgießen von Wasser in das Bohrloch kann der Übergangswiderstand Elektrode-Gestein verringert werden. Das Kabel wird mit dem Pluspol des Senders verbunden. Die Bohrlochelektrode soll eine möglichst große Kontaktfläche mit der Bohrlochwand bilden. Zu empfehlen sind Elektroden, die sich bei Zugentlastung in mehreren Segmenten auseinanderspreizen.

Der Sender wird im kontinuierlichen Betrieb auf maximalen Strom I eingestellt und dieser Wert notiert. Auf der Empfängerseite, also im angezielten Stollen, wird der Elektrodenpunkt P_1 vorerst so gewählt, daß er sicher entfernt vom Punkt P_0 mit der kürzesten Entfernung zum Bohrlochende liegt. Abb. 7.9

zeigt das Kompensationsmillivoltmeter als „Empfänger“ während einer Messung. P_1, ein im Boden verscharrtes Kupferblech, wird mit dem Minuspol verbunden. Mit einer Stahlbürste, die man an die Stollenwand drückt, wird längs der x-Koordinate der Punkt mit maximaler Spannung gesucht und markiert. Wegen der Unsicherheit in der Bestimmung des Maximums besonders bei größeren

Abb. 7.9. Kompensationsmillivoltmeter

Entfernungen zum Bohrlochende, empfiehlt sich die Ausmessung eines vollständigen Spannungsprofils längs der x-Richtung. Damit ist die kürzeste Verbindungslinie a zum Bohrlochendpunkt gefunden. Sie steht senkrecht auf der x-Richtung. Der Punkt maximaler Spannung wird mit P_0 bezeichnet. Ist die Bohrlochelektrode sehr nahe an der Stollenwand, so kann die Sondenspannung unter Umständen so hoch sein, daß sie über dem Meßumfang des Millivoltmeters liegt, eine Nullkompensation ist nicht mehr möglich. In diesem Fall ist der Elektrodenstrom I auf die Hälfte herabzusetzen.

In den meisten Fällen wird die Kenntnis dieses Punktes für den Bergbaubetrieb ausreichen, wenn das Bohrloch durch einen Streckenvortrieb erreicht werden muß. Wie aus den Diagrammen, Abb. 7.3 und 7.4 zu sehen ist, läßt sich aus der Steilheit des Spannungsanstieges bereits während des Meßvorganges die Länge der Strecke a abschätzen. Wichtig ist jedoch die Kenntnis, ob das Bohrloch links oder rechts am Stollen vorbeigegangen ist. Zur Bestimmung dieser Richtung wird der Punkt maximaler Spannung längs einer Profillinie gesucht, die durch P_0 geht und eine Ebene einschließt, die senkrecht auf der

x-Richtung steht, Abb. 7.6. Die Verbindungslinie Stollenmittelpunkt M — Punkt maximaler Spannung P_m gibt die Richtung zum Bohrlochende an. Dies gilt zunächst nur für einen kreisförmigen Querschnitt des Stollens, da nur für diesen ein Radiusvektor zu einem Punkt außerhalb des Kreises den kürzesten Abstand des Punktes vom Kreis angibt. Die Praxis hat jedoch gezeigt, daß die Aussage mit hinreichender Genauigkeit für die vorkommenden, meist unregelmäßigen Stollenprofile gültig ist. Der Winkel der Verbindungslinie mit der Horizontalen ist β.

Soll die Länge der Strecke a bestimmt werden, so muß der Punkt P_1 in eine Entfernung von P_0 gebracht werden, die einem der beiden k-Diagramme entspricht. War bei der Ermittlung von P_0 der Spannungsanstieg steil, so wird P_1 3 m von P_0 entfernt gewählt. Von P_0 werden nach links und rechts im Abstand von 50 cm Stahlnägel in die Felswand geschlagen und der 3 m-Nagel (P_1) mit dem Millivoltmeter verbunden. Bei flachem Spannungsmaximum wird P_1 entsprechend dem Diagramm Abb. 7.4 9 m entfernt von P_0 gewählt und die Stahlnägel in 1 m Abständen eingeschlagen. Nun wird in x-Richtung fortschreitend die Spannung zwischen P_1 und den einzelnen Nägeln gemessen, der Sender wird dabei auf intermittierenden Betrieb umgeschaltet. Bei jedem Nagel wird bei eingeschaltetem Sender die Meßspannung, bei abgeschaltetem die Nullspannung gemessen. Da die Nullspannung negative und positive Werte annehmen kann, ist in das Millivoltmeter ein Schalter mit zwei Schaltstellungen (—) und (+) eingebaut, mit welchem die Anschlüsse P_1 und P_2 kommutiert werden können. Mißt man die Spannung in der Schalterstellung (—), so ist die Nullspannung von der Meßspannung zu subtrahieren, wenn sie ebenfalls in der Stellung (—) meßbar ist, jedoch zu addieren, wenn sie in der Stellung (+) meßbar ist. Nach Gl. (7.3) werden alle Werte für die so gewonnene Sondenspannung U mit dem Faktor $4\pi\sigma/I$ multipliziert. Die erhaltenen Werte werden als Funktion von x im gleichen Maßstab wie die gerechneten Diagramme in transparentes Millimeterpapier eingetragen. Die erhaltene Kurve wird durch Deckung mit den gerechneten verglichen. Einfacher, zeitsparender, aber weniger genau, ist die Bestimmung von a nur aus der maximalen Spannung in P_0 mit dem Diagramm für k_{max} (Abb. 7.5).

Im Zeitraume von einer Stunde können die drei Koordinaten des Endpunktes einer verlorengegangenen Bohrung ermittelt werden.

7.1.3 Andere Meßverfahren

A. Eine Methode für weite Bohrlöcher

Die Methode der Bestimmung der Richtung eines künstlich erzeugten Magnetfeldes bietet ebenfalls Möglichkeiten, das Ende von fehlgelaufenen Bohrlöchern zu finden.

Dr. H. Baule, Bochum, beschrieb ein einfaches Verfahren, bei dem ein kardanisch aufgehängter Elektromagnet an einem zweiadrigen Gummikabel in das Bohrloch abgesenkt wird. Ein kräftiger Generator speist den Magneten mit einer Wechselspannung von 400 Hz. Am Grubenort, der durch das Bohrloch hätte getroffen werden sollen, wird eine um eine vertikale Achse drehbare Rahmenspule aufgestellt und elektrisch mit dem Eingang eines Niederfrequenzverstärkers verbunden, an dessen Ausgang ein Kopfhörer angeschlossen ist. Die Anordnung entspricht einem offenen Transformator: Primärwicklung = Elektromagnet, Sekundärwicklung = Peilrahmenspule. Die im Peilrahmen induzierte Spannung ist von der Kraftliniendichte in seinem Inneren abhängig. Durch Drehen des Peilrahmens kann eine minimale Spannung (= minimaler Ton im Kopfhörer) gesucht werden. In dieser Stellung zeigt die Normale auf die Spulenebene zum Elektromagneten im Bohrloch. Werden solche Peilungen an mehreren vermessenen Punkten durchgeführt, ist durch das entstandene trigonometrische Netz die Lage des Elektromagneten eindeutig bestimmt. Ein Höhenwinkel kann nicht angegeben werden.

Diese Methode ist jedoch nur für Bohrlöcher mit großem Durchmesser geeignet, denn der Elektromagnet muß, um ein großes magnetisches Moment zu besitzen, entsprechend lang sein.

B. Eine Methode für enge Bohrlöcher [7.6]

Unser Mitarbeiter, Dr. N. NESSLER, entwickelte ein Peilverfahren, das auch in ganz engen Bohrlöchern anwendbar ist.

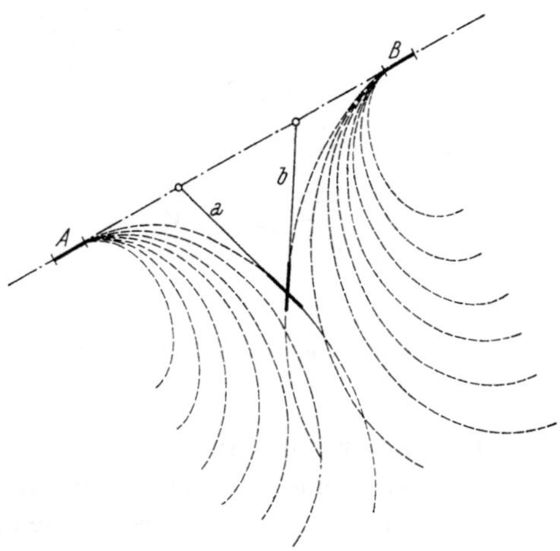

Abb. 7.10. Feldlinien

Diese Methode verlangt zu ihrem Verständnis (nicht zu ihrer Bedienung) Kenntnisse über elektromagnetische Wellenausbreitung, siehe Abschnitt 4.1. In das Bohrloch wird ein ca. 1 m langer stabförmiger und lamellierter Eisenkern abgesenkt, der mit isoliertem Draht bewickelt ist. Dieser Elektromagnet oder magnetische Dipol wird über ein zweipoliges Kabel von einem Niederfrequenzgenerator gespeist.

Wie bei der vorher besprochenen Methode wird auch hier der magnetische Dipol von einem Grubenort aus angepeilt, den das Bohrloch hätte treffen sollen. Die beiden Peilpunkte oder Aufpunkte I und II sind durch die Basisstrecke verbunden, die, um das Meßproblem lösbar zu machen, die verlängerte Dipolachse weder schneiden, noch zu ihr parallel liegen darf. Das Fehlen der kardanischen Aufhängung macht die Lage des Dipols im Bohrloch vorerst undefiniert. Wie die Theorie der Wellenausbreitung (siehe Kapitel 4) zeigt, liegen alle Feldlinien eines Dipols auf Meridianebenen. Tangenten an die Feldlinien treffen folglich immer die verlängerte Dipolachse, siehe Abb. 7.10. Die Tangentenrichtung ist durch Peilung bestimmbar, denn bei ihr wird die in der Peilantenne induzierte Spannung maximal. Die Messung geht folgendermaßen vor sich. Der Sendedipol wird zum Bohrlochende abgesenkt, Lage A, und in den beiden Aufpunkten I und II die Tangentenrichtungen a und a' bestimmt. Nun wird der Sendedipol um einige Meter hochgezogen, Lage B in Abb. 7.11, und in den

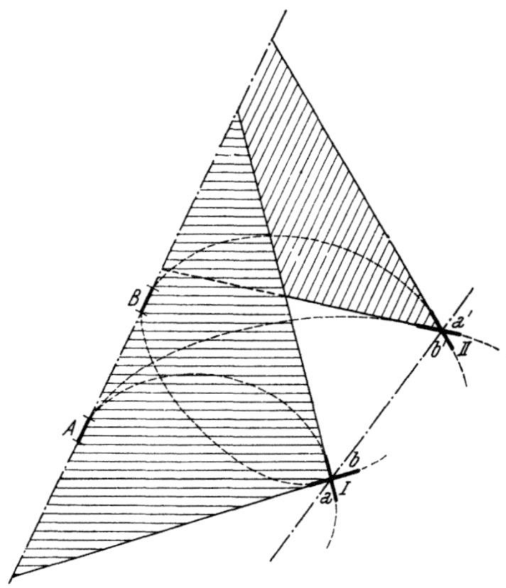

Abb. 7.11. Die Schnittlinie zweier Meridianebenen ist die Dipolachse

Aufpunkten wiederum die Tangentenrichtungen b und b' bestimmt. Durch die beiden Tangentenrichtungen a und b ist eine Meridianebene definiert, eine zweite durch a' und b'. Die Schnittlinie dieser beiden Meridianebenen ist identisch mit der Dipolachse und ihrer Verlängerung. Die Ortung des Dipols ist nun mit Hilfe eines Feldliniendiagrammes möglich. Abb. 7.12 zeigt ein Beispiel. Dabei wird die Verschiebung des Sendedipols von A nach B durch eine Verschiebung des Aufpunktes von A nach B ausgedrückt.

Die Richtung der Feldlinien ist durch die Gleichung

$$\frac{dr}{r\,d\vartheta} = \frac{H_r}{H_\vartheta} = \frac{2m\exp(-\beta_2' r)\cdot\cos\vartheta\cdot(1/r^3)}{m\exp(-\beta_2' r)\cdot\sin\vartheta\cdot(1/r^3)} = 2\,\mathrm{ctg}\,\vartheta, \qquad (7.8)$$

gegeben. Dabei bedeutet: H_r und H_ϑ die Feldstärken, r die Entfernung Sende- zu Empfangsantenne, ϑ der Winkel zwischen Sendedipol und Radiusvektor zum Aufpunkt, β' die komplexe Materialkonstante, m das magnetische Moment der Sendeantenne.

Diese Gleichung integriert ergibt

$$r = a\cdot\sin^2\vartheta. \qquad (7.9)$$

a ist der Parameter der Feldlinien.

Der Maßstab des Feldliniendiagrammes kann beliebig gewählt werden. Über die Winkelmessungen siehe Kapitel 4.

Welche Methode zur Auffindung eines verloren gegangenen Bohrloches angewandt werden soll, hängt von den elektrischen Eigenschaften des Gesteins im durchbohrten Gebiet ab. Bei bergfeuchtem Gestein, oder Gestein mit mittlerer elektrischer Leitfähigkeit, etwa 10^{-3} bis 10^{-5} wird man die einfachere und schnellere Gleichstrommethode verwenden. In Gebieten mit sehr geringer Leitfähigkeit, etwa in Salzlagerstätten, werden die Peilverfahren zu bevorzugen sein.

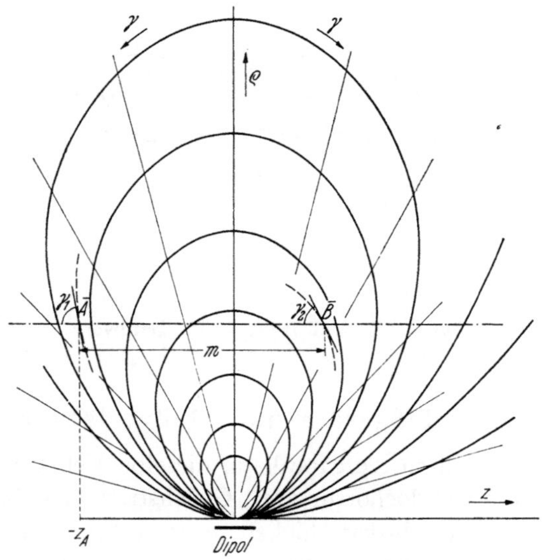

Abb. 7.12. Feldliniendiagramm

7.2 Streckenortung

Diese Vermessungsaufgabe soll an Hand eines Beispiels besprochen werden. In dem, seit dem 14. Jahrhundert in Betrieb befindlichen, sehr ausgedehnten Grubenrevier des Schwazer Silberbergbaues in Tirol wird derzeit Dolomit im Trichterabbau gewonnen. Von den umfangreichen mittelalterlichen Stollensystemen und Abbauzechen existiert nur ein spärliches Kartenmaterial über zusammen ca. 300 km Stollenlänge. So kommt es vor, daß bei Sprengarbeiten in den Schottertrichtern alte unbekannte Erzabbaue gelöchert werden. Kostspielige Umgehungen und zeitaufwendige Vermessungsarbeit sind damit verbunden. Als wieder eine derartige Situation eintrat, entschloß sich die Betriebsleitung, ein unkonventionelles elektronisches Vermessungsverfahren zum Einsatz zu bringen.

Bei der Vorrichtung eines neuen Trichters vermutete man in unbekannter Höhe und Richtung über dem First einen alten Stollen, dessen Löcherung die Bergleute in Gefahr bringen konnte (Abb. 7.13). Der alte Stollen war über einen weiten Weg — alte Schächte, Aufbrüche und Zechen — begehbar, doch hätte seine Vermessung mittels Theodolitzuges Wochen beansprucht, während derer die Arbeiten im Abbautrichter hätten ruhen müssen. Die Lage des alten Stollens zum Trichter und seine Höhe über dem First konnte mit dem elektronischen Meßverfahren in wenigen Stunden ermittelt werden.

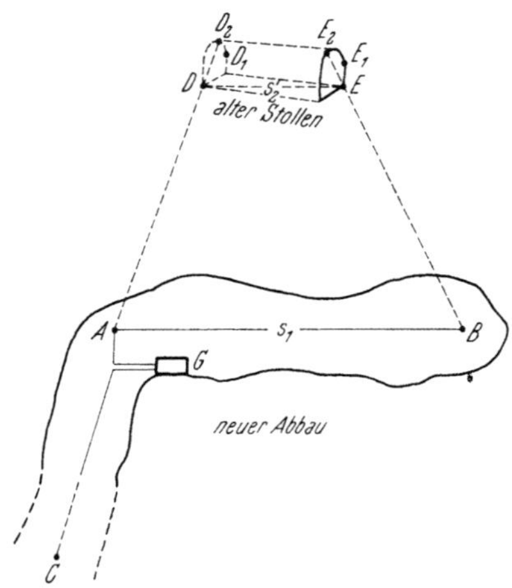

Abb. 7.13. Meßsituation im Bergwerk

7.2.1 Meßgeräte und Meßverfahren

Zur Lösung der gestellten Aufgabe kann dieselbe Meßausrüstung verwendet werden, wie sie für die Bohrlochortung mit Gleichstrom (7.1) beschrieben wurde. Da jedoch diesmal die Gesteinsleitfähigkeit nicht bestimmt werden braucht und die Berücksichtigung der Kontaktpotentiale zeitraubend ist, empfiehlt sich eine Messung mit Wechselstrom.

Abb. 7.14 zeigt das Schaltbild des Generators. Ein astabiler Multivibrator als Oszillator ist kapazitiv an einen Zwischenverstärker gekoppelt, der wiederum galvanisch mit den in Gegentakt arbeitenden Leistungstransistoren verbunden ist. Mit dem Übertrager wird die Spannung transformiert. Ein Gleichrichter auf der Sekundärseite gestattet die Entnahme von Gleichspannungen (25—400 V) und macht das Gerät in seiner Verwendung universeller. Die Wechselspannung ist von 25 bis 200 V einstellbar. Mit dem Schalter S_2 können Spannungsschritte von 25 V, mit S_3 solche von 2,5 V gewählt werden.

Die Spannung ist durch den dreistufigen Aufbau des Generators und die Gegenkopplung auf die Basis der Leistungstransistoren weitestgehend belastungsunabhängig. Durch die Trennung von Oszillator und Leistungsverstärker ist auch die Frequenz belastungsunabhängig. Die Kurvenform ist rechteckförmig, die Impulsfolgefrequenz beträgt 290 Hz. Die maximal entnehmbare Leistung beträgt 30 Watt. Als „Empfänger" wird ein batteriebetriebenes transistorisiertes Niederfrequenz-Millivoltmeter benützt. Um vagabundierende 50 Hz Ströme auszuschalten, ist es günstiger, die Spannungsmessung selektiv durchzuführen. Zum Millivoltmeter, einem industriellen Erzeugnis, wurde ein kleiner Zusatz gebaut, dessen Schaltung Abb. 7.15 zeigt. Die Eingangsimpedanz ist durch den Impedanzwandler (Darlingtonverstärker) hochohmig. Der Schwingkreis zur Selektion ist in engen Grenzen verstimmbar. Der Generator G wird als „Sender" am oberen Ende des Abbautrichters aufgestellt, Abb. 7.13. Der eine Pol der Ausgangsspannung wird mit einer im Schutt vergrabenen Kupferelektrode verbunden, die sich in einer Mindestentfernung von 50 m vom Sender befindet — Punkt C. Der andere Pol wird wahlweise mit am Felsen befestigten Elektroden A und B verbunden, die sich auf einer Horizontalen in der Entfernung s_1 befinden. Die Elektrode A (oder B) stellt einen sogenannten elektrischen Monopol dar, von dem angenähert radiale elektrische Stromlinien ausgehen.

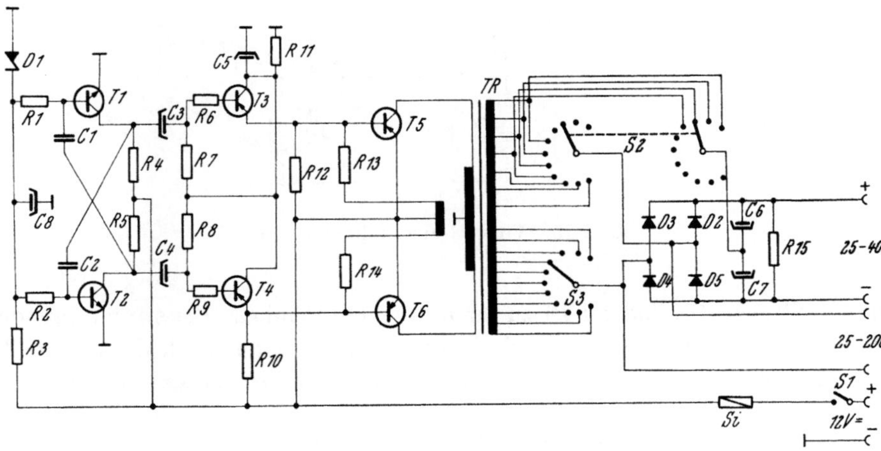

Abb. **7.14.** Schaltbild des Generators

Stückliste

R1	8,2 kΩ	D1	OAZ 203
R2	8,2 kΩ	D2	ECO — 0204
R3	500 Ω	D3	ECO — 0204
R4	500 Ω	D4	ECO — 0204
R5	500 Ω	D5	ECO — 0204
R6	800 Ω		
R7	15 kΩ	T1	2 N 2926
R8	15 kΩ	T2	
R9	800 Ω		
R10	100 Ω 1 W	T3	AC 128 K
R11	100 Ω 2 W	T4	
R12	100 Ω 1 W		
R13	150 Ω 1 W	T5	AS 716
R14	150 Ω 1 W	T6	
C1	0,25 μF	Si 4A	
C2	0,25 μF		
C3	100 μF	Transformator TR	
C4	100 μF	Kern M 74 Dyn IV, 0,35	
C5	500 μF	Primär:	30/1,3 bif.
C6	375 μF		5/0,4 bif.
C7	375 μF	Sekundär:	11 × 7/0,65
C8	500 μF		90/0,65
			6 × 60/0,55
		Windungszahl/Drahtdurchmesser	

Das Millivoltmeter befindet sich im alten Stollen. Ein Pol (die Masse) ist mit einer vom erwarteten Spannungsmaximum weit entfernten Elektrode verbunden. Mit dem anderen Pol wird am Ulm der Punkt maximaler Spannung gesucht, D_1. Jetzt wird an dieser Stelle am Stollenumfang der Punkt mit dem absoluten Spannungsmaximum D und dem relativen Spannungsminimum D_2 gesucht. Die Verbindungslinie D-D_2 zeigt direkt auf die stromführende Senderelektrode A, der Winkel der Vertikalen sei α_1. Da die Strecke DE in den Punkten maximaler Spannung eine Tangente an eine Äquipotentialfläche ist,

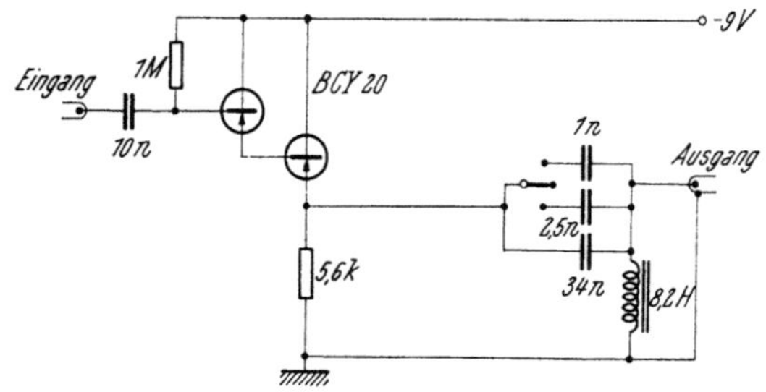

Abb. **7.15.** Vorsatz zum Millivoltmeter

steht die Strecke DA (oder EB) zu ihr im rechten Winkel. Bei stromführender Elektrode B wird die Messung im Stollen wiederholt. Man erhält die Punkte E, E_1, E_2 und den Winkel α_2. Die Verbindung D-$E = s_2$ wird in Metern gemessen.

7.2.2 Die Berechnung

Abb. **7.16** zeigt den Grund- und Aufriß der Meßsituation. Gegeben sind die Längen der Strecken s_1 und s_2, sowie die Werte der Neigungswinkel α_1 und α_2.

Gesucht sind die Höhe h und ein eventuell vorhandener Kreuzungspunkt K der beiden Strecken innerhalb des Meßbereiches. Die Richtung beider Strecken ist durch die auf Nord bezogenen Richtungswinkel γ_1 und γ_2 gegeben. Ob die beiden Strecken s_1 und s_2 sich kreuzen, ist bereits bei der elektrischen Messung feststellbar. Im Kreuzungsfall liegen die Punkte maximaler Spannung D und E auf verschiedenen Seiten des Stollens, wie Abb. **7.13** zeigt.

Aus den beiden Dreiecken ADD' und BEE' errechnen sich die Hilfsstrecken g_1 und g_2 zu

$$\operatorname{tg} \alpha_1 = g_1/h, \qquad \operatorname{tg} \alpha_2 = g_2/h. \tag{7.10}$$

Durch Parallelverschieben der Strecke s_2 am Grundriß bis zur Deckung von A mit D' erhält man das rechtwinkelige Dreieck ABE' mit den Seiten s_1, s_2, $g_1 + g_2$. Die Höhe h ist folglich bestimmt durch

$$h = \frac{1}{\operatorname{tg} \alpha_1 + \operatorname{tg} \alpha_2} \cdot \sqrt{s_1^2 - s_2^2}. \tag{7.11}$$

Kreuzen sich die Strecken innerhalb des Meßgebietes nicht, so lautet der Nenner $\operatorname{tg} \alpha_1 - \operatorname{tg} \alpha_2$, wenn $g_1 > g_2$ ist. Der Kreuzungspunkt K ist durch den Abstand k vom Punkt A bestimmt.

$$\beta = \gamma_1 - \gamma_2$$
$$\cos \beta = s_2/s_1. \tag{7.12}$$

Mit Gl. (7.10) und (7.12) wird

$$k = h \cdot \operatorname{tg} \alpha_1 / \sin \beta \tag{7.13}$$

(β ist der Schränkungswinkel).

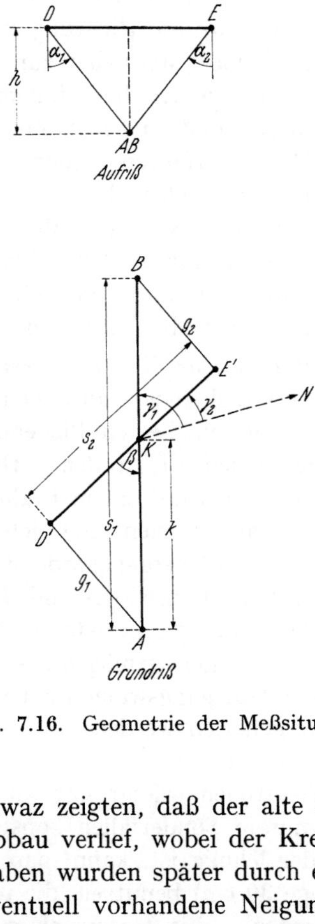

Abb. 7.16. Geometrie der Meßsituation

Die Messungen in Schwaz zeigten, daß der alte Stollen in einer Höhe von 8,6 m über dem neuen Abbau verlief, wobei der Kreuzungspunkt 5,3 m von A entfernt war. Diese Angaben wurden später durch eine Erweiterung der Kieszeche bestätigt. Eine eventuell vorhandene Neigung des Stollens braucht in den meisten Fällen wegen der geringen Entfernung der Meßpunkte nicht berücksichtigt werden. Die Berücksichtigung einer starken Neigung ist ein geometrisches, aber kein elektronisches Problem.

So kann diese elektronische Methode manches Vermessungsproblem im Bergbau auf einfache und schnelle Weise lösen.

7.3 Verfolgung von Erzblättern [7.5]

Zur Erzprospektion — speziell zur Erfassung der Größe einer Lagerstätte — ist es oft von besonderer Bedeutung, ein Erzvorkommen, z. B. einen Gang, der einmal angeschnitten wurde, weiter zu verfolgen. Wenn relativ „einfache“ geologische Verhältnisse vorliegen, kann man durch Ermittlung des Fallens und des Streichens über den Verlauf der Vererzung eine Angabe machen. Moderne Verfahren bedienen sich geo-chemischer Methoden, wobei eine große Anzahl von Gesteinsproben chemisch analysiert werden müssen. Über einen vermuteten Erzgang werden geo-chemische Profile gelegt, aus denen der Verlauf der Vererzung zu entnehmen ist — siehe z. B. LUKUAS [7.7]. Für die Verfolgung einer Kupfervererzung wurde von BITTERLICH und WÖBKING [7.3] ein besonderes Verfahren erarbeitet, das im Felde zur Anwendung kommen kann. Manchmal gelingt es mit Hilfe von geophysikalischen Verfahren (Seismik, Gravimetrie und magnetometrischen Messungen), die Richtung einer Vererzung festzustellen. In diesem Abschnitt werden einige Methoden zur Richtungsbestimmung von Vererzungen beschrieben, die auf elektrischen Meßverfahren beruhen. Der Vorteil dieser Methoden liegt darin, daß Aussagen über cm- bzw. m-Bereiche gemacht werden können. Diese Verfahren eignen sich zu Mikrobeprobungen, die für Bergbaue im mitteleuropäischen Raum von großer Bedeutung sind. Als Nachteil erweist sich, daß die elektrischen Methoden nur dann angewandt werden können, wenn sich das Erz hinsichtlich seiner elektrischen Leitfähigkeit deutlich vom umgebenden tauben Gestein unterscheidet.

An Hand einiger Beispiele sollen die Verfahren erörtert werden.

a) Richtungsbestimmung mit Hilfe von Widerstandsmessungen

Wird ein Gestein von zwei Elektroden, an denen eine bestimmte Spannung U Volt liegt, kontaktiert, so ist der im Gestein fließende Strom eine Funktion des Widerstandes zwischen den beiden Elektroden. Die Stromlinien im Gestein erfassen ein Gebiet, das einer Kugel mit einem Radius gleich dem halben Elektrodenabstand entspricht. Im allgemeinen setzt sich der gemessene Widerstand aus zwei Anteilen zusammen: dem Übergangswiderstand $R_Ü$ zwischen Elektrode und Gestein und dem reinen Gesteinswiderstand R_G; dabei kann der Wert von $R_Ü$ von derselben Größenordnung sein (oder auch größer) wie R_G. Um Aussagen über das relative elektrische Leitvermögen des zu untersuchenden Gesteins machen zu können, muß der Übergangswiderstand während der Messungen an allen Meßpunkten konstant gehalten werden.

Drei Fälle sind zu unterscheiden:

1. Der Kontakt der Elektroden erfolgt mit taubem Gestein. Der Übergangswiderstand ist dann nur in Sonderfällen konstant zu halten. Wenn der Boden schottrig, sandig oder lehmig ist, kann man als Elektrode eine Anzahl von Nägeln (⌀ 1 cm, Länge 30 cm) benutzen, die in den Boden eingeschlagen und parallel geschaltet werden. Wie Untersuchungen im Bergbau Großkogl bei Brixlegg gezeigt haben, tritt bei Verwendung von fünf Nägeln eine Abweichung von maximal 13% in der Stromaufnahme ein relativ zu den Strömen, die bei Verwendung von zwanzig Nägeln gemessen wurden. Bei einer Parallelschaltung von zehn Nägeln wurde die Abweichung 0% — man kann also offensichtlich mit Hilfe derartiger Elektroden den Übergangswiderstand konstant halten.

Wesentlich unkomplizierter liegen die Dinge, wenn man plattenförmige Elektroden im Bodenwasser der Strecken verwenden kann. Der Übergangswiderstand ist dann allein eine Funktion der Elektrodenform und der wirksamen Oberfläche. Hält man diese Parameter konstant, wird auch $R_Ü$ konstant bleiben — man kann den relativen Widerstand des Gesteins angeben.

Muß die Kontaktierung am anstehenden Felsen erfolgen, ist der Wert von $R_Ü$ kaum konstant zu halten.

2. Die Elektroden werden mit einer elektrisch gut leitenden Erzschicht kontaktiert.

In diesem Fall ist der Übergangswiderstand zwischen Erz und Elektroden etwa ähnlich hoch wie bei der Kontaktierung zweier Metalle; $R_{ü}$ liegt im Bereich von 10^{-3} bis 10^{-1} Ohm. Er ist gegenüber dem Gesteins-(Erz)-Widerstand zu vernachlässigen.

3. Eine Elektrode kontaktiert Erz, eine Elektrode kontaktiert taubes Gestein.

Für die Elektrode mit Kontakt auf taubem Gestein gilt dieselbe Betrachtung wie unter Punkt 1); für die Elektrode mit Erzkontakt gelten die Überlegungen unter Punkt 2).

Im Bergbau geht man so vor, daß man eine Elektrode im Erzblatt selbst oder in der Nähe desselben anbringt, die zweite Elektrode kontaktiert man längs eines Profils, das z. B. in einem anderen Horizont quer über das vermutete Erzblatt verläuft. An die Elektroden wird eine konstante Gleichspannung von ca. 200 V angelegt; der in dem Verbindungskabel fließende Strom wird mit einem Milliamperemeter gemessen. Sobald die bewegliche Elektrode das Erzblatt (bzw. taubes Gestein in unmittelbarer Nähe) trifft, treten Stromspitzen auf. Bedingung: Die elektrische LF des Erzblattes muß wesentlich höher sein als die des tauben Gesteins.

Meßbeispiel 1: In der Fahlerzlagerstätte Falkenstein bei Schwaz treten blätterartige Vererzungen auf. Einige gut ausgeprägte Erzblätter wurden durch Einschlagen von Stahlstiften kontaktiert. Die bewegliche Elektrode bestand aus einem Kupferstab mit isoliertem Griff. Die Verbindung mit dem Generator, dem Milliamperemeter und der Gegenelektrode wurde durch ein abgeschirmtes Kabel hergestellt. Die Meßstrecke lag quer über den Erzblättern. Bei einer Spannung von 200 V wurden im tauben Gestein Ströme von 0,3 mA gemessen. Sobald die mobile Elektrode Erz berührte, stieg der Strom um den Faktor 20 an. Bei bekannter Geometrie konnten die Blätter exakt in ihrem Verlauf festgelegt werden.

Meßbeispiel 2: In der Fahlerz-Baryt-Lagerstätte Großkogl bei Brixlegg trat die Frage auf, ob die in älteren Gutachten erwähnten Erzblätter, die für den Unterbau angegeben wurden, sich in den Oberbau weiter fortsetzen bzw. ob sie überhaupt existieren. Zur Untersuchung dieses Problemes wurde wiederum die Widerstandsmethode verwendet. Im Unterbau wurde eine Elektrode (Kupferplatte) im angegebenen Erzblatt selbst kontaktiert, während als mobile Elektrode im Oberbau (SE-Schlag, Kramstollen) zwanzig Nägel verwendet wurden. Diese Nägel wurden im Abstand von 5 cm in den Boden eingeschlagen und parallel geschaltet, so daß die Gesamtlänge der mobilen Elektrode 1 m betrug. Aus den gemessenen Strömen und Spannungen wurde der Leitwert des Gesteins zwischen den Elektroden berechnet. Bei den in Abb. 7.17 gezeichneten Leitwerten ist der variable Abstand der Elektroden berücksichtigt. Es wurde eine lineare Korrektur vorgenommen, d. h., es wurde der Leitwert invers proportional zur Entfernung der Elektroden gesetzt. Korrekterweise hätte die Umrechnung mit einer höheren Potenz des Abstandes erfolgen müssen, da die Stromlinien ein kugelförmiges Gebiet umfassen. Die Meßergebnisse — siehe Abb. 7.17 — wären dann noch charakteristischer ausgefallen.

Diskussion der Meßergebnisse: Nach der Höhe der Leitwerte würde man bei **79, 85** und **94** m – eventuell bei **65** m – Tiefe ein gut leitendes Gestein vermuten. Für das zu untersuchende Erzblatt würde sich bei dem angegebenen Fallen und Streichen ein Schnittpunkt mit dem Kramstollen bei **66** m Tiefe ergeben. Die Leitwertspitze bei **65** m deutet auf ein eventuelles Vorkommen des Blattes an dieser Stelle hin.

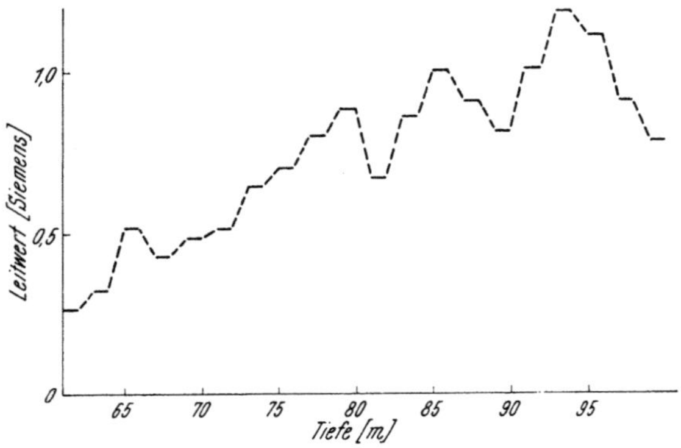

Abb. 7.17. Elektrischer Leitwert als Funktion der Tiefe des Stollens. (Bergbau Großkogl-Brixlegg) *S-E*-Schlag Kramstollen

Wesentlich ausgeprägter sind die Leitwerte bei **79, 84** und **94** m. Diese gut leitenden Zonen entsprechen wahrscheinlich einer Imprägnationsvererzung, die auch im Unterbau (SE-Schlag) festzustellen ist.

Diese Ergebnisse deuten darauf hin, daß dem von den früheren Gutachtern angegebenen Erzblatt keine besondere Bedeutung im Oberbau zukommen dürfte, wohl aber der Imprägnationsvererzung, die sich nach obenhin fortzusetzen scheint.

Diese Vermutung wurde weiter untermauert durch Widerstandsmessungen im S-Schlag des Kramstollens (Oberbau). Auch dort wurde eine der angegebenen Imprägnationsvererzung entsprechende gut leitende Zone festgestellt. Der Imprägnationsvererzung wäre ein Streichen von ca. 55° und ein Fallen von ca. 80°S zuzuordnen.

b) Richtungsbestimmung mit Hilfe von Spannungsmessungen

Zwei Stromelektroden, E_1 und E_2, werden mit Gestein kontaktiert. Fließt durch die Elektroden der Strom I [A], so erzeugt dieser im Aufpunkt P_1, der von der Elektrode E_1 den Abstand R_1 und von E_2 den Abstand R_2 haben möge, das Potential

$$\varphi_1 = \frac{I}{4\pi\sigma_G}\left(\frac{1}{R_1} - \frac{1}{R_2}\right). \tag{7.14}$$

σ_G = elektrische Leitfähigkeit des Gesteins.

In einem zweiten Aufpunkt P_2 – mit den Abständen $P_2E_1 = r_1$ und $P_2E_2 = r_2$ – erhält man das Potential

$$\varphi_2 = \frac{I}{4\pi\sigma_G}\left(\frac{1}{r_1} - \frac{1}{r_2}\right). \tag{7.15}$$

Die Spannung U zwischen den beiden Punkten P_1 und P_2 ergibt sich als Differenz der Potentiale φ_1 und φ_2

$$U = \varphi_1 - \varphi_2 = \frac{I}{4\pi\sigma_G}\left(\frac{1}{R_1} - \frac{1}{R_2} - \frac{1}{r_1} + \frac{1}{r_2}\right). \tag{7.16}$$

Zur Abkürzung wird der geometrische Faktor k

$$k = \frac{1}{R_1} - \frac{1}{R_2} - \frac{1}{r_1} + \frac{1}{r_2} \tag{7.17}$$

eingeführt; somit gilt:

$$U = \frac{I}{4\pi\sigma_G} \cdot k. \tag{7.18}$$

Diskussion der Gleichung (7.18): Wenn die Leitfähigkeit des Gesteins konstant ist, d. h., wenn ein homogenes Gestein vorliegt, kann man durch Messung von U und I Aussagen machen über die gegenseitige Lage der Punkte E_1, E_2, P_1 und P_2 (siehe Abschnitt 7.2).

Ist die Größe k und der Strom I konstant, so lassen sich, wenn man U an verschiedenen Punkten, z. B. längs eines Profils, bestimmt, Gesteine mit variierender Leitfähigkeit erfassen. Auf dieser Möglichkeit basiert ein Verfahren zur Bestimmung des Verlaufes von Erzblättern.

Mißt man längs eines Profiles, das quer über eine Vererzung gelegt wird, bei konstantem k und I die Spannung U zwischen zwei Punkten P_1 und P_2 — wobei P_1 fix und P_2 beweglich sein soll — so erhält man dort, wo σ_G hoch ist, eine niedere Spannung und umgekehrt.

Hat die zu untersuchende Vererzung eine wesentlich höhere Leitfähigkeit als das umgebende taube Gestein, so macht sich das Erz durch ein Spannungsminimum bemerkbar.

Bei der Anwendung des Verfahrens im Bergbau hat man auf folgendes zu achten:

a) Wenn die Größe k sehr klein ist (ca. 10^{-1}—10^{-2} cm^{-1}), werden bei den üblicherweise zu verwendenden Strömen I von 10—100 mA die Spannungen U im Millivoltbereich liegen. Zur Messung benutzt man entweder Wechselströme — und verwendet bei der Spannungsmessung entsprechende Filter zum Aussieben von Fremdspannungen — oder man benutzt Gleichstrom und mißt die Spannungen mit Hilfe eines Kompensationsvoltmeters, dessen Innenwiderstand im Falle der Kompensation unendlich groß wird. Von der Meßspannung ist die sogenannte Nullspannung abzuziehen, die sich als Summe von Strömungs- und Schichtungspotentialen sowie des Galvanipotentials der Spannungselektroden in P_1 und P_2 ergibt. Die Nullspannung wird bei abgeschaltetem Strom für jeden Meßpunkt bestimmt.

b) Bei der Auswertung der Meßergebnisse hat man, speziell wenn eine Messung längs eines Profils ausgeführt wurde, rechnerisch für Konstanz des Faktors k zu sorgen. Im allgemeinen werden bei der Messung der Größen r_1 und r_2 variabel sein; dann ist es sehr günstig, die Abstände R_1 und R_2 gleich groß zu machen, so daß sich der Faktor k auf

$$k' = -\frac{1}{r_1} + \frac{1}{r_2} \tag{7.19}$$

reduziert. Zur Umrechnung der Spannung bei konstantem Strom wählt man für k einen fixen Wert, k_{fix}, und bezieht alle anderen k-Werte auf diese Größe.

Meßbeispiel 3: Die im Meßbeispiel 2 erörterten lagerstättenkundlichen Probleme im Bergbau Großkogl lassen sich auch mit Hilfe der in diesem Kapitel beschriebenen Spannungsmessungen lösen. Die Stromelektroden E_1 und E_2, sowie die fixe Spannungselektrode P_1 werden so angebracht, daß gilt

$$P_1E_1 = P_1E_2 = R_1 = R_2 = 120\,\text{m}. \tag{7.20}$$

$r_1 = P_2E_2$ und $r_2 = P_2E_1$ variabel.

P_2 — die mobile Spannungssonde — wurde im SO-Schlag des Kramstollens verschoben.

Der Strom I zwischen E_1 und E_2 wurde auf 40 mA eingestellt. Als Spannungselektrode P_1 diente eine Kupferplatte, die bewegliche Elektrode wurde mit Hilfe von Stahlnägeln, die in den Ulm eingeschlagen wurden, kontaktiert.

Die Nullspannung variierte zwischen 85 und 115 mV. Die bei Stromfluß gemessene Spannung schwankte je nach lokalen Leitfähigkeitsdifferenzen sehr stark. Zur Auswertung wurde eine Mittelung über je sieben Messungen durchgeführt.

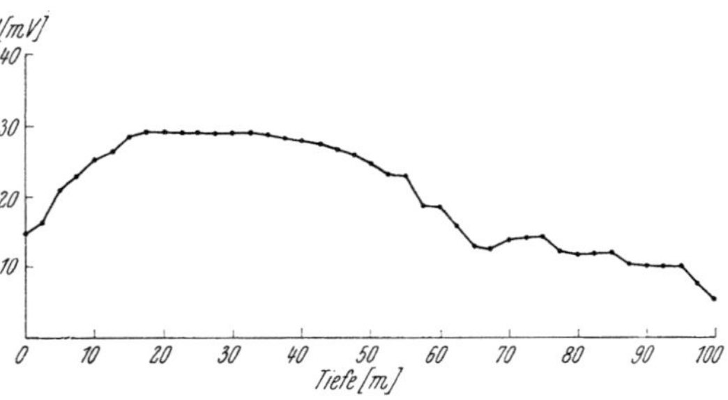

Abb. 7.18. Spannung als Funktion der Tiefe des Stollens. (Bergbau Großkogl-Brixlegg) Kramstollen S-E-Schlag

Als fixer Bezugswert für den geometrischen Faktor wurde $k_{\text{fix}} = 0{,}0155\ \text{cm}^{-1}$ gewählt. In Abb. 7.18 ist die auf k_{fix} umgerechnete Spannung U als Funktion der Tiefe (SO-Schlag Kramstollen) aufgetragen.

Diskussion der Kurve: Man erkennt am Beginn der Strecke einen starken Abfall der Spannung — man nähert sich hier dem Erzhauptblatt. Ein weiteres Absinken der Spannung tritt bei einer Tiefe von ca. 58 m ein, bei 65 m liegt ein flaches Spannungsminimum. Mit zunehmender Tiefe nimmt die Spannung weiter ab und erreicht bei 100 m mit 5 mV ihren Tiefstwert.

Man erhält — wie bei der Widerstandsmessung — eine Andeutung des Erzblattes bei 65 m. Die niedrigen Spannungen in größerer Tiefe deuten auf eine höhere Leitfähigkeit hin — speziell der Wert bei 100 m.

Auch hier ergibt sich ein Hinweis auf die Imprägnationserzzone. Vergleicht man das im Kramstollen ermittelte Vorkommen mit der Lage der Imprägnationsvererzung im Unterbau, so ist für diesen Erzkörper ein Einfallen von ca. 80°S anzunehmen. Dieses Ergebnis entspricht den Berechnungen unter Zuhilfenahme der Meßergebnisse der oben geschilderten Zwei-Elektroden-Methode.

c) Bestimmung des Verlaufes von Erzklüften mit Hilfe von Potentialmessungen im Bohrloch

Diese Methode der Mikrobeprobung von Bohrlöchern wurde bereits in Abschnitt 5.3.2 beschrieben. Es sei auf die dortigen Ausführungen verwiesen.

Zu den unter a), b) und c) ausgeführten Verfahren ist zu sagen, daß sie mit relativ einfachen elektrischen Mitteln Aussagen über die Richtung von Vererzungen zulassen. Diese Verfahren können keineswegs immer die bisherigen Methoden ersetzen, sind aber als wertvolle Ergänzung der üblichen Prospektionsmethoden anzusehen.

Literatur

[7.1] Bitterlich, W., und Wörz, O., Geoelektrische Ortungsmethode. Erzmetall *19*, **136f.** **(1966)**.

[7.2] Bitterlich, W., Der Einsatz elektronischer Hilfsmittel bei Vermessungsarbeiten in Bergwerken. Erzmetall *23*, **393–394** **(1970)**.

[7.3] Bitterlich, W., und Wöbking, H., Bestimmung von Kupferspuren in Wasser mit Diäthyldithiocarbamat – eine Feldmethode zur Prospektion. Erzmetall *24*, **121–122** **(1971)**.

[7.4] Bitterlich, W., und Wöbking, H., Geoelektrische Untersuchungen in Bohrlöchern. Erzmetall *23*, **120–123** **(1970)**.

[7.5] Bitterlich, W., und Wöbking, H., Geoelektrische Methoden zur Richtungsbestimmung gut leitender Vererzungen. Erzmetall *24*, **74–78** **(1971)**.

[7.6] Bitterlich, W., Wissenschaftlicher Endbericht: Die Fortpflanzung von VLF-Wellen in Festkörpern. Contract No. **61(052)-490**, Innsbruck, Dezember **1965**.

[7.7] Lukas, W., Geochemische und emissionsspektrographische Untersuchungen an der Antimonlagerstätte Schlaining (Burgenland). Veröff. Univ. Innsbruck, Alpenkdl. Stud. *26* **(1969)**.

8. Nichtelektrische Prospektionsmethoden

Die geophysikalischen Größen, auf deren Messung die in diesem Kapitel behandelten Verfahren beruhen, sind nicht elektrischer Natur (abgesehen vom Magnetismus). Um dennoch auf elektrischem Wege eine Anzeige zu erhalten, müssen die Meßgrößen in elektrische Parameter wie Strom, Spannung, Kapazitäts-, Induktivitäts- oder Widerstandsänderungen umgesetzt werden. Diese Aufgabe übernehmen sogenannte Geber oder Wandler. Diese Wandler müssen angepaßt werden, einerseits an die von ihnen aufzunehmende nicht elektrische Größe, andererseits an die ihnen nachfolgenden Geräte wie Verstärker, Filter, Schreiber, Magnetophone, Galvanometer usw.

Man unterscheidet aktive Wandler, die wie ein Generator wirken und selbst eine Spannung erzeugen, und passive Wandler, bei denen nur ein Parameter, z. B. die Induktivität oder der ohmsche Widerstand, durch die eigentliche Meßgröße verändert wird. Die passiven Wandler benötigen eine Hilfsspannung.

Die im Kapitel 8 angeführten Prospektionsmethoden: Seismik, Magnetik, Gravimetrie, Thermik und Isotopengeophysik umfassen ein so weit reichendes Gebiet, daß im Rahmen dieses Buches darauf verzichtet werden muß, Methodologisches zu bringen; es können allenfalls einige Meßprinzipien erläutert werden, wobei wir uns auf die Beschreibung der wichtigsten elektrischen bzw. elektronischen Meßeinrichtungen beschränken werden.

8.1 Seismik

In der angewandten Seismik versucht man, aus Laufzeitmessungen von elastischen Wellen Rückschlüsse über den von den Wellen durcheilten Untergrund zu erhalten. Nach der Art, wie diese Wellen vom Explosionsherd zum Geophon gelangen, unterscheidet man das Reflexionsverfahren und das Refraktionsverfahren. Bei beiden Verfahren wird auf irgendeine Weise dem Mutungsgebiet eine Erschütterung zugeführt — sei es durch Explosion einer Sprengladung, durch Verwendung eines marine- bzw. land-gas exploders oder eines Ultraschallgebers. Die vom Erschütterungszentrum auslaufenden elastischen Wellen werden an bestimmten Meßpunkten von Geophonen in Spannungsimpulse umgewandelt; die elektrischen Impulse werden verstärkt, gefiltert und als Funktion der Zeit zur Anzeige gebracht. Hier soll nur der Weg vom Geophon bis zur bildlichen Darstellung der Laufzeitkurve näher betrachtet werden.

a) Geophone

Geophone (Hydrophone) sind Wandler, die elastische Schwingungen in elektrische Impulse umsetzen. Die Geophone enthalten ein Gestell, eine stationäre

Masse und eine Dämpfungseinrichtung. Die Erschütterungen des Bodens werden vom Gestell aufgenommen, das relativ zur stationären Masse mit einer gewissen – meist regelbaren – Dämpfung schwingt. Durch die Relativbewegung von Masse und Gestell und den mit ihnen gekoppelten elektrischen Einrichtungen wird induktiv eine Spannung erzeugt, die in erster Näherung der Geschwindigkeitsamplitude der Bodenwelle bzw. des mit dem Erdboden gekoppelten Gestells proportional ist.

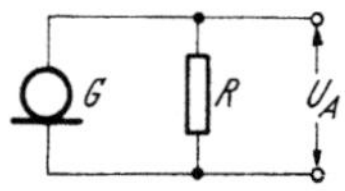

Abb. 8.1. Geophon (G) mit elektrischer Dämpfung (PRAKLA). R = Ohmscher Widerstand, U_A = Ausgangsspannung

Je nach Methode der Umwandlung von mechanischer in elektrische Energie unterscheidet man elektrodynamische, elektromagnetische, kapazitive, piezoelektrische und magnetostriktive Verfahren. Beim elektrodynamischen Verfahren wird ein mit dem Gestell fest verbundener Permanentmagnet von den

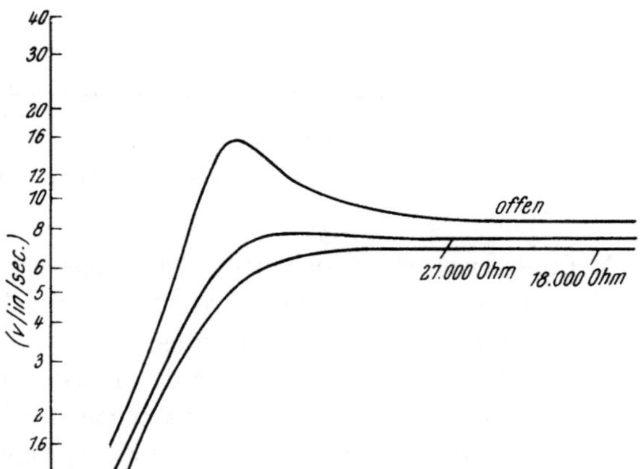

Abb. 8.2. Frequenzgang des Seismometers HS-10-LP3D der Firma Geospace. Parameter: Dämpfungswiderstand

mechanischen Bodenwellen in Schwingungen versetzt. Er erzeugt an der stationären, federnd aufgehängten Masse – einer Spule – einen Wechselstrom, dessen Phase nach dem Induktionsgesetz relativ zur Phase der ankommenden elastischen Wellen um 90° verschoben ist. Die stationäre Masse hat selbstverständlich eine bestimmte Eigenfrequenz, die durch die Größe der Masse und durch die Federkonstante vorgegeben ist. Die Empfindlichkeit des Gerätes ist im Bereich dieser Frequenz am größten (Resonanz). Durch Verwendung einer Dämpfung beispielsweise eines Parallelwiderstandes (elektrische Dämpfung) kann man die unwillkommene Resonanzerhöhung abbauen, wobei allerdings die Empfindlichkeit des Gerätes abnimmt. In Abb. 8.1 ist eine Prinzipschaltung eines Geophons mit elektrischer Dämpfung wiedergegeben; Abb. 8.2 zeigt den Frequenzgang des Seismometers HS-10-LP 3D der Firma Geo Space, wobei der Frequenzgang ohne Dämpfungswiderstand (offen) verglichen wird mit einer 27 000-Ω bzw. 18 000-Ω Dämpfung. Man erkennt, daß bei Verwendung der 27 000-Ω Dämpfung bereits Frequenzen ab 1,5 Hz verzerrungsfrei registriert werden können. Als Maß für die Empfindlichkeit wird im allgemeinen die Ausgangsspannung im Verhältnis zur Geschwindigkeitsamplitude der elastischen Wellen angegeben.

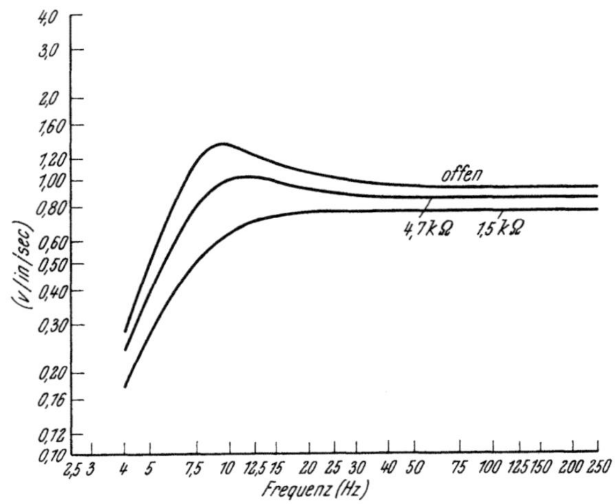

Abb. 8.3. Frequenzgang des Digital Grade Geophone GSC-11D der Firma Geospace

Die Wahl der Meßfrequenz richtet sich nach dem angewandten seismischen Verfahren. In der Refraktionsseismik werden Frequenzen zwischen 1 und 10 Hz (meistens 3—6 Hz) bevorzugt, bei der Reflexionsseismik liegen die Meßfrequenzen meistens oberhalb von 20 Hz. Man wählt die Geophone so, daß die Eigenresonanz des Systems der unteren Frequenzgrenze der auszumessenden Bodenwelle entspricht. In Abb. 8.3 ist der Frequenzgang eines Geophons für Reflexionsseismik (Subminiature Digital Grade Geophon GSC-11D der Firma Geo Space) dargestellt. Man erhält wiederum eine starke Nivellierung der Empfindlichkeitskurve bei entsprechend starker Dämpfung.

Beim elektromagnetischen Geophon wird durch die Schwingung der Luftspalt in einem magnetischen Kreis periodisch verändert; d. h., der magnetische Widerstand wird variiert.

Das kapazitive Verfahren benutzt das Prinzip des Kondensatormikrophons, wobei eine Platte des Meßkondensators mit dem Gestell und eine Platte mit der beweglichen Masse verbunden ist. Durch die Bodenbewegung wird der Abstand der Kondensatorplatten verändert, somit die Kapazität des Systems. Der Kondensator ist parallel zu einer konstanten Spannungsquelle und zu einem ohmschen Widerstand geschaltet, an dem die Anzeigespannung abfällt.

Die piezoelektrischen bzw. magnetostriktiven Geophone nutzen die entsprechenden Effekte an Bariumtitanat bzw. Fe-Ni-Verbindungen aus, um mechanische Schwingungen in elastische umzuwandeln.

Bevor die von den Geophonen erzeugte Spannung registriert werden kann, muß sie im allgemeinen verstärkt und eventuell auch gefiltert werden. An den Verstärker sind folgende Anforderungen zu stellen, damit der genaue Verlauf von Erschütterungen des Bodens naturgetreu registriert werden kann: Anpassung an das verwendete Geophon, hohe Leistungsverstärkung, oft bis 10^8fach, eventuell automatische Verstärkungsregelung, um eine hohe Verstärkung für schwache Impulse und umgekehrt zu erzielen, und Anpassung an den Oszillographen. Hinzu kommt eine verzerrungsfreie Verstärkung aller Impulse unabhängig von ihrer Höhe und ihrer Frequenz.

b) Verstärker

Die oben angedeuteten vielfältigen Aufgaben kann ein einfacher einstufiger Verstärker kaum bewältigen.

Da die Geophone eine sehr niederohmige Ausgangsimpedanz haben, müssen Verstärker mit niederohmigen Eingangswiderständen verwendet werden. Bei der niederfrequenten Seismik können wegen der zu übertragenden Frequenzen von wenigen Hz keine Transformatoren zur Anpassung des Geophons an den Verstärker benutzt werden.

Auch auf Übertragungskondensatoren muß verzichtet werden; je tiefer die untere Grenzfrequenz eines RC-Verstärkers werden soll, um so größer müssen die Kopplungs-, Entkopplungs- und Siebkondensatoren der Schaltung werden. Die hohe Zeitkonstante der so entstehenden RC-Glieder verursacht lange Einschwingzeiten, die sich unangenehm auswirken, wenn z. B. die Betriebsspannungen schwanken. Man versucht daher, die Verwendung von Koppelkondensatoren in der Schaltung zu vermeiden und an deren Stelle galvanische Kupplungen vorzusehen.

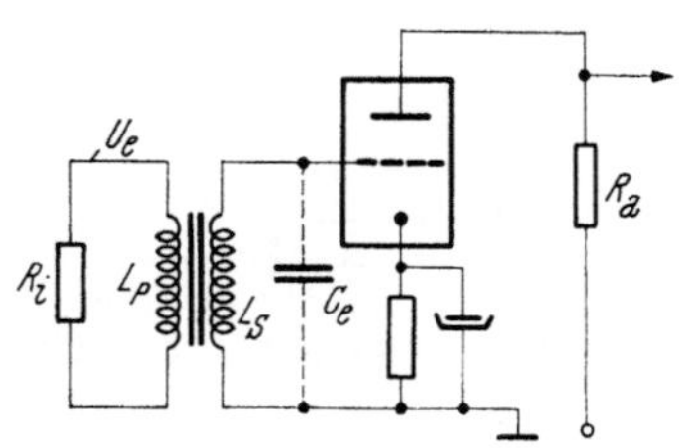

Abb. 8.4. Eingangsübertrager

Ähnliche Probleme treten bei Transformatorkopplungen auf. Der Eingangsübertrager ist bei Röhrenschaltungen sekundärseitig nicht ohmisch sondern nur kapazitiv durch C_e (siehe Abb. 8.4) belastet. Diese Kapazität setzt sich aus der Wicklungskapazität, der Schalt- und der Röhrenkapazität zusammen. Die für die untere Grenzfrequenz f_u notwendige Primärinduktivität L_p ist bestimmt durch

$$L_p = \frac{R_i}{2\pi f_u}. \tag{8.1}$$

Im Falle der niederfrequenten Refraktionsseismik muß die Grenzfrequenz unterhalb von 1 Hz liegen, d. h., die Zeitkonstanten des Eingangsgliedes werden sehr hoch und führen zu langen Einschwingzeiten. Aus diesen Gründen ist auch die Verwendung von Eingangsübertragern nicht anzuraten.

Als Verstärker verwendet man entweder die sogenannte Basisschaltung (Gitterbasisverstärker, siehe Abb. 8.5 bzw. Transistor in Basisschaltung, siehe Abb. 8.6) oder man benutzt Gleichspannungsverstärker (siehe Abb. 8.7 bzw. 8.8). Diese Verstärkertypen sollen sowohl in Röhren- als auch in Transistorschaltung kurz in ihrer Wirkungsweise dargestellt werden.

1. Der Gitterbasisverstärker in Röhrenschaltung (Abb. 8.5). Das zu verstärkende Eingangssignal $U_e{}^{\sim}$ wird dem Kathodenkreis der Röhre zugeführt. Das Ausgangssignal U_0 wird dem Anodenkreis entnommen. Der Eingangskreis, die

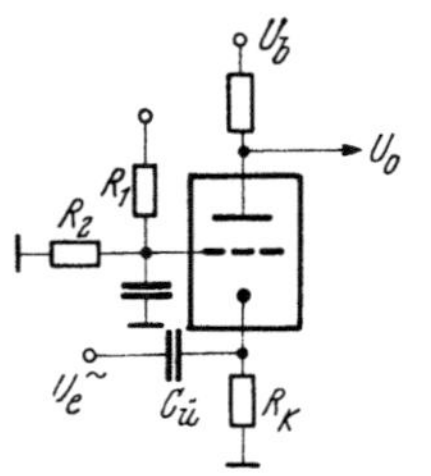

Abb. 8.5. Gitterbasisverstärker

Röhre und der Ausgangskreis werden von einem gemeinsamen Strom durchflossen. Zur Überwindung dieses Stromes und der niederen Eingangsimpedanz verlangt die Gitterbasisschaltung eine gewisse Steuerleistung.

Die Abb. 8.5 zeigt eine Gitterbasisschaltung ohne Eingangsübertrager. Ist R_K groß, so kann der Arbeitspunkt der Röhre mit Hilfe eines Spannungsteilers $R_1 - R_2$ eingestellt werden. Der wirksame Eingangswiderstand R_E beträgt:

$$R_E = \frac{R_g \cdot R_K}{R_g + R_K} \qquad (8.2)$$

R_E = Eingangswiderstand, R_g = Generator- (Geophon-) Innenwiderstand, R_K = Kathodenwiderstand.

In der NF-Technik wird diese Schaltung zur Anpassung niederohmiger Leitungen oder Mikrophone verwendet. Zur optimalen Impedanzanpassung kann der Kathodenwiderstand unterteilt werden.

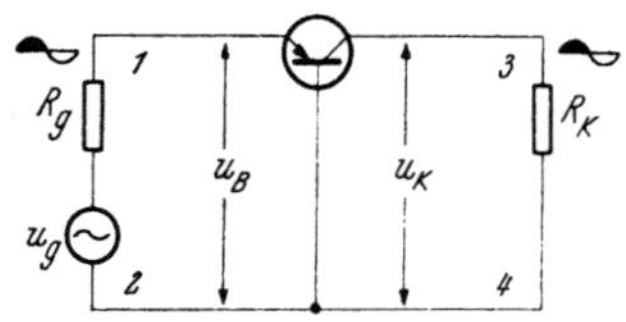

Abb. 8.6. Ersatzschaltbild einer stabilisierten Transistor-Basisschaltung

2. Der Transistor in Basisschaltung (Abb. 8.6). Das Eingangssignal liegt zwischen Basis und Emitter, das Ausgangssignal zwischen Basis und Kollektor.

Wird die Emitterspannung gegenüber der Basis (= Masse) positiver, dann steigt der Kollektorstrom, der Spannungsabfall am Kollektorwiderstand R_K wird größer und die Kollektorspannung sinkt. Die Abb. 8.6 zeigt das Ersatzschaltbild einer stabilisierten Schaltung.

Die Hauptmerkmale der Basisschaltung sind kleine Eingangsimpedanzen (ca. 10—100 Ω) und hohe Ausgangsimpedanzen (ca. 100—1000 kΩ). In der Praxis dient die Basisschaltung als Impedanzwandler zur Anpassung niederohmiger Spannungsquellen (z. B. Geophone) an hohe Lastwiderstände (z. B. Verstärker, Registriergeräte).

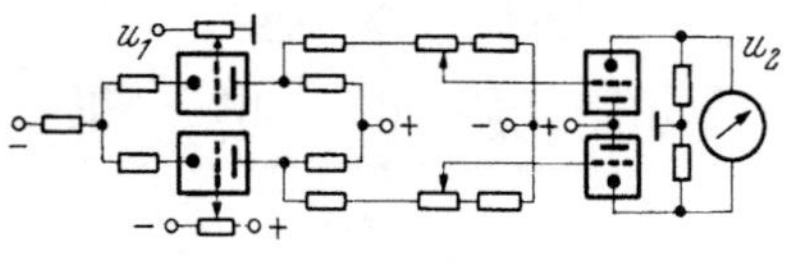

Abb. 8.7. Symmetrischer Gleichspannungsverstärker

3. Gleichspannungsverstärker in Röhrenschaltung (Abb. 8.7). Das Hauptproblem bei Gleichspannungsverstärkern besteht in der Beseitigung von Störungen, die durch Schwankungen der Betriebsspannungen hervorgerufen werden, also in einer Erhöhung der Längsstabilität. Bei hohen Anforderungen an die Stabilität wird das Gegentaktprinzip angewendet, wobei zu einer jeden Verstärkerröhre eine Kompensationsröhre geschaltet wird.

Schwankungen der Betriebsspannungen heben nur mehr das Potential der nachfolgenden Röhrengruppen, führen aber zu keiner Änderung der Ausgangsspannung. Diese Verstärker zeigen eine hohe Längs- und Querstabilität.

Abb. 8.7 gibt ein Beispiel für einen symmetrischen Gleichspannungsverstärker. Die erste Stufe, ein Eintakt-Gegentakt-Verstärker, ist galvanisch mit einer Gegentakt-Kathodenfolgerstufe gekoppelt. Die Nullage wird durch Gitterpotentialänderungen der ersten Kompensationsröhre eingestellt. Der Eingang läßt sich ebenfalls symmetrisch ausbilden. Anstelle der hier gezeigten Kathodenfolgerstufe, die in diesem Beispiel zur Anpassung an ein Meßinstrument gewählt wurde, läßt sich eine Gegentakt-Anodenfolgerschaltung verwenden.

4. Gleichspannungsverstärker mit Transistoren. Abgesehen von kleinem Leistungs- und Platzbedarf ist im Zusammenhang mit Gleichspannungsverstärkern als spezifischer Vorteil der Transistoren die ausgezeichnete Konstanz der Verstärkereigenschaften zu erwähnen, da Transistoren praktisch keinen Alterungserscheinungen unterliegen. Dem steht als schwerwiegender Nachteil die Temperaturabhängigkeit sämtlicher Transistorparameter (besonders des Kollektorstromes) gegenüber.

Es müssen daher Vorkehrungen getroffen werden, die temperaturbedingte Drift des Arbeitspunktes zu verhindern.

Eine Möglichkeit bietet die Verwendung von temperaturunabhängigen Emitterwiderständen. In Abb. 8.8 ist ein Gleichspannungsverstärker mit Komplementärtransistoren und Temperaturkompensation dargestellt. Der Mechanismus der Stabilisierung des Arbeitspunktes ist genau beschrieben in: BITTERLICH, W., Einführung in die Elektronik, 272—274. Wien-New York: Springer. 1967.

Zur Verstärkung von höherfrequenten Signalen (Reflexionsseismik, $f < 20$ Hz) können bereits Übertrager zur Anpassung des Geophons an den Verstärker Verwendung finden. Die Schaltung des Verstärkers ist die eines gewöhnlichen, mehrstufigen, RC-gekoppelten NF-Verstärkers. Bei modernen Geräten werden sehr oft integrierte Schaltungen mit operativen Verstärkern verwendet. Es

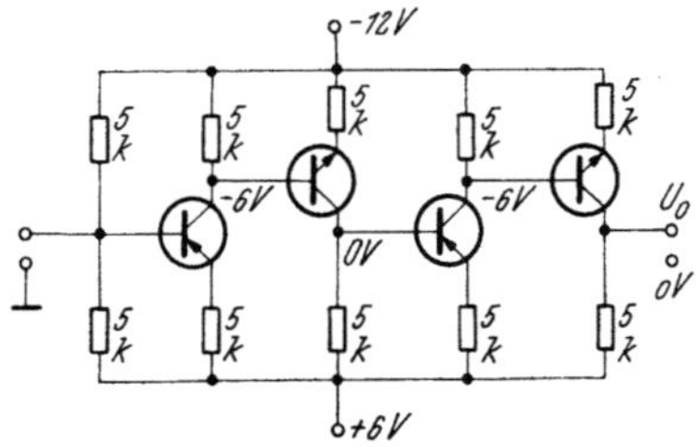

Abb. 8.8. Gleichspannungsverstärker mit Komplementärtransistoren

würde den Rahmen dieses Buches überschreiten, wollte man die vielfältigen Schaltungsvarianten dieser Technik aufzählen; es sei auf entsprechende Fachliteratur verwiesen.

c) Filter

Oft ist es erwünscht, bestimmte Frequenzbereiche auszufiltern. Dazu werden zwischen die einzelnen Verstärkerstufen elektrische Filter geschaltet, die im allgemeinen aus Kombinationen von Widerständen, Induktivitäten und Kondensatoren bestehen. Maßgebend für die Filterwirkung ist der Spannungsabfall, der am Filter selbst entsteht. Da die Wechselstromwiderstände einer Induktivität bzw. einer Kapazität frequenzabhängig sind, wobei gilt:

$$R_C = \frac{1}{2\pi f C} \tag{8.3}$$

$$R_L = 2\pi f L, \tag{8.4}$$

sind auch die Filterwiderstände eine Funktion der Frequenz. (Zur Wirkungsweise der Filter: siehe Abschnitt 1.2, S. 11ff.)

d) Registrierelemente

Die vom Verstärkerausgang erhaltenen Spannungen bzw. Ströme müssen auf irgendeine Weise registriert werden. Früher wurden Spiegelgalvanometer verwendet, wobei durch Drehung eines Spiegels ein Lichtstrahl aus seiner Lage abgelenkt wurde und auf einem bewegten Film des Seismogramm aufzeichnete. Für Übersichtsmessungen verwendet man heute Elektronenstrahl-Oszillographen. Moderne größere Anlagen mit sehr vielen Kanälen (Geophonen) benützen zur Speicherung der Meßwerte Magnetbänder, die wiederum die Meßdaten auf Schreiber ausgeben können.

Es soll erwähnt werden, daß alle Registriergeräte Einrichtungen zur Aufzeichnung von Zeitmarken haben müssen, wozu spezielle Zeitgeber verwendet werden.

e) Schießgeräte

An die elektronischen Einrichtungen der Schießgeräte werden ebenfalls einige Anforderungen gestellt, besonders wenn es sich um Synchronschießgeräte handelt. Als Beispiel soll die Funktionsweise des Synchronschießgerätes ZSD der Firma Seismos, Hannover, beschrieben werden.

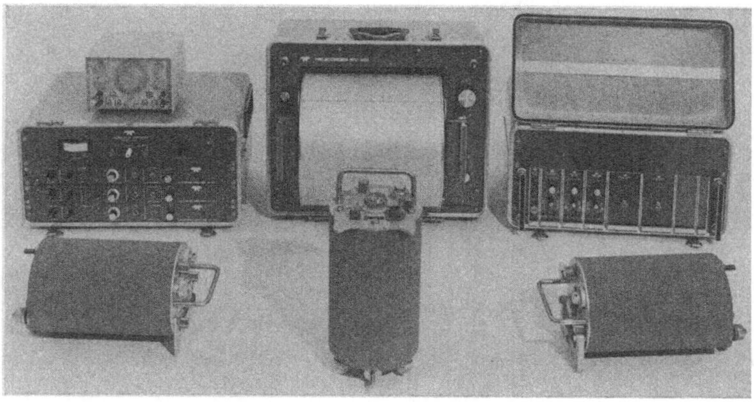

Abb. 8.9. Seismische Meßanordnung der Fa. Geotech

Die Schußauslösung erfolgt über ein Siliziumstromtor. Als Stromquelle für den Schießkreis dient ein Kondensator, der durch einen handbetriebenen Generator über einen Gleichrichter aufgeladen werden kann, wenn der Sicherheitsschalter gegen Federdruck betätigt und festgehalten wird. Ein Voltmeter zeigt die am Kondensator liegende Spannung (maximal 600 V) für den Schießkreis an. Ist die für das Abtun der angeschlossenen Zünder notwendige Spannung erreicht, kann der Schuß ausgelöst werden. Der Auslöseschalter schaltet den aufgeladenen Kondensator an die durch das Stromtor noch unterbrochene Schießleitung. In der Endstellung des Schalters wird über eine Transistorschaltung das Stromtor direkt leitend gemacht oder zur Fernauslösung freigegeben.

Ohne Anspruch auf Vollständigkeit wurden einige Beispiele für die Anwendung der Elektronik bei seismischen Aufschlußmethoden gebracht. Die Vielfalt der kommerziell angebotenen seismischen Ausrüstungen lassen eine Beschreibung spezieller Meßmethoden und der dazu notwendigen Einrichtungen im Rahmen dieses Buches nicht zu, so daß nur der prinzipielle Weg einer seismischen Registrierung beschrieben werden konnte.

In Abb. 8.9 ist eine seismische Meßanordnung der Fa. Goetech (portable SP/LP seismograph system) wiedergegeben. Im Vordergrund erkennt man drei Seismometer, mit deren Hilfe jeweils zwei horizontale und eine vertikale Komponente einer elastischen Welle aufgenommen werden können. Im Hintergrund rechts und links: je ein 12-Kanal-Verstärker für nieder- bzw. hochfrequente Signale (für jede Komponente zwei Verstärkungen). Zwischen den Verstärkern: ein Schreiber mit vierzehn Kanälen; auf dem linken Verstärker: ein Zeitmarkengeber.

Als Beispiel für eine seismische Untersuchung sei die von Lohr ermittelte Geschwindigkeit elastischer Wellen als Funktion von Beckenbreiten wiedergegeben. Die Messungen wurden im Alpenvorland ausgeführt. In Abb. 8.10 ist die Ausbreitungsgeschwindigkeit als Funktion der Beckenbreite aufgezeigt.

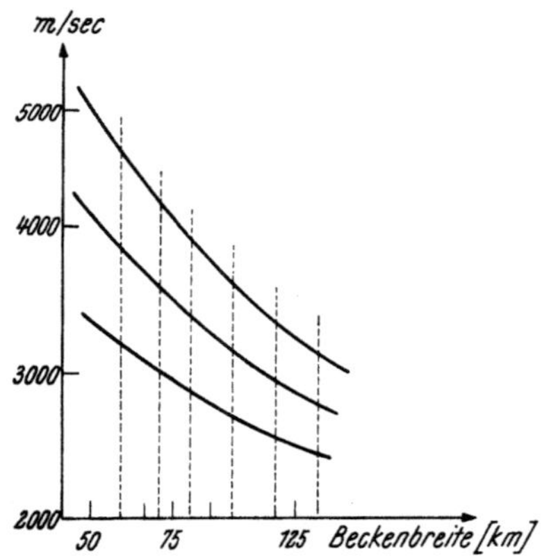

Abb. 8.10. Geschwindigkeit [m/sec] der elastischen Wellen als Funktion der Beckenbreite [km] im Alpenvorland (Lohr)

Als Parameter dienen die Beckentiefen. Man erkennt, daß in der Schweiz, wo die Becken am engsten sind, die Ausbreitungsgeschwindigkeiten am höchsten sind.

8.2 Magnetik

Die magnetischen Aufschlußmethoden beruhen darauf, daß sich geologische Körper auf Grund magnetischer Eigenschaften der Gesteine (siehe Abschnitt 2.4) voneinander unterscheiden lassen. Dabei muß der Magnetismus einer Lagerstätte so stark ausgeprägt sein, daß das erdmagnetische Feld an der Oberfläche über der betreffenden Formation wesentlich beeinflußt wird.

Durch die meßtechnische Erfassung derartiger Anomalien des magnetischen Erdfeldes lassen sich andererseits Rückschlüsse auf geologische Körper im Untergrund ziehen. In diesem Abschnitt soll wiederum nur der Einsatz elektronischer Hilfsmittel in der Geomagnetik beschrieben werden, auf eine Darstellung der zum Teil recht komplizierten Auswertungsverfahren magnetometrischer Messungen muß verzichtet werden. Während in Abschnitt 2.4 Methoden angedeutet wurden, mit denen man im Labor die magnetischen Eigenschaften von Gesteinsproben ermitteln kann, wird nunmehr von Magnetometern die Rede sein, die bei Feldmessungen zum Einsatz gelangen, und zwar speziell von den sogenannten elektronischen Magnetometern, bei denen die Wirkungen des magnetischen Feldes auf Materie von einem entsprechenden Meßelement in Form einer Wechselspannung abgenommen werden. Diese Spannungen, die oft nur sehr geringe Amplituden aufweisen, werden einem Verstärker zugeführt, an dessen Ausgang ein Ausgabegerät in Form eines Galvanometers, Schreibers oder Magnetbandes angeschlossen ist.

Vier moderne Magnetometertypen sollen in ihrer Funktionsweise kurz beschrieben werden, wobei auf spezielle Angaben über die zum Teil aufwendige Elektronik verzichtet wird.

1. Das Fluxgate-Magnetometer

Diese Magnetometer sind relativ klein gebaut, ihr Gewicht ist gering, so daß sie bequem von einer Person auch im schwierigen Gelände getragen und bedient werden können. Die Funktionsweise sei an Hand der Angaben der Firma ABEM beschrieben. Ein Mu-Metall „Fluxgate-Kern" wird auf der Primärseite von einem sinusförmigen Wechselstrom, der von einem 3000 Hz-Generator erzeugt wird, angespeist. An den Enden der Sekundärwindungen entsteht eine Spannung mit Oberwellen, die einem äußeren Magnetfeld proportional sind. Diese Oberwellen werden selektiv verstärkt und ausgefiltert. Einer stabilisierten Stromquelle wird ein Gleichstrom entnommen, der den sekundären Windungen zugeführt wird. Er ruft dort ein Magnetfeld hervor, das das äußere Feld kompensieren kann. Wenn die Höhe des Gleichstromes so geregelt wird, daß das künstliche Gleichfeld gleich hoch und entgegengesetzt gerichtet ist, wie das äußere Feld, verschwinden die Oberwellen, der Verstärker liefert keine Spannung mehr, am Kontrollgerät wird Null angezeigt. Die Höhe des Gleichstromes ist ein Maß für die Stärke des äußeren Feldes (Erdfeld).

2. Das Induktionsfluß-Magnetometer (Förstersonde)

Zwei parallel zueinander liegende Metallstäbe aus einem Material hoher Permeabilität werden als Kerne von Spulen verwendet, die hintereinander geschaltet, aber so gewickelt sind, daß sie von einem 1000 Hz Strom in entgegengesetzter Richtung durchflossen werden, d. h., die Stäbe sind zueinander entgegengesetzt magnetisiert. Wirkt ein zusätzliches Magnetfeld von außen — parallel zu den Stäben — auf dieses System ein, wird die Wechselstrommagnetisierung in einem Stab geschwächt, im anderen hingegen verstärkt.

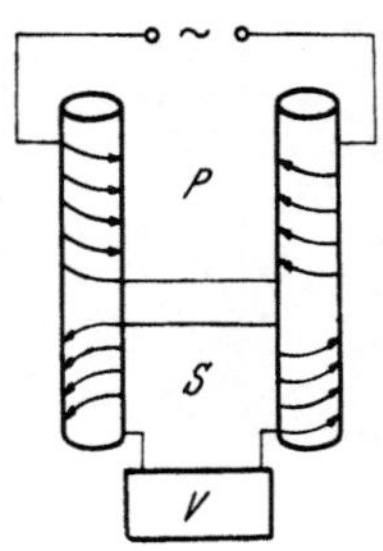

Abb. 8.11. Induktionsflußmagnetometer (JUNG). P = Primärkreis, S = Sekundärkreis, V = Verstärker

Beide Stäbe sind zusätzlich mit je einer Sekundär-Spule versehen, deren Windungsrichtung auf den Stäben ebenfalls entgegengesetzt ist. Bei symmetrierter primärer Magnetisierung werden sich die in den Sekundärspulen induzierten Spannungen gerade kompensieren; hier allerdings bewirkt die durch das äußere Erdfeld verursachte Unsymmetrie des Induktionsflusses eine resultierende Sekundärspannung, die über einen Verstärker geführt und registriert wird. Die Höhe dieser Spannung ist ein Maß für das äußere Feld. Die Abb. 8.11 zeigt die Funktionsweise einer solchen Anordnung (nach JUNG). Das Prinzip gleicht dem des Fluxgate-Magnetometers.

3. Das Protonen-Resonanz-Magnetometer

Nukleonen weisen infolge ihres Kernspins ein magnetisches Dipolmoment auf, wobei das einzelne Nukleon als ein Kreisel betrachtet werden kann, der zu präzidieren beginnt, sobald ein äußeres Drehmoment auf ihn einwirkt.

Bei den Protonenmagnetometern benutzt man als aktives Element Wasserstoffkerne (Protonen), das erdmagnetische Feld erzeugt das äußere Drehmoment.

Technisch geht man so vor, daß man in einem Behälter, der Wasserstoff (Wasser) enthält, mittels eines Gleichstromes ein starkes Magnetfeld senkrecht zum auszumessenden Feld erzeugt. Die H-Atome richten sich so im Gleichfeld aus, daß die Richtung ihrer magnetischen Momente parallel zu diesem Feld ist. Wird das Gleichfeld abgeschaltet, so wirkt auf die Protonen nur noch das unbekannte Erdfeld. Die Nukleonen beginnen mit einer bestimmten Frequenz zu präzidieren (Lamor-Präzession). In einer Induktionsspule erzeugen sie eine kleine Wechselspannung, die verstärkt und in bezug auf ihre Frequenz analysiert wird. Die Präzessionsfrequenz ist ein direktes Maß für das einwirkende Magnetfeld. Die Genauigkeit kommerzieller Geräte liegt bei $\pm$ 10 Gamma bei einem Meßbereich von ca. 50 000 Gamma.

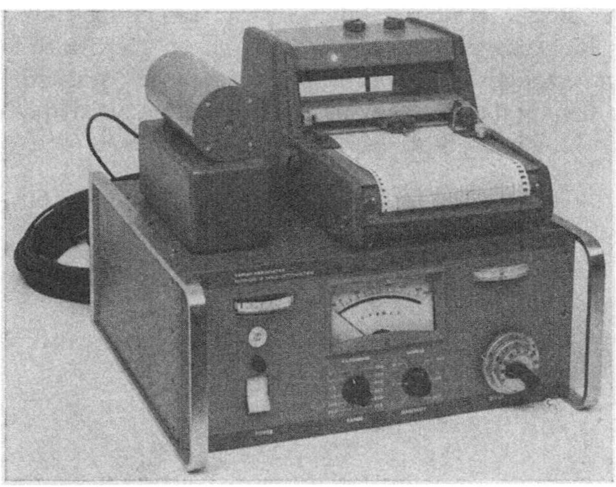

Abb. 8.12. Rubidium-Magnetometer der Fa. Varian

4. Rubidium-Magnetometer

Bei diesem Magnetometer wird die Technik des „optischen Pumpens“ ausgenutzt, um mit Hilfe des Zeemanneffektes Aussagen über Magnetfelder zu erhalten. Mit einem fest installierten Rb-Magnetometer können Feldstärkenänderungen von 0,002 Gamma bei einem Feld von ca. 50 000 Gamma noch erfaßt werden. Die Abb. 8.12 zeigt ein Rb-Magnetometer der Firma Varian.

Die Magnetometer werden im allgemeinen angewandt bei der Prospektion auf Ferromagnetika (z. B. Magnetit), zum Teil finden Magnetometer auch in der archäologischen Exploration (BREINER) Verwendung.

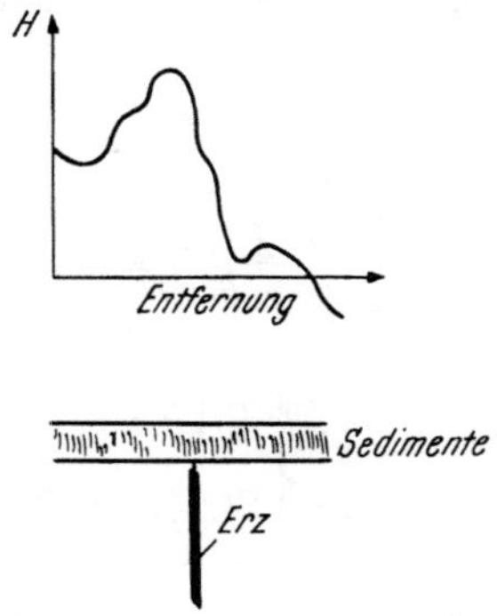

Abb. 8.13. Magnetometrisches Profil über einem Erzgang (LINSSER). H = Totalintensität des Erdfeldes

Als Beispiel für eine geomagnetische Prospektion sei das in Abb. 8.13 wiedergegebene Meßbeispiel angeführt. Die Gesamtfeldstärke H wurde längs eines Profils gemessen (nach LINSSER). Deutlich zeichnet sich der magnetische Körper in einem Maximum der H-Kurve ab.

8.3 Gravimetrie

Unter Gravimetrie versteht man die Vermessung des Schwerefeldes der Erde. Absolute Schweremessungen werden mit Hilfe von Pendeln ausgeführt, während die in der Geophysik mehr interessierenden Schwereunterschiede unter Verwendung von Gravimetern erfaßt werden. Das Meßprinzip beruht darauf, daß Unterschiede in der Erdbeschleunigung Δg an einer konstanten Masse m einen Gewichtsunterschied ΔG

$$\Delta G = m \cdot \Delta g \tag{8.5}$$

hervorrufen. Dieses ΔG wird in den Gravimetern durch Einrichtungen kompensiert, die unabhängig sind von der Schwerebeschleunigung g — meistens von elastischen Federn. Die Dehnung derartiger Federn wird registriert.

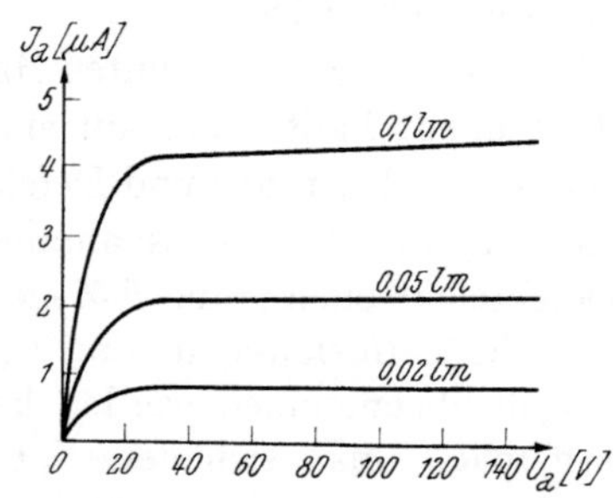

Abb. 8.14. Kennlinienfeld einer Hochvakuumphotozelle

Die Elektronik spielt bei diesen Geräten nur eine bescheidene Rolle. Die meisten Gravimeter arbeiten auf rein mechanischer Basis. Einige Geräte benutzen zur Anzeige der Stellung des Meßsystems Lichtzeiger, die photoelektrisch von Differentialphotozellen unter Verwendung von Galvanometern angezeigt werden. Diese Methode soll in diesem Abschnitt allein etwas näher erläutert werden.

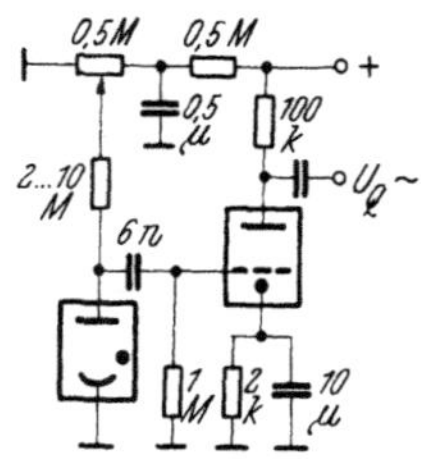

Abb. 8.15. Photozellenverstärker

Photozellen sind Wandler, die Strahlungsenergie in elektrische Energie umsetzen. Durch Einwirken von Licht werden an gewissen Metallen (Cäsium, Kalium) Elektronen freigemacht (äußerer Photoeffekt). Die Elektronen „verdampfen" aus der Kathode und bilden eine negative Raumladung. Bringt man gegenüber der Kathode eine Anode an, so bewirkt bereits eine geringe positive Spannung, daß alle Elektronen von der Anode abgesaugt werden.

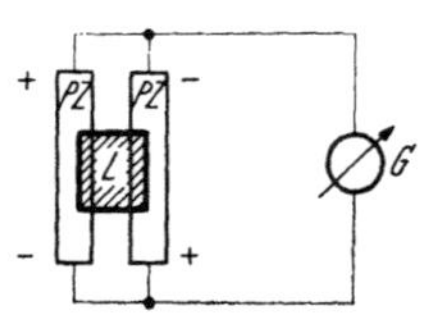

Abb. 8.16. Zwei entgegengesetzt geschaltete Photozellen (*PZ*) mit Lichtmarke (*L*) und Galvanometer (*G*)

Die Abb. 8.14 zeigt das Kennlinienfeld einer Hochvakuum-Photozelle. Aufgetragen ist der Photostrom (Anodenstrom) I_a als Funkton der Anodenspannung U_a, wobei die Lichtmenge [lm] als Parameter dient. Da die Photoströme oft sehr gering sind, müssen sie Verstärkern zugeführt werden; einen derartigen Photozellenverstärker zeigt die Abb. 8.15.

Heute bedient man sich meistens der sogenannten Halbleiter-Photo-Elemente, die auf folgendem Effekt beruhen: Fällt Licht auf eine *PN*-Übergangszone, so werden dort Ladungsträgerpaare (Elektronen und Defektelektronen) erzeugt und anschließend durch die sogenannte Diffusionsspannung getrennt. Elektronen wandern in die *N*-Zone, Defektelektronen in die *P*-Zone. Diese Ladungstrennung erzeugt eine Spannung, die die Diffusionsspannung verkleinert und als Photospannung an den Zuleitungen abgenommen werden kann.

In einigen Gravimetern macht man sich derartige Photoelemente zunutze, um die Nullage des Instrumentes anzuzeigen. Man schaltet zwei Photozellen gegeneinander und läßt einen Lichtspalt so einfallen, daß er beide Zellen teilweise berührt. Wenn die Lichtmenge auf beiden Elementen gleich hoch ist (Mittel- oder Nullage des Lichtzeigers), zeigt ein angeschlossenes empfindliches Galvanometer den Strom Null an (siehe Abb. 8.16). Eine Verschiebung des Zeigers aus der Nullage äußert sich in einem Photostrom bestimmter Polarität und Höhe, so daß die Gravimetereinstellung sehr genau am Galvanometer abgelesen werden kann.

Zu den gravimetrischen Meßverfahren sei auf das Literaturverzeichnis verwiesen.

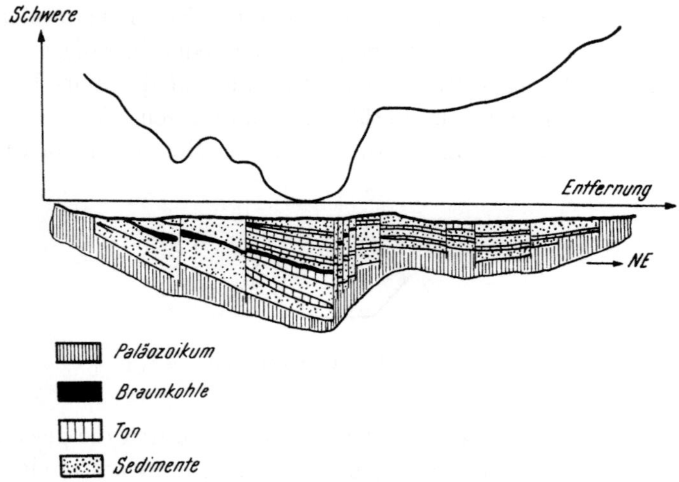

Abb. 8.17. Querschnitt durch die Niederrheinische Bucht mit Schwerekurve (Quitzow)

In Abb. 8.17 ist ein gravimetrisches Profil, das über die Niederrheinische Bucht hinweggelegt wurde, wiedergegeben (nach Quitzow). Deutlich zeichnet sich das Einfallen des Paläozoikums in NE-Richtung ab, man erkennt eine Reihe von Verwerfungen, an denen das Paläozoikum stark nach NE ansteigt, und auch den nachfolgenden allmählichen Anstieg.

8.4 Thermik

Die Geothermik verfolgt das Ziel, durch Temperaturmessungen an der Erdoberfläche — vor allem aber in Bohrlöchern — Aussagen über Schichtgrenzen zu erhalten. Dazu ist es notwendig, die Temperatur als Funktion der laufenden Entfernung bzw. der Bohrlochtiefe aufzuzeichnen.

Beträgt die Wärmeleitfähigkeit einer Schicht k_W [cal/cm sec Grad], so gilt bei der vertikalen Schichtung:

$$k_W \cdot \nabla t = \text{const.} \tag{8.6}$$

Wenn die Temperatur als Funktion der Bohrlochtiefe bekannt ist, läßt sich der Temperaturgradient ∇t graphisch bestimmen und zumindest die relative Wärmeleitfähigkeit einer Schicht (sofern keine Wärmequellen vorhanden sind) nach

Gleichung (8.6) ausrechnen. Den Kehrwert von ∇t bezeichnet man als geothermische Tiefenstufe.

Diese Untersuchung bietet gegenüber den elektrischen Methoden den Vorzug, daß auch in verrohrten Bohrlöchern brauchbare Ergebnisse erhalten werden, wobei allerdings die Spülflüssigkeit nicht bewegt sein darf. Zur Temperaturaufnahme werden neben den Hg- und Bimetall-Thermometern Thermoelemente und Thermowiderstände benutzt. Da bei der Verwendung der letztgenannten Bauelemente elektronische Betrachtungen mit hineinspielen, sollen diese Verfahren etwas näher erläutert werden.

a) Temperaturmessungen mit Thermoelementen

Das Thermoelement besteht aus zwei an ihren Enden verlöteten oder verschweißten Drähten aus verschiedenen Metallen oder Metallegierungen (siehe Abb. 8.18). Der Effekt des Auftretens einer Spannung an den freien Drahtenden E, wenn zwischen diesen und dem Berührungspunkt P eine Temperaturdifferenz besteht, beruht auf der Berührungsspannung der Metalle (Volta-Effekt).

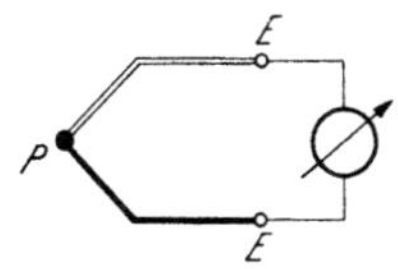

Abb. 8.18. Thermoelement

Die Thermokraft [μV/Grad] eines Elementes ist durch die gewählte Metallkombination vorgegeben. In Tabelle 8.1 sind die Thermokräfte einiger Kombinationen angegeben. Bei der Messung wird meistens die Endstelle E der Drähte in ein Dewargefäß mit schmelzendem Eis (0°C) gehängt, während die Lötstelle P als Sonde in das Bohrloch eingeführt wird. Die Messung der entstehenden Spannung bzw. des Thermostromes erfolgt in einer Kompensationsschaltung bzw. mittels eines Galvanometers.

Tabelle 8.1. *Thermokräfte in μV/Grad einiger Metallkombinationen*

+	−	Thermokraft
Kupfer	Konstantan	65
Eisen	Konstantan	53
Nickel/Chrom	Nickel	40
Platinrhodium	Platin	10
Wismut	Antimon	100

b) Messung mit Widerstands-Thermometern (Thermistoren/Heißleitern)

Die Funktionsweise dieser Elemente beruht darauf, daß der elektrische Widerstand eines Drahtes oder eines Halbleiterelementes eine Funktion der Temperatur ist. Der Temperaturkoeffizient beträgt bei Kupfer: $\alpha = +\,0{,}0039$ Grad^{-1}, d. h., der Widerstand nimmt mit steigender Temperatur zu. Anders verhalten sich Thermistoren. Sie weisen einen negativen Temperaturkoeffizienten auf, dessen Absolutwert um eine Zehnerpotenz höher liegt als der von Kupfer. Thermistoren zeigen einen großen Meßbereich (— 70° bis + 300°C), der sie universell verwendbar macht.

Man wählt zweckmäßigerweise einen Heißleiter mit kleinen Abmessungen, d. h. geringer thermischer Trägheit, um auch kleinste Temperaturschwankungen schnell aufnehmen zu können. Die Abb. 8.19 zeigt drei Schaltungsvarianten zur Erfassung der am Heißleiter auftretenden temperaturbedingten Widerstandsänderungen.

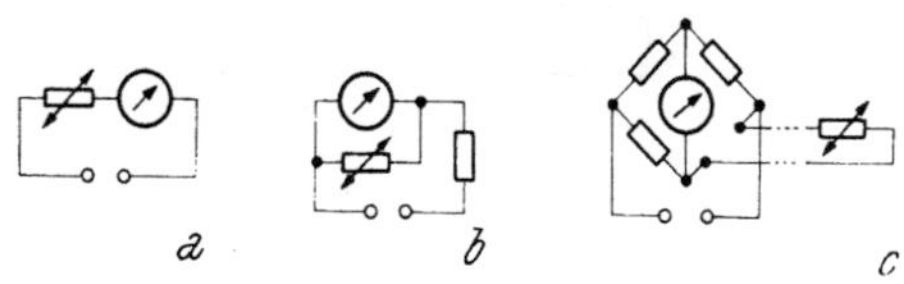

Abb. 8.19. Schaltungen zur Temperaturmessung mit Heißleitern

Nach Schaltung 8.19 a wird bei konstanter Spannung der Strom gemessen, der wiederum eine Funktion des Thermistorwiderstandes ist.

In Schaltung 8.19 b wirkt der Thermistor als Shunt des Galvanometers.

Mit der Brückenschaltung 8.19 c lassen sich erfahrungsgemäß die genauesten Messungen durchführen. Der Thermistor ist als unbekannter Widerstand in einen Brückenzweig geschaltet.

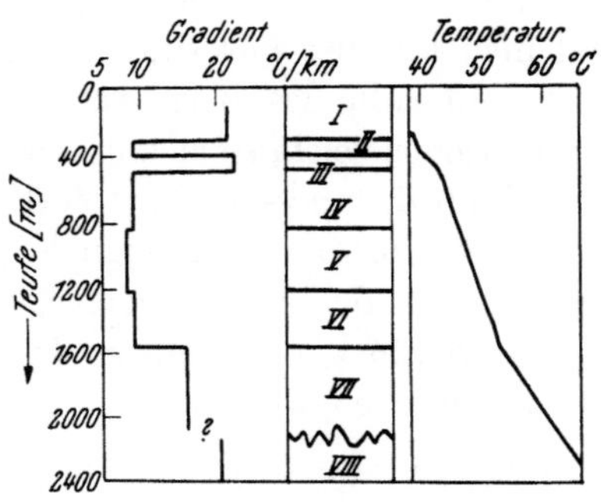

Abb. 8.20. Temperatur und Temperaturgradient als Funktion der Bohrlochtiefe. Bohrloch Gulf Nr. 1, Northrup, Reeves County, Texas (HERRIN und CLARK). I = Rotliegendes, II = Rustler Anhydrit, III = Schiefer, IV = Salz/Anhydrit/Schiefer, V = Salado-Salz, VI = Castil. Anhydrit, VII = Sand/Schiefer, VIII = Schiefer mit Sand

Während sich bei der Verwendung eines Thermoelementes die Erzeugung einer Bezugstemperatur (Dewargefäß mit schmelzendem Eis) als nachteilig erweist, muß für die Widerstandsthermometer eine zusätzliche Hilfsspannung in Kauf genommen werden, da diese Meßeinrichtungen passive Elemente darstellen.

Meßergebnisse, die in Texas (Reeves County) in einem Bohrloch durchgeführt wurden, sind in Abb. 8.20 wiedergegeben (nach HERRIN und CLARK). Deutlich treten die Unterschiede in den Temperaturgradienten für die einzelnen Gesteinsschichten hervor. Salz und Anhydrit zeigen den kleinsten Gradienten, somit nach Gleichung (8.6) die größten Wärmeleitfähigkeiten.

8.5 Isotopengeophysik

Die Benutzung radiometischer Methoden in der Geophysik hat in den letzten Jahren so stark zugenommen und dabei ein so weites Anwendungsgebiet erschlossen, daß nur einige der verwendeten elektronischen Schaltungen besprochen werden sollen. Auf eine Behandlung der radioaktiven Zerfallserscheinungen und der Vielzahl der zur Anwendung kommenden Meßmethoden muß verzichtet werden.

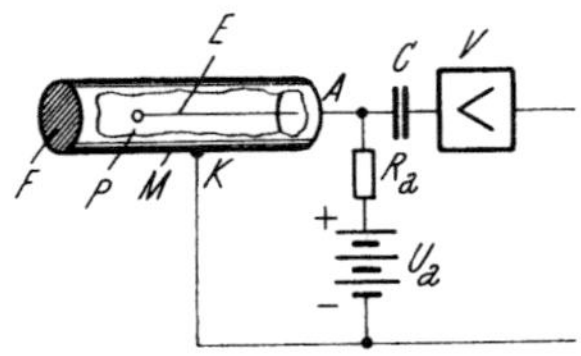

Abb. 8.21. Geiger-Müller-Zählrohr

Die Möglichkeiten des Einsatzes radiometrischer Messungen in der Geophysik sollen mehr tabellarisch erwähnt werden. Bei der radioaktiven Altersbestimmung (Blei-, RaD-, Kalium/Argon-, Rubidium/Strontium-, Kohlenstoff-Methode) ermittelt man aus der Menge charakteristischer radioaktiver Isotope bzw. deren Zerfallsprodukte über die sogenannte Halbwertszeit das Alter von Schichtungen oder sonstigen geologischen Objekten. Die Uran-Thorium-Prospektion nutzt die extrem hohe Radioaktivität dieser Elemente aus, durch die sie sich vom Untergrund abheben. Die Hydrologie benutzt die Radiometrie zur Bestimmung der Bodenfeuchte, der Porosität und zur Erfassung der unterirdischen Wasserbewegung. Mit Hilfe des γ-logs werden Tonmassen und Mergelschichten erfaßt, diese Formationen zeichnen sich durch eine erhöhte γ-Strahlung aus; die Gesteinsdichte wird mit dem γ-γ-Log, das Vorkommen von Wasserstoffatomen wird mit dem Neutro-Neutro-Log untersucht. Näheres über die erwähnten Verfahren findet man in der angegebenen Literatur.

Hier sollen zwei Zähleinrichtungen, nämlich der Geigerzähler und der Szintillationszähler näher beschrieben werden:

a) Der Geigerzähler (Geiger-Müller-Zählrohr)

Dieses Zählrohr dient zum Nachweis von ionisierenden Elementarteilchen. Die Abb. 8.21 zeigt den Aufbau dieser Zähleinrichtung. In einem metallischen Rohr, das als Kathode dient, ist eine drahtförmige Anode angeordnet. Das Rohr wird mit einem Gas-Dampf-Gemisch gefüllt. Da α- und β-Teilchen relativ stark von der Wand des Rohres absorbiert werden, ist die Stirnseite F mit einem Material geringer Massendichte abgeschlossen (Fenster).

Gelangt ein Elementarteilchen in das Rohrinnere, wird es die Füllgasatome ionisieren. Die dabei entstehenden Elektronen fliegen zur Anode und ionisieren auf ihrem Wege dorthin weitere Atome. Bei genügend hoher Anodenspannung (Geiger-Müller-Bereich) setzt eine die Anode schlauchartig umhüllende Glimmentladung ein.

Der über den Außenwiderstand R_a abfließende Anodenstrom erzeugt einen Spannungsimpuls, der über den Kondensator C einem Verstärker V zugeführt wird.

Durch die Glimmentladung und durch die zur Kathode wandernden Gasionen bricht das elektrische Feld im Zählrohr zusammen, so daß die Energiezufuhr für die bei der Ionisation frei werdenden Elektronen so gering ist, daß der Ionisierungsvorgang erlischt. In diesem Zustand kann das Zählrohr keine Elementarteilchen oder Quanten anzeigen. Erst wenn die Glimmentladung auf irgendeinem Wege unterbrochen wird und die Gasionen an der Kathode neutralisiert sind, ist das Zählrohr aufs neue einsatzbereit.

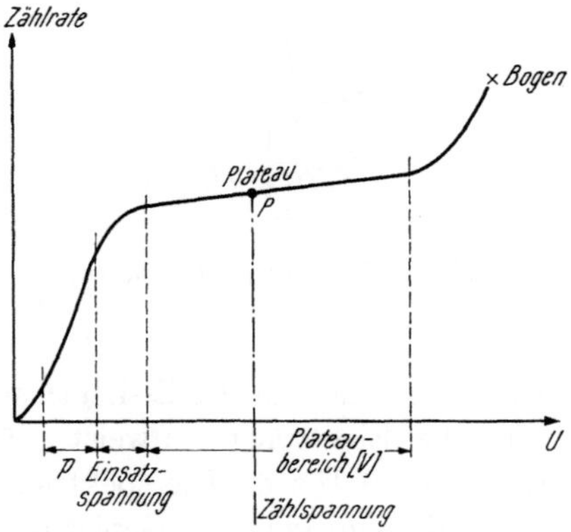

Abb. 8.22. Kennlinie des Zählrohres

Eine schnelle Löschung der Glimmentladung wird durch Zusatz von Halogenen oder von Alkohol bewirkt. Mit einigem elektronischen Aufwand kann die Löschung auch mittels eines negativen Impulses erfolgen, der von einem Univibrator geliefert wird. Mißt man die Anzahl der Impulse pro Zeiteinheit (Zählrate) in Abhängigkeit von der Anodenspannung, so erhält man die Kennlinie des Zählrohres (siehe Abb. 8.22). Den linearen Anstieg der Kennlinie bezeichnet man als den Proportionalitätsbereich (p); in diesem Bereich ist der Verstärkungsfaktor infolge der sekundären Ionisation proportional zur Anzahl der primär gebildeten Ionen. Da der Ladungsstoß von α-Teilchen etwa zwei bis drei Zehnerpotenzen größer als der eines gleichenergetischen β-Teilchens ist, lassen sich diese Elementarteilchen voneinander unterscheiden.

Oberhalb der sogenannten Einsatzspannung beginnt das Plateau oder der Arbeitsbereich des Zählrohres (Geiger-Müller-Bereich). Zum Unterschied vom Proportionalitätsbereich ist innerhalb des Plateaus kein Rückschluß auf die Art des eingefallenen Elementarteilchens oder seiner Energie möglich.

b) Szintillationszähler

Einige Kristalle von organischen (Stilben) und anorganischen (NaJ, KJ) Verbindungen, sowie gewisse Flüssigkeiten (Toluol) senden bei Absorption radioaktiver Strahlung Lichtblitze aus. Im Szintillationszähler werden diese Lichtblitze über einen Lichtleiter einem Sekundärelektronenvervielfacher (SEV, Multiplier) zugeleitet. Im SEV lösen die Lichtblitze an einer Photokathode K Elektronen aus, die auf eine Elektrode mit positivem Potential gegen K, die Dynode D_1, treffen und aus ihr weitere Sekundärelektronen herausschlagen, die wiederum auf eine zweite Elektrode D_2 mit positivem Potential relativ zu D_1 prallen, usw. Es ergibt sich bei Anwendung mehrerer Dynoden eine hohe Stromverstärkung, so daß auch der Nachweis geringster Lichtmengen — selbst einzelner Quanten — möglich wird. Die Abb. 8.23 zeigt ein Schaltbild für einen Multiplier.

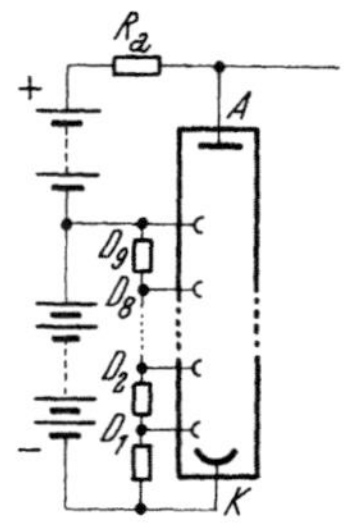

Abb. 8.23. Multiplier-Schaltung

Die Dynoden bestehen aus einer Cu-Be-Cs-Legierung, die eine besonders geringe Austrittsarbeit für die Elektronen aufweist. Die Auslösezeit für die Sekundärelektronen beträgt ca. 10^{-10} sec. Die spektrale Empfindlichkeit hängt vom Kathodenmaterial ab und reicht vom UV-Gebiet bis weit in den IR-Bereich hinein. Um thermische Emissionen zu vermeiden (Dunkelstrom), werden bei Infrarotmessungen die SEV-Zellen tiefgekühlt.

Die Potentialdifferenz (Stufenspannung) zwischen zwei aufeinanderfallenden Dynoden beträgt etwa 50—200 V und wird aus einem Spannungsteiler gewonnen, dessen Querstrom größer ist als der Strom der letzten Dynode. Die Spannung Kathode K/Dynode D_1 ist meistens höher als die Stufenspannung. Der Anodenstrom beträgt 0,1 bis 2 mA, die Gesamtspannung kann bis zu 2500 V betragen. Das Auflösungsvermögen der Szintillationszähler liegt um viele Zehnerpotenzen höher als das der Zählrohre.

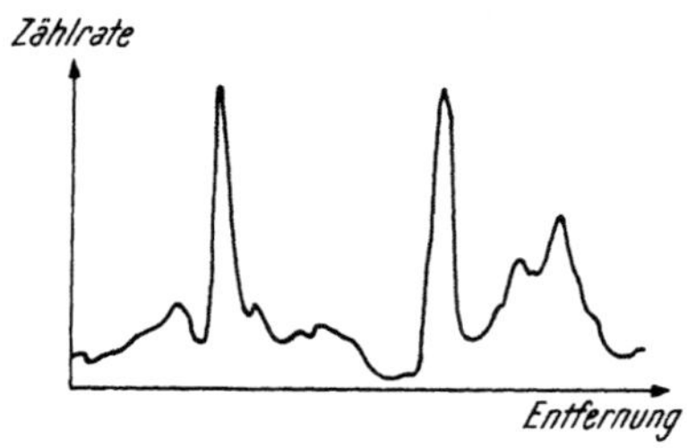

Abb. 8.24. Airborne-Szintillometer-Profil. Goldfields Area, Saskatchewan (Eve und Keys)

Als Beispiel für eine radiometrische Untersuchung sei ein Airborneszintillometerprofil über der Goldfields Area, Saskatchewan, (nach Eve und Keys) wiedergegeben. Siehe Abb. 8.24. Die Maxima wurden von Uranlagerstätten hervorgerufen.

Literatur

Abschnitt 8.1

Elektronik

[8.1] Barkhausen, H., Elektronenröhren, Bd. 1—4. Leipzig: 1958.

[8.2] Bitterlich, W., Einführung in die Elektronik. Wien-New York: Springer. 1967.

[8.3] Feldtkeller, R., Einführung in die Siebschaltungstheorie. Stuttgart: 1956.

[8.4] Kulp, M., Elektronenröhren und ihre Schaltungen. Göttingen: 1958.

[8.5] Langsdorff, W. et al., Transistor- und Niederfrequenzverstärker. Frequenz *12*, 337ff. (1958).

[8.6] Lennartz, H. et al., Transistor-Schaltungstechnik. Berlin: 1963.

[8.7] Pieplov, H., RC-Netzwerke als Selektionsmittel. Arch. techn. Messen *Z423*, 1/2 (1951).

[8.8] Rose, G., Formelsammlung für den Radio-Praktiker. München: 1965.

[8.9] Rothe, H. et al., Elektronenröhren als Anfangsverstärker (Bücherei der Hochfrequenztechnik, Bd. 3). Leipzig.

[8.10] Saal, R., Grundzüge des Entwurfs von Siebschaltungen (AEG Sonderdruck). Berlin: 1955.

[8.11] Telefunken, Firma, Der Transistor (Taschenbuch). München: 1961.

Seismik

[8.12] Anstey, N. A., Modern technique in seismic recording. Geoph. Prosp. *5*, 44—68 (1957).

[8.13] Bringkmeier, G. et al., Zur refraktionsseismischen Bestimmung des Randes und der Flanke von Salzstöcken. Erdöl und Kohle *4*, 321ff. (1951).

[8.14] Cagniard, C., Réflexion et réfraction des ondes sismiques progressives. Paris: 1939.

[8.15] Dix, C. H., Seismic prospecting for oil. New York: 1952.

[8.16] Forst, H. H., Unique magnetic tape playback system. World Oil *148*, 123—126 (1959).

[8.17] Förtsch, O., Analyse der seismischen Registrierungen. Geol. Jb. *66*, 272—284 (1952).

[8.18] Geospace Corp., Seismic digital processors.

[8.19] Helbig, K., Die Auswertung elastischer Wellen. Geoph. Prosp. *4* (1956).

[8.20] Jakosky, J. J., Offshore seismograph operation. Expl. Geoph. 1950.

[8.21] Kohler, H., Grundzüge der Erschütterungsmessung. Leipzig: 1956.

[8.22] Linser, H., Verfahren zur Auswertung von Untertage-Seismogrammen. Geofisica Pura e Applicata *30*, 33—67 (1955).

[8.23] Meisser, O., Praktische Geophysik. Dresden: 1943.

[8.24] Menzel, H., Die seismischen Aufschlußmethoden. In: Haalck, H., Lehrbuch der angewandten Geophysik, Bd. 2, 83—195. Berlin: 1958.

[8.25] Ruprecht, L., Neue Möglichkeiten der Reflexionsseismik. Glück auf *93* (1957).

[8.26] Stotnik, M. M., Lessons in seismic computing. Tulsa: 1959.

[8.27] Symposium on Synthetic Seismograms. Geoph. Prosp. *8*, 231—351 (1960).

[8.28] Wood, C. A., Plot seismic data with electronic computers. World Oil *148*, 131—133 (1959).

Abschnitt 8.2

[8.29] Barringer, A. R., Remote-sensing techniques for mineral discovery. 9th Commonwealth Mining and Metall. Congress. London (1969).

[8.30] BREINER, S., The rubidium magnetometer in archeological exploration. Am. Ass. Adv. Sci. *150*, 185—193 (1965).
[8.31] CHAPMAN, S. et al., Geomagnetism. Oxford University Press *1*, 194ff. (1962).
[8.32] FANSELAU, G., Geomagnetismus und Aeronomie, II. Berlin: 1960.
[8.33] FÖRSTER, F., Ein Verfahren zur Messung von magnetischen Gleichfeldern. Z. Metallkunde *46*, 358—370 (1955).
[8.34] Geoscience inc., Cambridge: Magneto-tellurics in petroleum exploration.
[8.35] HAALCK, H., Lehrbuch der angewandten Geophysik, Teil 1. Berlin: 1953.
[8.36] HAHN, A. et al., Geomagnetik. In: BENTZ, A., Lehrbuch der angewandten Geologie, Bd. 1. Stuttgart: 1961.
[8.37] JAKOSKY, J. J., Exploration geophysics. Los Angeles: 1950.
[8.38] LANGAU, L., Use of new atomic magnetometers in archeology. Symposium „Prospezion Archeologiche", Rome, 13. 4. 1965.
[8.39] LUNDBERG, H., Magnetic surveys with helicopters. Trans. Inst. Min. Metall. *57*, 69—75 (1947).
[8.40] PACKARD, M. et al., Free nuclear induction in the earth's magnetic field (abstract). Phys. Rev. *93*, 941 (1954).
[8.41] SCHONSTADT, E. O. et al., NOL vector airborne magnetometer. Trans. Am. Geoph. Un. *36*, 25—41 (1955).
[8.42] Varian, Palo Alto, Kalifornien, Marine proton magnetometer and sensor.
[8.43] Varian, Palo Alto, Kalifornien, Analog cesium magnetometer.
[8.44] Varian, Palo Alto, Kalifornien, Airborne proton magnetometer.
[8.45] Varian, Palo Alto, Kalifornien, Rubidium magnetometer data sheet (1963).
[8.46] WATERS, G. S. et al., A new method of measuring the earth's magnetic field. Geoph. Prosp. *4*, 1—10 (1956).
[8.47] WYCKOFF, R. D., The gulf airborne magnetometer. Geophysics *1948*, 182—208.

Abschnitt 8.3

[8.48] Askania Werke (Druckschrift). Berlin: 1958.
[8.49] DÜRBAUM, H. J., Gravimeter. In: BENTZ, A., Lehrbuch der angewandten Geologie, Bd. 1. Stuttgart: 1961.
[8.50] GRAF, A., Über die bisherigen Erfahrungen und Meßergebnisse mit dem Seegravimeter. Z. Geophys. *23*, 208—218 (1957).
[8.51] GRAF, A., Gravimeter (Veröffentl. d. Geod. Komm., Reihe B, H. 30). München: 1957.
[8.52] HAALCK, H., Lehrbuch der angewandten Geophysik, Teil I. Berlin: 1953 (mit weiteren Literaturangaben).
[8.53] HERMINGHAUS, R., Über die Messung der Schwerkraft mit den bisher bekannten Gravimetern (Veröffl. Dt. Geod. Komm., Reihe C, H. 5). München: 1954.
[8.54] JUNG, K., Schwerkraftverfahren in der angewandten Geophysik. Leipzig: 1961.
[8.55] SCHLEUSENER, A. et al., Schwerekarte von Zentraleuropa nach Gravimetermessungen. Contr. Geol. Congr., Geol. international, 85—109. Algier: 1954.

Abschnitt 8.4

Elektronik

[8.56] BITTERLICH, W., Einführung in die Elektronik. Wien-New York: Springer. 1967.
[8.57] ERLER, W. et al., Elektrisches Messen nichtelektrischer Größen mit Halbleiterwiderständen. Berlin: 1970.

[8.59] KANTNER, H., Temperaturabhängige Widerstände. Arch. techn. Messen *Z119*, 161f. (1955).
[8.60] LIMANN, O., Spannungsabhängige und temperaturabhängige Widerstände. Elektronik *1961*, 109.
[8.61] STÖCKL, M., Elektrische Meßtechnik. Stuttgart: 1956; VDE-Buchreihe, Bd. 7: Halbleiter und Bauelemente in der Meßtechnik. Berlin: 1961.
[8.62] WECHSUNG, H., Stand der Technik der Thermoumformer. Arch. techn. Messen I 712 — 5 (1954).

Geothermik

[8.63] BIRCH, F., The present state of geothermal investigation. Geophysics *19*, 645 bis 659 (1954).
[8.64] GRIGULL, H., Die Grundgesetze der Wärmeübertragung. Berlin: 1955.
[8.65] GUYOD, H., Temperature well logging. Oil Weekly *123* (1946).
[8.66] JUNG, K., Der Temperaturgradient an der Erdoberfläche. Geofisica pura et appl. *17*, 1—12 (1950).
[8.67] KAPPELMEYER, O., Temperaturmessungen. Kali- und Steinsalz *2* (1959).
[8.68] KAPPELMEYER, O., Geothermik. In: BENTZ, A., Lehrbuch der angewandten Geologie, Bd. 1. Stuttgart: 1961.
[8.69] STROBACH, K., Thermische Methoden. In: HAALCK, H., Lehrbuch der angewandten Geophysik, Teil II. Berlin: 1958.

Abschnitt 8.5

[8.70] BAKER, P. E., Neutron capture gamma ray spectra of earth formations. Trans. AIME *210*, 97ff. (1957).
[8.71] BENTZ, A., Lehrbuch der angewandten Geologie, Bd. 1, 954: Literatur zur Isotopengeophysik. Stuttgart: 1961.
[8.72] BITTERLICH, W., Einführung in die Elektronik. Wien-New York: Springer. 1967.
[8.73] BLUM, E., Die Aufnahme von Neutronendiagrammen im Bohrloch und ihre Anwendung zur quantitativen Ermittlung der Porosität. Erdöl und Kohle *6*, 133—136 (1953).
[8.74] BRODING, R. A. et al., Simultaneous gamma ray and resistivity logging applied to uranium explorations. Geophysics *20*, 841—859 (1955).
[8.75] COOK, J. C., An analysis of airborne surveying for surface radioactivity. Geophysics *17*, 687—706 (1952).
[8.76] FAUL, H. et al., Logging of drill holes by the neutron-gamma method, and gamma ray scattering. Geophysics *16*, 260—276 (1951).
[8.77] FEARON, R. E. et al., The quantitative interpretation of radioactivity logs. Oil and Gas J. *50*, 188f. (1952).
[8.78] FÜNFER, E. et al., Zählrohre und Szintillationszähler. Karlsruhe: 1954.
[8.79] HARTMANN, W. et al., Fotovervielfacher und ihre Anwendung in der Kernphysik. Berlin: 1957.
[8.80] KESSEL, W., Halbleiter als Strahlungsdetektoren. Elektron. Rsch. *1962*, 137ff.
[8.81] LUNDBERG, H. et al., Oil prospecting with the radioactive method. World Petroleum *24* (1953).
[8.82] MAHNAU, H., Ein transportables Strahlenmeßgerät mit Geiger-Müller-Zählern. Elektron. Rsch. *1960*, 87f.
[8.83] PFETSCHER, O., Geiger-Müller-Zählrohre für technische und wissenschaftliche Zwecke. Elektronik *1956*, 89f.
[8.84] RIEZLER, W., Einführung in die Kernphysik. München: 1957.

[8.85] STROBACH, K., Die radiometrischen Untersuchungsmethoden. In: HAALCK, H., Lehrbuch der angewandten Geophysik. Berlin: **1958**.
[8.86] TITTLE, C. W. et al., Neutron logging of drill holes. The neutron-neutron method. Geophysics *16*, **626–658** (**1951**).
[8.87] WYLLIE, M. R. J., Procedures for the direct employment of neutron log data in electric log interpretation. Geophysics *17*, **790f.** (**1952**).
[8.88] ZESCHKE, G., Prospektion von Uran- und Thoriumerzen. Stuttgart: **1956**.

9. Spezialfälle der Geoelektronik

9.1 Grubenfunk

Durch die Entwicklung des Grubenfunkes haben sich für den Bergbau eine Anzahl von Anwendungsmöglichkeiten ergeben, sei es, daß Maschinen ferngesteuert werden, sei es, daß Sprechverbindungen dort hergestellt wurden, wo sich wegen zu geringer Sprechdichte eine Verlegung von Kabeln nicht lohnte, sei es, daß der Empfänger, bzw. die Empfangsperson aus betrieblichen Gründen nicht ortsfest sein kann (z. B. ein Förderkorb), oder sei es gar, daß infolge gewisser Gegebenheiten der Funkverkehr überhaupt die einzige Verständigungsmöglichkeit zwischen zwei Personen darstellen kann.

Die Nachrichtenübermittlung durch Telefon ist immer abhängig von elektrischen Kabeln, die zwischen Sender und Empfänger verlegt werden müssen. Demgegenüber verwendet man beim Grubenfunk eine Wellenausbreitung längs Versorgungskabeln, Wasserleitungen, Förderseilen oder entlang von Erzgängen; manchmal gelingt es sogar, durch freie Wellenausbreitung in einer Strecke Nachrichten zu übermitteln.

Bei der Ausbreitung elektromagnetischer Wellen im Erdinneren müssen die Ausbreitungs- und Absorptionsbedingungen beachtet werden. Eine freie Wellenausbreitung kommt nur dann zustande, wenn die Strecke in jeder Richtung das Ausmaß von mindestens einer halben Wellenlänge hat. Das heißt, man kann eine freie Ausbreitung nur für UKW erwarten. Diese Wellen breiten sich geradlinig aus und ermöglichen eine Funkverbindung nur dann, wenn auch Sichtverbindung besteht. Diese Anwendungsmöglichkeit macht man sich für gerade Strecken zunutze. Man hat auch versucht, Biegungen der Strecken zu überwinden, indem man Reflektoren anbrachte. Es zeigte sich jedoch, daß diese Art von Funkverkehr äußerst störanfällig ist; schon die Anwesenheit eines Menschen, der die Sichtverbindung Sender—Empfänger unterbricht, führt zu einer so hohen Energieabsorption, daß ein Empfang von Nachrichten unmöglich wird.

Als Ausweg zur Nachrichtenübermittlung bietet sich die leitungsgerichtete Übertragung von hochfrequenten elektromagnetischen Wellen an. Dabei muß die hochfrequente Schwingung dem vorliegenden Leitungssystem aufgekoppelt werden. Diese Kopplung kann induktiv, kapazitiv oder galvanisch vorgenommen werden.

Bei der galvanischen Kopplung wird die hochfrequente Schwingung dem Leiter in direktem Kontakt zugeführt, als Rückführung dient das Gestein (Abb. 9.1).

Bei der induktiven Kopplung wirkt die Koppelspule als Induktivität eines Schwingkreises. Infolge der Stromüberhöhung kann ein Schwingkreis hoher Güte im Sendefall viel Energie auf den Leiter übertragen, im Empfangsfall wird die Empfindlichkeit des Empfängers hinaufgesetzt (Abb. 9.2).

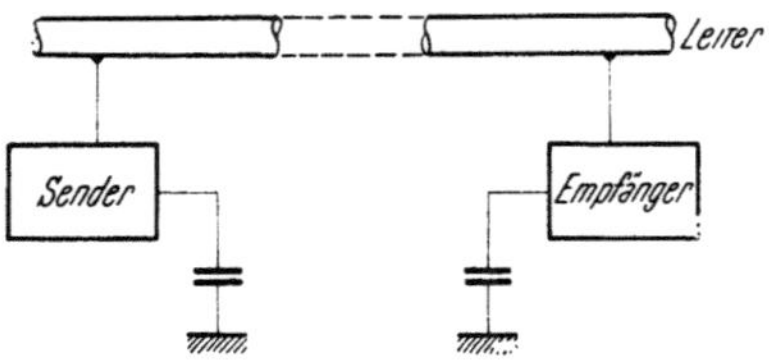

Abb. 9.1. Galvanische Ankopplung (nach WEBER)

Die kapazitive Kopplung erfolgt über Kondensatoren, wobei eine Kapazität für hochfrequente Ströme einen geringen Widerstand bildet, für niederfrequente Ströme (z. B. Sprechströme) eine mehr oder weniger gute Isolation.

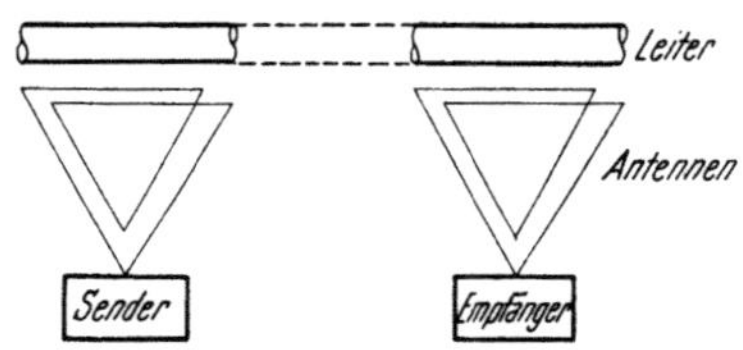

Abb. 9.2. Induktive Ankopplung (nach WEBER)

Die hochfrequenten Wechselströme fließen dort, wo sie die kleinsten Widerstände vorfinden. Dabei bilden Isolationen von verschiedenen Leitern keine Hindernisse. Der Stromübergang zwischen zwei Leitern, die eine Kapazität C zueinander aufweisen, beträgt

$$I_C = U \cdot \omega \cdot C \tag{9.1}$$

U = Spannung [V], $\omega = 2\pi f$ = Kreisfrequenz [$\sec^{-1}$], I_C = Strom [A]. Das bedeutet ein erhöhtes Auftreten von Streuströmen, da jeder Leiter relativ zur Erde (ebenfalls Leiter) eine gewisse Kapazität aufweist.

Hinzu kommt ein induktiver Effekt. Wenn zwei Leiter nebeneinander liegen, wird ein hochfrequenter Strom des einen Leiters eine Spannung im zweiten Leiter induzieren, die proportional ist zur Amplitude des Stromes, zur Frequenz und zur gegenseitigen Induktion, so daß auch Übertragungen zwischen Leitern auftreten, die überhaupt keinen galvanischen Kontakt miteinander aufweisen. Diese relativ leichte kapazitive bzw. induktive Übertragbarkeit hochfrequenter Schwingungen ermöglicht es natürlich auch, von einem stromführenden Leiter mittels geeigneter Antennen genügend hohe Empfangsenergie auszukoppeln.

Aus dem bisher gesagten ergibt sich: Je höher die verwendete Frequenz wird, umso besser lassen sich die elektromagnetischen Schwingungen ein- oder auskoppeln, umso höher wird aber auch die kapazitive Ableitung, da sich ein Wellenleiter durch folgende Größen elektrisch erfassen läßt, siehe Abb. 9.3. Als günstig haben sich Frequenzen von einigen hundert Kilohertz (100—300 kHz) erwiesen.

Nach EBERMEYER [9.7] lassen sich die Wellenleiter zur Fortleitung elektromagnetischer Wellen in vier Gruppen aufteilen:

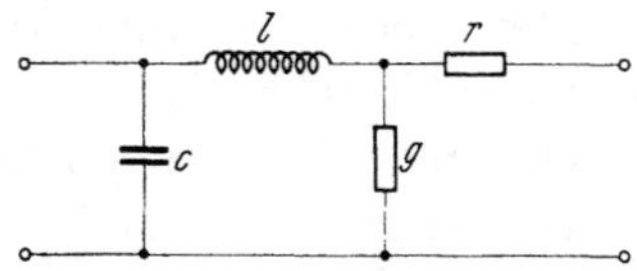

Abb. 9.3. Ersatzschaltbild für eine verlustbehaftete Leitung (Wechselstrom). l = Induktivität pro Längeneinheit [H/m], r = Widerstand pro Längeneinheit [Ω/m], c = Kapazität pro Längeneinheit [F/m], g = Ableitung pro Längeneinheit [S/m]

a) Die symmetrische Doppelleitung ohne große Ableitung. Die kapazitiven und ohmschen Ableitungen, d. h., $I_C = U \cdot \omega C$ und $I_G = G \cdot U$ sind klein. Beide Leiter liegen symmetrisch zum umgebenden Medium. In ihrer geometrischen Form stellen diese Leiter eine geschlossene Schleife dar. Solche Leiter sind meistens ausschließlich für den Grubenfunk ausgelegt. Wichtig ist die Symmetrie zur Erde, da im allgemeinen hinter einem Erdschluß kein Empfang möglich ist. Auf der Doppelleitung treten Maxima und Minima der Ströme und Spannungen auf.

b) Das unsymmetrische Leitungssystem ohne große Ableitung. Bedingung für die Ableitung wie unter a), dabei liegt ein Leiter angenähert auf Erdpotential, der zweite Leiter ist relativ gut gegen die Umgebung (Gestein, Einbauten) isoliert.

EBERMEYER gibt als den Wellenleiter par excellence die vieradrige Gummi-Lichtleitung an. Auch hier treten Minima und Maxima auf, wobei einem Maximum bei galvanischer Kopplung ein Minimum bei induktiver Kopplung entspricht.

c) Das unsymmetrische Leitungssystem mit großer Ableitung. Ein Leiter zeigt eine relativ hohe Ableitung zum umgebenden Gestein, ein Leiter ist gut isoliert. Stehende Wellen wie unter a) und b) sind nicht mehr festzustellen, Vertreter dieser Gruppe sind Telefonleitungen und freihängende Drahtseile, wobei der zweite Leiter durch Rohrleitungen oder sonstige Metallbauten dargestellt wird.

d) Die restlichen Leitungssysteme. Diese Leiter liegen teils symmetrisch, teils unsymmetrisch zur Erde und zeigen relativ zueinander und relativ zum umgebenden Gestein mehr oder weniger hohe Ableitungen. Die Reichweite der so geführten Wellen ist wegen der hohen Dämpfung gering.

JAHN [9.20] gibt einige wichtige Hinweise für eine gute Ausbreitung geführter Wellen untertags an: schwache Leitungen eignen sich besser als starke Leitungen, Einzelleitungen sind besser als Kabelbündel, unverzweigte Leitungen sind verzweigten vorzuziehen, isoliert aufgehängte Leitungen sind besser als metallisch aufgehängte.

Für die Leitung in Streckenquerschlägen und Streben hat sich eine Klassifikation von Leitern ergeben: Oberleitungen für Bahnen, Gummikabel, Wasserleitung, Preßluftrohre, Fernsprechkabel, Starkstromleitungen, Signaldrähte, Zugseile und sonstige metallische Leiter. Als Notbehelfe werden z. B. Erz- und

Wasseradern angeführt. Liegt eine Strecke mit Stahlausbau vor, sind selbstverständlich nur isolierte Leiter zur Wellenausbreitung verwendbar, da sonst die Streckenverbauung und die Schienen den hochfrequenten Stromkreis kurzschließen würden.

Störungen

Als Störungen sind alle Arten von Einstreuung fremder Felder zu verstehen, diese können die verschiedensten Ursachen haben: Einstreuungen von Rundfunksendern, z. B. beim Schachtfunk, Einflüsse von Motoren (sowohl von Gleichstrom- als auch von Wechselstrommotoren) und sonstigen elektrischen Verbrauchen. Zum Beispiel kann das Zündrauschen einer Leuchtstoffröhre (nach Ebermeyer) ca. 80 m weit im Umkreis der Strecke stören.

Spezielle Fälle

1. Von Fogy et al. [9.11] wird ein spezielles Relais-Verfahren angegeben, das mit zwei verschiedenen Frequenzen arbeitet. Ein Zentral-Sender-Empfänger (ZSE) wird optimal an einen Wellenleiter angekoppelt. Der ZSE ist stationär. Er setzt die von einem Sprechgerät im Frequenzband f_2 ankommenden Signale um in ein Frequenzband f_1 und speist mit dieser Frequenz wieder die Wellenleitung. Diese Signale mit der Frequenz f_1 können von den im Revier verteilten Empfängern abgehört werden. Weitere Einzelheiten siehe Literatur [9.11].

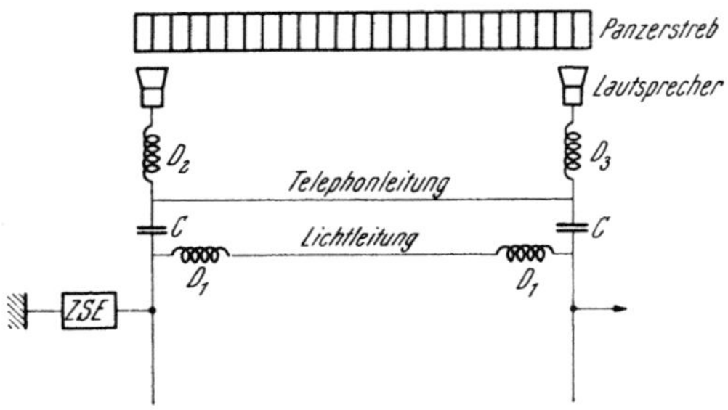

Abb. 9.4. Führung einer elektromagnetischen Welle im Streb (nach Fogy)

2. Wellenausbreitung in einem gepanzerten Streb.

a) Ein stationärer Zentral-Sender-Empfänger (siehe 1.) wurde galvanisch mit einer Telefonleitung, die in einer U-Eisen-Bracke lag, gekoppelt. Die Telefonleitung wurde am anderen Ende an die Eisenmasse des Panzerförderers angeschlossen. Die Erdung des ZSE erfolgte an eine Wasserleitung. Empfang war im gesamten Streb möglich.

b) Ein weiteres Schaltschema (nach Fogy [9.11]) zeigt die Führung einer elektromagnetischen Welle durch ein gepanzertes Streb hindurch.

Die HF wird galvanisch auf eine Lichtleitung eingekoppelt. Eine Verdrosselung D_1 hindert die Hochfrequenz daran, innerhalb des Strebs auf der Lichtleitung entlang zu laufen. Die Signale werden kapazitiv auf eine Telefonleitung gekoppelt und am Ende des Strebs nach der gleichen Methode auf die Lichtleitung zurückgeführt. Durch weitere Siebdrosseln D_2 und D_3 wird die Hochfrequenz von den Lautsprechern abgehalten (siehe Abb. 9.4).

3. Korbtelefonie.

Problem: Herstellung einer Verständigungsmöglichkeit zwischen Maschinist und Förderkorb. Als Beispiel sei eine Anlage der Firma Standard Elektrik Lorenz A.G. [9.36] beschrieben. Die Abb. 9.5 zeigt ein Prinzipbild einer Korbtelefonieanlage mit Seilkreis. Wirkungsweise: Als Verbindungsleitung zwischen Korb und Fördermaschine werden die Förderseile benutzt, die einen galvanisch

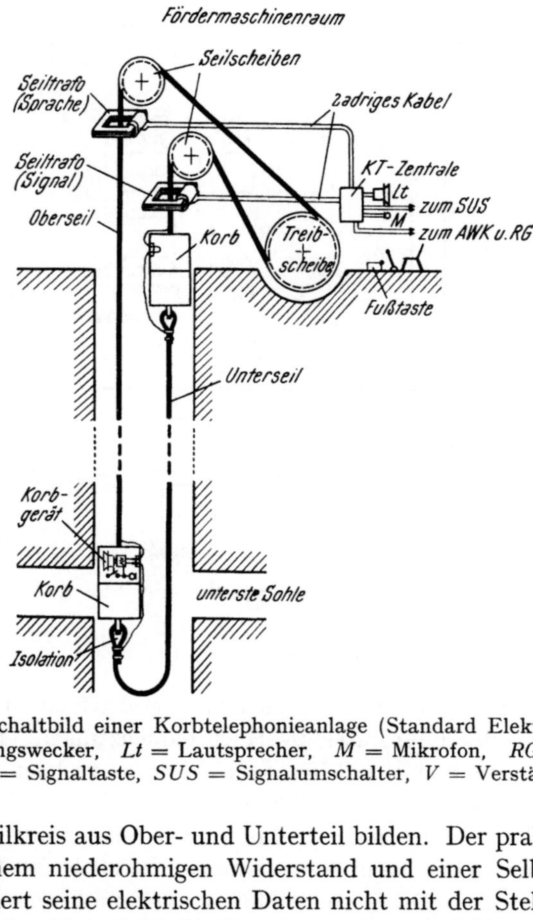

Abb. 9.5. Prinzipschaltbild einer Korbtelephonieanlage (Standard Elektronik Lorenz AG). AWK = Ausführungswecker, Lt = Lautsprecher, M = Mikrofon, RG = Registriergerät, ST = Signaltaste, SUS = Signalumschalter, V = Verstärker

geschlossenen Teilkreis aus Ober- und Unterteil bilden. Der praktisch verlustlose Teilkreis mit einem niederohmigen Widerstand und einer Selbstinduktion von 1—2 mH verändert seine elektrischen Daten nicht mit der Stellung der Förderkörbe, so daß auch während des Treibens gesprochen und Signal gegeben werden kann.

Die Sprach- und Signalfrequenzen werden durch induktives Ankoppeln ohne galvanische Verbindung mittels Seilübertragern — und zwar je einen für Sprach- und Signalübertragung — in den Seilkreis oder auch umgekehrt aus diesem übertragen.

Das Oberseil läuft durch das Fenster der Seilübertrager. Der gesamte Seilkreis stellt die Sekundärwicklung der Seilübertrager dar. Da die Sprechströme nicht auf höhere Trägerfrequenzen moduliert werden müssen, sondern in einfacher Weise direkt übertragen werden, ist der Aufwand an Geräten gering.

Um nun die in den Seilkreis induzierten Ströme nutzbar zu machen, wird das Unterseil isoliert aufgehängt und in diese Trennstelle das Korbgerät eingeschaltet. Das volltransistorisierte Korbgerät, an das Lautsprecher und Mikrofon mit Signaltaste angeschlossen werden, ist ebenfalls wie das Gerät im Fördermaschinenraum für Senden und Empfangen eingerichtet. Die Sprachfrequenz wird nach Durchlaufen eines Tiefpasses in der Treiberstufe verstärkt und auf den Seilkreis gegeben. Eine aus der Zweidrahttechnik bekannte Gabelschaltung verhindert die unmittelbare Beaufschlagung des eigenen Lautsprechers. Diese in den Seilkreis eingespeisten Sprechströme werden von dem entsprechenden Seilübertrager abgenommen und dem Verstärker im Fördermaschinenraum zugeleitet. Die umgekehrte Sprechrichtung läuft analog ab.

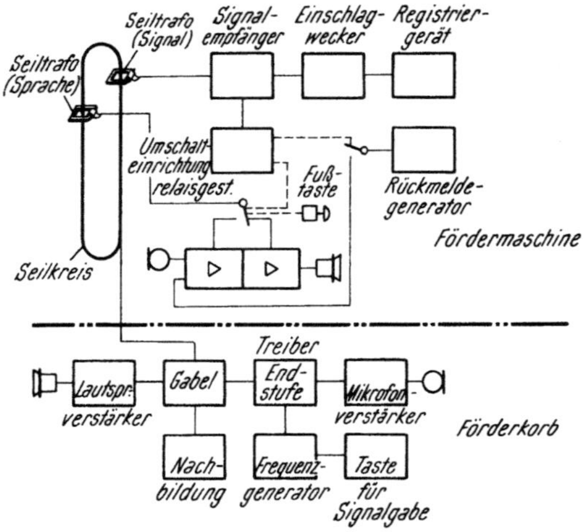

Abb. 9.6. Systemablauf: Korbtelephonie mit Signalabgabe (Standard Elektronik Lorenz AG)

Der Systemablauf ist in Abb. 9.6 dargestellt.

4. Lokomotivfunk. Hier ergeben sich zwei Möglichkeiten:

a) Verwendung des Fahrdrates als Hochfrequenzträger. Bei niederen Frequenzen ist in diesem Fall mit hohen Störfeldern zu rechnen. Man verwendet zweckmäßigerweise die Frequenzmodulation anstelle der Amplitudenmodulation. Die entsprechenden Geräte sind allerdings recht aufwendig. Bei Verwendung von Hochfrequenzsignalen kann unter Umständen auch die Amplitudenmodulation benutzt werden. Die beste Modulationsart muß von Fall zu Fall entschieden werden.

b) Verwendung einer separaten Koppelschleife. Diese Schleife wird galvanisch geschlossen und so geführt, daß sich die Lokomotive mit dem Funksprechgerät und der Rahmenantenne stets im Feld der Koppelschleife befindet. Bei Akkubetrieb der Lokomotiven wirkt sich der Kollektoreffekt störend aus, besonders bei Vollast. Während des Grubenfunkes sollte daher der Lokführer die Last zurückschalten.

Als Beispiel für die Anwendung einer Amplitudenmodulation sei eine Telefonieanlage der Firma BBC beschrieben, die eine Sprechverbindung zwischen ortsfester Station und Grubenbahn über den Fahrdraht gestattet. Die Beschreibung ist einer Arbeit von Hans (BBC-Nachrichten [9.15]) entnommen. Zur Übertragung des Sprechfrequenzbandes (300—2400 Hz) wird ein Amplitudenmodulationsverfahren angewendet. Als günstigster Übertragungsweg wurde die Fahrleitung benutzt; im Bergwerksbetrieb dürfte dies die beste Lösung sein. Man braucht auf der gesamten Sohle keine besonderen Leitungen oder Schleifen zu verlegen, außerdem ist das Fahrdrahtnetz mechanisch besonders stabil aufgebaut und den Betriebsbeanspruchungen besser gewachsen, daher weniger störanfällig. Um die gesamte Grube gleichmäßig mit Hochfrequenz zu versorgen, hat es sich als zweckmäßig erwiesen, die Trägerfrequenz im Schwerpunkt des Fahrdrahtnetzes, also an der Speisestelle der Gleichrichter, an die Fahrleitung zu koppeln.

Zur Übertragung der Niederfrequenz und Fernsteuerung der Hochfrequenz-Sende- und -Empfangsgeräte werden die Aderpaare eines mehrpaarigen Fernmeldekabels benutzt. Moduliert und demoduliert wird in einer festen Station.

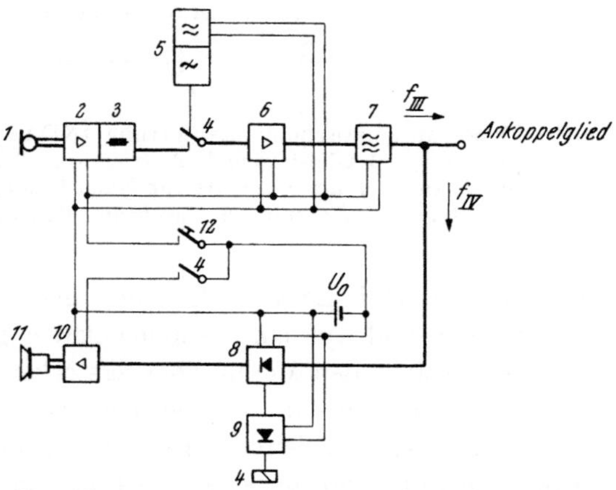

Abb. 9.7. Blockschaltbild einer Telephonieanlage auf Grubenlokomotiven (nach HANS, Brown Boveri & Cie). 1 Mikrofon, 2 Mikrofonverstärker, 3 Tiefpaß, 4 Hochfrequenzauswerter-Relais, 5 Niederfrequenzgeber, 6 Modulationsverstärker, 7 Hochfrequenzsender, 8 Hochfrequenzempfänger, 9 Hochfrequenzauswerter, 10 Wiedergabeverstärker, 11 Lautsprecher, 12 Taste

Abb. 9.7 stellt das Blockschaltbild einer Telefoniestation dar. Die festen und die beweglichen Anlagen sind in ihrer elektrischen Ausführung völlig gleich.

Verbindungsaufbau und Arbeitsweise

In den Anlagen sind geräuschkompensierte Mikrophone (1) und Lautsprecher eingesetzt. Durch Betätigen einer Taste (12) wird in der rufenden Station die Sendeseite der Telefonieanlage eingeschaltet. Der Telefoniesender gibt 4 Watt Leistung ab, die Sendefrequenz dieser Station sei f_{III}.

Auf der Empfangsseite in der Gegenstation ist der Empfänger (8) ständig an die Stromversorgung angeschlossen und somit betriebsbereit. Liegt am Empfänger die Frequenz f_{III}, wird die Wiedergabeseite der gerufenen Station in Betrieb genommen. Im Lautsprecher (11) ertönt nun der Rufton. Der Lokomotivführer oder der Mann in der Zentrale drückt bei Ertönen des Rufes einen Taster und schaltet damit seinen Sender ein. Die Trägerfrequenz f_{IV} wird von der gerufenen Station gesendet und schaltet in der Gegenstation die Empfangsseite der Anlage ein. Dem Mikrofon ist ein Mikrofonverstärker (2) mit Tiefpaß (3) nachgeschaltet. Der Tiefpaß schneidet alle Frequenzen über etwa 2 kHz ab. Dadurch werden höhere Störfrequenzen in der Anlage, die von Umgebungsgeräuschen herrühren, unterdrückt. Nun ist die Verbindung aufgebaut, und von beiden Anlagen aus kann gesprochen werden. Läßt man nach Beendigung des Gespräches die Tasten der Station los, wird die Ausgangsstellung wiederhergestellt und die Anlage ist für einen neuen Verbindungsaufbau bereit. In der Gegenrichtung vollzieht sich der Verbindungsaufbau in der gleichen Art. Es werden Schmalbandsender und -empfänger verwendet.

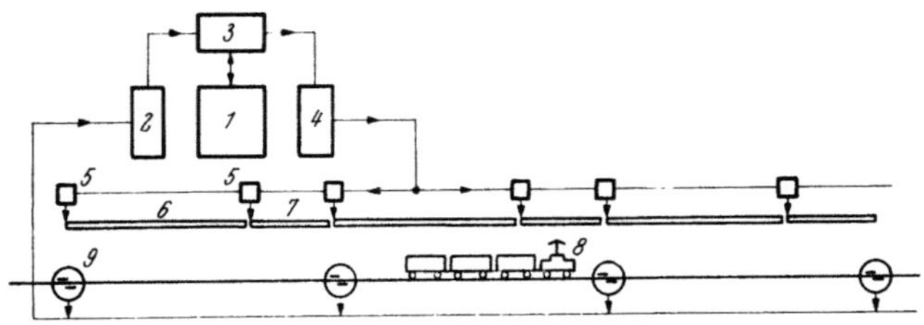

Abb. 9.8. Prinzipschaltbild der automatischen Zugsteuerung INDAFO 20 (Brown Boveri & Cie). 1 Anzeige und Bedienung, 2 Gleisfreimelde-Auswertung, 3 zentrale Steuerlogik, 4 Signalbildung, 5 Signalverstärkung, 6 Leiterschleife für Nachrücken, 7 Leiterschleife für Bremsen, 8 Lokomotive mit Antenne, 9 Gleisfreimelde-Einwirkstelle

In der ortsfesten Station wird die vom Mikrofon gelieferte Spannung im Mikrofonverstärker verstärkt und auf ein Fernmeldekabel gegeben. Mit ihr steuert man an der Einspeisestelle den Modulationsverstärker aus. Das von der Lokomotive ausgehende Signal wird an der gleichen Stelle demoduliert und nach Verstärkung zur Sprechstelle geleitet. In der Vermittlung finden sich der Wiedergabeverstärker mit Lautsprecher sowie die Taste, die die Hochfrequenzanlage über das Kabel einschaltet. Die Aufteilung der festen Station in einen Niederfrequenz- und einen Hochfrequenzteil war notwendig, damit von der zentral gelegenen Sendestation aus sämtliche Punkte der Grube mit genügender Leistung erreicht werden können.

5. Automatische Zugsteuerung.

Auch im Bergbau führten Rationalisierungsbestrebungen zur Entwicklung automatischer Zugsteuersysteme für führerlosen Lokbetrieb, wobei im allgemeinen eine Person eine große Anzahl von Zügen von einer Leitstelle aus steuern kann. Als Beispiel sei das Prinzip der automatischen Zugsteuerung Indafo 20 der Firma BBC, Mannheim, beschrieben.

Das System umfaßt die Einrichtungen zur Bildung, Übertragung und Auswertung der notwendigen Informationen, einschließlich der Steuerung und Regelung der Lokomotiven, sowie zur Überwachung der Zugläufe in der Zentrale (siehe Abb. 9.8).

Die Sicherung der aufeinanderfolgenden Zugfahrten ist durch ein Festblocksystem gewährleistet. Die Blocküberwachung erfolgt mit elektronischen Gleisfreimeldeeinrichtungen. Eine zentrale Steuerlogik bildet auf Grund der Blockbewegung unter Berücksichtigung von eingespeicherten Daten die Signalbegriffe für den Folgeblock. Das Signalsystem ist dreibegriffig und gestattet die Unterscheidung der Signale „volle Geschwindigkeit“, „Langsamfahrt“ und „Halt“.

Die Signale werden auf den fahrenden Zug kontinuierlich durch induktive Ankopplung der Lokomotivantenne an eine Leiterschleife übertragen. Jeder Blockabschnitt ist mit zwei Leiterschleifen überdeckt. Bei vorausliegender Blockbelegung führt die erste Schleife den Signalbegriff „Langsamfahrt" und gestattet das Nachrücken bis zur zweiten Schleife, die den „Halt"-Befehl sendet. Bei voller Fahrt führen beide Blockschleifen den Signalbegriff „volle Geschwindigkeit".

Die Lokomotiveinrichtung für eine elektrische Fahrdrahtlokomotive besteht aus den vollelektrischen Funktionsteilen Signalauswertung, Logik und Geschwindigkeitsregelung, sowie aus den elektromechanischen Ein- und Ausgabegliedern.

Die Stellgrößen für Bremse und Schaltwerk werden aus dem anstehenden Signalbegriff, der Istgeschwindigkeit und unter Berücksichtigung der Eingabekriterien gebildet. Bei Unstimmigkeiten werden die Notbremsungen eingeleitet. Durch punktförmige Beeinflussung von der Strecke kann die Geschwindigkeit an Langsamfahrstellen blockintern geprüft und im Gefahrenfall die Notbremse ausgelöst werden.

Es sollten an Hand einiger praktischer Beispiele Möglichkeiten für den Einsatz des „Grubenfunkes" dargestellt werden.

Es wurden ausschließlich Fälle leitungsgebundener Wellenausbreitung gebracht, da diese Technik am weitesten fortgeschritten ist. Es ist zu hoffen, daß die künftige Entwicklung zur leitungslosen Signal- bzw. Gesprächsübermittlung führen wird, womit die Bezeichnung Grubenfunk seine volle Berechtigung fände.

9.2 Elektronische Möglichkeiten zum Gasnachweis

Bei diesen Betrachtungen muß man unterscheiden zwischen Gasen, die frei in einem Schacht oder in einem Bohrloch vorkommen, Gasen, die interkristallin gebunden, und Gasen, die in Wasser gelöst sind. Die bekanntesten Methoden des Gasnachweises sind die chemischen Verfahren, von denen hier nicht die Rede sein soll. Inzwischen hat man auch einige elektrische bzw. elektronische Verfahren angegeben, von denen einige besprochen werden sollen.

a) Nachweis von freien Gasen

Bei der Messung macht man von dem unterschiedlichen relativen Wärmeleitvermögen der Gase Gebrauch. Dazu saugt man eine Gasprobe in einen Behälter, in dem sich ein temperaturempfindlicher elektrischer Widerstand befindet. Parallel zu diesem Widerstand wird ein zweiter geschaltet, der in einen Behälter mit Normalluft hineinragt. Beide Widerstände werden mit der gleichen Leistung aufgeheizt, wobei die sich am Widerstand einstellende Temperatur abhängig ist von der Wärmeleitfähigkeit des umgebenden Gases. Andererseits ist die Höhe des Widerstandes wiederum eine Funktion der vorherrschenden Temperatur und damit der Wärmeleitfähigkeit des Füllgases, so daß durch eine Widerstandsmessung, die mit Hilfe einer Wheatstoneschen Brücke ausgeführt wird, Auskunft über die Gasart erhalten werden kann. Natürlich muß die Meßanlage für jede Gasart geeicht werden. Die Untersuchung beschränkt sich hauptsächlich auf CO_2, Kohlenwasserstoffe und H_2S.

b) Elektrische Erfassung von interkristallin gebundenen Gasen

Hier bieten sich zwei Methoden an:

1. Bei der Auflösung eines Gaseinschlüsse enthaltenden Salzes in Wasser treten Knistergeräusche auf, die mit Mikrophonen aufgenommen, verstärkt und zur akustischen Anzeige gelangen. Die Tonstärke ist ein Maß für die Menge des sich auflösenden Gases.

2. Man hat versucht, in Kalilagerstätten CO_2-Einschlüsse über kapazitive Messungen zu erfassen [9.51 bis 9.56]. Geht man davon aus, daß die DK von CO_2 etwa 1 beträgt, so sollten stark poröse, CO_2-haltige Zonen eine niederere DK aufweisen als stark salzhaltige Zonen, da die DK von Salz etwa 4—9 beträgt. Derartige Messungen wurden von Fritsch ausgeführt. Nachteilig erweist sich, daß auch Luft eine DK = 1 besitzt.

Ist das CO_2 inkristallin gebunden, wobei auch stets Lauge eingeschlossen ist, hat man eine Erhöhung der DK relativ zu CO_2-freien Salzformationen zu erwarten.

Meßtechnisch geht man zur Bestimmung der DK ähnlich vor, wie bei der Anwendung der Hochfrequenzsonde — siehe Abschnitt 6.2.2. Allgemein ist zu diesem Verfahren zu sagen, daß zusätzlich untersucht werden muß, in welcher Form das CO_2 im Salz vorkommt: inkristallin oder als Porenfüllung zwischen kristallinen Aggregaten.

c) Nachweis von gelösten Gasen

Sind Gase in Wasser gelöst, so kann man sie entweder durch Kochen austreiben, in einem Rezipienten auffangen und nach der unter a) beschriebenen Methode bestimmen, oder man versucht, direkte Messungen im Wasser durchzuführen.

Als Beispiel sei die Bestimmung von Sauerstoff in Wasser mit Hilfe des DIGI 610 (mit OXI 610-Einschub) der Firma WTW, Weilheim, aufgeführt [9.57]. Die Messung erfolgt nach dem polarometrischen Prinzip. Die in das O_2-enthaltende Wasser eintauchende Meßzelle besteht aus einem Elektrodensystem Silber-Anode-Kaliumchlorid-Gel-Gold-Kathode, das durch eine sauerstoffselektive Folien-Membran von dem zu messenden Medium mechanisch abgeschlossen ist. Wird an die Kathode eine negative Gleichspannung von 0,85 V angelegt, so wird sie polarisiert. Der durch die Membrane diffundierende Sauerstoff stört nun den Polarisationsvorgang, da er kathodisch mit dem Elektrolyten unter Elektronenverbrauch nach $O_2 + 2\,H_2O + 4\,e^- = 4\,OH^-$ reagiert. Analog werden an der Anode Elektronen nach $Ag + Cl^- + e^-$ frei. Es ergibt sich somit ein Strom, der dem Partialdruck des anwesenden Sauerstoffs direkt proportional ist. Dieser Zellenstrom wird verstärkt und nach der Umwandlung von Analog- in Digitalsignal zur Anzeige gebracht.

Da sowohl die Lösungsfähigkeit des Sauerstoffs in Wasser als auch der Diffusionsvorgang durch die Membrane temperaturabhängig sind, ist eine Temperaturkompensation erforderlich. Dazu dient der im Zellenkörper enthaltene temperaturabhängige Widerstand (Thermistor), der schaltungsmäßig im Gegenkopplungskreis des Verstärkers liegt und den Verstärkungsfaktor derartig beeinflußt, daß der Sauerstoffgehalt in mg O_2/l Wasser im Bereich von 0 bis + 40°C richtig angezeigt wird. Allerdings ist dieses Gerät bei Feldmessungen nur dann verwendbar, wenn eine Spannung von 110 bzw. 220 V (Wechselstrom — bei 60 Watt) zur Verfügung steht.

9.3 Elektronische Messungen von Felsparametern

Die Verwendung der Elektronik zur Erfassung von mechanischen Felsparametern ist noch ein verhältnismäßig neuer Forschungszweig, so daß bisher nur wenig Arbeiten über dieses Gebiet vorliegen. Es können daher auch nur einige allgemeine Betrachtungen darüber angestellt werden, welche Möglichkeiten zum Einsatz der Elektronik bei derartigen Messungen bestehen. Dabei wird das Hauptaugenmerk auf geoelektrischen Untersuchungsmethoden liegen, ohne Rücksicht darauf, daß vielleicht durch seismische, gravimetrische oder sonstige Verfahren ebenfalls gute Ergebnisse erzielt werden können.

9.3.1 Auflockerungszonen

Bei derartigen Zonen ist zu unterscheiden zwischen Bereichen, die mit Bergwasser gesättigt sind, und Zonen, deren Porenraum mit Luft oder sonstigen Gasen gefüllt ist.

a) Auflockerungszonen mit hohem Wassergehalt

Stark wasserführende Auflockerungszonen lassen sich, wenn der Hintergrund von einer schlecht leitenden trockenen Gesteinsschicht gebildet wird, durch Widerstandsmethoden erfassen, die in Abschnitt 5.1 ausführlich beschrieben sind. Die Auflockerungszone wird sich in diesem Fall durch einen niederen spezifischen Widerstand vom background abheben. Auch beim Einsatz einer der Methoden zur Bestimmung der DK lassen sich sicherlich wertvolle Aussagen gewinnen. Wenn Formationen mit hohem Wassergehalt mit Hilfe einer ε-Sonde (siehe Abschnitt 6.2.2) untersucht werden, treten infolge des relativ großen Wasseranteils hohe durchschnittliche Dielektrizitätskonstanten auf.

Sind die Zonen sehr ausgedehnt, wird man unter Umständen auch aus den Ausbreitungsmessungen elektromagnetischer Wellen Auskünfte über den Wassergehalt, d. h. über die Stärke der Auflockerung erhalten. Bei einem solchen Verfahren würde ebenfalls die DK und die LF der vorliegenden Formation bestimmt werden — allerdings auf elektromagnetischem Wege.

Zur Anwendung könnten auch die in Kapitel 2 angegebenen Methoden zur Bestimmung der Porosität bzw. der Zementationsfaktoren finden, wobei die Höhe des Zementationsfaktors direkt ein Maß für die Verfestigung des Gesteins darstellt.

b) Nicht wasserführende Auflockerungszonen

Bringt man in diese Zonen ein Bohrloch nieder, das mit einer Spülflüssigkeit versetzt ist, so treten an den Lockerungszonen Filterpotentiale auf, deren Höhe ein Maß für die Auflockerung sein könnte (siehe hierzu Abschnitt 3.2).

Auch die ε-Sonde ist in diesem Falle wirkungsvoll zu verwenden. Es ist bei derartigen luft- oder gasgefüllten Zonen mit hoher Porosität eine geringere DK zu erwarten als im umgebenden dichten Gestein, so daß die angegebene DK-Methode wirkungsvoll benutzt werden könnte, um Umfang und Stärke einer Auflockerung zu ermitteln.

Allerdings muß parallel zu den Untersuchungen eine Probenahme erfolgen (Kernbohrung), um vorauszubestimmen, ob die Auflockerungszone wasser- oder gasführend ist.

9.3.2 Druck- und Spannungszustände

Um wirkungsvoll geoelektrische Methoden anwenden zu können, müßte festliegen, welche elektrisch meßbaren Gesteinsparameter durch Druck und Spannung verändert werden.

Kleinere Gebirgsbewegungen könnten unter Verwendung von Dehnungsmeßstreifen erfaßt werden, wobei die Widerstandsänderung eines durch Verformung gedehnten Drahtes ein Maß für die Stärke der Verformung ist.

Bei einer hohen mechanischen Felsbeanspruchung treten im Gestein mikroakustische Impulse auf, die mit Geophonen in elektrische Impulse umgeformt werden können. Diese Impulse werden zeitlich integriert. Die Höhe der Integrationsspannung und ihre Zu- oder Abnahme ist ein Maß für die Beanspruchung der zu untersuchenden Felspartie. Auch eine Warnanlage kann mit diesem Gerät verbunden werden.

Wenn Spannungsänderungen eine Veränderung im Gefüge eines Gesteins hervorrufen, sei es der Tortuosität, der Porosität, des Formationsfaktors oder vielleicht gar des Wassergehaltes, wird durch fortlaufende Ermittlung dieser Größen eine eintretende Spannungs- oder Druckänderung wahrscheinlich erkannt werden können.

Soweit es den Verfassern (1970) bekannt geworden ist, sind derartige Forschungsarbeiten — wie sie in diesem Kapitel angeführt sind — noch nicht sehr weit gediehen bzw. überhaupt noch nicht begonnen worden, so daß über etwaige Erfolge und Meßbeispiele nichts berichtet werden kann.

9.4 Spurennachweis von Kupfer in Wasser [9.59]

In diesem Abschnitt wird eine chemische Methode beschrieben, Kupferspuren in Wasser nachzuweisen. Sie kann vorzüglich bei Feldarbeiten verwendet werden, wobei elektronische Meßeinrichtungen zu Hilfe genommen werden können.

Eine der üblichsten Methoden zur Untersuchung von Wasser auf Schwermetallspuren besteht darin, daß diese mit Dithizon (Diphenylthiocarbazon) gefärbte Metallkomplexe bilden. So schlägt die grüne Dithizonlösung bei Anwesenheit von Kupferionen in eine Violettfärbung um. Eine spezifische Bestimmung einzelner Metalle läßt sich durch Variation des pH und Zugabe von Komplexbildnern in vielen Fällen erzielen. Nachteilig an der Methode ist jedoch, daß das Reagens selbst stark gefärbt ist, so daß geringe Metallionenkonzentrationen nicht mit bloßem Auge zu erkennen sind. Außerdem ist das Reagens relativ umständlich zu bereiten und nicht sehr stabil. Die quantitative Abschätzung im Feld ist also sehr ungenau, die Prospektion nach nur einem Metall verlangt einen größeren chemotechnischen Aufwand.

Dagegen ist Diäthyldithiocarbamat ein Reagens, das in erster Linie auf Kupfer anspricht. Die meisten anderen Schwermetalle werden mit weniger als 1/5 der Empfindlichkeit angezeigt.

(Nur bei Anwesenheit größerer Mengen Eisen müßte eine Störung durch Zugabe von Citratlösung bei pH 8,5 verhindert werden.) Außerdem ist das Reagens leicht anzusetzen und relativ stabil. Der Hauptvorteil für seine Verwendung als Feldmethode liegt jedoch darin, daß es farblos ist. Mit Kupfer bildet sich ein braungefärbter Komplex, der z. B. mit Amylalkohol zur Empfindlichkeitssteigerung extrahiert werden kann. Durch visuellen Vergleich mit der Farbintensität von geeichten Lösungen kann eine quantitative Abschätzung mit guter Genauigkeit vorgenommen werden.

Bereitung der Reagenzlösung

0,4 g Natriumdiäthyldithiocarbaminat und 3 g Ammoniumacetat werden in etwas weniger als 100 ml Wasser gelöst, mit verdünnter p.a. Ammoniaklösung auf pH 7 eingestellt (pH-Meter oder mit einem Universalindikatorpapier) und auf 100 ml aufgefüllt. Alle Konzentrationen sind nicht kritisch.

Die Eichlösung wird am einfachsten aus einer 0,1 M Kupfersulfatlösung bereitet. (Titrisol von Merk 9936/001 in einen Meßkolben gießen und mit destilliertem Wasser, das dabei durch die Ampulle fließen soll, gründlich spülen.

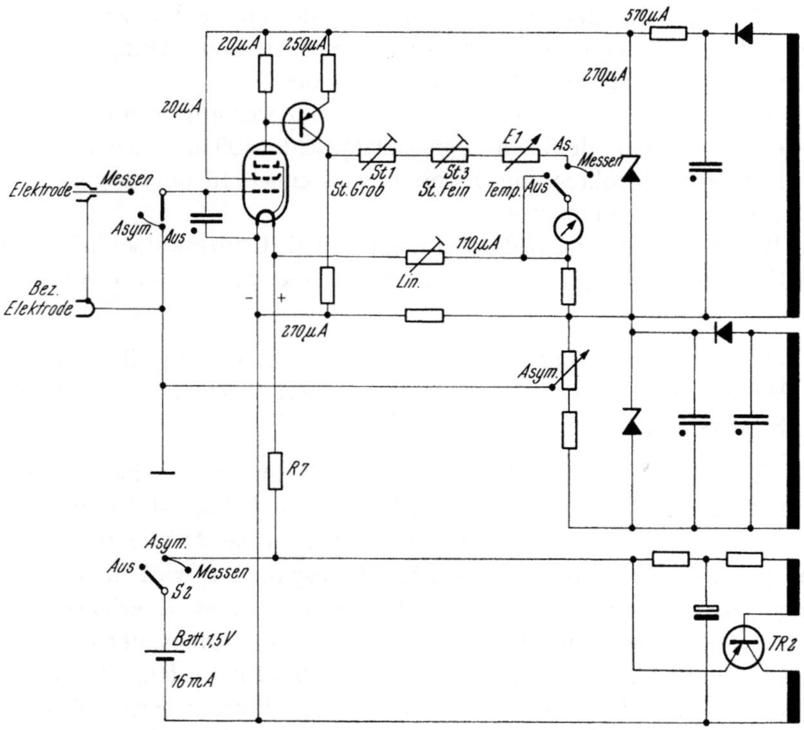

Abb. 9.9. Schaltbild des Taschen-pH-Meters, Modell pH 54, der Fa. WTW, Weilheim

Nach Zugabe von 1 ml p.a. Salzsäure wird der Kolben mit destilliertem Wasser auf 1 Liter aufgefüllt.) Diese Lösung enthält 6,35 mg Cu pro ml. 157 ml davon mit destilliertem Wasser auf 1 Liter aufgefüllt, stellt die „Stammlösung" dar. Sie enthält 10^{-3} g/ml und ist gut haltbar. Zur Eichung werden 10^{-5}, 10^{-6} und

10^{-7} mg/ml benötigt. Also: 10 ml der 10^{-3} Lösung auf 1 Liter auffüllen ergibt die 10^{-5} Lösung. Davon 10 bzw. 100 ml auf 1 Liter aufgefüllt ergibt die 10^{-7} bzw. 10^{-6} Lösung. Diese beiden letzten sind unter Umständen nicht mehr stabil und sollten von Zeit zu Zeit wieder aus der 10^{-3} Lösung hergestellt werden. Alle Lösungen können in Plastikflaschen aufbewahrt werden und sind vor Gebrauch zu schütteln.

Der Meßvorgang

In ein graduiertes 15 ml Reagensglas mit geschliffenem Glasstöpsel werden 10 ml Probe (Wasser) und 2 ml Reagens gefüllt, wobei die Genauigkeit der Graduierung ausreicht, und geschüttelt. Dann wird mit einer Vollpipette 2 ml Isobutanol zugegeben. Nach kräftigem Schütteln scheidet sich nach einiger Zeit das Butanol mit dem darin gelösten braunen Kupferkomplex im oberen Flüssigkeitsbereich ab. Zur quantitativen Abschätzung werden entsprechende Vergleichsproben mit der Eichlösung in Reagensgläsern präpariert.

Ein visueller Vergleich läßt eine Abschätzung auf eine viertel Zehnerpotenz zu. Die Grenzempfindlichkeit liegt bei etwa $5 \cdot 10^{-9}$ g Cu/ml. Die Färbung des Butanols ist bei nicht zu hellem Licht zumindest mehrere Stunden stabil. Wichtig ist, daß fallweise die Reagenslösung und das destillierte Wasser durch Blindproben auf eine Untergrundfärbung zu untersuchen sind. Dringend anzuraten ist, nur ionenausgetauschtes Wasser zu verwenden.

Für Untersuchungen im Feld braucht also nur wenig mitgenommen werden: $\frac{1}{2}$ l destilliertes Wasser oder kleiner Ionenaustauscher, 100 ml Reagens, 100 ml Isobutanol, 3—4 Proberöhren mit Eichlösungen, einige 15 ml Reagensgläser mit Glasstöpseln, 2 ml Vollpipette.

Als Beispiel, wie unterschiedlichen Kupfergehalt Grubenwässer haben können, sei das Untersuchungsergebnis des Bergbaues Großkogl, Tirol, im Georgi-Unterbau angegeben:

Quelle vom VLF-Labor	$< 1 \cdot 10^{-8}$	Druckwasserquelle	10^{-8}
Westschlag	$2 \cdot 10^{-8}$	Morgenschlag	$5 \cdot 10^{-8}$
Südostschlag	10^{-7}	Tiefbau	10^{-6}

Die Einstellung des pH-Wertes kann auch mit Hilfe eines sogenannten pH-Meters erfolgen, wobei das Taschen-pH-Meter Modell pH 54 der Firma WTW, Weilheim, beschrieben werden soll. Meßprinzip (siehe Abb. 9.9):

Die von der pH-Meßkette gelieferte Gleichspannung wird in der Schalterstellung „Messen" an den Elektrometer-Eingang eines Gleichspannungsverstärkers gelegt. Der Kollektorstrom fließt über ein Drehspulinstrument, das direkt in pH-Werten geeicht ist. Die Stromversorgung erfolgt mit Hilfe einer 1,5 V (leak-proof) Hochleistungsbatterie. Durch Einsatz einer 1,4 V Mallory Zelle RM-42 kann die Lebensdauer auf ca. 1000 Stunden erhöht werden.

Der mechanische und elektrische Nullpunkt des Gerätes liegt nach internationaler Norm bei pH 7,0.

Es werden Glaselektroden mit Innenpuffer pH 7 benutzt. Bei normalen Glaselektroden tritt ab ca. 10 pH ein Alkalifehler auf, daher muß für den pH-Bereich von 10—14 eine Hochalkalielektrode verwendet werden. Die Abb. 9.10 zeigt eine Einstabmeßkette bestehend aus Glaselektrode und Bezugselektrode.

Die Eichung des Gerätes erfolgt mit speziellen Eichlösungen, die genaue Einstellung der „Elektronik“ kann man durch die Schalterstellung „ASYM“ überprüfen.

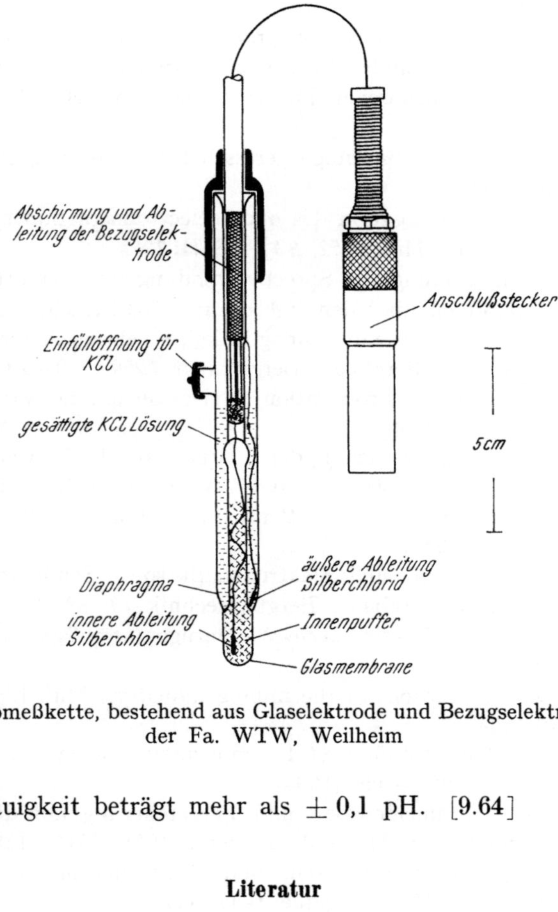

Abb. 9.10. Einstabmeßkette, bestehend aus Glaselektrode und Bezugselektrode, Modell E 54, der Fa. WTW, Weilheim

Die Meßgenauigkeit beträgt mehr als $\pm$ 0,1 pH. [9.64]

Literatur

Abschnitt 9.1

[9.1] Anonym, Beating the communication barrier. Canad. Min. J. *83*, **55–56 (1962)**.

[9.2] Bellingrodt, W., Produktionssteigerung im Steinkohlenbergbau unter besonderer Berücksichtigung der Fernwirktechnik. Glückauf *1959*, **1567–1579**.

[9.3] Bellingrodt, W., HF-Sprecheinrichtung im Fördergestell. Bergbautechnik *1959*, **659–662**.

[9.4] Berthold, H., Funksprechen im Schacht- und Grubenbau, Zweckmäßigkeit und Grenzen des Einsatzes. Freib. Forsch.-H. *A181*, **5–21 (1961)**.

[9.5] Botolowskaja, D. J. et al., Hochfrequenzstrom für Sprechfunkanlagen in Erzbergwerken. Gorn. *4*, **50–54 (1961)**.

[9.6] Boutonnat, M. et al., Propagation des ondes électromagnetiques dans les ouvrages souterrains. Rev. Ind. Mines *52*, **109–126 (1970)**.

[9.7] Ebermeyer, W., Untersuchungsergebnisse über die Ausbreitung elektromagnetischer Wellen in Grubensystemen unter Tage. Forschungsber. des Landes NRW Nr. **720 (1959)**.

[9.8] Erdem, U. et al., "Guided radio" propagation in coal mines working. Min. and Minerals Eng. *5*, 34–38 (1969).

[9.9] Felegy, E. W., Underground radio communication in Lake Superior District of mines. Min. Eng. *5*, 518–521 (1953).

[9.10] Finkelstein, L. et al., Radio propagation in coal mines. Min. Univ. Eng. *5*, 48–56 (1969).

[9.11] Fogy, W. et al., Ein Verfahren zur praktischen Lösung des Strebfunkproblems. Forschungsberichte des Landes Nordrhein-Westfalen Nr. 720 (1959).

[9.12] Foot, J. B. L., Transmission through tunnels. Wireless World *56*, 456–458 (1950).

[9.13] Fritsch, V., Die Ausbreitung Hertzscher Wellen in geologischen Leitern. Bergbautechnik *2* (1952).

[9.14] Gabillard, R., Propagation des ondes électromagnetiques dans une galerie souterraine. Rev. Ind. Miner. *52*, 83–108 (1970).

[9.15] Hans, P., Fernsteuerung und Sprechverbindung zwischen ortsfesten Stationen und Grubenlokomotiven über den Fahrdraht. BBC-Nachrichten *6* (1962).

[9.16] Hamann, N. N., Anwendungsmöglichkeiten eigensicherer Stromkreise im schlagwettergefährdeten Bergbau. Bergfreiheit *1959*, 269–281.

[9.17] Haycock, O. C. et al., Propagation of electromagnetic waves in earth. Geophysics *14*, 162–171 (1949).

[9.18] Ivanov, A. A. et al., Ermittlung der Frequenz für die Verwendung von Radiowellen durch Versuche (russisch). Izvest. VUZ, Gorn *11*, 171–173 (1968).

[9.19] Jahn, H., Funkgeräte für den Bergbau. Bergak. *11*, 309–313, 379–381, 455–456, 506–509 (1959).

[9.20] Jahn, H., Funktechnik und Elektroakustik sowie Sonderanlagen der Drahtnachrichtentechnik im Bergbau. Bergbautechnik *13*, 82–91 (1963).

[9.21] Kötter, H. et al., TMF-gesteuerte Wendezüge unter Tage. Kali und Steinsalz *1965*, 127–131.

[9.22] Lee, R., Communications in the mining industry. Min. Electr. Mech. Engr. *44*, 55–67 (1963/64).

[9.23] Lefevre, A., L'électronique et la transmission de la parole dans la mine. Rev. Ind. Miner. *46*, 907–926 (1964).

[9.24] Liegeois, E., Fernmeldewesen und Fernsteuerung auf der Schachtanlage (französisch). Annales des Mines de Belgique *1968*, 1345–1383.

[9.25] Liegeois, E., Funksprechverkehr und Fernsteuerung in Tunnels und auf Schachtanlagen. Ann. Min. Belgique *1969*, 447ff.

[9.26] Martin, D. J. R., Radio communication in mines and tunnels. Electr. Let. *6*, 563–564 (1970).

[9.27] Martin, D. J. R., Full coverage of the mine by line-propagated VHF-radio. Min. Techn. *52*, 7–15 (1970).

[9.28] Michailov, A. A., Sprechverbindung mit dem Radio-Schachtophon. Ugol Ukr. *7*, 45–46 (1963).

[9.29] Ogorodnejcuk, I. F. et al., Frequenzkennwerte von Fernsprechverbindungen durch das Gebirge (russisch). Ugol Ukr. *13*, 35–37 (1969).

[9.30] Olaf, J., Trägerfrequenz-Sprechgeräte für Grubenlokomotiven. Glückauf *100*, 1395–1396 (1964).

[9.31] Olaf, J. et al., Funk unter Tage. Glückauf *107*, 18–19 (1971).

[9.32] Plischke, A., UKW-Funk im Tunnel. Techn. Mitt. AEG *60*, 28–35 (1970).

[9.33] Pritchett, W. C., Attenuation of electromagnetic waves in earth. Geophysics *14*, 162–171 (1949).

[9.34] Rahn, H. et al., Indafo 20 — eine automatische Zugfolgesteuerung für Industrie und für Grubenbahnen. BBC-Nachrichten *52*, 73–79 (1970).

[9.35] SOBKOWIAK, L., Funkverbindung im Bergbau unter Tage. Przglad. Gorn. *18*, 453—459 (1962).
[9.36] Standard Elektronik Lorenz AG, Korbtelephonie mit Signalabgabe (Firmenprospekt).
[9.37] Standard Elektronik Lorenz AG, Trägerfrequenz-Fernsprechanlage für Grubenbahnen (Firmenprospekt).
[9.38] SZMYD, T., Möglichkeiten der Benutzung von Funksprechgeräten im Streb. Wiadomosci gornicze *13*, 355—358 (1962).
[9.39] TEICH, W., Führerloser Zugbetrieb für eine Untertagebahn. Deutsche Hebe- und Fördertechnik *14*, 59—60 (1968).
[9.40] TRETIAKOW, N., Les télécommunication au foud. Rev. Ind. Miner. *1959*, 551—561.
[9.41] VERMEULEN, D. J. et al., Underground radio communication and its application for use in mine energencies. Trans. S. Afr. Inst. Electr. Eng. *52*, 94—105 (1961).
[9.42] WEBER, G., Grubenfunk mit dem Funksprechgerät Montavox. Signal- und Fernmelde-Praxis *1956*, 35—40.

Abschnitt 9.2

[9.43] BISDORF, W., CH_4-Meßgeräte. In: Luegers Lexikon der Technik, Bd. 4. Stuttgart: 1962.
[9.44] BITTERLICH, W., Einführung in die Elektronik. Wien-New York: Springer. 1967.
[9.45] BÖHME, H., Ortung von plötzlichen Ausbrüchen von Salz und Gas durch Messung mit der DK-Sonde und der Knistersonde. Meldearbeit, Bergakademie Freiberg (1961).
[9.46] BUDDE, E. et al., Physikalische Bodenluftuntersuchungen. In: BENTZ, A., Lehrbuch der angewandten Geologie, Bd. 1. Stuttgart: 1961.
[9.47] FRITSCH, V., Grundzüge der angewandten Geoelektrik. Wien: 1949. LUNDEGARDH, H., Klima und Boden. Jena: 1949.
[9.48] RICHTER, W., Untersuchungen zum Auffinden von Kohlensäurenestern im Kalibergbau mit geoelektrischen Methoden (mit weiteren Literaturangaben). Freib. Forsch.-H. *C7*, 87ff. (1953).
[9.49] SOKOLOW, W. A., Die Gasvermessung. Berlin: 1955.
[9.50] STROBACH, K., Die Gasvermessung. In: HAALCK, H., Lehrbuch der angewandten Geophysik, Teil II. Berlin: 1958.
[9.51] WINTER, U. et al., Neue Untersuchungen über die Erkennung und Vorherbestimmung der Gasausbruchsgefahr im Anstehenden im Werrakalibergbau. Bergbautechnik *10*, 281—288 (1960).
[9.52] WINTER, U., Ein neues Verfahren zur Schnellbestimmung des Gasgehaltes von Gassalzen im Labor und unter Tage. Mitt. Kaliindustrie *2*, 3—5 (1960).
[9.53] WINTER, U., Weitere Untersuchungen zur Erkundung der Gasausbruchsgefahr im Kalibergbau. Mitt. Kaliindustrie *2* (1961).
[9.54] WINTER, U., Die Anwendung geophysikalischer Verfahren zur Bekämpfung der Gasgefahr im Kalibergbau der DDR. Bergakademie *16*, 138ff. (1964).
[9.55] WINTER, U., Beiträge zur Bekämpfung der Gas- und Laugengefahr im Kalibergbau mit komplexen geophysikalischen Verfahren. Bergakademie *6*, 377 (1966).
[9.56] WINTER, U. et al., Vorschlag zum zweckmäßigen Einsatz der bisher bekannten Methoden zur Vorherbestimmung von Gas-Salzausbrüchen im Kalibergbau. Mitt. Kaliindustrie *2*, 3—7 (1962).
[9.57] Wissenschaftlich-technische Werkstätten GmbH, Weilheim, Beschreibung und Bedienungsanleitung zum Universal-Digitalmeter, DIGI 610.

Abschnitt 9.4

[9.58] BATES, R. G., Determination of pH, theory and practice. New York: 1964.
[9.59] BITTERLICH, W., und WÖBKING, H., Bestimmung von Kupferspuren in Wasser mit Diäthyldithiocarbamat, eine Feldmethode zur Prospektion. Erzmetall *24*, 121–122 (1971).
[9.60] MATTOCK, G., pH-Measurement and titration. London: 1961.
[9.61] SCHWABE, K., pH-Meßtechnik. Dresden: 1963.
[9.62] SIMON, W., pH-Meßtechnik mit Glaselektroden. Neue Züricher Zeitung, 14. 4. 1965, Nr. 1592 (mit weiteren Literaturangaben).
[9.63] SNELL, F. C., Calorimetrie methods of analysis. Vol. 2 und 2a. Princeton, New Jersey: D. van Nostrand Comp. 1959.
[9.64] Wissenschaftlich-technische Werkstätten, Weilheim, Beschreibung und Bedienungsanweisung zum direktanzeigenden Taschen-pH-Meter, Modell pH 54 (mit weiteren Literaturangaben).

Namen- und Sachverzeichnis

GPSR Compliance

The European Union's (EU) General Product Safety Regulation (GPSR) is a set of rules that requires consumer products to be safe and our obligations to ensure this.

If you have any concerns about our products, you can contact us on ProductSafety@springernature.com

In case Publisher is established outside the EU, the EU authorized representative is:

Springer Nature Customer Service Center GmbH
Europaplatz 3
69115 Heidelberg, Germany

Batch number: 10584556

Printed by Printforce, the Netherlands